РОССИЙСКОЕ ОБЩЕСТВО

Современные исследования

О.Ю. Никонова

Воспитание патриотов:
Осоавиахим и военная подготовка населения в уральской провинции (1927-1941 гг.)

Москва
Издательство НОВЫЙ ХРОНОГРАФ
2010

УДК 355(282.247.42)(035.3)"1927/1941"
ББК 68.493(235.55)
Н64

Diese Arbeit ist im Sonderforschungsbereich 437 «Kriegserfahrungen, Krieg und Gesellschaft in der Neuzeit» (Tuebingen) entstanden und wurde auf seine Veranlassung unter Verwendung der ihm von der Deutschen Forschungsgemeinschaft zur Verfuegung gestellten Mittel gedruckt.

Эта работа написана в рамках коллективного исследовательского проекта «Опыт войн. Война и общество в Новое время» (университет г. Тюбинген, Германия) и опубликована при его поддержке на средства, предоставленные Немецким исследовательским сообществом.

Никонова, О.Ю.

Н64 ВОСПИТАНИЕ ПАТРИОТОВ: Осовиахим и военная подготовка населения в уральской провинции (1927 - 1941 гг.) / Никонова О.Ю. - М. : Новый хронограф, 2010. - 488 с. : ил. - (Российское общество. Современные исследования). - ISBN 978-5-94881-138-3.

Книга посвящена некоторым аспектам формирования официального советского патриотизма, его групповым интепретациям и проблемам военно-патриотического воспитания и обучения советских граждан в межвоенном СССР. В фокусе внимания автора находится оборонное общество Осоавиахим, его создание и деятельность в центре и на Урале. В монографии нашли отражение ранее малоизвестные страницы истории Осоавиахима в провинции.

Агентство CIP РГБ
ISBN 978-5-94881-138-3.

Вместо предисловия

Эта книга вызревала долго. Понадобилось время, чтобы понять то, о чем хочется написать, и чтобы случились самые важные события в жизни: родились и выросли из пеленок две мои дочери. Но, наконец, точка поставлена, и можно представить текст на суд читателей. Надеюсь, чтение не покажется Вам слишком скучным.

Сначала несколько слов о том, как возник этот исследовательский проект и как он превратился в книгу. Защитив диссертацию по истории Гражданской войны на Урале, мне захотелось сменить тему – найти что-то далекое от хаоса разрухи и мрачных картин всеобщей деградации и запустения. Повинуясь странной логике, взгляд упал на 1930-е гг. – отнюдь не самый радостный и благополучный период советской истории. Но причиной тому были не лозунги о том, «что жить стало лучше, жить стало веселей», а затаенное детское удивление от рассказов бабушки. Ее скупые воспоминания о молодости, которая пришлась на десятилетия всеобщего страха, скитаний и нищеты, периодически пронизывали светлые лучики радости и юмора: как увел ее «убёгом» замуж дед, как родились дети и какие смешные истории с ними происходили, как ходила в старообрядческий молельный дом рядом с пивным заводом.

Наивное стремление отыскать эту радость в эпохе сталинизма натолкнуло на идею заняться Осоавиахимом. С этой заковыристой аббревиатурой были связаны захватывающие истории о полярных полетах и челюскинцах, романтика походов и прыжков с парашютом, будоражащий воображение образ девушки в летчицком шлеме или со снайперской винтовкой в руках. Определенным толчком к выбору Осоавиахима в качестве предмета исследования послужил и собственный опыт. Поколение моих сверстников, окончившее школу в конце 1980-х гг., еще застало занятия, которые назывались «начальной военной подготовкой». Не скажу, что учебные часы, проходившие в классе, вызывали у нас особое воодушевление. К военруку – офицеру запаса – мы относились со смешанным чувством боязни и иронии, втайне посмеивались над его армейским юмором и побаивались испортить аттестат плохой оценкой по предмету. Но практические занятия, во время которых мы разбирали и собирали винтовку, учились стрелять и накладывать повязки на «раны», пользовались большой популярностью.

Прицеливаясь в мишень или бросая деревянную гранату, мы, конечно, не задумывались ни о какой войне и о том, что нам когда-нибудь пригодятся эти навыки. Это было интересным развлечением, нескучным уроком, не более того. Эмоциональные импульсы, подтолкнувшие к занятиям историей военно-патриотического воспитания, быстро растаяли под натиском исследовательской логики и лавиной фактов, но тема осталась. Немалую роль в том, что она превратилась в книгу, сыграла финансовая поддержка коллективного проекта «Опыт войн. Война и общество в Новое время» в университете г. Тюбинген (Германия), куда я попала благодаря заинтересованному и внимательному отношению к провинциальным исследователям профессора Д. Байрау. Я выражаю большую признательность моим коллегам в России и за рубежом – Й. Баберовскому, Д. Байрау, Д. Гайеру, К. Гестве, К. фон Линген, О. Нагорной, И. Нарскому, Я. Плamперу, Ю. Хмелевской, К. Шайде, И. Ширле и другим за доброжелательную критику и ценные замечания. Отдельные слова благодарности – работникам архивов и библиотек, редакторам и техническим работникам издательства, сопровождавшим мое исследование от его истоков до полиграфических оттисков. И, конечно, эта книга не была бы написана без огромной помощи моей мамы – Н.Е. Никоновой, взявшей на себя заботу о старшей дочери во время моих бесконечных командировок и архивных «сидений», и без поддержки всей моей семьи, терпеливо переживавшей мое отсутствие, занятость и бесконечные вечера за письменным столом.

Челябинск, ноябрь 2009 г.

Введение

Слово «патриотизм» кажется понятным и не требующим особых разъяснений. В повседневной жизни мы употребляем его, не слишком задумываясь о значении. Он/она любит свою родину, значит, он/она – патриот/патриотка: в обыденной ситуации такого объяснения бывает достаточно. Однако перипетии, происходящие со словом «патриотизм» в исторической ретроспективе, наводят на мысль, что все обстоит не так просто. Новейшая история России полна поразительных примеров мимикрии «патриотизма». Разрушительные 1990-е превратили «патриотизм» в термин с сомнительной репутацией. У многих он ассоциировался прежде всего с деятельностью НБП и комбинировался со словом «национал-», а также различными определениями, такими как «народный», «красно-коричневый», «фашистский». Положительное значение «патриотизма» при этом отнюдь не исчезло. Но мыслилось оно лишь в применении к другим странам. В памяти всплывала американская война за независимость и посвященная ей кинодрама «Патриот» с Мэлом Гибсоном в главной роли.

С появлением в Кремле В.В. Путина с «патриотизмом» стали происходить новые метаморфозы. От него вдруг повеяло чем-то знакомым, глубоко советским, а с 2001 г. – державным. В 2001 и 2005 гг. правительством России были приняты программы «Патриотического воспитания граждан Российской Федерации»[1]. Разъясняя суть патриотического воспитания, правительство подчеркивало его нацеленность на формирование «социально значимых ценностей», «чувства верности своему Отечеству, готовности к выполнению гражданского долга и конституционных обязанностей по защите интересов Родины». В официальных документах патриотизм был назван основой «консолидации общества и укрепления государства», а государство – «основным институтом, обеспечивающим организацию и функционирование всей системы патриотического воспитания»[2]. Обе программы вызвали неоднозначную реакцию в обществе. Для одних они символизировали очередной шаг на пути к утверждению национальной самобытности России, формированию культурной и моральной основы для построения «политически сильного и экономически благополучного российского государства»[3]. Другие распробовали в реабилитированном государственном патриотизме сильный привкус советского бюрократического патриотизма[4], за которым скрывался русский национализм. Третьих возмутила попытка «огосударствления» такого «интимного чувства», как любовь к Родине[5]. Таким образом, в начале XXI в. патриотизм в России – явление неоднозначное и вызывающее оживленные споры.

Несмотря на глубокие «разрывы» исторического времени, отделяющие современную Россию от советского прошлого, налицо сохранение преемственности между этими двумя эпохами. Одной из сфер, где наиболее ярко проявилась частичная реставрация системы советских ценностей, совпавшая во времени с относительной экономической и политической стабилизацией в России периода В.В. Путина, является национальное самосознание. Новый российский патриотизм многолик и храбро демонстрирует свою «советскость» в праздновании 60-летия Победы в Великой Отечественной войне, возрастающих внешнеполитических амбициях имперского образца, неожиданной популярности военной темы в кино и на телевидении. Вслед за первыми лицами государства бросились примерять военную форму и учиться управляться с оружием школьники и трудные подростки, знавшие о военно-спортивной игре «Зарница» из рассказов родителей. Единственное, чего недостает современному военно-патриотическому порыву, – централизованности. В годы советского прошлого все дело военного обучения и патриотического воспитания было сосредоточено в руках одной организации с труднопроизносимым названием ОСОАВИАХИМ – ДОСААФ. Ее нынешний преемник – РОСТО – лишь слабый отблеск былого размаха. Этой организации – стержню военно-патриотического воспитания в СССР – и посвящена эта книга.

О понятии «патриотизм»

В постсоветский период, несмотря на открытие архивов и рассекречивание фондов организации «Осоавиахим», тема военно-патриотического воспитания редко привлекала внимание исследователей. Одно это словосочетание могло вызвать бурное негодование или критическое хмыканье собеседника. В итоге сложилась ситуация, когда на фоне значительных достижений в исследовании сталинизма, проблемы, связанные с историей формирования и развития советского патриотизма и военной подготовки населения СССР, остаются недостаточно изученными как на эмпирическом, так и на теоретическом уровне. Осмысление и интерпретация самого понятия «патриотизм» в российской историографии прочно застряло на концептуальном уровне, достигнутом в доперестроечный период. В современной исторической литературе, если речь и заходит о советском патриотизме, он предстает, главным образом, как официальный патриотический дискурс. Состояние исследований по данной проблеме не позволяет увидеть специфику патриотических установок «снизу» и «издалека» (из провинции), особенности патриотического этоса различных социальных, гендерных, возрастных и прочих групп-носителей. История военно-патриотической организации «Осоавиахим» и история советского патриотизма существуют как бы отдельно друг от друга, как феномены, лишь формально связанные между собой.

Прежде чем разбираться в сути советского, исторически сложившегося варианта патриотизма и его прикладных аспектов, попробуем заглянуть в научную и справочную литературу, чтобы познакомиться с этимологией этого слова, его краткой историей и современным пониманием. Большинство словарей ведет происхождение слова *патриотизм* от латинского *patria – Отечество* и обычно переводит его как «*любовь к Отечеству*». Западногерманская энциклопедия Брокгауза 1970-х гг. уточняет, что *патриотизм* – коренящаяся в гражданском этосе (убеждениях, образе мышления) и одновременно очень эмоциональная самоотверженная готовность жертвовать собой ради единого государственного целого. При этом государство выступает не столько как правовое и политическое учреждение, сколько как сообщество связанных друг с другом индивидуумов[6]. Эта европейская концепция патриотизма, уже достаточно хорошо разработанная мыслителями к концу XVIII в.[7], уходит своими корнями в римскую правовую и политическую традицию, под влиянием которой сформировалось многозначное понятие *patria* и связанный с ним комплекс прав и обязанностей граждан.

В отличие от зарубежного Брокгауза, объединившего в своем определении эмоциональные установки и рациональные обоснования, отечественные издания предлагают упрощенные формулировки, унаследованные от традиционных советских способов истолкования. Советские/российские словари обращают внимание на то, что слова *патриотизм* и *патриот* были заимствованы русским языком в XVIII в. из западно-европейских языков, а первоисточником является греческое слово *patriōtēs – земляк, соотечественник*[8]. Большой энциклопедический словарь объясняет *патриотизм* как *«любовь к родине»*, противопоставляет его национализму и шовинизму и приводит известную цитату Ленина об «обособленных отечествах»[9]. Наиболее распространенный словарь Ожегова – Шведовой толкует слово *патриотизм* как *«преданность и любовь к своему отечеству, своему народу»*[10].

Учитывая, что отечество, родина, отчизна – основные языковые единицы, при помощи которых разъясняется понятие «патриотизм», интересным представляется контекст их употребления в русском языке в советскую эпоху и сегодня, о чем рассуждает Эр. Хан-Пира[11]. Автор указывает на их абсолютную синонимичность и на то, что за советский период сложилась традиция словоупотребления, в котором родина отождествлялась с государством: «Пропагандистская машина тоталитарного государства внедряла эту синонимику в массовое языковое сознание на протяжении десятилетий, преодолевая в нем сопротивление языковой интуиции (языкового чутья), совершая тем самым еще одно насилие – насилие над языком, над его лексико-семантической и сочетательной нормами. Более того, государство (а не Родина) юридически закрепило эту синонимику и вживляло ее в массовое правовое сознание.

Государство ввело в уголовные кодексы всех республик СССР статью под названием "Измена Родине". Ни в одном подлинно демократическом государстве нет в кодексах статьи под таким названием»[12].

Наиболее широко описывают патриотизм политологи и философы, имеющие дело с вневременными категориями, такими как чувство принадлежности к определенной «территориальной целостности», культуре, обществу – первичное и простейшее обоснование для самоидентификации. В своеобразной интерпретации американского социолога и политолога М. Яновица патриотизм превращается в «примитивное чувство принадлежности» и идентичности, родственное религиозной или расово-этнической идентификации, «подразумевает автоматический, почти бессознательный отклик, и в этом смысле почти аналогичен идеологии»[13]. В литературе также можно встретить мнение о ярко выраженных этических компонентах патриотизма, демонстрирующих родство этого феномена с бытовой и религиозной моралью[14].

На сложность патриотизма как социального явления, его эмоциональную составляющую и изменчивость обращает внимание автор единственного до сегодняшнего дня специального исследования патриотической культуры России в годы Великой войны Х. Ян. Он характеризует патриотизм как одну из форм «коллективной самоидентификации», которая существует во множественной системе координат: «Это может быть глубоко укорененное персональное убеждение или мимолетная мода. Его значения могут меняться с течением времени или оставаться неизменными. Индивидуум или социальная группа, например, могут эволюционировать от консервативного к революционному пониманию патриотизма, не обязательно двигаясь по прямой или так, чтобы эта эволюция стала очевидной. Проще говоря, патриотизм может существовать в различных формах, в различных контекстах и в комбинации с другими убеждениями»[15].

Функциональная тождественность (нацеленность на конструирование «воображаемых сообществ») и полемический потенциал, заключенный в патриотизме и национализме, поставили перед исследователями проблему их разграничения. Некоторые западные ученые считают патриотизм явлением, характерным исключительно для донационального периода. «Донациональность» патриотизма как его конститутивная характеристика даже позволяет приписывать этому феномену космополитический оттенок, что окончательно разводит его с национализмом. В эпоху нациеобразования патриотизм якобы неизбежно трансформируется в национализм и его крайнюю форму (шовинизм)[16]. Любовь к отечеству в этом случае отождествляется с любовью к нации. Другие исследователи исходят из негативной оценки национализма и противопоставляют ему патриотизм как носитель позитивных установок и ценностей[17]. В российской историографии эта последняя тенденция особенно сильна в связи с тем, что национализм в советско-российском контексте был и остается крайне политизированным термином с часто негативной коннотацией[18]. Таким образом, в исторических исследованиях патриотизм и национализм выступают либо в роли двух последовательных этапов одного дискурса, либо как оппоненты. Возможность сочетания патриотизма с другими нацеленными на формирование единства сообщества дискурсами (в том числе и с национализмом), как правило, рассматривается редко.

Периодом формирования концепций патриотизма в Российской империи был XVIII век, когда понятия «отечество», «патриот», «патриотизм» стали органичной составляющей имперского властного дискурса и политической педагогики [19]. Как и в Европе, разработка концепций официального патриотизма в России была связана с трансфером в элитарную российскую культуру античной мысли и античной философии, представлений о полисе, гражданстве, гражданских добродетелях. Одновременно в России происходила активная рецепция актуальных европейских общественно-политических концепций и вместе с ними семантического комплекса патриотизма. Именно этим путем в российский дискурс попали универсальные элементы понятия «отечества», представления об идеальных образцах патриотизма и о патриотизме как совокупности гражданской добродетели и гражданских обязанностей[20].

Водораздел четко обозначился в эпоху Французской революции. Если в Европе на складывание национальных патриотических дискурсов беспрецедентное влияние оказали Наполеоновская империя и Великая Французская революция, то самодержавная система господства стремилась всеми силами воспрепятствовать появлению республиканско-демократической семантики в официальном патриотизме. С наступлением индустриальной эпохи и периода нациеобразования у патриотизма появился мощный конкурент – национализм. Эта идеология в XIX в. взяла на себя функции конструирования нации, претендовала на роль флагмана демократии и прогресса. В рамках национально-государственных образований национализм выступал и в роли дискурса, ориентированного на достижение единства общества.

В то время как в Европе XIX в. доминирующей формой политически-территориального образования постепенно стали национальные государства (причем федеративный принцип был редким явлением), в Российской империи наступила эпоха главных колониальных захватов. Своеобразием империи была высочайшая степень мультикультурности (на конец XIX в. – 146 языков) и континентальный характер, а как следствие – нечеткость территориальных и ментальных границ между метрополией и колониями. Способом освоения новых земель наряду с завоеваниями была переселенческая политика, приводившая к возникновению смешанного населения и мультикультурных анклавов, вытеснению «инородцев» с их территорий, распространению восточнославянского населения на периферии. Уже сам факт постоянной территориальной экспансии был, по мнению А. Вишневского, контекстом, в котором формировался имперский патриотический дискурс: «...В самой России рост империи воспринимался сквозь призму ее собственных интересов. Отечественные политики и идеологи видели в постоянном округлении российских владений безусловную пользу державы. Имперское и патриотическое начала сливались в русском сознании воедино»[21]. Не национальная, а имперская модальность процесса формирования идентичности народов Российской империи, в первую очередь русских, напоминает о европейских моделях протонациональных коммуникативных практик, строившихся на принципах универсализма.

Спецификой самовосприятия имперской бюрократической элиты и российских образованных слоев была обостренная рефлексия проблем «Европа – Азия» и «цивилизованность/прогрессивность – варварство/отсталость». Этот же цивилизационно-миссионерский посыл впоследствии ляжет в основу конструкта сталинского советского патриотизма.

Наряду с цивилизационно-миссионерской составляющей, заключенной в идее империи, типичным для российской общественной мысли была ориентация на политическую форму унитарного государства. Российские либералы, когда речь заходила о проблемах национальной автономии в пределах империи, выступали противниками федерализма. В отличие от них левые движения, начиная от русских социал-демократов (большевиков) и заканчивая национальными социалистическими партиями, оказались, по выражению Э. Хобсбаума, трансмиссионным ремнем, соединившим национализм с прогрессивным требованием свободы и государственного суверенитета нации[22]. Концепции патриотизма первоначально казались им инородным элементом, наполненным реликтовыми смыслами и никак не вписывающимся в прогрессивную демократическую идеологию. Лишь революция и создание советской республики привело к переосмыслению патриотизма в рамках большевистской идеологии.

Парад патриотических достижений

В доперестроечной советской историографии изучение патриотизма и военно-патриотического воспитания было благодатным полем для исследователей. Во всяком случае именно об этом свидетельствует обилие литературы, посвященной этой проблеме. Один только результат поиска в электронном каталоге Российской государственной библиотеки, наиболее полно охватывающем литературу с начала 1980-х гг. и до настоящего времени, выражается в более чем 500 изданиях на заданную тему. Поиск литературы, изданной ранее, приносит еще несколько сотен названий. Большая часть литературы по военно-патриотической проблематике носит прикладной характер и посвящена опыту или методикам военно-патриотической работы с различными категориями советских граждан – от школьников до военнослужащих Советской Армии[23]. Несмотря на «инструктивный» характер литературы о военно-патриотическом воспитании, в ней, как правило, присутствуют общие положения о советском патриотизме.

В наиболее концентрированной форме специфика доперестроечных взглядов на советский патриотизм нашла свое отражение и в не столь многочисленной общетеоретической литературе, посвященной изучаемой проблеме[24]. Отполированные от частого употребления шаблонные формулировки позволяют выделить характерные черты, присущие, как утверждают советские издания, патриотизму, возникшему и сформировавшемуся в СССР. Важнейшей среди этих черт является коренное отличие советского патриотизма от многообразных «буржуазных» «измов». «Дело в том, – писал в 1983 г. будущий биограф советских вождей, а тогда генерал Советской Армии и борец против психологических диверсий ЦРУ Д.А. Волкогонов, – что социалистический патриотизм и интернационализм как явления принципиально новые выступают как непримиримые антиподы шовинизму, национализму, расизму и космополитизму»[25]. «Принципиальная новь» советского патриотизма, продолжает автор, состоит в неразрывной связи с коммунистическими идеями и интернационализмом.

Среди советских исследователей преобладало онтологическое понимание патриотизма как некоего естественным путем возникшего «природного» чувства родины[26]. Эта «природная» основа сама по себе, однако, не исчерпывала советский патриотизм. Собственно, она не являлась советским патриотизмом до тех пор, пока не соединялась с верностью революционным традициям и коммунистическим идеям, патриотическим действием (готовностью выступить на защиту социалистической родины), общественной активностью и социальной ответственностью, понимаемой как ответственность перед партией. Особое внимание, как правило, уделялось проблеме патриотизма в многонациональном государстве. Неоспоримым доказательством патриотизма нерусских народов СССР считалась простая констатация доминирующей «советскости»: «Каждый из нас прежде всего советский человек, а затем уже русский, украинец, белорус, казах, грузин, человек любой другой национальности. Общность судьбы, общность целей, общность идеологии делают наш советский патриотизм общенародным интернациональным»[27]. В соответствии с традицией, сложившейся в советской науке об обществе, априорность суждений о советском патриотизме основывалась на цитировании классиков марксизма-ленинизма или ссылках на труды, специально посвященные изучению «мнения» того или иного «классика» по исследуемой проблеме[28].

Современный всплеск интереса российских гуманитариев к проблеме патриотизма начался во второй половине 1990-х гг. Отчасти он был вызван объективными причинами – ростом национального самосознания русского и нерусских народов, проживающих на территории России, и связанной с этим необходимостью рефлексии. Несомненно, популярность патриотической тематики была вызвана и конъюнктурными соображениями, вскормленными государственной программой патриотического воспитания населения и заинтересованностью государства в исследованиях подобного рода.

За последнее десятилетие было издано большое количество работ общего характера, тематизирующих понимание патриотизма, характерное для современного научного сообщества в России. В основном они принадлежат перу философов и социологов, реже – социальных психологов, еще реже – историков. Многие российские ученые, следуя советской историографической традиции, продолжают интерпретировать патриотизм исключительно как идеологию. «Патриотизм как идеология любви и верности служения родине, – пишет А.А. Терентьев, – является большой духовно-нравственной силой, движущей людьми и оказывающей значительное влияние на жизнь человека и общества. Осмысленная, духовно освященная любовь к родине, имеющая рациональное и эмоциональное содержание, связанная с осознанием себя частью родного народа, с практическим служением интересам отечества и составляет сущность патриотизма»[29]. Один из авторов программы патриотического воспитания граждан России на 2006–2010 гг., военный и философ В.И. Лутовинов, фактически сводит проблему понимания современного российского патриотизма к изучению «многовековой истории русской общественной мысли»[30].

С другой стороны, в толкованиях современных российских философов патриотизм превращается в чрезвычайно объемный и трудно конкретизируемый феномен. Он характеризуется и как «принцип, основа общественной жизни народа и человека», воздействующий на процессы социализации и социального поведения, и как «важнейший компонент национального самосознания», и как «критерий поступков людей»[31]. Причины столь широкого толкования патриотизма кроются, как считает В.И. Лутовинов, в «разнообразности и неоднозначности трактовки термина», сложной природе явления, его многоаспектности, неординарности структуры и многообразии форм проявления. Это, в свою очередь, ведет к «многовариантности его использования»[32]. С другой стороны, чрезвычайное расширение понятия «патриотизм» связывается и с его междисциплинарной спецификой и неоднозначными трактовками в различных общественных науках[33].

Психологи В.А. Кольцова и В.А. Соснин характеризуют патриотизм как «многогранное и многоаспектное явление, представляющее сложный комплекс свойств и характеристик, по-разному проявляющихся на различных уровнях функционирования социальной системы». На уровне индивидуума патриотизм выступает как один из компонентов его «личностной подструктуры», элемент области «высших чувств»[34]. На уровне макросоциума патриотизм соответственно превращается в подструктуру национального самосознания, включающую в себя этнические стереотипы по отношению к собственному и другим народам, национальные приоритеты, чувства, ценности и нормы. Наряду с уровнями авторы статьи выделяют и аспекты патриотизма: когнитивный (знания, представления), эмоциональный (отношение, чувства) и поведенческий (готовность к действию, установка и непосредственные действия)[35].

Зачастую современные российские теоретики патриотизма благополучно пребывают в одном из самых распространенных заблуждений и рассматривают его в модусе морально-нравственных оценок, а на их толкования влияет «личная гражданская позиция»[36]. Среди множества характеристик патриотизма в современной российской литературе можно найти такие атрибуты, как «истинность» («истинный» патриотизм отличается «трезвым видением достоинств и недостатков своего народа и горячим стремлением увеличить эти достоинства и уменьшить его недостатки»[37]), «толерантность» по отношению к другим народам, «духовность», «рациональность» («рациональное» в патриотизме реализуется через систему взглядов на отечество, родной народ, его культуру).

Следуя советской традиции, российские исследователи постулируют антагонизм, существующий между патриотизмом и такими явлениями, как национализм, шовинизм и космополитизм[38]. Хотя размышления авторов по поводу прошлого и настоящего советского/российского патриотизма наводят на мысль о декларативности этого утверждения. А.А. Терентьев в своих ретроспекциях, например, критикует разрушение «национального своеобразия русского народа в политических интересах, связанных с идеей "мировой революции", "пролетарского интернационализма" и т.п.»[39]. В.И. Лутовинов считает, что в советский период не удалось найти баланс между классово-интернационалистскими и традиционными духовными ценностями народа, для государственной идеологии были характерны «деформации» и «забвение истинных национальных интересов как русского, так и других народов России»[40]. При этом остается непонятным, почему «сформировавшийся в новых исторических условиях патриотизм» оказался все же поднятым на «недосягаемую высоту», из каких источников армия и народ черпали «истинный, небывалый по силе патриотизм» в годы Великой Отечественной войны[41].

Венцом размышлений о проблеме патриотизма являются, как правило, поиски сущности современного российского патриотизма. Эта часть трудов наглядно демонстрирует тот факт, что теоретическая конструкция патриотизма имеет мало общего с толкованием патриотизма в его конкретно-историческом выражении. Современные российские исследователи с большим удовольствием впадают в «грех» «великорусского шовинизма». Они рассуждают о патриотизме как одной из «составляющих Русской идеи» и о гармоничном сочетании национального самосознания и патриотизмов разных народов в прошлом и настоящем[42]. Проблема патриотизма в многонациональном государстве или вообще не артикулируется, или остается на уровне голых абстракций в русофильском духе: «С расширением границ Русского государства, присоединением к нему новых народов, – пишет В.И. Лутовинов, – Русская идея трансформируется в идею российскую. Многочисленные нерусские народы, получая от русской нации экономическую, культурную и иную помощь, военную защиту от врагов, стали считать Россию своей общей исторической родиной»[43].

С антипросветительским пафосом пишет о национальной основе любви к родине А.Н. Малинкин: «Действительно, мы любим нашу родину не как абстрактные "человеки" – этнически стерильные гуманоиды, которые якобы лишь по мере взросления и социализации "приобретают" принадлежность к определенной нации, рационально выбирая, идентифицировать себя с ней или нет. С феноменологической точки зрения дело обстоит как раз наоборот. Более того, уже генотипически, а также бессознательно (через жизненные образцы) мы "укоренены" в родной земле и любим ее именно как русские, украинцы, белорусы, татары, евреи и т. д. По мере взросления и социализации мы "осознаем", как оригинально проявляются и индивидуально выражаются в нашей личности родовое и народное начала, этнические особенности и черты национального характера, – и только на основе этого сознания происходит самоидентификация с "родным" этносом, а впоследствии вырабатывается самосознание "человека вообще", представителя "человечества" или "земной планетарной цивилизации". В этом смысле все, кто любит родину, – националисты, поскольку полноценная любовь к своей родине предполагает любовь к своему народу»[44].

Справедливо указывая на то, что национализм и патриотизм – феномены, подверженные политизации и чаще всего являются предметами манипуляции государственных властных институтов и политических партий, автор спокойно оставляет эту мысль в стороне и анализирует дискурсивные конструкты (национальный патриотизм, национал-патриотизм, социал-патриотизм и т. д.) как социальные реальности. Малинкин диагностирует в современном российском обществе и «интернациональный патриотизм» двух видов – фактически сложившийся внутренний «сверхнационализм» и атавизм советской эпохи – ностальгический «советско-имперский патриотизм». Современные варианты «интернационал-патриотизма» автор характеризует либо как незрелый национальный патриотизм, либо как извращенное патриотическое сознание.

Таким образом, говоря о понимании и интерпретации такого феномена, как патриотизм в современном российском обществознании, можно констатировать, что «пони бегает по кругу»: объясняя патриотизм через смысловые конструкции, которые сами являются элементами дискурса (родина, отечество, отчизна), авторы постулируют их «онтологический» и «априорный» характер. Противополагая патриотизм и национализм в духе советской традиции на уровне теории, в своих конкретно-исторических интерпретациях они фактически рассматривают его через призму таких дискурсивных конструктов, как нация и национальное самосознание. Учитывая особенности аргументации рассмотренных работ, не будет большим заблуждением предположение, что сегодня на толкования российских обществоведов существенное влияние оказывает русская религиозная философия.

Как показывает советская и постсоветская историография, львиная доля эмпирических исследований патриотизма хронологически относится к периоду Великой Отечественной войны, что вполне объяснимо. В коллективную память и официальную коммеморацию советского общества эта война вошла как неоспоримое доказательство высокого патриотизма советских людей. Эта литература, подобно другим массовым феноменам советского/российского историописания, демонстрирует клишированность подходов и выводов, которые восходят к традиционному для советской исторической науки пониманию патриотизма, и не вносит ничего нового в его интерпретацию[45].

Конкретно-исторических исследований, посвященных проблеме советского патриотизма в рассматриваемый нами период (конец 1920-х – 1930-е гг.), сравнительно немного. Как правило, в них тематизируются вопросы институциональной истории военно-патриотического воспитания и обучения, локальные примеры партийной работы по военно-патриотическому воспитанию, патриотический этос интеллигенции и особенности государственной патриотической пропаганды в сталинском СССР[46]. В научной литературе, посвященной этим проблемам, особо можно выделить комплекс исследований по истории военно-патриотической организации «Осоавиахим» – ДОСААФ[47]. Литература о ДОСААФ советского времени и юбилейные издания организации-наследника – РОСТО, целая серия которых вышла в Москве и регионах в начале 2000-х гг., отличаются более или менее детализированным изложением фактов, аккуратно уложенных в концепцию растущего патриотического сознания советских людей и повышающейся эффективности оборонного общества. При фактологической нагруженности изданий они весьма просты с точки зрения концептуального осмысления истории оборонного общества. Набор партикулярных примеров, показывающих количественный рост Осоавиахима, строительство самолетов на средства трудящихся или успехи тех или иных осоавиахимовцев в освоении военно-прикладных знаний, представляются как доказательства патриотического этоса советского населения.

Очень многие институциональные, биографические и социальные аспекты истории Осоавиахима остались вне сферы научного изучения в связи с тем, что фонды этой организации в советское время были засекречены. Фактологическая и тематическая неполнота характерна даже для основательного исследования В.В. Гошуляка, вышедшего в конце 1980-х гг., хотя в нем уже появились ранее запрещенные к публикации факты о влиянии репрессий на Осоавиахим и элементы осторожной критичности по отношению к политике военно-патриотического воспитания населения. Но эта историографическая тенденция умерла естественной смертью вместе с развалом СССР и ликвидацией КПСС, которые вычеркнули военно-патриотическую тематику из списка актуальных научных тем. На сегодняшний день история Осоавиахима остается малоизученной темой как с точки зрения ее эмпирической реконструкции, так и в плане концептуальной связи истории оборонного общества и проблем советского патриотизма.

Любовь к социалистическому Отечеству: понять и объяснить

Еще в середине 1920-х гг. сменовеховец Николай Устрялов сформулировал свое видение советской власти и ее идеологической основы в концепции «национал-большевизма», позаимствовав термин у консервативных кругов русской эмиграции[48]. И пока советская историография и публицистика воодушевлялись симбиозом патриотизма с пролетарским интернационализмом, на Западе интерпретация советского патриотизма как русского национализма обрела большую популярность. Уже в середине 1950-х гг. увидела свет книга Ф. Баргхорна «Soviet Russian Nationalism», ставшая первым фундаментальным зарубежным исследованием официального патриотизма в СССР[49]. Автор классического труда, представляющего это направление, сформулировал свою концепцию следующим образом: «Мы считаем, что, несмотря на то, что советская пропаганда характеризует "интернационализм" как неотъемлемую черту советского образа мыслей и поведения, в действительности Советский Союз – наиболее сильно интегрированное и централизованное национальное государство, которое когда-то существовало в мире. Подобно всем экстремальным формам национализма, та, что существует в Советском Союзе – империалистическая... Советский русский национализм, описываемый в советских источниках как "советский патриотизм" – это унифицированный символический образец этой политической системы»[50]. Ф. Баргхорн фактически считал советский патриотизм эвфемизмом для обозначения советского варианта национализма или «идеологии государственного монополистического капитализма», а сталинскую идею «советской нации» – всего лишь видоизмененной концепцией нации буржуазной[51].

Спустя полстолетия знак равенства между советским патриотизмом и русским национализмом стал наиболее часто встречающейся парадигмой в общественно-политической и научной мысли как в России, так и на Западе. Вплоть до наших дней эта концепция доминирует в изучении феномена советского патриотизма[52]. Ее современным манифестом стала монография Д. Бранденбергера «National Bolshevism»[53]. Единодушие многих западных и отечественных исследователей не означает, что этот вопрос можно считать решенным. Как справедливо отметил С.В. Константинов, «советский патриотизм был гораздо более сложным явлением в нашей истории, чем это изображается. Его нельзя отождествлять ни с русским национализмом, ни с марксизмом. Это был некий идеологический феномен, в котором причудливым образом сочетались и идеи марксизма, с коими Сталин нередко обращался самым вольным образом, и элементы русского патриотизма, вводимые в пропагандистский обиход строго дозированными порциями»[54]. Приравнивая советский патриотизм к русскому национализму, исследователи чаще всего не идут дальше анализа идеологии советской партийной и творческой элиты. Тем самым советский патриотизм анализируется главным образом как государственная идеология[55]. Между тем нельзя отрицать, что формирование советского патриотизма сложно рассматривать в отрыве от национальной политики сталинского режима на периферии, а также без учета практик военно-патриотического воспитания и рецепции идей государственного патриотизма различными социальными и этническими группами населения.

Косвенным образом проблема дефиниции и интерпретации советского патриотизма сталинского периода затрагивается в литературе, посвященной истории СССР как многонационального государства. Хотя распад СССР в значительной степени повлиял на интерпретационные модели, предлагавшиеся историками, новейшая литература несет на себе отпечаток когда-то привычного деления на «тоталитаристов» и «ревизионистов». Современные последователи «тоталитарного» подхода к советской истории трактуют национальную политику довоенного сталинизма как брутально проведенную централизацию и победу классового принципа над национальным[56], подчеркивают значимость водораздела между ленинской и сталинской эпохами в национальной политике. По их мнению, сталинская «революция сверху» принесла с собой свертывание политики коренизации и окончательную ликвидацию надежд на возможность политического суверенитета национальных республик. Были поставлены под угрозу и начала культурно-административной автономии, создававшие рамки для относительно благоприятного развития «местных» национализмов. Тезисы Сталина о существовании двух типов наций («буржуазно-капиталистической» и «социалистической») и возможности победы социализма в одной стране представляли собой, как утверждает М. Хильдермайер, псевдонаучное обоснование подавления национальных движений в республиках и насаждения советского патриотизма как «источника массовой идеолого-психологической мобилизации»[57].

Альтернативную тенденцию представляют собой попытки найти преемственность в способах решения национального вопроса при смене политического руководства от Ленина к Сталину, а в более широкой перспективе – в дореволюционной и послереволюционной России. Сторонники последовательной национальной политики большевиков ставят под вопрос тезис о наличии «ленинской» и «сталинской» фаз национальной политики, перенося центр тяжести на различия во взглядах большевиков по национальному вопросу до и после взятия ими власти. Как утверждает целый ряд исследователей, в лице большевиков марксизм нашел достаточно гибких в плане теории и политической практики адептов, способных усваивать уроки войн и революций и жертвовать (пусть и временно) классовыми интересами в угоду интересам национальным[58]. Умелое использование национальных движений в годы Гражданской войны, манипулирование лозунгом о праве на самоопределение, политика «коренизации» 1920-х гг. – свидетельства возросшей «чувствительности» большевиков к национальному вопросу, а Советская Россия – первое в истории федеративное государство, основанное на этнонациональном принципе[59].

В современных исторических реконструкциях для описания СССР чаще всего используются понятия «национального государства» и «империи», выработанные на основе анализа западноевропейского исторического прошлого. Применение европейских аналитических моделей для реконструкции российской и советской истории оказывается, однако, не всегда продуктивным. Попытки вписать СССР в категорию национального государства наталкиваются на мультиэтничность и федеративную структуру как на сущностные характеристики СССР[60]. Одновременно советское государство не является и примером классического варианта империи. Несмотря на это, исследователи пользуются устоявшейся исторической терминологией, так как к тезису об уникальности советской государственности, высказанному в свое время русскими марксистами, западная и значительная часть современной отечественной историографии относится с большим скепсисом.

Пытаясь компенсировать неудобства, которые при этом возникают, некоторые ученые идут по пути изобретения новой терминологии. Примером может служить «империя положительной дискриминации» (affirmative action empire) Т. Мартина или «империя наций» (empire of nations) Ф. Хирш[61]. Поясняя свои поиски, Т. Мартин пишет, что при помощи термина «affirmative action empire» он попытался «"схватить" парадоксальную природу мультиэтнического советского государства: экстраординарно агрессивного, централизованного и насильственного государства, формально структурированного как федерация суверенных наций»[62]. Важным отличием, характеризующим несовпадение СССР с традиционными империями, подчеркивает Мартин, является отсутствие восприятия жителями Советского Союза самих себя как жителей империи.

Ф. Хирш рассматривает Советский Союз как один из вариантов модернизации традиционных многонациональных империй. Вектор этой модернизации был направлен на сохранение уникального многонационального характера государственного образования с последующей эволюцией в форму государственности, близкую к политической нации. Одной из центральных идей является мысль о том, что сталинский режим не только подавлял национальные движения, но и, напротив, способствовал конституированию и формированию национального самосознания в нерусских советских социалистических республиках. Как указывает исследовательница, национальную политику большевиков невозможно рассматривать без учета марксизма-ленинизма как «большого нарратива», в контексте которого творилась и осмысливалась практическая политика. Советский Союз, считает она, необходимо интерпретировать как своеобразный «work-in-progress». Для понимания сути этого проекта нельзя забывать о намеченной большевиками перспективной цели – создании социалистических наций и их последующего слияния в единый советский народ при коммунизме[63]. В рамках этой же интерпретационной модели работают Т. Мартин, Р. Суни и Дж. Санборн[64].

Ю. Слезкин вообще уходит от проблемы дефиниции СССР в общепринятых терминах, предлагая для описания его территориально-политической структуры весьма живописный троп «коммунальная квартира». Он решительно относит Ленина и Сталина к националистам и утверждает, что советская национальная политика формировалась под влиянием глубокой убежденности обоих в «объективном» существовании наций. Прослеживая ленинскую логику, Слезкин показывает, что эксплуатируемые, «угнетенные» нации в его концепции социалистической революции и строительства социализма занимали не менее важное место, чем пролетариат. Отсюда не только страстная защита Лениным, а затем и Сталиным идеи федеративного государства и суверенитета наций, но и государственная политика поддержки национального языка, школ и национальной культуры, получившая название политики «коренизации» и приведшая к образованию различных по размеру и значению, но формально равных «комнат» на пространстве советской «коммуналки»[65].

Исследования последних лет подтверждают, что советская национальная политика предполагала не только поддержку существовавших национально-территориальных формирований, но и вела к форсированию роста национального самосознания у тех народов, чья идентичность находила свое выражение в донациональных формах. Катализатором этого процесса служили порой исключительно политические решения, приводившие к созданию на территории России или Советского Союза федеративных или автономных республик и областей. Тезис о модернизаторской роли сталинского режима по отношению к нерусским национальностям бывшей Российской империи получил вескую доказательную базу в исследованиях советских переписей населения, введения советской паспортной системы и «цивилизирующей» политики по отношению к так называемым «отсталым» народам[66].

Пожалуй, единственной и достаточно спорной попыткой реализовать идею исторического своеобразия советского пути на сегодняшний день остается концепция «сталинизма как цивилизации», предложенная С. Коткиным[67].

В западноевропейских и англо-американских исследованиях СССР оказывается империей, главным образом, благодаря 1991 г. и расколу государства по национальным границам, который выглядел как типичный конец империи[68]. Распад восточноевропейского социалистического блока и СССР вдохновил западных ученых на целый ряд сравнительных исследований в контексте имперской парадигмы. СССР сравнивали, главным образом, с Габсбургской и Османской империями, важными признаками которых была мультиэтничность и континентальность[69]. Попытки сравнения СССР с классическими империями типа Британской предполагают более широкий сравнительный контекст и переосмысление концепции империи в целом, ее диверсификацию и выявление различных типов империй, что и предлагают переживающие ренессанс imperial studies[70]. Новая парадигма империи, ее «мягкая» дефиниция позволяют уйти от традиционного противопоставления центра и периферии. Внешнеполитические («империализм») и экономические (эксплуатация окраин) критерии больше не считаются основными параметрами для изучения империй.

Обратим внимание на основополагающие размышления Д. Ливена, который подчеркивает неоднозначность самого термина «империя», многообразие исторических форм империй и важность использования культурно-исторических матриц в подходе к ним. Обращаясь к историческим примерам, Ливен характеризует Российскую империю дореформенного времени как «аристократическую» и отмечает целый ряд признаков, «работающих» и при анализе сталинского СССР: «Что касается великих сухопутных империй прошлого, то применительно к ним определение империи как системы отношений центра – периферии имеет гораздо меньше оснований, и не только потому, что никакой океан в этом случае не отделял метрополию от ее колоний. Многие из сухопутных империй могут быть охарактеризованы как "аристократические". В них господствовал и их эксплуатировал класс, а не сообщество, и тем более не нация. Члены аристократической элиты имперского центра гораздо более отождествляли себя и вступали в союз со своими собратьями-аристократами (особенно в рамках одной цивилизации), чем с плебеями из своего собственного этноса. Кроме того, такая империя зачастую гораздо более жестоко эксплуатировала низшие классы "центра", нежели низшие классы периферии, поскольку это было с точки зрения логистики гораздо проще и политически безопаснее. Хорошим примером здесь служит царская Россия, начиная с эпохи Петра I и до 1860-х гг.»[71]

Д. Ливен подчеркивает, что в современную эпоху, когда национализм стал ассоциироваться с «самой убедительной идеологией развитого мира» и восприниматься как «знамение будущего», он превратился в основную угрозу стабильности мультиэтничных империй. Среди культурных стратегий, ориентированных на выживание империй, он называет ислам (Османская империя), австрийский «консоционализм» (Австро-Венгерская монархия) и, наконец, марксистский социализм (СССР), оказавшийся более «убедительным», чем попытка позднего царизма создать «национальную империю»[72]. Это указание важно постольку, поскольку подчеркивает существенный признак, характеризующий модернизаторские попытки имперских режимов в эпоху национальных государств: поиск консолидирующей общество имперской идеологии, которая бы лежала «вне этноса»[73]. Одновременно можно отметить, что универсализм объединительных идеологий – традиционный прием имперских дискурсивных практик, «вырастающий» из стратегий господства домодерных империй[74]. В связи со всем вышеизложенным можно предположить, что неэтнически сформулированный патриотизм был конкурентоспособным даже по отношению к молодым и агрессивным национализмам распавшейся Российской империи.

В задачи данной монографии не входит обсуждение формальной стороны вопроса о допустимости дефиниции СССР как «империи» или «национального» государства. Гораздо интереснее представляется интерпретация коммуникативных практик, политических решений и инициированных властью социальных процессов, характеризующих стратегию большевиков по формированию идентичности населения. Так, Ю. Слезкин пытается описать феномен одновременного существования этнического партикуляризма и наднационального дискурса, не характеризуя последний. У Т. Мартина мы встречаем тезис о «советском интернациональном национализме» (Soviet international nationalism), а Д. Ливен характеризует официальный патриотический дискурс как «советский имперский патриотизм» (Soviet imperial patriotism)[75]. Дж. Санборн посвящает себя реконструкции элементов «метафорического родства» (metaphoric kinship) и комплекса гражданских прав и обязанностей советских граждан на примере армии, не заостряя проблему дефиниции.

В конечном итоге советский патриотизм либо приравнивается к официальному государственному патриотизму, либо воспринимается как нечто само собой разумеющееся и не нуждающееся в более точной дефиниции. Тем самым проблема соотношения национальной политики, ориентированной на форсирование национального самосознания и патриотического дискурса, нацеленного на производство наднациональной идентичности, так и остается нерешенной. Между тем эта коллизия представляется важной, так как историографическая традиция молчаливо исходит из того, что современная национальная идентичность склонна скорее к конфликту, нежели к «мирному сосуществованию» с другими идентичностями, особенно имперскими или наднациональными. Этот факт особенно подчеркивается в работах, акцентирующих внимание на преемственности между дореволюционной имперской традицией «великорусского национализма» и сталинского «русского национал-большевизма».

Нельзя обойти вниманием одно из ключевых исследований последних лет, предлагающее собственное видение процесса формирования советской идентичности и вектора трансформации большевизма при Сталине, монографию Д. Бранденбергера о «национал-большевизме»[76]. Обращение сталинского режима с прошлым (в первую очередь дореволюционным) и создание нового исторического канона в школьных учебниках, литературе и кинопродукции американский исследователь считает важнейшим элементом процесса трансформации большевистской идеологии в 1930–1950-е гг. Новая историческая картина общего советского прошлого должна была служить целям легитимации режима и мобилизации общества. Ее ядром был руссоцентризм и марксистский этатизм. Д. Бранденбергер пытается развести понятия русского национализма и руссоцентризма, считая первый «выражением этнической гордости» и производным от «сильного, артикулированного чувства русской национальной идентичности», а второй – «политической концепцией, относящейся к групповым устремлениям к политическому суверенитету и самоуправлению в рамках национального государства»[77]. Отсылая читателя к характеристике сталинской идеологии, данной когда-то М. Рютиным, Бранденбергер указывает, что национал-большевизм «описывает особую форму марксистско-ленинского этатизма, в котором сплавились цели коммунистических идеалов с большими государственными амбициями, напоминающими царистские "великодержавные" традиции». Марксизм-ленинизм и пролетарский интернационализм остаются при этом лишь на уровне риторики[78]. Отметим также, что национал-большевизм, понимаемый как идеология, должен был служить, согласно Бранденбергеру, легитимации государственной власти и форсированию чувства советского патриотизма. Монография обладает целым рядом несомненных достоинств. Автору удалось показать, как сталинская пропаганда стимулировала рост русской национальной идентичности в русскоговорящих слоях населения СССР. Удачной можно считать и попытку историка проанализировать рецепцию новых образов сталинской идеологии в населении, приводившую к упрощенному пониманию «послания» сверху.

Тем не менее книга вызывает и целый ряд вопросов, начиная с правомерности представления ревизии русского марксизма посредством новых репрезентаций истории[79] и заканчивая упрощенным пониманием некоторых понятий – например, того же патриотизма. Американский исследователь описывает патриотизм как чувство лояльности и принадлежности к родине, исключая в числе прочих и критические аспекты патриотического этоса.

Важными с точки зрения научной интерпретации советского патриотизма представляются и работы С. Екельчика, анализирующего культурную политику сталинизма в крупнейшей национальной республике СССР – Украине. Он понимает советский патриотизм как имперский дискурс[80]. Ссылаясь на интерпретацию империи и имперского управления (imperial rule) в постколониальной теории, Екельчик утверждает, что над конструированием украинского прошлого потрудилась не только Москва, но и местная национальная интеллигенция: «Последние архивные открытия подтверждают, что считать ответственной за все идеологические мутации в Украине только лишь партийную элиту в Москве – крайнее упрощение, и что бюрократия и интеллигенция республики играли активную роль, во-первых, в развитии нового советского украинского патриотизма и, во-вторых, в гармонизации украинской исторической мифологии с русской»[81]. Украинская национальная интеллигенция, продолжает автор, балансировала между стремлением выразить национальную самобытность и опасностью быть обвиненной в «буржуазном национализме». При этом для ее представителей, социализация которых пришлась на послереволюционный период, не было ничего необычного в соединении социализма с украинским националистическим самосознанием. С точки зрения постколониальной теории, утверждает Екельчик, украинская интеллигенция может быть описана как классическая национальная («коренная») элита, которая осознает и артикулирует свое своеобразие и стремится к фиксации своего культурного «домена», не изменяя самой имперской системы[82].

Размышления С. Екельчика представляются нам особенно интересными в связи с тем, что большинство работ, так или иначе касающихся проблемы советского патриотизма, предлагают взгляд из центра. Такая ориентированная на Москву перспектива существенно сужает представления не только о локальных инвариантах официального патриотизма, артикулированного местной партийно-бюрократической элитой, но и об особенностях рецепции патриотизма «снизу» в периферийных регионах «советской империи».

С методической точки зрения анализ советского патриотизма невозможен без учета достижений зарубежной и отечественной славистики и привлечения литературы, посвященной советской культуре, искусству и литературно-дидактическому дискурсу эпохи сталинизма[83]. Реконструкцию официального патриотического дискурса и исследование рецепции государственного патриотизма существенно облегчает анализ ключевых символов, риторических фигур и идеологем, вокруг которых формировался советский патриотизм сталинской эпохи. Зарубежная славистика за последнее десятилетие совершила настоящий «прорыв» в вопросе характеристики особенностей символического пространства тоталитарной культуры и анализа социалистического реализма как социокультурного явления.

Для реконструкции базовых риторических фигур, связанных с патриотизмом (родина, отечество), и процессов огосударствления локальных ценностей (семья, дружба, партнерство, локус и др.) важную роль играют исследования немецкого слависта Г. Гюнтера[84]. Идеологическому конструкту «родины» посвящено одно из исследований И. Сандомирской[85]. Работы Г. Гюнтера, а также труд американского слависта К. Кларк положены в основу анализа таких составляющих официального патриотического дискурса, как героизм, жертвенность, образы «героя» и «врага» в сталинской патриотике[86]. В изучении проблемы рецепции патриотического дискурса помогают работы Е. Добренко. Во-первых, он рассматривает процесс трансформации классовых ценностей, доминировавших в социалистическом реализме на раннем этапе, в ценности с националистической и даже шовинистической «окраской», а также роль «милитаристских» образов в соцреалистической культуре. Во-вторых, Добренко – один из немногих авторов-славистов, который ставит вопрос об особенностях рецепции символического пространства тоталитарной культуры и пытается решить его на примере «советского писателя», который учится «писать», и «советского читателя», который учится «читать». И в этом аспекте своих исследований Добренко, конечно, как литературовед и филолог, близко подходит к проблеме «сталинской субъективности», живо обсуждаемой сегодня историками[87]. Лучше понять механизмы трансляции официальных патриотических образцов на население помогают работы, посвященные различным аспектам культурной жизни советского общества эпохи сталинизма – популярной песне, поэзии, массовым праздникам, физической культуре и спорту в СССР 1930-х гг. и др.[88]

Историография, состоящая из опубликованных источников, исследований и научных дискуссий вокруг проблемы «сталинского субъекта» (или «сталинской субъективности») релевантна для нашего исследования постольку, поскольку она поднимает важные вопросы методологического и концептуального характера[89]. Труды историков нового поколения (так называемых «новых ревизионистов», как позиционирует их журнал Ab Imperio) демонстрируют возможности и опасности применения постструктуралистских методик анализа исторических текстов, главным образом, автобиографического характера и так называемых «эго-документов»[90]. Они на новом уровне теоретически осмысливают проблему взаимоотношений между субъектом и властью в тоталитарных обществах. «Эмпирическая ошибочность либерального положения о свободном субъекте, – считает И. Халфин, – заключается в невозможности дать убедительное объяснение поведения людей, которые выражают себя через тоталитарные режимы. Историки, разделяющие советское общество на тех, кто поддерживал Сталина, тех, кто не соглашался с ним, и тех, кто занимал промежуточную позицию, замалчивают само существование сталинистов и даже не пытаются рассказать о сталинской субъективности как о позитивном проекте со своими собственными представлениями о смысле жизни, счастье и проч.»[91] Проблему использования официального дискурса и большевистской риторики «маленьким человеком» эпохи сталинизма поставил уже С. Коткин[92]. Й. Хелльбек и И. Халфин расширили понимание этой проблемы до концепции конструирования собственного «Я» в процессе освоения официального дискурса. Помимо возросшего внимания к вопросу о влиянии идеологии на «души» и сознание людей, этот подход, подобно подходу Коткина, концептуализирует сталинского субъекта «внутри» сталинского общества с присущими ему ценностями, идеологией, системой жизненных взглядов и координат. В этой ситуации патриотизм, который как неотрефлексированный компонент идеологических установок сталинского субъекта прослеживается во многих документах личного происхождения, оказывается открытым для интерпретации в контексте того самого «позитивно» понимаемого сталинского проекта создания «нового человека».

Следующий комплекс научных исследований можно охарактеризовать как труды, рассматривающие советский патриотизм как идеологическую оболочку социальной милитаризации[93]. В дополнение к этой литературе были привлечены также труды, которые исследуют проблему опыта войн, его интерпретации и инструментализации в послевоенные периоды, а также работы, посвященные влиянию концепции «тотальной войны» на процесс социальной мобилизации[94].

При всем разнообразии и многочисленности литературы, так или иначе затрагивающей проблемы советского патриотизма, не складывается общая картина, которая могла бы адекватно объяснить внутренние противоречия официального патриотического дискурса, механизмы его воздействия на общество и особенности групповых/индивидуальных интерпретаций патриотического этоса. В «мозаичной» картине пластов, формулировок, образов советского патриотизма остаются не до конца проясненными институциональные аспекты патриотических практик, их связь с историческим контекстом эпохи, особенности интерпретаций и апроприации патриотизма социальными группами.

В лабиринтах «измов»: попытки интерпретации

Несомненно, что у большинства людей существует первичная эмоциональная привязанность к тому месту, где протекало их детство и происходила социализация. Эта привязанность во многом определяется наличием «сети» родственных и дружеских связей, локализованных в месте проживания. С зарождением массовой политики различного рода локальные эмоциональные привязанности субъекта становятся объектом вмешательства властных институтов. Они категоризируются, описываются в различных терминах, инструментализируются в интересах господствующего режима и общества. В период формирования различных «измов» (национализма, империализма, большевизма и др.) локальные привязанности встраиваются в более емкие конструкции, такие как народ, нация, класс, государство, империя. Комплекс эмоциональных и рациональных (социальных) связей семантически кодируется, визуализируется и становится артикулируемым, что в равной степени используется как системами господства, так и историческими субъектами. В конечном итоге такие феномены, как патриотизм, национализм, интернационализм, – это одновременно предметы и продукты коммуникации между субъектом и властью, обществом и государством. В данном исследовании патриотизм рассматривается не как способность человеческой натуры любить, не как комплекс первичных эмоциональных привязанностей субъекта, а как дискурс, который складывается вокруг проблемы взаимоотношений между субъектом и «местом его проживания» (в его политическом, пространственном, временном, локальном и проч. измерениях).

Представляется продуктивным использование для описания патриотизма концепции немецкого социолога П. Фукса, предлагающего считать патриотизм коммуникативной практикой, нацеленной на достижение единства общества[95]. Определение Фукса позволяет увидеть в патриотизме динамичный нарратив, в создании которого в равной степени участвуют две стороны: власть (политические институты господства) и субъект. В патриотизме всегда присутствуют пласты и символы, означенные властью и предложенные ей обществу и индивидууму, и семантические комплексы, характеризующие привязанности субъекта, формы и пути интернализации им официальных образов. Формальная и неформальная коммуникация на патриотическую тему, а также конфликтные ситуации помогают выявить собственные смыслы, которые вкладывались субъектами в официальную семантику.

П. Фукс указывает на такую важную особенность патриотического дискурса, как его дискуссионность. Рано или поздно, пишет социолог, патриотизм «попадает под воздействие функциональной дифференциации, и это означает: различия, которые его конституируют, быстро оказываются случайными различиями. Это становится очевидным в случае проблемы критериев, то есть в вопросе "истинного" и "ложного" патриотизма. В этом вопросе различия ведут к (иррациональному) повышению градуса патриотической семантики при помощи эмфазы, и в конечном итоге к ссылкам на несводимость к чему-либо одному, и на аутентичность человеческих чувств, и к блокаде коммуникации, становящейся все более проблематичной»[96].

Важным, на наш взгляд, является определение функционального значения патриотизма как коммуникативной практики, нацеленной на производство солидарного «воображаемого сообщества»[97]. Функциональный аспект роднит патриотизм с другими «измами» современной эпохи[98] и делает их четкое разграничение вторичным. В конкретных исторических условиях патриотизм вписывается в «мозаику» множества других дискурсов/идеологий[99] на принципах сосуществования, конкуренции, взаимного дополнения, замещения, вытеснения и вносит свой вклад в формирование идентичности. В определении коммуникации также заложено понимание анализируемого объекта как процесса. Такой подход позволяет, с одной стороны, обратить внимание на динамичность советского патриотизма, в разное время наполнявшегося различным идейно-смысловым содержанием. С другой стороны, он подчеркивает, что смыслы и образы вырабатывались, «присваивались» и воспроизводились историческими субъектами в ходе осуществления ими определенных патриотических практик и ритуалов. При этом внимание субъекта могло быть сконцентрировано не на определенном смысле или образе, а на патриотическом действии как таковом. Или, вернее сказать, на действии, которое позиционировалось как патриотическое в контексте доминировавшегося дискурса. Последнее замечание особенно важно в связи с одной из основных трудностей, возникающих при анализе советского патриотизма. Речь идет об интерпретации такого феномена, когда патриотизм, оставаясь «неартикулированным» на индивидуальном или групповом уровне, тем не менее проявлялся в патриотическом поведении.

В свете новейших исследований, посвященных формированию идентичности в современных государствах[100], в трактовке патриотизма появляются дополнительные возможности и оттенки. Выше уже отмечалось, что патриотический дискурс может служить источником для анализа идей, образов и смыслов официальной идеологии и одновременно отображать «набор» установок, характерных для исторического субъекта. Поэтому было бы интересно связать рассмотрение патриотизма с проблемой сталинской «субъективности», активно обсуждавшейся в 1990-е – начале 2000-х гг.[101] В данной монографии субъективность интерпретируется так, как это предлагает Й. Хелльбек, базируясь на постструктуралистских теориях научного познания и концепции М. Фуко: «"Я", отражающее то, как индивидуумы концептуализируются извне или концептуализируют себя сами, не есть некая данность, оно подвержено историческим изменениям. Такое "Я" создается в процессе взаимодействия предписаний и практик, которые изменяются во времени и пространстве, направлены на индивидуумов и побуждают их к определенному образу жизни и к стремлению к определенным целям»[102]. Сталинский субъект выступает в данном случае не как простой реципиент официального дискурса, принимающий или отторгающий его, а как своего рода творческая личность, преобразующая себя в процессе этого восприятия.

Одним из важных моментов для интерпретации советского патриотизма является вектор этого преобразования – не только социальная мимикрия, активная/пассивная оппозиция режиму или бегство от действительности, но и формирование сталинской субъективности как «позитивного проекта со своими собственными представлениями о смысле жизни, счастье и проч.»[103] Признание элемента «веры» в жизненных установках сталинского субъекта, апроприации элементов идеологии или коммунистического мировоззрения не опровергает, на мой взгляд, положения о том, что это «присвоение» официальной семантики могло идти по самым разным каналам индивидуального и группового опыта и «выкладывать» разные «фрагменты» советской идентичности.

Понятие идентичности является следующим опорным моментом гипотезы, призванной объяснить феномен советского патриотизма. В данном исследовании я отталкиваюсь от концепции «множественной идентичности». Ее суть С. Ушакин изящно описал в одной из своих статей: «Для того чтобы стать членом сообщества – т.е. для того чтобы занять *определенное/определяемое место* в рамках этого сообщества, – каждый индивид вынужден полагаться на принятый в данном обществе ассортимент средств самовыражения. Способность сочетать многочисленные, отличные друг от друга и реально используемые системы символов (*дискурсивных практик*) позволяет индивиду одновременно занимать различные статусные позиции. Обычно системы знаков, с помощью которых описываются позиции индивида, а также с помощью которых он сам описывает свое место в обществе, понимаются как непротиворечащие и/или дополняющие друг друга. В рамках символического фундаментализма этот факт внешней непротиворечивости понимается как проявление установленной иерархии дискурсов, благодаря которой одни из них рассматриваются как определяющие, а другие – как маргинальные»[104].

Такой подход расширяет возможности интерпретации патриотизма, позволяя рассматривать его как один из элементов «множественной идентичности», который вполне может выступать в сочетании с другими элементами – этнической, социальной или локальной самоидентификацией, а также успешно комбинироваться с оппозиционными настроениями и критицизмом по отношению к государству. Он же позволяет релятивировать значимость вопроса о дефиниции: советский патриотизм, национал-большевизм или какое-либо другое конвенционное научное понятие или комбинация понятий – суть лишь идеальные типы, схемы, которые исследователь приписывает самой коммуникативной практике и которые на самом деле «маркируют» лишь особенности той или иной интерпретации. Представляется, что следует более осторожно подходить к попыткам переноса характеристик групповой интерпретации дискурса на весь семантический комплекс в целом.

Вспомогательную роль при рассмотрении особенностей трансформации официального дискурса о «любви к социалистической Родине» на уровне различных социальных групп играет актуальная парадигма исследования эмоционального. В ней эмоции анализируются не как неструктурированные феномены, нуждающиеся в контроле, а как инструменты, помогающие субъекту ориентироваться в общественной ситуации и формировать подходящие стратегии адаптации[105]. Как показывает анализ общих подходов к патриотизму, функциональное понимание патриотических чувств как эффективного адаптационного механизма социализации прочно утвердилось в отечественном обществознании. Этот слабо отрефлексированный компонент российских концепций, вероятно, был органично усвоен современниками из традиционного позиционирования патриотизма в официальной политической педагогике.

Следующим важным звеном для интерпретации сталинского варианта «объединяющего» дискурса являются понятия социальных практик, габитуса[106] и социальных норм. Необходимо подчеркнуть, что механизмы интериоризации семантического пространства советского патриотизма были тесно связаны со сталинскими «проектами» социального дисциплинирования и формирования Нового советского человека. Внедрение и институционализация социальных практик «буржуазного» и «общеевропейского», по сути, характера (от основ личной гигиены до этического нормопроизводства) были уложены в контекст социалистической идеологии в ее сталинской интерпретации. Идеальный образ советского «нормализованного» (М. Фуко) субъекта был сложной комбинацией из буржуазных добродетелей, универсальных гендерных образцов эпохи, коммунистических паролей и «переходного» (от традиционного к модерному) габитуса. Парамилитаристскую организацию «Осоавиахим» можно рассматривать как способ и одну из форм институционализации желательных режиму массовых социальных практик – городского способа структурирования свободного времени, культивирования здорового тела, повседневных ритуалов выражения лояльности режиму и др.

При изучении функциональной стороны патриотизма – патриотической мобилизации – для анализа была привлечена теория социальной мобилизации, разработанная социологами во второй половине XX в. для изучения коллективного поведения и общественных движений. Первоначально она применялась исключительно при характеристике процессов в некоммунистических обществах. Сегодня теория социальной мобилизации широко используется при характеристике социально-политических процессов в странах с коммунистической и посткоммунистической идеологией[107]. Представляется правомерным рассматривать сталинскую патриотическую мобилизацию как одну из форм социальной мобилизации, специфика которой определяется лозунгами, целевой направленностью, а также особенностью институциональных форм и технологий мобилизации[108]. В систему мотивационных факторов коллективного поведения включается не только депривация или индивидуальное/коллективное недовольство субъектов, но и групповая солидарность.

Современная теория социальной мобилизации подчеркивает значение целевой деятельности политических и неполитических институтов по мобилизации ресурсов (теория мобилизации ресурсов)[109], а также важную роль средств массовой информации и коммуникации в формировании современных образцов социального поведения. Интересным для анализа поставленной проблемы является вывод о том, что именно организации играют роль «посредников» в процессе интеграции маргинализированных или просто социально дезориентированных субъектов в новые формы социальной и политической жизни[110]. В более поздних вариантах теории социальной мобилизации организации, образующие кросс-локальные сети, рассматриваются как «агенты» мобилизации, через которые происходит изменение политических референций индивидуумов и образцов их поведения[111].

Такой подход позволяет еще раз привлечь внимание к таким ключевым проблемам истории сталинизма как мотивы коллективного поведения, способы взаимодействия государственной власти и субъекта в условиях тоталитарного общества, к особенностям моделирования социального пространства и формам политического или квазиполитического участия (partizipation). Кроме того, сталинские практики мобилизации анализируются не сами по себе, а как элемент тоталитарной общественной системы, повлиявший на формирование идентичности «сталинского субъекта». При анализе сталинской патриотической мобилизации особое внимание уделяется мобилизационным технологиям, формировавшим чувство ментальной «мобилизационной готовности», и институтам, обеспечивавшим патриотическую мобилизацию.

«Рабочим» понятием при рассмотрении советского патриотизма является также категория опыта[112]. Специфика межвоенного периода, связанная с тем, что будущий военный конфликт в значительной степени определял «горизонты ожидания»[113] большой политики и повседневности в странах Европы и в СССР, заставляет взглянуть на патриотический дискурс раннего сталинизма через призму актуализации опыта прошедших войн. Влияние опыта на семантический конструкт «советский патриотизм» прослеживается в способах формирования и «декодирования» официальных патриотических смыслов «военным поколением» – участниками Первой мировой и Гражданской войн. В эту группу включены как представители военно-политической советской элиты, высшие и средние осоавиахимовские функционеры, так и категория «красных партизан» – одна из целевых групп патриотической пропаганды. Отсутствие такого опыта, в свою очередь, влияло на специфическую, «романтическую» интерпретацию официального патриотизма послевоенным поколением советских граждан. В контексте опыта, приобретенного в ходе «переживания» войны, достаточно логично поддается интерпретации пронизанная насилием и насаждением военизированных форм дисциплины политическая практика сталинского руководства[114] вплоть до достижения общественного компромисса через насилие. В числе прочих институтов перевоспитания, унификации и дисциплинирования были армия[115] и Осоавиахим.

Набор методологических «инструментов» сам по себе свидетельствует о том, что предмет исследования, как он замышлялся первоначально, оказался весьма громоздким. Постепенно пришлось отказаться от намерения написать работу о советском патриотизме как таковом. И не только потому, что в этом случае пришлось бы привлекать все новые и новые источники и бесконечно расширять базу исследования. Главным было осознание фантомности советского патриотизма – сконструированного советской идеологией и историографией «феномена» массового сознания.

Официальный патриотический дискурс представлял собой крайне противоречивую, весьма динамичную, открытую и идейно не завершенную конструкцию, допускавшую множественность толкований и самые широкие возможности для интерпретации. Этот факт был одновременно и источником его силы, и причиной слабости. Как объединяющий нарратив советский патриотизм оказался успешнее, чем проекты наднациональной идеологии в поздней Российской империи. Причины этого нужно искать, вероятно, в том, что, с одной стороны, он был интегрирован в процесс масштабного и радикального преобразования всех аспектов существования наследства распавшейся империи. С другой – в его концептуальной аморфности и эклектичности. Дискуссионность официального патриотизма проявлялась уже на уровне его «творцов»: в подходах советского военно-политического руководства к проблеме патриотического воспитания, в вопросах использования опыта войн, в обсуждении контуров программы военизации населения и функций организации «Осоавиахим».

Анализ групповых механизмов рецепции официального патриотизма подтверждает многообразие путей апроприации предлагавшихся «сверху» образов и смыслов, маркированных режимом как патриотические. У определенных социальных групп «присвоение» патриотики происходило на основе веры в коммунистические идеалы. Для других репрезентации патриотизма были своеобразной «одеждой», спасавшей от риска оказаться «голым королем» в толпе своих единообразно одетых соотечественников. Третьи вообще не утруждали себя освоением патриотической риторики.

Другой аспект рецепции официального патриотизма связан с советскими практиками военно-патриотического воспитания. Общемировые и внутриполитические тенденции, влиявшие на формирование сталинской патриотики (ожидание новой мировой войны, эсхатологические образы этой войны в довоенном сталинизме, культ технического прогресса и популярность всего военного, насильственные практики режима), придавали ему милитаризированный характер. Этот факт нашел свое отражение в институциональном измерении. Творцами и проводниками концептуальных моментов официального дискурса были самые разные партийно-политические и культурные учреждения эпохи сталинизма – начиная от ВКП(б), комсомола и заканчивая сталинским кинематографом и литературой социалистического реализма. Прикладные компоненты патриотического воспитания были сферой деятельности специально созданной организации – военно-патриотического общества «Осоавиахим», в которой вопросы формирования советских патриотов были тесно связаны с обучением военным навыкам, дисциплинированием, воспитанием антипацифистских установок.

Одновременно Осоавиахим был институтом, в рамках которого при помощи различных мобилизационных технологий и социальных практик создавалось «поле» для формирования эмоциональных связей и рациональных убеждений, в дальнейшем инструментализированных режимом и репрезентированных как патриотические. На уровне повседневной жизни и индивидуального/группового восприятия сталинского субъекта эти практики (спортивные мероприятия, военизированные походы, обучение в аэроклубах) не обязательно воспринимались как «упражнения» в патриотизме. Тем самым создавалась основа для реализации неартикулированного патриотизма.

Провинциальные общества Осоавиахима оказались менее успешными в вопросах военно-патриотического воспитания, чем организации столицы и Ленинграда. Кадровых, финансовых и материально-технических ресурсов советской периферии едва хватало на обеспечение минимального набора функций Союза Осоавиахим – сбора членских взносов, организации обучения обязательных резервов для РККА, создания сети аэроклубов. Тем не менее даже провинциальные организации выступали в качестве инстанций адаптации, интеграции и формирования сталинского субъекта, конечный результат которых во многом зависел от индивидуальных установок исторических акторов.

Таким образом, патриотизм, не будучи массовым феноменом и универсальной характеристикой сталинской субъективности, присутствовал в самых разнообразных формах проявления (комплекс эмоциональных привязанностей локального характера, вера в коммунистические идеалы и т.п.) как компонент множественной идентичности советского человека.

Ориентация в пространстве и времени

Размышления над тем, как лучше «локализовать» исследование географически, оказались нелегким делом. Велико было искушение смоделировать особое региональное пространство и включить в книгу еще один раздел, посвященный особенностям «пространственного» измерения патриотизма. Тем более что за последние годы появились интересные исследования, посвященные формированию пространственных представлений в СССР. Так или иначе эти исследования затрагивают проблему конструирования таких риторических фигур патриотизма, как «отечество»[116]. Но вскоре от этой мысли пришлось отказаться в пользу прагматичного выбора «реализуемых» территориальных «рамок».

В рассматриваемый хронологический период – конец 1920-х – 1930-е гг. – уральский край подвергался неоднократным административно-территориальным преобразованиям. Уезды и кантоны, округи и районы тасовали словно колоду карт, «передавая» и «переподчиняя», «укрупняя» и «разукрупняя», часто без учета сложившихся традиций и особенностей национального состава населения. 3 ноября 1923 г. постановлением ВЦИК в регионе были ликвидированы губернии и образована Уральская область[117]. В составе области были выделены 15 округов: Златоустовский, Нижне-Тагильский, Курганский, Троицкий, Челябинский,

Екатеринбургский (затем Свердловский), Верхне-Камский, Коми-Пермяцкий, Шадринский, Ишимский, Кунгурский, Тюменский, Тобольский, Сарапульский, Ирбитский. Структура, состав и численность округов несколько раз изменялись. Постановлением ЦИК и СНК СССР от 23 июля 1930 г. округи были упразднены[118]. Входившие в их состав районы стали напрямую подчиняться Уральскому облисполкому. 17 января 1934 г. по постановлению Президиума ВЦИК было проведено разукрупнение Уральской области и на ее территории были образованы Свердловская, Обь-Иртышская и Челябинская области. В 1938 г. из Свердловской была выделена Пермская область.

Таким образом, в рассматриваемый период край представлял собой сложную и динамичную с политико-административной точки зрения картину. Необходимо отметить, что уже на заре XX в. Урал был исторически сложившимся многонациональным регионом. Активное проникновение сюда славянских народов началось с XV в. в ходе колонизации восточных окраин Московским государством и усилилось в XVIII столетии в результате политики Российской империи по созданию восточной оборонительной линии. Наряду с русскими, которые к началу XX в. стали доминирующей национальной группой населения, в первой трети столетия на Урале проживали башкиры, татары, тептяри, коми, чуваши, мари и др. народы. В 1920-е – 1930-е гг. в состав региона входили нерусские территории, получившие административный статус национальных округов: Коми-Пермяцкий национальный округ (образован 26 февраля 1925 г.), Ямало-Ненецкий и Остяко-Вогульский[119] (образованы 10 декабря 1930 г.). Помимо этого на территории Уральской области были районы компактного проживания нерусского населения, не имевшие статуса национальных административных единиц. В 1925 – 29 гг., по официальным данным, здесь насчитывалось 128 национальных сельских советов.

Этнический состав уральского населения был достаточно пестрым, что было одним из наиболее явных последствий колонизации окраин в Российской империи. По данным переписи 1926 г., которые приводит В.Б. Жиромская, в Уральской области проживали русские (91,2 %), татары (2,9 %), пермяки (2 %), башкиры (0,9 %), а также менее многочисленные группы нагайбаков, вогулов, марийцев, удмуртов, мордвы, чувашей и других народностей. К концу 1930-х гг. этнодемографическую картину на Урале в целом изменил процесс коллективизации и раскулачивания. Край стал местом ссылки для представителей различных народов. Особенно резко – в десятки раз – увеличилось количество проживавших в регионе украинцев[120].

В результате сочетания прагматичного подхода и «неблагоприятных» объективных факторов[121] я «волюнтаристски» ограничила исследуемый регион пределами Уральской области (1923–1934 гг.), а после ее разукрупнения – Свердловской, Челябинской и Пермской областями. Так как деятельность оборонного общества «Осоавиахим» в национальных районах Уральской области нашла весьма слабое отражение в связи с тем, что военно-патриотическая работа там почти не велась, решено было изучить материалы Башкирской автономной республики. Она не вошла в Уральскую область в качестве ее административно-хозяйственной единицы, но географически традиционно считалась частью «Большого Урала».

Башкирия первой в РСФСР получила статус автономной республики. Днем основания «Малой Башкирии» считается 23 марта 1919 г., когда в печати было опубликовано «Соглашение центральной Советской власти с Башкирским правительством о Советской Автономной Башкирии». В 1922 г. в результате административно-территориальных приращений появилась «Большая Башкирия» со столицей в г. Уфе. В Башкирской автономной республике, несмотря на ее статус национального образования, доминировали русские – 40 %, башкиры составляли 23,5, татары – 22,4, чуваши – 3, марийцы – 3 % населения. Здесь же обитали и менее многочисленные представители других народов (например, украинцы, немцы и проч.). К 1939 г. соотношение национальных групп в Башкирии несколько изменилось: численность русских и татар возросла (до 40,6 и 24,6 % соответственно), а численность башкир снизилась (до 21,2 %). Сокращение башкирского населения было вызвано, как пишет В.Б. Жиромская, высокой смертностью в этой этнической группе, в том числе вследствие голода начала 1930-х гг. Материалы башкирского Осоавиахима привлекались к исследованию лишь частично. Как и все фонды Осоавиахима, они весьма объемны и заслуживают специального, более глубокого изучения.

Хронологически исследование охватывает два предвоенных десятилетия. Нижняя временная граница исследования – 1927 год, когда была создана объединенная парамилитаристская организация «Осоавиахим». Хотя в работе можно найти экскурсы в более ранние периоды, объясняющие те или иные тенденции в области военно-патриотического воспитания. Великая Отечественная война образует важную веху в истории официального патриотического дискурса и патриотического этоса населения, которая привела к существенным корректировкам официального патриотического дискурса, в том числе в сторону усиления элементов русского национализма.

Объять необъятное: источники по истории военно-патриотического воспитания и обучения

Начиная работать над темой, я и не подозревала, что в какой-то момент почувствую себя персонажем нравоучительной детской сказки – лягушкой, попавшей в кувшин с молоком. Первоначальный замысел, в котором для изучения поставленных проблем планировалось привлечь по возможности разнообразный массив источников, съежился, как «шагреневая кожа». Причиной тому была масштабность архивных фондов организаций Союза Осоавиахим. Для того чтобы собрать необходимый материал, пришлось основательно «поработать лапками», переворачивая груды папок с бесконечными информационными сводками, печатными и рукописными отчетами, необъятными стенограммами пленумов и совещаний и т.п. В определенный момент стало ясно, что Осоавиахим действительно был «миллионной» организацией, хотя бы и на бумаге. Не намереваясь заниматься этой темой всю оставшуюся жизнь, я решила отказаться от принципа максимального разнообразия источников, в частности, от привлечения категорий документов, не относящихся непосредственно или не перекликающихся с «наследием» военно-патриотической организации (например, от широкого привлечения прессы или источников личного происхождения). Решение не безупречное с точки зрения исследователя – на одном из научных семинаров в университете Германии, где я выступала с докладом, описание корпуса источников сразу же стало предметом жесткой критики со стороны бескомпромиссных немецких коллег. Как же можно искать патриотизм там, где его наверняка не было, а была лишь формализованная партийная риторика на эту тему? – примерно так прозвучал упрек.

Позднее стало понятно, что при всей вынужденности решения об ограничении круга источников, в нем был свой резон. Именно в Осоавиахиме коммуникация на тему патриотизма была наиболее интенсивной, так сказать, «по долгу службы» и одновременно наиболее рутинной, повседневной практикой. Эти два аргумента позволяли надеяться на то, что в фондах военно-патриотической организации найдутся документы, которые позволят реконструировать особенности групповых интерпретаций патриотического дискурса и патриотический «габитус» советского населения в условиях, когда война еще не стала повседневностью. С другой стороны, материалы, осевшие в фондах военно-патриотической организации, оказались весьма разноплановыми: от отчетов и стенограмм конференций, съездов и пленумов, содержавших любопытные факты групповых и индивидуальных патриотических репрезентаций, до статистических отчетов и материалов контрольных проверок, позволявших реализовать подходы социальной истории.

Таким образом, основной «корпус» источников составили материалы организаций Осоавиахима, отложившиеся в центральных (ГАРФ) и местных архивах (ОГАЧО, ГАСО, ГОПАПО, ГАНИОПДПО, ЦГИА РБ). В фондах Осоавиахима сохранились главным образом документы организационного характера: постановления съездов Осоавиахима и пленумов Центрального совета Осоавиахима, решения и постановления советов организаций Осоавиахима на местах, отчеты, статистика, материалы обследования локальных военно-патриотических организаций и работы ревизионных комиссий, планы проведения массовых военно-спортивных мероприятий и др. К этому же типу документов относятся материалы рассмотрения вопросов о деятельности организаций Осоавиахима в партийных инстанциях различного уровня, регулярно встречающиеся в фондах партийных организаций и руководящих партийных органов на местах (ОГАЧО, РГАСПИ, ЦГАОО РБ, ЦДООСО).

Официальные постановления руководящих организаций Осоавиахима по различным вопросам деятельности оборонного общества публиковались в специальной прессе – «Бюллетене Осоавиахима» и журнале «Осоавиахим». Многие решения ЦС Осоавиахима издавались типографским способом и рассылались на места, в связи с чем целый ряд приказов и постановлений сохранился в фондах уральских отделений. Во многих случаях они будут цитироваться именно по этим «находкам», так как по объективным причинам на исследования в местных уральских архивах пришлось больше времени. Этот комплекс документов характеризует институциональные и организационные основы деятельности Осоавиахима, практики патриотической мобилизации, официальный патриотический дискурс эпохи сталинизма и его интерпретации осоавиахимовскими функционерами разных уровней. В последнем случае весьма плодотворным оказалось изучение стенограмм пленумов оборонных обществ.

При изучении концепций военно-патриотической организации и военно-патриотического воспитания, а также связи этих концепций с разработкой в СССР военно-стратегических проблем будущей «империалистической» войны, были использованы архивные материалы Штаба (Главного Штаба) Красной Армии и материалы Военно-исторической комиссии при ГШ РККА (РГВА): аналитические записки различных управлений РККА, работы Военно-исторической комиссии по изучению опыта войн. Для анализа этой проблемы привлекались также опубликованные труды военных руководителей рассматриваемого периода (М.В. Фрунзе, М.Н. Тухачевского, А.И. Верховского, А.А. Свечина и др.)[122].

К числу интересных и информативных находок можно отнести документы личного фонда одного из сотрудников Военно-исторической комиссии Е.З. Барсукова (РГВИА), которые позволяют реконструировать позицию советского руководства в вопросе использования опыта прошедших войн, а также первые попытки реализации идей военно-патриотического воспитания и обучения. Аспекты практической работы военно-патриотических организаций в центре и на местах (программы, комплексы «оборонных норм», методики обучения военным навыкам) нашли отражение в фондах местных организаций Осоавиахима, а также в учебной литературе системы Осоавиахима, изданной в рассматриваемый период[123].

Комплекс документов, на основе которого можно было бы реконструировать особенности групповых интерпретаций советского патриотизма (гендерных, локальных, национальных групп), оказался, естественно, не столь обширным. Для рассмотрения этого вопроса были привлечены письма советских граждан «во власть», затрагивающие вопросы внешней политики и будущей войны, заявления и письма молодежи в комиссии по приему в военные и авиационные школы, отклики советских граждан на мобилизационные кампании сталинского режима, отчеты органов политического контроля в армии и Осоавиахиме.

Материалы женской секции Уралосоавиахима дают представление о «женской политике» внутри парамилитаристской организации и об особенностях «женского» патриотического этоса. Также для анализа групповых интерпретаций были привлечены опубликованные источники – воспоминания советских людей, относящиеся к этому периоду в целом или непосредственно затрагивающие вопросы военно-патриотической работы и историю организации Осоавиахима[124]. Осветить этот аспект помогли и материалы локальной прессы межвоенного периода[125], в которых публиковались письма и отклики граждан на мобилизационные кампании, призывы в армию, события, служившие поводом для патриотических кампаний и основой патриотического воспитания (спасение челюскинцев, дальние авиаперелеты и советские рекорды и др.). Особую группу источников по этой теме составляют интервью, собранные методом неформализованного, глубокого интервьюирования. Группу респондентов составили ветераны Великой Отечественной войны, проживающие в городе Челябинске[126].

При написании третьей главы, посвященной характеристике локальных организаций Осоавиахима, социально-историческим аспектам истории военно-патриотических организаций, таким как анализ гендерного, национального и социального деления осоавиахимовцев, социальным практикам руководящего состава локальных организаций Осоавиахима и его рядовых членов, был использован еще один корпус источников. Его «ядро» образуют материалы личного происхождения (анкеты, личные карточки, автобиографии руководителей местных организаций Осоавиахима), а также отчеты и информационные сводки ревизионных комиссий Осоавиахима.

Необходимые пояснения

Возможно, кому-то структура книги покажется несколько нерациональной. Гораздо логичнее и проще было бы выстроить историю военно-патриотической организации «Осоавиахим» в хронологическом порядке (например, по пятилеткам, как это делали советские исследователи), по мере повествования вплетая в нее рассуждения о советском патриотизме. Но такой подход не отвечает замыслу исследования. В первой главе мне хотелось показать не только и не столько элементы официального советского патриотизма (риторические фигуры, идеологические пароли и семантические комплексы), сколько попытаться реконструировать истоки, основу и концепции складывающихся патриотических практик сталинского режима. Исходя из этого была сокращена описательная, по сути, часть исследования, в которой представлены ключевые образцы официального патриотического нарратива. Одновременно значительная часть первой главы монографии посвящена рассмотрению проблемы взаимосвязи опыта прошедших войн, представлений о будущей войне и выработки концепции военно-патриотического воспитания и обучения советского населения.

Блок, посвященный групповым интерпретациям официального патриотического дискурса, сформировался в какой-то степени в результате «следования» за источником. В ходе изучения фондов Осоавиахима были обнаружены перекликающиеся с темой материалы. Они позволили охарактеризовать патриотические саморепрезентации трех больших групп советского населения межвоенного СССР – молодежи, «красных партизан» и нерусских красноармейцев. Не претендуя на полноту реконструкции, эти сюжеты, как мне кажется, демонстрируют различные пути апроприации официального патриотизма, особенности групповых интерпретаций и специфику целевых мобилизационных технологий сталинского режима.

Во второй главе рассматриваются институциональная история Осоавиахима и его уральской организации, особенности патриотических и мобилизационных практик сталинского режима, в том числе в их прикладных аспектах. В третьей главе предпринята попытка реконструкции социальной истории Осоавиахима.

В связи с тем, что в организационной и повседневной деятельности оборонного общества использовалось множество громоздких терминов, ради экономии места и времени, а также из желания облегчить «работу» читателя я решила последовать примеру осоавиахимовских функционеров и использовать аббревиатуры. Кроме этого, они часто встречаются в цитируемых документах. В первый раз аббревиатуры расшифровываются (за исключением некоторых, общепринятых в историографии советского периода), в дальнейшем используются именно сокращенные формы названий. Поэтому перед началом и в процессе чтения рекомендуется заглядывать в список сокращений и пояснений. В этом же списке можно найти разъяснение некоторых понятий эпохи и производственно-географических названий.

Ради удобства читателя было также принято решение о вынесении некоторых сведений информационного характера в приложения. Упомяну также, что при цитировании документов сохранены их стилистические и орфографические особенности.

Примечания

[1] См.: Красная Звезда. 2005. 31 августа; полный текст программы см. также на официальном сайте Министерства образования и науки РФ: http://www.ed.gov.ru/junior/new_version/gragd_patr_vospit_molod/gosprog/

[2] См.: http://www.ed.gov.ru/junior/new_version/gragd_patr_vospit_molod/1641/

[3] См.: *Малинкин А.Н.* «Новая российская идентичность»: исследование по социологии знания. Опубл. на: http://knowledge.isras.ru/sj/sj/sj4-01mal.html

[4] *Маргарил С.* Патриотизм гражданский или военизированный: Полемика с Владимиром Пехтиным// Независимая газета. 2001. 13 октября. См. также: http://www.ng.ru/polimics/2001-10-03/10 potehin.html

[5] См.: Управляемый патриотизм// Известия. 2005. 20 июля.

[6] Brockhaus Enzyklopädie in zwanzig Bänden. Bd. 14. Wiesbaden, 1972. S. 304.

[7] См.: *Fuchs P.* Vaterland, Patriotismus und Moral. Zur Semantik gesellschaftlicher Einheit// Zeitschrift für Soziologie. 1991. № 2. S. 89–103.

[8] Этимологические тайны русской орфографии. Словарь-справочник. М., 2006. С. 211.

[9] БЭС. СПб., 1993. С. 980.

[10] *Ожегов Т.И., Шведова Н.Ю.* Толковый словарь русского языка. Изд. 3-е. М., 1995. С. 486.

[11] *Хан-Пира Эр.* Лукавая синонимика// Знамя. 2001. № 1. С. 167-170.

[12] Там же.

[13] *Janowitz M.* The Reconstruction of Patriotism. Education for Civic Consciousness. Chicago, 1983. P. 8-9.

[14] См.: *Fuchs P.* Vaterland, Patriotismus und Moral...; *Kluxen-Pyta D.* Nation und Ethos. Die Moral des Patriotismus. Freiburg, Muenchen, 1991. S. 158-164.

[15] *Jahn H. F.* Patriotic Culture in Russia during World War I. Ithaca, London, 1995. P. 4.

[16] См, например: *Birtsch G., Schroeder M.* (Hrsg.). Patriotismus in Deutschland. Trier, 1993. S. 2-3.

[17] См.: *Weigelt K.* (Hrsg.). Patriotismus in Europa. Festgabe fuer Professor Dr. Bruno Heck zum 70. Geburtstag. Bonn, 1988; *Kronenberg V.* Patriotismus in Deutschland. Pespektiven für eine weltoffene Nation. Wiesbaden, 2006.

[18] См.: *Кольцова В.А., Соснин В А.* Социально-психологические проблемы патриотизма и особенности его воспитания в современном российском обществе// Психологический журнал. 2005. № 4. С. 90.

[19] *Schierle I.* «Otečestvo» – Der russische Vaterlandsbegriff im 18. Jahrhundert// Kultur in der Geschichte Russlands. Räume, Medien, Identitäten, Lebenswelten / B.Pietrow-Ennker (Hrsg.). Göttingen, 2007. S. 143-162.

[20] *Schierle I.* «Otečestvo»; *Schierle I.* «Syn otečestva»: der «wahre Patriot»// Russische Begriffsgeschichte der Neuzeit. Beiträge zu einem Forschungsdesiderat / Thiergen P. (Hrsg.). Köln, Weimar, Wien, 2006. S. 347-367.

[21] *Вишневский А.* Серп и рубль. М., 1998. С. 229.

[22] *Hobsbawm E. J.* Nationen und Nationalismus. München, 1996. S. 148.

[23] Приводить обширные библиографические данные, касающиеся упомянутой литературы, не представляется возможным и, главное, необходимым. В качестве примера укажем лишь несколько названий: Актуальные вопросы военно-патриотического воспитания трудящихся: Сб.статей. М., 1980; *Чуговцев В.Н.* Военно-патриотическое воспитание в условиях развитого социализма. Л., 1980; *Дерюгин Ю.И.* Военно-патриотическое воспитание молодежи. М., 1987; *Анохин А.И.* Будь готов к защите Родины: Учеб. пос. для политзанятий с курсантами школ ДОСААФ СССР. М., 1987 и др. Наличие обширной литературы на военно-патриотическую тематику демонстрируют также специализированные библиографические указатели. См., например: Патриотическое и интернациональное воспитание советской молодежи: Рек. указ. лит. М., 1988.

[24] См., например: *Щур П.* Советский патриотизм – движущая сила развития социалистического общества: Дисс... канд. фил. наук. М., 1950; О советском патриотизме: Сб. статей. Изд. 2-е. М., 1952; *Губанов Н.И.* Отечество и патриотизм. М., 1960; *Макаров В.В.* Патриотизм как явление общественного сознания: его источники и структура: Автореф. дисс. ... канд. филос. наук.

Волгоград, 1969; *Копылов И.Я.* Советский патриотизм – патриотизм высшего социалистического типа. М., 1982; *Семиохин А.М.* КПСС и патриотическое воспитание трудящихся. Тула, 1981; *Саидкасимов С.С.* Советский человек – патриот-интернационалист. Ташкент, 1982; Патриотическое сознание: сущность и формирование/ Отв. ред. В.И. Бойко. Новосибирск, 1985; *Мирский Р.Я.* Советский патриотизм – патриотизм высшего социалистического типа: Автореф. дисс. ... д-ра филос. наук. М., 1987 и др.

25 *Волкогонов Д.А.* Психологическая война: Подрывные действия империализма в области общественного сознания. М., 1983. С. 264.

26 Там же.

27 Там же. С. 266.

28 *Ярышева Г.* Ленин и Сталин о создании и развитии советского многонационального государства: Дисс... канд. ист. наук. М., 1949; *Матюшкин Н.И.* Советский патриотизм – могущая движущая сила социалистического общества. М., 1952; О советском патриотизме...; *Скрыльник А.И.* В.И. Ленин о патриотическом воспитании. М., 1980; *Давыдков И.А.* КПСС о патриотическом и интернациональном воспитании трудящихся. Л., 1982; *Петросян Ю.Е.* Ленинская концепция социалистического патриотизма: Автореф. дисс. ... канд. филос. наук. М., 1990.

29 *Терентьев А.А.* Патриотизм и русское национальное самосознание. Нижний Новгород, 2005. С. 8.

30 *Лутовинов В.И.* Российский патриотизм: история и современность// Евразийский вестник. 2006. № 17. Опубл. на: http://www.rusidea.ru/?part=76&id=674

31 *Терентьев А.А.* Патриотизм... С. 8.

32 См.: *Лутовинов В.И.* Российский патриотизм...

33 См.: *Кольцова В.А., Соснин В.А.* Социально-психологические проблемы патриотизма. С. 89.

34 Весьма показательным для российских исследователей является приводимый психологами пример проявления высших чувств: «Родина – это "духовная реальность", поэтому духовно мертвый человек не может любить свою Родину, быть патриотом...» См.: Там же. С. 91.

35 Там же. С. 91-93.

36 См.: *Лутовинов В.И.* Российский патриотизм...

37 *Терентьев А.А.* Патриотизм... С. 9.

38 Там же. С. 14, 25.

[39] Там же. С. 17-18.

[40] *Лутовинов В.И.* Российский патриотизм...

[41] Там же.

[42] *Терентьев А.А.* Патриотизм... С. 23.

[43] *Лутовинов В.И.* Российский патриотизм...

[44] *Малинкин А.Н.* Социальные общности и идея патриотизма. Опубл. на: http://www.nir.ru/sj/sj/sj3-4-99malin.html. См. также: *Малинкин А.Н.* Понятие патриотизма: эссе по социологии знания // Социологический журнал. 1999. N 1/2. Опубл. на: http://www.socjournal.ru/article/275

[45] *Белый А.Е.* Патриотический и интернациональный подвиг советского народа в Великой Отечественной войне. Минск, 1981; *Синицин А.М.* Всенародная помощь фронту: О патриотических движениях советского народа в годы Великой Отечественной войны 1941–1945 гг. М., 1985; *Ахмадиев Т.Х.* Ратные подвиги воинов из Башкирии на фронтах Великой Отечественной войны // Во имя Победы: Из истории Башк. АССР периода Вел. Отеч. войны. Уфа, 1986. С.11-24; Патриотическое воспитание молодежи на героических традициях партии и народа: К 40-летию Победы советского народа в Великой Отечественной войне: Сб.статей. Омск, 1984; *Шевчук И.О.* Подвиг советского народа в Великой Отечественной войне – вдохновляющий источник патриотического воспитания. Таллинн, 1985; *Ильясов А.В.* Идеологическая работа партийных организаций Урала в годы Великой Отечественной войны, 1941–1945 гг.: Автореф. дис. ... канд. ист. наук. М., 1986; *Мамедова А.А.* Художественная самодеятельность как средство патриотического воспитания в годы Великой Отечественной войны: Автореф. дис. ... канд. пед. наук. Л., 1987; *Юрьев В.А.* Великая Отечественная война: Интернационализм и патриотизм советского народа в годы суровых испытаний. М., 1996; *Попова В.В.* Механизмы формирования патриотического сознания населения в годы Великой Отечественной войны: На материалах Москвы и Московской области: Автореф. дис... канд. ист. наук. М., 2003; *Вдовина А.А.* Патриотизм и общественно-политическая деятельность женщин Урала в годы Великой Отечественной войны: Дис. ... канд. ист. наук. М., 2005 и др.

[46] *Смирнов В.А.* Партийное руководство оборонно-массовой работой в 1938-1945 гг.: На материалах Саратовской области. Саратов, 1981; *Гошуляк В.В.* Очерки истории оборонно-массовой работы партии в годы довоенных пятилеток, 1929 – июнь 1941 гг.

Одесса, 1989; *Гошуляк В.В.* Оборонно-массовая работа партии в годы довоенных пятилеток, 1929 – июнь 1941 гг. М., 1989; *Зейналов Р. Э.* Военное строительство-военно-патриотическая и оборонно-массовая работа в Азербайджанской ССР в период строительства социализма (1920 – июнь 1941 г.). Баку, 1990; *Храмцов В.И.* Массовая оборонная работа Советов в Среднем Поволжье, 1926 – июнь 1941 гг.: Дисс. ... канд. ист. наук. Саранск, 1994; *Олейник О.Ю.* Интеллигенция и отечество: Проблема патриотизма в советском обществе и российском зарубежье в 30-е гг. XX в.: Дисс. ... д-ра ист. наук. Иваново, 1998; *Богуцкий А.В.* Оборонно-массовая работа в Алтайском крае накануне и в годы Великой Отечественной войны: 1938 – 1945 гг.: Автореф. дисс. ... канд. ист. наук. Барнаул, 2001; *Прилуцкий В.В.* Деятельность государственных органов и общественных организаций по военно-патриотическому воспитанию населения СССР, 1922 – июнь 1941 гг.: Дисс. ... д-ра ист. наук. М., 2001; *Моисеев В.И.* Военно-патриотическое воспитание и подготовка молодежи к защите Отечества в 1921 – 1941 гг.: На материалах Петрограда – Ленинграда и Ленинградской области: Дисс. ... канд. ист. наук. СПб., 2002; *Родионова И.В.* Механизмы формирования патриотического сознания населения в 1930-е гг.: На материалах РСФСР: Автореф. дисс. ... канд. ист. наук. М., 2004; *Казимиров И.Н.* Оборонно-массовая работа в Среднем Поволжье в годы первых пятилеток: 1928–1937 гг.: Дисс. ... канд. ист. наук. Пенза, 2005.

[47] ДОСААФ СССР – массовая оборонно-патриотическая организация советского народа. М., 1980; Дважды орденоносное оборонное: Книга о ДОСААФ СССР, о возникновении и развитии общества, его военно-патриотической деятельности, вкладе в укрепление оборонного могущества страны. М., 1983; *Шахмарданов Д.Д.* ДОСААФ СССР – школа патриотизма и мужества. Ашхабад, 1987; ДОСААФ – Родине: Книга о ДОСААФ, его военно-патриотической, оборонно-массовой, учебной и спортивной деятельности. М., 1987; *Анохин А.И.* В труде и боях закаленное: Очерк истории оборонного общества. М., 1998; *Клименко Н.* Свердловская областная ОСТО: 75 лет служения Отечеству. Екатеринбург, 2001; Магнитогорская оборонная спортивно-техническая организация/ Под общ. ред. В.К. Муровицкого. Магнитогорск, 2005.

[48] См.: *Устрялов Н.В.* Национал-большевизм. М., 2003.

[49] *Barghoorn F. G.* Soviet Russian Nationalism. New York, 1956.

[50] Ibid. P. 4-5.

[51] Ibid. P. 5.

[52] К вопросу о взаимоотношениях советского патриотизма и русского национализма см.: *Hildermeier M.* Verhinderte Nationen: zu einigen Merkmalen und Besonderheiten nationaler Bewegungen in Russland und der Sowjetunion// Archiv für Sozialgeschichte. 1994. № 34. S. 1–17; *Oberlaender E.* Sowjetpatriotismus und russischer Nationalismus// Die Russen: Ihr Nationalbewusstsein in Geschichte und Gegenwart / Kappeler A. (Hrsg.). Koeln, 1990. S. 83–90; *Bordjugov G.* Umorientierung der Staatsideologie und Kulturpolitik in den 30er und 40er Jahren// Kultur im Stalinismus: sowjetische Kultur und Kunst der 1930er bis 1950er Jahre / Gorzka G. (Hrsg.). Bremen, 1994. S. 29–38; *Brandenberger D.* Soviet social mentalité and Russocentrism on the Eve of War, 1936–1941// Jahrbücher für Geschichte Osteuropas. 2000. № 48. S. 388–407. Российский взгляд на эту проблему частично представлен в весьма политически заостренном сборнике «Россия в XX веке: Проблемы национальных отношений» (М., 1999).

[53] См.: *Brandenberger D.* National Bolshevism: Stalinist mass culture and the formation of modern Russian national identity, 1931 – 1956. Cambridge, 2002.

[54] *Константинов С.В.* Дореволюционная история России в идеологии ВКП(б) 30-х гг. // Историческая наука в России в XX веке. М., 1997. С. 226.

[55] *Barghoorn F. G.* Soviet Russian Nationalism...; *Besancon A.* Nationalism and Bolshevism in the USSR// The Last Empire: Nationality and the Soviet Future / Conquest R. (Ed.). Stanford, 1986. P. 1–14; *Agursky M.* The Third Rome: National Bolshevism in the USSR. Bolder, 1987; *Oberländer E.* Sowjetpatriotismus und russischer Nationalismus...; *Bordjugov G.* Umorientierung der Staatsideologie...; *Brandenberger D., Dubrovsky A.M.* «The People need a Tsar»: the Emergence of National Bolshevism as Stalinist Ideology, 1931–1941// Europe-Asia Studies. 1998. № 5. P. 871–890; *Brandenberger D.* Soviet social mentalitè and Russocentrism...; *Brandenberger D.* Proletarian Internationalism, «Soviet Patriotism» and the Rise of Russocentric Etatism during the Stalinist 1930s// Left History. 2000. № 6. P. 80–100; *Brandenberger D.* National Bolshevism...

[56] Основополагающей с 1970-х гг. была монография Р. Пайпса «The Formation of the Soviet Union. Communism and

Nationalism 1917–1923» (Cambridge, 1964). Из последних работ, подчеркивающих значение «сталинского поворота» для национального вопроса в СССР, см.: *Hildermeier M.*Verhinderte Nationen...

[57] *Hildermeier M.* Verhinderte Nationen... S. 12–13.

[58] См.: *Suny R.G.* The Revenge of the Past: Nationalism, Revolution, and the Collapse of the Soviet Union. Stanford, 1993. P. 4; *Baberowski J.* Der Feind ist überall: Stalinismus im Kaukasus. Muenchen, 2003. S. 204, 208-209.

[59] *Suny R.G.* The Soviet Experiment: Russia, the USSR, and the Successor States. New York, Oxford, 1998. P. 141.

[60] *Каппелер А.* Россия — многонациональная империя. Возникновение, история, распад. М., 1996.

[61] См.: *Hirsch F.* Empire of nations: colonial technologies and the making of the Soviet Union, 1917–1939. Ann Arbor, 1998; *Martin T.* The affirmative action empire. Nations and nationalism in the Soviet Union, 1923–1939. Ithaca, 2001; *Hirsch F.* Empire of nations: ethnographic knowledge & the making of the Soviet Union. Ithaca, Bristol, 2005.

[62] *Martin T.* The affirmative action empire... P. 78.

[63] *Hirsch F.* Empire of Nations... P. 8-9; *Hirsch F.* The Soviet Union as a work-in-progress: ethnographers and the category nationality in the 1926, 1937 and 1939 censuses//Slavic Review. 1997. № 2. P. 251-278.

[64] Интерес к конструкту «политическая нация» (civic nation) и «мультиэтничная нация» (multiethnic nation) особенно заметен в сборнике под редакцией Р. Суни и Т. Мартина «A State of Nations: Empire and Nation-Making in the Age of Lenin and Stalin» (Oxford, 2001). Р.Г. Суни в своей статье обосновывает взгляд на советский вариант решения национального вопроса как на продолжение имперской политики формирования мультиэтничной русской нации в рамках одного государства. См.: *Suny R.G.* The Empire Strikes Out: Imperial Russia, «National» Identity, and Theories of Empire// A State of Nations / Suny R.G., Martin T. (Ed.). P. 23-66. В рамках этой же концепции о «мультиэтничной нации» развивают свои идеи Т. Мартин и Дж. Санборн. См.: *Martin T.* The affirmative action empire...; *Sanborn J.* Family, Fraternity, and Nation-Building in Russia, 1905–1925// A State of Nations. P. 93-110; *Sanborn J.* Drafting the Russian Nation. Military Conscription, Total War, and Mass Politics, 1905-1925. Illinois, 2003.

[65] *Slezkine Y.* The USSR as a Communal Apartment, or How a Socialist State Promoted Ethnic Particularism// Slavic Review. 1994. № 2 (53). P. 414–452.

[66] Подробнее см. об этом: *Hirsch F.* The Soviet Union as a Work-in-Progress...; *Slezkine Yu.* From Savages to Citizens: The Cultural Revolution in the Soviet Far North, 1928–1938// Slavic Review. 1992. № 1 (51). P. 52–76; *Simonsen S. G.* Inheriting the Soviet Policy Toolbox: Russia´s Dilemma over Ascriptive Nationality// Europe-Asia Studies. 1999. № 6 (51). P. 1069–1087.

[67] *Kotkin S.* Magnetic mountain: Stalinism as a civilization. Berkeley, 1997.

[68] См. об этом в аналитических историографических статьях Д. Ливена, С. Коткина и Ю. Слезкина: *Lieven D.* Western Scholarship on the Rise and Fall of the Soviet Regime: The View from 1993// Journal of Contemporary History. 1994. № 2. P. 195–227; *Kotkin S.* 1991 and the Russian Revolution: Sources, Conceptual Categories, Analytical Frameworks// Journal of Modern History. 1998. № 2. P. 384–425; *Slezkine Yu.* Commentary: Imperialism as the Highest Stage of Sozialism// Russian Review. 2000. № 2. P. 227–234.

[69] См.: *Barkley K., Von Hagen M.* (Ed.). After Empire: multiethnic societies and nation-building: the Soviet Union and Russian, Ottoman, and Habsburg Empires. Colorado, 1997; *Rudolph R. L., Good D. F.* (Ed.). Nationalism and empire: the Habsburg empire and the Soviet Union. New York, 1992.

[70] См., например: *Lieven D.* The Russian Empire and the Soviet Union as Imperial Polities// Journal of Contemporary History. 1995. № 4 (30). P. 607–636.

[71] *Ливен Д.* Империя, история и современный мировой порядок // Ab Imperio. 2005. № 1. С. 91.

[72] Там же. С. 90–91, 99–103.

[73] Внеэтнические культурные и идеологические практики «производства» группового единства в последние годы оказались в центре внимания современных исследований национализма, нациеобразования и имперских исследований в целом. См., например, тематический номер журнала «Ab Imperio», посвященный «языкам самоописания империи» (2005. № 1).

[74] О домодерных империях см.: *Osterhammel J.* Imperialgeschichte// Geschichtswissenschften. Eine Einführung/ Cornelissen Ch. (Hrsg.). F/Main, 2000. S. 226.

[75] См.: *Lieven D.* The Russian Empire and the Soviet Union as Imperial Polities. P. 610.

[76] *Brandenberger D.* National Bolshevism...

[77] Ibid. P. 6.

[78] Ibid. P. 6–7.

[79] Вопрос о соотношении понятий ревизионизма и прагматизма наряду с прочими ставит в своей рецензии на книгу Бранденбергера и Е.Добренко. См.: *Добренко Е.* О репрезентологии. (К культурной истории сталинизма)// НЛО. 2005, № 71. С. 406–421.

[80] *Yekelchyk S.* Diktat and Dialogue in Stalinist Culture: Staging Patriotic Historical Opera in Soviet Ukraine, 1936–1954// Slavic Review. 2000. № 3. P. 597–624; *Yekelchyk S.* Stalinist Patriotism as Imperial Discourse: Reconciling the Ukrainian and Russian «Heroic Pasts», 1939–1945// Kritika. 2002. № 1. P. 51–81; *Yekelchyk S.* Stalin's Empire of Memory: Russian-Ukrainian Relations in the Soviet Historical Imagination. Toronto, 2004.

[81] *Yekelchyk S.* Stalinist Patriotism as Imperial Discourse... P. 55.

[82] Ibid. P. 56.

[83] *Clark K.* The Soviet Novel. History as Ritual. Chicago, London, 1981; *Паперный В.* Культура «Два». Анн Арбор, 1985 (М., 1996); *Guenther H.* Der sozialistische Übermensch. M. Gor'kij und der sowjetische Heldenmythos. Stuttgart, Weimar, 1993; *Гройс Б.* Утопия и обмен. М., 1993; *Növer P.* (Hrsg.). Tyrannei des Schönen: Architektur der Stalin-Zeit. München, 1994; *Голомшток И.Н.* Тоталитарное искусство. М., 1994; *Гюнтер Г.* Соцреалистический канон/ Под ред. Г. Гюнтера, Е. Добренко. СПб., 2000; *Groys B.* (Hrsg.). Traumfabrik Kommunismus: die visuelle Kultur der Stalinzeit. Frankfurt, 2003; *Сандомирская И.* Книга о Родине: Опыт анализа дискурсивных практик. Wien, 2001 и др.

[84] *Guenther H.* Die Verstaatlichung der Literatur. Entstehung und Funktionsweise des sozialistisch-realistischen Kanons in der sowjetischen Literatur der 30er Jahre. Stuttgart, 1984; *Гюнтер Г.* Мудрый отец Сталин и его семья: На материале картин Д. Вертова и М. Чиаурели// Russian Literature. 1998. № 2 (XLIII). P. 205–220; публикация на английском языке см. в: *Lahusen Th., Dobrenko E.* (Ed.). Socialist Realism without Shores. Durham, London, 1997,. P. 178–190; *Гюнтер Г.* Железная гармония (государство как тотальное произведение искусства)// Вопросы литературы. 1992. № 1. С. 27–41; *Гюнтер Г.* Тоталитарная народность и ее источники// Соцреалистический канон. С. 377–389; *Гюнтер Г.* Архетипы советской куль-

туры// Соцреалистический канон. С. 734–785; *Гюнтер Г.* Поющая родина: Советская массовая песня как выражение архетипа матери// Вопросы литературы. 1997. № 4. С. 46–61; опубл. на немецком языке в: Mein Russland. Literarische Konzeptualisierungen und kulturelle Projektionen. Wiener Slawistischer Almanach. Sonderband 44. Müchen, 1997. S. 337–355.

85 *Сандомирская И.* Книга о Родине.

86 *Clark K.* The Soviet Novel. History as Ritual; *Guenther H.* Der Held der totalitären Kultur// Agitation zum Glück. Sowjetische Kunst der Stalinzeit. Katalog. Petersburg/Kassel, Bremen, 1994. S. 70–75; опубл. на русском языке в: Агитация за счастье. Советское искусство сталинской эпохи. Bremen, 1994. С. 71–76, а также в: Искусство кино. 1994. № 6. С. 125–129; *Guenther H.* Der Feind in der totalitaeren Kultur// Kultur im Stalinismus/ Gorzka G. (Hrsg.). Bremen, 1994. S. 89–100; *Guenther H.* Education and Conversation: The Road to the New Man in the Totalitarian Bildungsroman// The Culture of the Stalin Period/ Guenther H. (Ed.). London, 1990. P. 193–209; *Guenther H.* Der sozialistische Uebermensch...

87 *Добренко Е.* Метафора власти: литература сталинской эпохи в историческом освещении. Münich, 1993; *Добренко Е.* Соцреализм в поисках исторического прошлого// Вопросы литературы. 1997. № 1. С. 26–57; *Добренко Е.* Искусство принадлежать народу: Формовка советского читателя// Новый мир. 1994. № 12. С. 193–213; *Dobrenko E.* The Making of the State Reader: Social and Aesthetic Contexts of the Reception of Soviet Literature. Stanford, 1997; *Dobrenko E.* The Making of the State Writer: Social and Aesthetic Origins of Soviet Literary Culture. Stanford, 2001.

88 *Bonnell V.* The Iconography of Power. Soviet Political Posters under Lenin and Stalin. Berkley, 1997; *Brüggemann K.* Von Krieg zu Krieg, von Sieg zu Sieg: Motive des sowietischen Mythos in Massenlied der 1930er Jahre. Einführung, Texte, Übersetzungen. Hamburg, 2002; *Brooks J.* Thank you, comrade Stalin! Soviet public culture from Revolution to Cold War. Princeton, 2000; *Günther H.* Das Massenlied als Ausdruck des Mutterarchetypus...; *Kelly C., Shepherd D.* (Ed.) Constructing russian culture in the age of revolution 1881–1940. Oxford, 1998; *Kenez P.* Cinema and soviet society, 1917–1953. Cambridge, 1992; *Тяжельникова В.С.* Советская песня и формирование новой идентичности// Отеч. история. 2002. № 1. С. 174–181; *Левинг Ю.* Латентный Эрос и небесный Сталин: о двух антологиях советской «авиационной» поэзии// НЛО. 2005. № 76.

С. 143–172; *Кулешова Н.Ю.* «Большой день»: грядущая война в литературе 1930-х годов// Отеч. история. 2002. № 1. С. 181–191; *Голомшток И.Н.* Тоталитарное искусство; *Дашкова Т.* Идеология в лицах. Формирование визуального канона в советских журналах 1920-х – 1930-х годов // Культура и власть в условиях коммуникативной революции XX века. Форум немецких и российских исследователей/ Под ред. К. Аймермахера, Г. Бордюгова и И. Гарбовского. М., 2002. С. 103–128 и др.

89 См.: *Hellbeck J.* Tagebuch aus Moskau : 1931–1939/ Hellbeck J. (Hrsg.). München, 1996; *Halfin I., Hellbeck J.* Steven Kotkin's Magnetic Mountain and the Soviet Subject// Jahrbücher für Geschichte Osteuropas. 1996. № 3. S. 331–342; *Davies S. R.* Popular opinion in Stalin's Russia: terror, propaganda and dissent, 1934–1941. Cambridge, 1997; *Halfin I.* From Darkness to Light: Student Communist Autobiographies of the 1920s// Jahrbücher für Geschichte Osteuropas. 1997. № 2. S. 210–236; Das wahre Leben: Tagebücher aus der Stalin-Zeit/ Garros V. (Hrsg.). Berlin, 1998; *Halfin I.* From Darkness to Light. Class, Consciousness and Salvation in Revolutionary Russia. Pittsburgh, 2000; *Halfin I.* Intimacy in an Ideological Key: The Communist Case of the Twenties and Thirties// Language and Revolution. The Making of Modern Political Identity/ Halfin I. (Ed.). London, 2001; *Halfin I.* Terror in My Soul. Communist Autobiographies on Trial. Harvard, 2003. См. также форум журнала Ab Imperio «Анализ практик субъективации в раннесталинском обществе» (Ab Imperio. 2002. № 3).

90 Критику см.: *Эткинд А.* «Одно время я колебался, не антихрист ли я»: субъективность, автобиография и горячая память революции// НЛО. 2005. № 73. С. 41–69.

91 Интервью с Игалом Халфиным и Йохеном Хеллбеком// Ab Imperio. 2002. № 3. С. 217–260.

92 *Kotkin S.* Magnetic mountain...

93 *Odom W.* The Militarisation of Soviet Society// Problems of Communism. 1976. № 25. P. 34–51; *Odom W.* The Soviet Volunteers. Modernisation and Bureaucracy in a Public Mass Organisation. Princeton, 1973; *Von Hagen M.* Soldiers in the Proletarian Dictatorship. The Red Army and the Soviet Socialist State, 1917–1930. London, 1990; *Sanborn J.* Drafting the Russian Nation...

94 Die Erfahrung des Krieges. Erfahrungsgeschichtliche Perspektiven von der Französischen Revolution bis zum Zweiten Weltkrieg/ Buschmann N., Carl H. (Hrsg.). Paderborn, 2001; *Beyrau D.* Der Erste Weltkrieg als Bewährungsprobe. Bolschewistische

Lernprozesse aus dem «imperialistischen» Krieg// Journal of Modern European History. 2003. № 1. S. 96–123; An der Schwelle zum Totalen Krieg. Die militärische Debatte über den Krieg der Zukunft 1919–1939/ Förster S. (Hg.). Paderborn, 2002.

95 *Fuchs P.* Die Erreichbarkeit der Gesellschaft. Zur Konstruktion und Imagination gesellschaftlicher Einheit. Frankfurt/Main, 1992. S. 150–173.

96 *Fuchs P.* Vaterland, Patriotismus und Moral. S.103.

97 Понятие Бенедикта Андерсона. См.: *Anderson B.* Die Erfindung der Nation. Zur Karriere eines folgenreichen Konzepts. Frankfurt/Main, New York, 2005.

98 В первую очередь речь идет, конечно же, о национализме, который противопоставляется патриотизму чаще всего.

99 Об относительности различий между дискурсом и идеологией см.: *Ушакин С.* Поле пола. Вильнюс, 2007. С. 26–27.

100 См.: *Anderson B.* Die Erfindung der Nation... ; Commemorations. The politics of national identity/ Gillis J.R. (Ed.). Princeton, 1994; Language and revolution...; *Langenohl A.* Erinnerung und Modernisierung. Die Öffentliche Rekonstruktion politischer Kollektivitaet an Beispiel des Neuen Russland. Göttingen, 2000 и др.

101 См. прим. 90.

102 Интервью с Игалом Халфиным и Йохеном Хеллбеком... С. 219.

103 Там же. С. 229.

104 *Ушакин С.* Поле пола. С. 43–44.

105 Я благодарю О. Нагорную, И. Нарского и Ю. Хмелевскую за эту подсказку и за возможность ознакомиться с рукописью статьи, подготовленной И. Нарским и Ю. Хмелевской для сборника по итогам конференции «Эмоции в русской истории и культуре» (апрель 2008 г.). См. также: *Reddy W.* The Navigation of Feeling. A Framework for the History of Emotions. Cambridge, 2001; *Rosenwein B. H.* Worrying about Emotions in History// American Historical Review. 2002. № 3 (107). P. 821–845. Анализ дореволюционного патриотизма с использованием подходов истории эмоций см.: *Schierle I.* Patriotism and Emotions: Love of the Fatherland in Catherinian Russia [Патриотизм и эмоции: любовь к отечеству в екатерининской России]// Ab Imperio. 2009. № 3. С. 65–93.

106 *Бурдьё П.* Практический смысл / Отв. ред. пер. и послесловие Н.А. Шматко. СПб., 2001.

[107] Согласно одному из классических определений, под социальной мобилизацией подразумевается «концепция, которая объединяет вместе множество специфических процессов изменений, таких как изменение места жительства, профессии, социальных сетей, ассоциаций «лицом-к-лицу», институций, ролей и способов реагирования, опыта и ожиданий и в конечном итоге личных воспоминаний, габитуса и потребностей, включая потребность в новых образцах групповой аффилиации и новых образах персональной идентичности». В числе прочих в теории социальной мобилизации изучались такие последствия социальных и экономических изменений в обществе, как современные формы политической активности и политического участия, а также «индустриальные» образцы социального поведения. См.: *Deutsch K.W.* Social Mobilization and Political Development// The American Political Science Review. 1961. № 3 (55). P. 493-514, цит. P. 493.

[108] Недаром сам термин «социальная мобилизация» возник как поэтический образ, ассоциировавшийся с событиями во Франции 1793 г. и еще в большей степени с германской «тотальной мобилизацией» 1914–1918 гг., при анализе которых обязательно упоминаются такие феномены, как война и патриотизм. См.: *Deutsch K.W.* Social Mobilization and Political Development... P. 494.

[109] См.: *MacCarthy J. D., Zald M. N.* The Trend of Social Movements in America: Professionalization and Resource Mobilization, Morristown. N.J., 1973; *Zald M. N.* The Dynamics of Social Movements: Resource Mobilization, Social Control, and Tactics. Lanham, 1988 и др.

[110] *Deutsch K.W.* Social Mobilization and Political Development... P. 499–500.

[111] *Cameron D. R.* Toward a Theory of Political Mobilisation// The Journal of Politics. 1974. № 1 (36). P. 138–171, цит. P. 140.

[112] См. теоретические подходы в: Die Erfahrung des Krieges...

[113] *Koselleck R.* Vergangene Zukunft: zur Semantik geschichtlicher Zeiten. F/ Main, 2000.

[114] См.: *Beyrau D.* Der Erste Weltkrieg als Bewährungsprobe...

[115] См.: *Von Hagen M.* Soldiers of the Proletarian Dictatorship...; *Sanborn J.A.* Drafting the Russian Nation...

[116] См., например: *Dobrenko E., Naiman E.* (Ed.). The landscape of stalinism: the art and ideology of soviet space. Seattle, L.,

2003; *Кларк К.* Имперское возвышенное в советской культуре второй половины 1930-х годов// НЛО. 2009. № 1 (95). С. 58–80; *Widdis E.* Visions of a new land: soviet film from the revolution to the Second World war. New Haven; L., 2003; *Добренко Е.* Политэкономия соцреализма. М., 2007 и др.

[117] В Уральскую область были объединены Пермская, Екатеринбургская, Тюменская и Челябинская губернии. Вся нижеследующая информация по административно-территориальным преобразованиям составлена на основе: Уральская историческая энциклопедия. 2-е изд. Екатеринбург, 2000. С. 411, 477, 553, 595, 596; Краткая справка по истории административно-территориального деления Челябинской области (с 1919 года)// Общество и власть. Российская провинция1917–1985. Документы и материалы (Пермская, Свердловская, Челябинская области): в 6 т./ Т. 2: 1946–1985. Челябинская область. Челябинск, 2006. С. 432–438; Челябинск: Энцикл. Челябинск, 2001. Карту Уральской области см. приложение 1.

[118] Магнитогорский округ был упразднен позднее – по постановлению ВЦИК от 20 октября 1936 г.

[119] С 1940 г. стал называться Ханты-Мансийским национальным округом.

[120] *Жиромская В.Б.* Демографическая история России в 1930-е годы. Взгляд в неизвестное. М., 2001. С. 76–87.

[121] После того как часть западносибирской территории, когда-то входившая в состав Уральской области, наконец обрела административно-территориальную «самостоятельность», архивные фонды соответствующих областей были переданы в архивы Западной Сибири. Командировка в эти архивы представлялась нецелесообразной.

[122] *Свечин А.* Стратегия. М., 1926; *Свечин А.А.* Искусство вождения полка: По опыту войны 1914–1918 гг. Л.– М., 1930; *Верховский А.* Характер будущей войны и задачи Осоавиахима. Л., 1928; *Алексинский М., Мехоношин К.* Осоавиахим и Красная Армия. М., 1928; *Ворошилов К.Е.* О молодежи. М., 1936 и др.

[123] На страже СССР. Учеб. пос. для проведения политических занятий на учебных пунктах и в лагерях Осоавиахима. М., 1934; *Чупраков Н., Беспахотный Д.* Комсомол на допризывной подготовке. М.-Л., 1928; *Артеменко Н.* Допризывная подготовка и ее значение. М.-Л., 1928; Спутник осоавиахимовца. Сб. материалов по оборонной работе первичных организаций Осоавиа-

хима. М., 1936; *Юшков С.* Военные прогулки. М., 1936; *Трамм Б.* Походы в противогазах. Методика организации и проведения походов в противогазах/ Под ред. С. Белицкого. М., 1937 и др.

[124] *Павлов Я.* Чему я научился в оборонном обществе. Лит. запись Л. Савельева. М., 1955; *Раскова М.* Записки штурмана. М., 1976; *Чечнева М.П.* «Ласточки» над фронтом: Очерки. М., 1984; *Яковлев А.С.* Цель жизни (Записки авиаконструктора). М., 1974 и др.

[125] Бюллетень Осоавиахима. Информационно-методический бюллетень президиумов Союза Осоавиахим СССР и Осоавиахима РСФСР; Челябинский рабочий: Областная обществ.-политич. газета. Челябинск; Уральский рабочий: Обществ.-полит. газета. Свердловск; Осоавиахим (Ворошиловский стрелок): Стрелково-спортивный массовый журнал. Орган ЦС Осоавиахима СССР, М.

[126] Интервью с А.П. Абрамовским от 14.11.2005 г., Е.Н. Козловым от 28.11.2005 г., П.И. Макароном от 1.12.2005 г., Л.И.Мельниковым от 9.12.2005 г.

Глава первая
Советский патриотизм: общие подходы и провинциальные ретроспекции

§ 1. Официальные патриотические репрезентации

Ленинская политическая педагогика

К концу 1930-х гг. официальный советский патриотизм был семантическим комплексом, сложившимся в общих чертах и одновременно достаточно динамичным и открытым для новых идей и толкований. В публичных текстах довоенного сталинизма он представал как уникальное явление, находившееся в непримиримом антагонизме с патриотизмом «буржуазным». Юбилейная брошюра 1938 года издания «Двадцатилетие Красной Армии и задачи Осоавиахима» разъясняла:

«"Патриотизм" там – это реакционное, исполненное корыстолюбивых, захватнических и собственнических вождений, враждебное народным массам течение. Патриотизм у нас, в советской стране – это естественное чувство миллионов граждан, горячо любящих родную страну, свое правительство, свою великую партию, давших им счастливую зажиточную жизнь. Там патриотов – тысячи. Здесь патриотов – 170 миллионов. Идеи, лежащие в основе советского патриотизма, коренным образом отличаются от "идеологии" квасного патриотизма буржуазии. У нас нет обожествления войны как таковой, проповеди национального и расового ненавистничества, восхваления военных доблестей как "высших проявлений человеческого духа" – словом, всей той мутной, рассчитанной на звериные инстинкты пропаганды, которая является отличительным признаком "патриотических" организаций капиталистических стран. Советский патриотизм, напротив, неразрывно связан с уважением к другим национальностям, с идеей братства народов и ненависти ко всякого вида угнетению, военному грабежу и насилию, фашистскому каннибализму. Защищая свою социалистическую родину, советские патриоты отстаивают от хищных посягательств капиталистического окружения базу мировой революции, отечество мирового пролетариата»[1].

С точки зрения структуры это пространное определение вобрало в себя почти все основные «точки опоры» официальной сталинской патриотики: решительное размежевание с буржуазным патриотизмом, пацифизм, интернационализм и мессианизм. «Естественная любовь» миллионов граждан к стране, правительству и партии была накрепко связана с универсалистскими ценностями большевистской идеологии. Но, прежде чем вылиться в такие гладкие формулировки, идеологический продукт «советский патриотизм» вызревал почти десять лет.

В своей книге, посвященной российской патриотической культуре эпохи Великой войны, Х. Ян писал, что «предпосылкой успешной революции» в империи мог стать либо «отказ от патриотизма», либо «его редефиниция»[2]. И действительно, в военное время патриотический словарь с переменным успехом, зависевшим от ситуации на фронте и внутренней обстановки, эксплуатировали преимущественно консервативные, лояльные старому режиму силы, а также либерально и умеренно-революционно настроенная интеллигенция[3]. Левый фланг русского революционного движения довольно долго пребывал в согласии с традиционными марксистскими представлениями о патриотизме. Вплоть до 1918 г. патриотизм для большевиков был понятием, призванным обозначать явления чуждого социального мира – мира эксплуатации и капитала. Классической считалась цитата из «Коммунистического Манифеста» о том, что у пролетария нет отечества. Рабочие и горожане, восторженно демонстрировавшие свою готовность идти на войну, и голосовавшая за военные кредиты европейская социал-демократия не укладывались в представления ленинцев о классовой солидарности и «пролетариате без отечества». Занявшие пораженческую позицию большевики клеймили поведение социал-демократов как «социал-шовинизм», а рабочих Англии, Франции, Германии и России считали безнадежно обманутыми. Для Ленина и его ближайшего окружения патриотизм пока оставался маркой, обозначавшей позицию заинтересованной в войне буржуазии, ее «наемников» и «социал-предателей» из рядов западных марксистов.

Патриотическая риторика появилась в публичной большевистской коммуникации и пропаганде лишь зимой 1918 г., когда Советская Россия оказалась перед фактом немецкого наступления. Ленин обозначил свой поворот к «национал-большевизму» во время первого раунда переговоров в Брест-Литовске. В полемике с соратниками по партии, которая частично была вынесена на страницы газет, он отстаивал необходимость сепаратного мира и приоритет русской социалистической революции перед революционной войной[4]. Затем появилось воззвание «Социалистическое отечество в опасности!»[5] А чуть позднее, уже после подписания «позорного» мира, лидер русских марксистов опубликовал статью «Главная задача наших дней»[6], наполненную патриотическими метафорами и образами прошлых лет. Ленин писал о «Матушке-Руси», «великой отечественной войне», «Тильзитском» мире и о том, что большевики стали оборонцами с 25 октября 1917 г.

Необходимо отметить, что, ставя во главу угла задачу спасения революционных завоеваний в России, будущий «вождь мирового пролетариата» в своих публичных выступлениях никогда не забывал напомнить о грядущей победе социализма в мире. Изобретенная им формула «социализм как отечество» стала удачным лингвистическим экспериментом, а метафора «социалистическое отечество» прочно вошла в патриотический словарь большевистской пропаганды при его преемнике[7].

После расторжения Брестского мира Ленин вновь вернулся к теме «социалистического отечества» и даже подвел под свое изобретение идеологическую базу («разработал теоретические основы» – как пишут современные интерпретаторы Ленина из рядов коммунистов[8]). 20 ноября 1918 г. он написал статью «Ценные признания Питирима Сорокина», в которой объяснил суть нового патриотизма, связав свободу и независимость российского государства с социализмом: «Русским патриотам, ничего не желавшим знать, кроме непосредственных (и по-старому понимаемых) выгод своего отечества, факты мировой истории показали, что превращение нашей, русской, революции в социалистическую было не авантюрой, а необходимостью, ибо *иного* выбора *не оказалось:* англо-французский и американский империализм *неизбежно* задушит независимость и свободу России, *если* не победит всемирная социалистическая революция, всемирный большевизм»[9].

Можно предположить, что, взявшись за перо зимой 1918 г., Ленин вдохновлялся историей Парижской Коммуны и знаменитым якобинским призывом «Отечество в опасности!». Вместе с тем примечателен факт прагматичного подхода к патриотической семантике, которая, несмотря на всю ее буржуазность, оказалась «пригодной» для попыток консолидации общества в условиях внешней угрозы. С другой стороны, обращение Ленина к традиционным патриотическим образам можно считать естественным результатом сочетания политической гибкости и культурных стереотипов российской интеллигенции. С началом немецкого наступления всплыли привычные метафоры и приемы политической риторики.

Эмигрантская интеллигенция восприняла новый курс политического руководителя Советской России (в особенности после введения НЭП) как пролог национал-патриотического поворота. Н. Устрялов в 1921 г. написал по этому поводу ряд статей, объединенных в сборнике «Смена вех» под названием «Patriotica». В них он поставил собственный «диагноз» текущей политике большевиков: «Причудливая диалектика истории неожиданно выдвинула Советскую власть с ее идеологией интернационала на роль национального фактора современной русской жизни, в то время как наш национализм, оставаясь непоколебленным в принципе, на практике потускнел и поблек, вследствие своих хронических альянсов и компромиссов с так называемыми "союзниками"...»[10]

Едва-едва наметившаяся тенденция, воспринятая частью эмигрантской интеллигенции как националистический поворот, не сразу нашла свое отражение в публичных выступлениях советских партийно-государственных деятелей и средствах массовой информации. В массовой коммуникации середины и конца 1920-х гг. доминировал «пролетарский интернационализм». Знаковая резолюция, признавшая принципиальную возможность и необходимость построения социализма в одной стране, была принята на XIV конференции ВКП(б) в апреле 1925 г. Многие исследователи считают это событие точкой отсчета в формировании официального советского патриотизма. Но во второй половине 1920-х гг. патриотическая риторика казалась политическому руководству страны преждевременной. В политическом отчете на XIV съезде партии Сталин еще оперировал вполне нейтральными понятиями «страны» и «государства»: «В чём смысл рабочих делегаций, – этого паломничества рабочих в нашу страну, – делегаций, отражающих теперь целую полосу в развитии рабочего движения на Западе?.. О чём все эти факты говорят? Они говорят о двух вещах. Во-первых, о том, что рабочий класс Европы, по крайней мере революционная часть рабочего класса Европы, считает наше государство своим детищем, что рабочий класс посылает свои делегации в нашу страну не для любопытства, а для того чтобы посмотреть, как у нас и что делается, ибо они, видимо, считают себя морально ответственными за всё, что мы здесь строим. Во-вторых, о том, что революционная часть пролетариата Европы, усыновляя наше государство и рассматривая его как своё детище, берётся отстоять его и драться за него в случае необходимости»[11].

Знаменательный поворот к патриотизму в дискурсивной практике сталинского режима пришелся на третье десятилетие XX в. Российские и зарубежные исследователи, как правило, довольно единодушно характеризуют «объективные» причины этого поворота: изменение внешнеполитической ситуации в мире и крушение надежд на мировую социалистическую революцию, окончательная победа идеи строительства социализма в одной стране, воспринимавшаяся как реальность военная угроза, исходившая от национал-социалистической Германии. Д. Бранденбергер отмечает, что в середине 1930-х гг. использование патриотической риторики в прессе уже было повсеместным и масштабным явлением[12]. Текстологический анализ советской газеты «Известия» этих лет, проведенный американскими исследователями, показал резкое падение интереса к международным темам и событиям. Такие семантические единицы, как «отечество» и «родина», активное употребление которых было зафиксировано начиная с 1934 г., были ориентированы «вовнутрь» советского общества, а не «вовне». Понятие «патриотизм», которое вошло в квазипубличную коммуникацию СССР позднее, чем «отечество», стало неуклонно набирать частоту упоминания [13].

Конечно, смена идеологической парадигмы не могла произойти без указания «сверху». Выступая на первой Всесоюзной конференции работников социалистической промышленности в 1931 г., Сталин вспомнил о ленинской риторике периода бурного обсуждения Брестского договора. Его выступление превратилось в парафраз идей Ленина о государственной независимости и социализме. Для достижения полного эффекта «дежа-вю» будущий «отец народов» даже процитировал строки из того же стихотворения Некрасова, что и Ленин[14], и заявил: «В прошлом у нас не было и не могло быть отечества. Но теперь, когда мы свергли капитализм, а власть у нас рабочая, – у нас есть отечество и мы будем отстаивать его независимость. Хотите ли, чтобы наше социалистическое отечество было побито и чтобы оно утеряло свою независимость? Но если этого не хотите, вы должны в кратчайший срок ликвидировать его отсталость и развить настоящие большевистские темпы в деле строительства его социалистического хозяйства»[15].

Очевидно, что простой реанимацией понятия «отечество» дело не закончилось. Патриотизм, подобно национализму, является сложной символической конструкцией, вбирающей в себя представления об общем «пространстве», типе государственного устройства, коммеморацию по отношению к далекому и недавнему прошлому, кодекс идеального гражданина и патриота и целый ряд других, не менее важных аспектов. Официальный патриотический дискурс довоенного сталинизма эклектично объединил в себе риторику пролетарского интернационализма и элементы национальных культурных моделей (в том числе русского национализма), революционный пафос и буржуазные добродетели, мифологию имперского прошлого и мифы, рожденные революцией и гражданской войной.

Он оказался грандиозным «воспитательным» проектом[16], успеху которого (пусть даже кратковременному) способствовала специфика исторического контекста: перманентное состояние внутреннего раскола советского общества, поддерживавшееся властью в межвоенный период, и «ожидание» новой «империалистической» войны.

В задачи этой книги не входит полная реконструкция процесса формирования советского патриотизма и анализ всех его элементов. Эта тема достойна отдельного исследования. Свою весьма прагматично понимаемую цель я вижу в том, чтобы сжато охарактеризовать те образцы патриотической риторики режима, которые были успешно инструментализированы в концепции военно-патриотического воспитания Осоавиахима, а именно – традиционное для имперской патриотической культуры России толкование патриотизма при помощи рекурса на воинскую славу и мощь, культ героизма и эмансипационную миссию в отношении «отсталых» категорий населения – национальных меньшинств, женщин, крестьянства.

«Внуки Суворова, дети Чапаева»[17]: досоветская история в сиянии воинской славы

Как подчеркивает один из современных теоретиков коллективной/культурной памяти, именно прошлое «ответственно» за чувство солидарности, совместности в группе[18]. Осознание конструктивного характера прошлого, ревизия тезиса о существовании «единой» истории привели к тому, что современность стала пониматься как «модус» любых реконструкций прошлых событий[19]. Формы, в которых происходит «учреждение культурных смыслов», Л. Хёльшер называет своеобразной «культурной матрицей» общества. Это определение оказалось весьма удобным для работы со сталинским патриотизмом. В качестве такой «культурной матрицы», в рамках которой происходила реконструкция исторического прошлого и его интеграция в патриотический дискурс, можно рассматривать социалистический реализм. Этот «метод» советской литературы распространял свое влияние не только на литературу, изобразительное искусство и кинематограф, но и на восприятие прошлого.

Именно в духе социалистического реализма произошла «канонизация» важнейших (в первую очередь дидактических) исторических текстов[20]. Канонизированные, а следовательно, содержавшие четкие указания о нормах поведения, квазиисторические тексты легко встраивались в патриотический дискурс, всегда выступающий как этически «нагруженная» коммуникативная практика.

Исторические репрезентации эпохи сталинизма служили делу конструирования исторической идентичности, под которой современная гуманитарная наука суммирует представления, формируемые по отношению к «историческим ресурсам или традициям». «Согласно исторической дидактике, – пишет И. де Кегель, – общества или социальные группы получают историческую идентичность через инклюзию и эксклюзию, то есть в процессе, когда они причисляют себя к определенной исторической традиции и одновременно дистанцируются от других традиций, и конкретно: когда они выделяют в качестве ведущих определенные исторические события и личности, ценностные представления и образцы толкования, а другие стигматизируют как недостойные внимания»[21].

Перекраивание и переозначивание представлений о прошлом в сталинскую эпоху[22] шло по двум стратегическим направлениям: с одной стороны, происходила постепенная ревизия раннебольшевистской исторической картины[23], а с другой – включение в представления об общем историческом прошлом традиционных имперских культурных образцов[24]. Критика и ликвидация школы Покровского, а также конкурс на создание учебников по истории СССР были сигналами к смене форм репрезентации различных «фрагментов» культурной памяти в 1930-е гг. Частичная реабилитация дореволюционного прошлого и агиография революции и гражданской войны функционально обслуживали различные потребности процесса «работы» над прошлым, пересекаясь и соприкасаясь в некоторых аспектах.

Миссия дореволюционной истории в ее сталинском варианте интерпретируется учеными более или менее однозначно: в ней было заключено послание «державности». И школьный учебник А.В. Шестакова – победитель конкурса 1934 г. на лучшее дидактическое пособие по истории, и исторические юбилеи, с неожиданной помпой вошедшие в публичную коммеморацию, были «нанизаны» на один идеологический стержень – пропаганду мощи и военных побед русской/российской государственности[25]. Репрезентации отдаленного прошлого, даже облаченные в марксистскую терминологию, продолжали не только традиции национальной русской историографии XVIII–XIX вв., тремя китами которой были такие «государственники», как Карамзин, Соловьев и Ключевский[26], но и более ранние каноны российской имперской патриотики[27]. В картину общего прошлого были допущены, главным образом, выдающиеся «архитекторы» российской государственности и военачальники, чьи заслуги в сфере укрепления державы перевешивали их недостатки как представителей эксплуататорского класса[28]. В этом аспекте сталинский патриотизм был прямым наследником имперского патриотического дискурса. Инструментальный, селективный подход сталинского режима к дореволюционной истории был вполне современным: для «обществ модернизации», как считает Д. Хубова, было характерно не «искоренение», а «расчленение» традиции [29].

Проходя через «чистилище» большевистской идеологии, персонажи прошлого «уплощались» и теряли часть сложившегося ранее семантического «рисунка»[30]. Этот факт подметил Б. Гройс, комментируя обращение сталинизма с классикой: «Целью... партии было не лишить себя испытанного оружия классики, а, напротив, применить его в строительстве нового мира, придать ему другую функцию, утилизировать его»[31]. Так Александр Невский из удельного новгородского князя, канонизированного православной церковью и получившего титул «великого» в Золотой Орде, превратился в «народного» князя-патриота и выдающегося полководца. Исторический контекст его биографии упростился и лишился многих сюжетов. При этом, как отмечает Ф.Б. Шенк, трансформация образа Невского (при всем том, что она отвечала прагматичным расчетам советской политической элиты) возникла не на пустом месте. Сюжетная линия, акцентировавшая Александра Невского как «военачальника» и победителя немцев, была намечена в русском национальном дискурсе XVIII–XIX вв.[32]

Исторические исследования и исторические романы, даже самые популярные и одобренные властью (как, например, «Петр Первый» А. Толстого) оставались в пока еще полуграмотной советской стране элитарными медиумами, на «пространствах» которых происходили «бои» интеллектуалов за конфигурацию советской культурной памяти. Основным передаточным механизмом от элитарного дискурса к массам, конечно, был кинематограф. Все великие личности дореволюционной эпохи, допущенные в советский вариант отечественной истории, стали во второй половине 1930-х гг. персонажами кинофильмов[33]. В совокупности с дидактической литературой и пропагандистскими брошюрами[34] исторические киноленты участвовали не только в процессе конструирования советской культурной памяти, но и служили своеобразным «мостиком» между производившей смыслы элитой и населением[35]. Как верно подметил Е. Добренко, сталинский кинематограф был одновременно элитарным, массовым и официальным[36]. Историческое кино было ориентировано не только на производство «метарассказа» об истоках и предках. Фильм «Александр Невский» визуализировал образ «извечного» врага русских – немца – и служил «антинемецким символом»[37]. Кинофильмы о Петре Первом и Иване Грозном, как считают исследователи, «работали» в интересах мифологизации фигуры «вождя народов». Одновременно все снятые до Великой Отечественной войны исторические киноленты, при всей эстетической многозначности, которую не смогло стереть партийное руководство, транслировали образцы героизма. В пропаганде героики находилась главная точка пересечения репрезентаций дореволюционного и послереволюционного прошлого. Хотя основным поставщиком образцов героического поведения все же были сюжеты из истории гражданской войны.

Похожие процессы частичной «реабилитации» и реинтерпретации дореволюционного прошлого происходили и в национальных республиках[38]. С. Екельчик на примере Украины продемонстрировал, как происходило формирование патриотического дискурса национального характера в этой крупнейшей федеративной республике СССР[39]. Национальному герою Украины – Богдану Хмельницкому –

была посвящена целая глава в учебнике А.В. Шестакова[40]. В Башкирии, которая будет периодически появляться в моем повествовании, весь пафос национальной и культурной самобытности сконцентрировался в фигуре Салавата Юлаева – боевого соратника Емельяна Пугачева. В конце 1920-х – в 1930-е гг. башкирский национальный герой был представлен в названиях улиц[41] и кантонов, в музыке, драматургии, дидактической и художественной литературе, кино и прессе. С исторической хроникой «Салават и Пугачев» Башкирский национальный театр гастролировал в 1927 г. в Москве[42]. Накануне Великой Отечественной войны был снят кинофильм о Салавате Юлаеве, в работе над которым были задействованы виднейшие представители советской творческой элиты: режиссером фильма стал Я.А. Протазанов, музыку к фильму написал А. Хачатурян. Роль Салавата Юлаева в фильме исполнил ведущий актер Башкирского драматического театра, заслуженный артист БАССР А.К. Мубаряков. В фильме были заняты также известные и любимые зрителями русские актеры, такие как Н. Крючков[43].

Этот государственный протекционизм по отношению к национальным патриотическим дискурсам вполне укладывается в практику трансформаций традиционных империй в сторону создания супранациональной общности, пусть и не совсем удачную в российском варианте. «У советского гражданина 1930-х годов ощущение национальных горизонтов постоянно расширялось, – пишет К. Кларк. – Географическая периферия страны (там, где в основном проживали этнические меньшинства) становилась центральной темой ее политической культуры. Это было кульминацией постепенного процесса распространения советской культуры все дальше от столиц и европейской части России»[44]. При этом, естественно, национальные образцы патриотики при включении их в советское культурное пространство профанировались. Как высказался режиссер Протазанов, если бы национальной специфики в фильме «Салават Юлаев» было больше, его было бы трудно понять другим национальностям[45]. Взяв на себя функции «переводчика», «советское» становилось трансмиссионным механизмом межкультурной коммуникации.

Вероятно, в этом функциональном аспекте оно достаточно органично усваивалось ориентированными на интеграцию представителями нерусских национальностей.

«Когда страна прикажет быть героем, у нас героем становится любой»[46]

Культ героев играл особую роль в формировании сталинского патриотизма. Этот феномен, по убеждению Г. Гюнтера, был характерен для всех тоталитарных режимов XX в. – и прежде всего, для нацистской Германии и сталинского Советского Союза. Вектор героизации прошлого и современности в тоталитарных обществах был направлен на закрепление героического мироощущения периода взросления и стимулирование коллективного инфантилизма населения[47]. Конструирование молодежного патриотического этоса базировалось именно на культе героев в совокупности с технократическим символизмом и парамилитаризмом.

Нельзя сказать, что героика сталинской эпохи всесторонне изучена. Наиболее яркие открытия в этой области, без сомнения, принадлежат литературоведам и специалистам в области советской культуры. Некоторые аспекты культа героев – например, литературно-дидактический дискурс и популярная советская песня – исследованы лучше, другие – визуальные репрезентации героического в искусстве и кинематографии – известны в меньшей степени. Практически не отражены в научной литературе механизмы распространения культа героев и рецепция героических образцов в провинции.

Анализируя советский культ героев, Г. Гюнтер выделяет четыре основных «героических» типа, характерных для культуры периода сталинизма. Во главе «иерархии героев» находился герой труда, символическим прототипом которого был Прометей. Семантика преодоления стихии, противостояния созидающего человека и природного хаоса, на которой основан миф о Прометее, позволила Гюнтеру подвести под категорию «героев труда» летчиков и полярных исследователей, изобретателей и ученых. Два последующих героических типа – это герой войны и политический вождь. Замыкает героическую типологию герой-жертва, смоделированный по образу и подобию легенд о святых и мучениках[48]. С репрезентациями идеальных героических образов был связан целый комплекс смыслов (ницшеанские мотивы, концепция Нового человека, «канонизированный» героизм и т.д.), которые достаточно детально проанализированы в научной литературе[49]. Здесь хотелось бы обратить внимание лишь на некоторые аспекты сталинской героики, которые имеют отношение к проблеме рецепции культа героев в провинции.

Исходя из этой перспективы, необходимо обратить внимание на особую важность такой символической «опоры» официального патриотизма, как героизация представлений о гражданской войне. Превращение нарративов о войне в образцы патриотического дискурса во второй половине 1920-х – 1930-е гг. происходило на фоне неоднозначных процессов в коллективной/ культурной памяти советского общества. С одной стороны, гражданская война становилась базовым элементом картины общего исторического прошлого, и, следовательно, происходила деиндивидуализация воспоминаний об этом событии. С другой – она оставалась частью коммуникативной памяти[50] старшего поколения. Специфика опыта, приобретенного населением Урала и Башкирии в 1917–1922 гг., когда эти территории подверглись катастрофическому воздействию гражданской войны и ее последствий[51], определила некоторые особенности героических репрезентаций в провинции.

Общесоветский пантеон героев гражданской войны, выведенный в песне, литературе и кинематографе, был населен множеством пламенных борцов за дело революции обоего пола. Но в нем, естественно, были свои лидеры. Благодаря экранизации романа Фурманова братьями Васильевыми в 1934 г. героической фигурой общесоюзного масштаба стал Василий Чапаев. «Чапаев» считается классикой сталинского кинематографа и наиболее популярной кинокартиной межвоенного периода. Степень адаптации образа Чапаева в культурной памяти советского населения косвенно подтверждается тем, что на протяжении трех поколений гражданская война у советских/российских граждан ассоциируется именно с этим фильмом и его главным героем[52].

В 1930-е гг. «Чапаев» стал не только замечательным художественным явлением, но и большим пропагандистским проектом. Премьерный показ киноленты был приурочен к празднованию 17-летия революции. «Чапаев» сразу же стал чрезвычайно популярен, и за пять лет на него было продано более 50 миллионов билетов[53]. Кинофильм дошел до самых отдаленных райцентров и сыграл важную роль в распространении героических репрезентаций эпохи гражданской войны. Одна из уральских газет писала: «Фильм "Чапаев" является героической поэмой о лучших людях нашей страны периода гражданской войны, периода ее революционной юности. Люди эти не только грудью своей защищали нашу страну от белогвардейцев и интервентов, вооруженных на средства русской буржуазии и международного капитала, но и являли миру несказанные образцы героизма, который свойственен величию нашей Октябрьской революции»[54].

Пафосная цитата – наглядная демонстрация официальной интерпретации образа Чапаева. Но ее появление в провинциальной газете вовсе не означает, что апроприация образа Чапая происходила именно по причине явленного им «несказанного образца героизма». Как считает П. Кенез, киноистория братьев Васильевых была «отличным фильмом-экшн», наполненным юмором и трогательными сценами, и массовому зрителю было легко идентифицировать себя с персонажами киноленты[55].

О похожем художественно-стилевом решении персонажа пишет Н.М. Зоркая, анализируя трилогию о Максиме: «Придумали: большевик должен быть похож на веселого и смелого героя русского фольклора, Иванушку или Петрушку, хитреца и озорника, героя старинных кукольных представлений! ...Возвращаясь сейчас к этой ленте и разгадывая секреты ее успеха, найдем последние в трех опорах: юмор, лиричность, темп. В трилогии много смешного, особенно в "Юности": забавные сцены, остроумные реплики, комичные qui pro quo (один вместо другого), и все это авторы бесстрашно включают в самые серьезные и, кажется, трагические сцены»[56].

Таким образом, если пропаганда пыталась возвысить персонажей кинофильмов до идеалов героического и патриотического поведения, рядовые зрители выбирали в герое то, что было им ближе: «Это, значит, был Чапаев.../ Ну, и парень, чорт возьми!/ Бесшабашный человек./ Настоящий человек»[57]. Такие черты, как простота, юмор, близость к фольклорным героям, которые подчеркивают исследователи, говорят о том, что «статичные» героические репрезентации официального дискурса в процессе их артикуляции и визуализации могли ускользать из-под его власти, приобретать собственную динамику. Можно предположить, что вышеназванные особенности стилевого решения персонажей героического культа сближали общезначимые патриотические образцы для подражания с локальными героическими репрезентациями.

Среди героических образцов современности бесспорными лидерами были полярники и летчики[58]. В советской культуре, как пишет Ю. Левинг, за авиацией был «зарезервирован статус мифологического свершения»[59]. Челюскинская эпопея 1934 г. сыграла в деле популяризации летчиков решающую роль. Благодаря женщинам-летчицам в СССР этот тип героев был гендерно универсальным, предлагая идентификационные образцы как для юношей, так и для девушек. Для популяризации подвигов советских героев в провинции режимом были задействованы все основные механизмы советской пропагандистской машины, в первую очередь печать, газеты, художественный и документальный кинематограф. Непосредственный контакт с героями тоже не был фантастикой – хорошо продуманными пропагандистскими акциями стали поездки героев-челюскинцев, папанинцев, знаменитых летчиков и летчиц по отдаленным регионам страны. Известно, что имена «Челюскина» и челюскинцев стали самыми популярными названиями советской топонимики 1930-х гг.[60]

С 1934 г. героизм в Советском Союзе приобрел статус социального активизма, отмеченного и освященного государством: 16 апреля этого года постановлением ЦИК СССР было учреждено звание «Герой Советского Союза». Первыми обладателями почетного титула стали летчики, участвовавшие в экспедиции по спасению экипажа «Челюскина». Для них это означало автоматическое причисление к когорте деятелей, чьи имена были обязательны к упоминанию на торжественных мероприятиях, празднествах и демонстрациях, чьи портреты входили в обязательный набор для украшения колонн демонстрантов и праздничных декораций наряду с руководителями партии и государства. В небольшой, но очень характерной заметке провинциальной газеты описывался героический пантеон 1934 г. Благодаря ей можно представить внутреннюю иерархию героев, принятую на публичных мероприятиях в провинции. По сообщению корреспондента газеты, в летнем лагере челябинского Осоавиахима допризывники выложили из мелких камней и песка портреты Ленина, Сталина, Ворошилова, героев-летчиков, значки «ГТО» и «Ворошиловского стрелка», а также изображения местных руководителей – секретаря Челябинского обкома партии Рындина и председателя горсовета Советникова[61].

Помимо таких толкований «героического», как преодоление человеческой натуры и стихии, романтики подвига и борьбы за освоение пространства, современные советские герои должны были олицетворять собой повседневные трудовые свершения, скромность, дисциплинированность, жертвенность и гендерную универсальность. Просмотрев кинохронику событий с «Челюскиным», Сталин особо отметил одного из челюскинцев – Шафрана. «Вождь» привел его в пример и подчеркнул, что «именно такие ребята должны воспитываться в кино: не позеры, а упорные, боевые работники, не позеры, не кичливые хвастунишки... А у этого прежде всего дело, работа, а не похвальба, не зазнайство». Не всегда присущая реальным прототипам скромность стала нормой героических репрезентаций. В этом аспекте, так же как и в ряде других обязательных черт (жертвенность, политическая лояльность, чистое классовое происхождение), разместилась точка пересечения героики гражданской войны и современности.

Представляется, что такая характеристика советского героя, как скромность, была удобна для пропаганды героизма в провинции, не обладавшей богатыми материальными ресурсами для вознаграждения героических дел.

И если Валерий Чкалов в 1936 г. вместе с званием Героя Советского Союза получил премию в 30 тысяч рублей, а позднее стал обладателем легковой машины, привезенной из Америки, герои провинциального масштаба чаще всего вынуждены были довольствоваться малым: уважением и восхищением товарищей, нематериальными символическими атрибутами своего статуса, скромным вещественным вознаграждением.

Скромность героя и обыденность подвига – эти образцы толкования патриотизма без особых усилий комбинировались с идеями Нового человека, практиками социального дисциплинирования и пропагандой аскетизма[62]. И если идеи о традициях воинской славы встречаются лишь на уровне размышлений военных теоретиков о повышении боеспособности российской/Красной армии, то концепция нового советского человека и дискурс о дисциплине многообразно проступают в документах военно-патриотической организации «Осоавиахим». В повседневной жизни проводники официального советского патриотизма быстро переключались с возвышенной риторики на рассуждения о стоическом восприятии трудностей быта, рекомендации «мыть руки перед едой» и призывы «снять» «патлатые и не совсем культурные» волосы[63].

Суггестивный потенциал сталинской героики возрастал за счет того, что героические образцы одновременно выступали и в роли идеальных гендерных репрезентаций[64]. В этом аспекте культ героев тесно соприкасался с дискурсом о здоровом образе жизни, спорте и культурности[65]. Папанинцы были не только «отважными сынами социалистического Отечества», но и «богатырями»[66], уральские осоавиахимовцы должны были «смело и бодро шагать и без одышки лазать по уральским хребтам», будущие бойцы Красной Армии не имели права быть «вялыми, физически расслабленными» людьми[67]. Курганские допризывники рвались отправиться пешком в Москву, чтобы «закалить здоровье в походах» и стать «людьми, преданными нашей социалистической родине», «каждую минуту» готовыми встать на ее защиту[68]. Учащиеся и командно-политический состав Троицкого военно-учебного пункта (ВУПа) обещали «являться на учебный пункт аккуратными, хорошо заправленными, с бритой бородой, остриженными ноготками и вежливым обращением товарища с товарищем»[69].

«Давайте прыгать, девушки!», или Патриотизм в гендерном измерении

Появление женщин в сталинском культе героев стало важной вехой в формировании официального довоенного патриотизма. Женщины с 1917 г. занимали особое место в миссионерской политике большевиков по отношению к «отсталым» категориям населения[70]. Массовыми свидетельствами превращения женщин из «рабынь быта» в сознательных созидательниц социализма были ударницы и стахановки. Но наибольшей притягательностью, без сомнения, обладали единичные примеры разрыва с традиционными гендерными ролями – женщины-пилоты. О патриотическом контексте как факторе уравнения в правах «героев» и «героинь» пишет Ю. Левинг, анализируя поздние «авиационные тексты» советских поэтов: «Когда в 1936 году П. Осипенко заявила в дни Всесоюзного совещания жен командного и начальствующего состава РККА с высокой трибуны в Кремле: "Обещаю летать выше всех девушек мира!", эта клятва ознаменовала важнейшую веху в советской авиационной эмансипации. До сих пор бой являлся мужской прерогативой, но постоянно меняющиеся условия войны и технологические достижения с неизбежностью предполагают возникновение новых идеалов и нормативов мужественности... Пилот с ярко выраженными маскулинными признаками постепенно исчезает из АТ[71], в них начинают доминировать сдержанная асексуальность и стремление к равенству полов. Первичные гендерные признаки нивелируются, сглаживаются, им на смену приходит *другая любовь* – любовь, которая превыше всех земных любовей, – к Родине-Матери...»[72]

В совокупности с символической фигурой Отца (Иосиф Сталин), Сынов и Дочерей (советские герои), образ Родины-матери замыкал круг «Большой семьи» – другого ключевого символа патриотического дискурса[73]. «Страна и семья для советского летчика – одно и то же», – говорил Чкалов женщинам-летчицам, рассказывая о своем возвращении из Америки[74]. Образ Родины, в отличие от употреблявшегося ранее Отечества, был более эмоционально насыщенным, «теплым», «своим». Недаром этот образ практически никогда не использовался в случаях, когда речь шла о вещах «внешних», таких как международное значение СССР, деятельность Коминтерна, будущая пролетарская революция, уступая место понятию «отечества». Когда же дело касалось событий внутри страны, особенно фактов, бывших предметом особенной советской гордости, на первый план выходила риторическая фигура Родины. Думается, что в «Записках штурмана» – дневнике Марины Расковой, опубликованном впервые еще при жизни летчицы, в 1939 г., – не случайно появился эпизод, рассказывающий о выборе названия «Родина» для самолета, на котором Раскова, Гризодубова и Осипенко собирались совершить сверхдальний перелет.

Патриотический дискурс 1930-х гг. в «женском вопросе» был наследником первого послереволюционного десятилетия, включал в себя переоценку традиционных для российской империи гендерных ролей и репрезентаций[75]. Новые образцы толкования и ритуалы, связанные с отношениями полов, вобрали в себя те изменения, которые российский гендерный порядок претерпел с конца XIX в. Распространение идей эмансипации в слоях образованных и городских женщин, первые попытки организованного женского движения, активное участие женщин в революционной деятельности не прошли даром. Идеологи советского варианта социалистического феминизма: А. Коллонтай, К. Самойлова, Н. Крупская – вышли из рядов российских революционерок. В идеологию «женского вопроса» в СССР они принесли марксистское понимание задач женской эмансипации и женского движения, организационный опыт революционной работы и этос профессиональных революционерок[76].

Исследования последних лет по истории сталинизма, касающиеся гендерной проблематики, акцентируют идею сталинского термидора – возврата режима к традиционным ценностям в области взаимоотношений полов, фактическую ревизию модели гендерного порядка, намеченной А. Коллонтай и другими социалистическими феминистками. Дискурс о женском равноправии и эмансипации интерпретируется исследователями как empty rhetoric – пустая риторика, пропагандистские упражнения власти, отнюдь не обязывавшие ее к реальным изменениям положения женщин[77]. Представляется, что это утверждение не совсем справедливо, даже если исходить только из факта массового участия женщин в Великой Отечественной войне[78].

«Социалистическая Родина» действительно была репрезентацией сугубо женского материнского начала. В минуту опасности Родина-мать нуждалась в защите своих детей[79]. Основную роль защитника патриотический дискурс отводил, конечно, сыновьям. Но в тот момент, когда целевой аудиторией патриотической риторики становились женщины, власть мужчин переставала быть абсолютной. Брошюра «Работница и крестьянка на страже СССР» отсылала женщин к истории Парижской Коммуны, когда «женщины и дети с 13 лет» боролись наряду с мужчинами. И словами Ленина предсказывала женщинам их будущее: «Иначе не может быть и при грядущих битвах за низвержение буржуазии. Пролетарские женщины... не будут смотреть пассивно (спокойно и безучастно), как хорошо вооруженная буржуазия будет расстреливать плохо вооруженных или невооруженных рабочих. Они возьмутся за оружие, как в 1871 году»[80].

Женские патриотические образы пропагандировались в советской литературе, плакате, кино и прессе не менее активно, чем мужские. Можно с уверенностью сказать, что пропагандой было сформировано несколько типов патриотической женственности, адресованных различным поколениям женщин и имевших различную функциональную нагрузку. Этот факт совпадает с наблюдениями других авторов о дифференцированности женских репрезентаций по поколениям[81]. Ровесницы революции и гражданской войны, принимавшие участие в боях за власть Советов (медицинские сестры, врачи, женщины-красноармейцы, партизанки) составляли когорту «героинь гражданской войны». Их воспоминания печатались практически в каждом номере журнала «Работница». В программу празднований годовщин революции включались доклады, посвященные участию женщин в гражданской войне, наряду с ветеранамимужчинами на вечера воспоминаний было рекомендовано приглашать и женщин. Театрам и театральным кружкам настоятельно советовали включать в репертуар пьесы, отражавшие роль женщин в гражданской войне. К 10-летию РККА «Бюллетень Осоавиахима» даже опубликовал обзор рекомендованных пьес с подробным описанием особенностей постановки[82]. Очевидно, что эта возрастная группа не входила в число возможных комбатантов будущей войны, а выполняла важную функцию передачи культурных кодов, олицетворяя собой патриотический женский образ недавнего революционного прошлого. «Если в годы гражданской войны женщины в армии насчитывались сотнями, тысячами, – заключала свои воспоминания врач Шифра Хотимская, – то теперь, если понадобится, трудящиеся женщины Страны Советов встанут все, как одна, на защиту своей великой социалистической родины»[83].

Другой тип патриотической женственности представляли жены комсостава Красной Армии. Этой репрезентации было свойственно смешение разножанровых в досоветском прошлом образов матери, заботливой хозяйки, жены-товарища (культивировавшегося в браках между революционерами) и, конечно, женщины-воина, готовой в любую минуту заменить мужчину на фронте. «Мы не только жены, мы близкие друзья и товарищи своих мужей, командиров нашей доблестной Красной Армии, – писала одна из жен командиров, совершивших восхождение на Казбек. – Мы вместе с ними хотим активно участвовать в обороне страны»[84]. В своем практическом преломлении этот образец для подражания породил многообразие форм квазиобщественной деятельности, которые должны были служить его повседневным воплощением. Например, политорганы Уральского военного округа и 4-го Башкирского стрелкового полка сообщали о самых различных формах женского активизма (как правило, насаждавшегося «сверху»). Жены начсостава обустраивали детские уголки, посещали танцевальные кружки, украшали столовую, а также прослушивали лекции о VII конгрессе Коминтерна, выполняли оборонные нормы и изготавливали «вышивные работы "Схема государственного строения по новой Конституции", "Конь Ворошилова", "Корзинка обилья"»[85].

Доминирующим типом патриотической женственности можно считать, вероятно, образ молодой женщины, комсомолки, занимавшейся одним из военизированных видов спорта[86]. Структурно эта репрезентация повторяла строение идеальных мужских образцов. Летчицы органично вписывались в общеевропейский контекст межвоенного периода с его массовым увлечением спортом, авиацией и техникой. Такие черты, как выносливость, физическая сила, ловкость, упорство, стойкость, героизм также сближали этот тип женственности со сферой мужского. Возможно, что сами бывшие крестьянские девочки, какой была, например, Полина Осипенко, воспринимали физкультурную сторону образа как наиболее естественную. Вряд ли им был близок образ изнеженной городской барышни, характерный для элитарных слоев дореволюционной России. Недаром в воспоминаниях девушек-спортсменок прочитывается недоумение, с которым они воспринимали запреты на выполнение более трудных и опасных заданий[87]. Одновременно семантика комсомолки, летчицы, патриотки вписывалась и в раннесоветскую концепцию женской эмансипации. В этой репрезентации подчеркивалось преодоление традиционной женской повседневности, связанной с домашними заботами, семьей и воспитанием детей.

Контекстом, в котором разрабатывались новые женские образы, стали представления о будущей «империалистической» войне. Благодаря активной пропаганде, они были широко распространены на уровне массового сознания и формировали ожидания советских людей в межвоенный период[88]. В целях социальной мобилизации пропаганда особенно настойчиво подчеркивала, что в приближающейся войне не будет четких границ между фронтом и тылом, представляла удаленные от эпицентра боевых действий районы такими же уязвимыми и небезопасными, как вероятные прифронтовые территории. Идеи о новой роли женщин в случае войны усиленно распространялись через систему Осоавиахима. Выступая перед уральскими осоавиахимовцами, председатель ЦС оборонного общества Р.П. Эйдеман специально остановился на этом вопросе: «Нужно понять роль и значение женщины в предстоящей борьбе. Без женщины задач обороны страны решить нельзя. Почему? Особые качества современной войны в том и заключаются, что технические средства этой войны стирают грани между фронтом и тылом и требуют участия в этой войне не только армии, которая несет основную тяжесть на своих плечах, но и всего населения»[89].

«Памятка активисту Осоавиахима», изданная в 1930 г., сообщала, что «по нашей советской конституции оборона государства является делом и обязанностью всех трудящихся, без различия пола и национальностей. И если женщины не привлекаются к воинской повинности, то это объясняется... тем, что достаточное количество мужских контингентов позволяет нам освободить женщин от этих тяжелых обязанностей так же, как она освобождается от целого ряда вредных производств». Далее пропагандист военно-патриотической организации должен был познакомить слушателей с тем, что закон о воинской службе предусматривал «в случае необходимости» привлечение женщин в ряды РККА на специальные службы[90].

Теория, как казалось, подтверждалась практикой предвоенных локальных конфликтов. Во время встреч советских граждан с «героями Хасана» нередко обсуждался и «женский вопрос». Секретарь одного из райкомов Свердловска, участник событий на озере Хасан Попов, выступая на областной конференции Осоавиахима в апреле 1939 г., так охарактеризовал будущую войну и роль женщины в ней: «На опыте у оз. Хасан можно сказать, что... женщины были взяты в бой, все госпитали обслуживались девушками, женщинами... Женщина будет играть большую и решающую роль, даже если она не будет на фронте, госпиталь будет находиться за несколько тысяч километров в тылу...»[91]

Рассуждая о женском патриотизме, руководство Осоавиахима ссылалось на опыт Первой мировой войны: «...Трудящаяся женщина должна быть подготовлена не только к роли санитарки или сестры милосердия, но и к целому ряду других больших вспомогательных и специально военных задач в армии и тылу. Рост женского труда во время империалистической войны наблюдался в ряде отраслей производства, имеющих особенно важное значение. За 2 ½ года войны трудом женщин и мужчин, не подлежащих призыву в армию, было заменено 700 тысяч убывших на фронт рабочих». Но, конечно, в «ту» войну процесс включения женщин в производство был «стихийным». Чтобы не повторять ошибок прошлого, женщин призывали заблаговременно подготовиться к будущей войне: «Трудящаяся женщина, изучая военное дело в кружках Осоавиахима, должна знать войсковую разведку, противохимическую оборону, связь, военно-санитарную службу, чтобы во время войны уметь выполнять ряд вспомогательных служб в армии и тылу. Опыт империалистической и нашей гражданской войн дает нам примеры участия женщин в армии. История гражданской войны богата примерами участия женщин в боевых отрядах на политических и строевых должностях. Мы знаем, что при обороне целого ряда промышленных районов работницы вливались в рабочие батальоны и с оружием в руках защищали свои фабрики и заводы»[92].

Другим источником представлений о роли женщины в будущей войне был, как и в случае с другими категориями населения, трансфер западных образцов. В качестве одного из аргументов в пользу активного участия женщин в оборонных организациях была ссылка на существование женских организаций военно-патриотического профиля за рубежом. В официальных публикациях на эту тему приводились примеры из современной Польши, Финляндии и Великобритании – ближайших и вероятных врагов в будущей войне[93]. Правда, на уровне пропаганды эти примеры, скорее, дополняли образ врага эпохи раннего сталинизма его гендерной составляющей. В патриотических «агитках», распространявшихся по всему Союзу, тиражировались представления о западной «милитаризированной» женщине: «Будущая война, война миллионов, война, которая не будет иметь строго разграниченного фронта и тыла, будущая война одновременно будет и гражданской войной против революционных рабочих организаций. Буржуазия мобилизует для этой войны женщин, как наиболее отсталый и классово несознательный элемент». И если советские патриотки были сознательными, преданными делу социализма и искренне любящими отечество, то буржуазные патриотки помимо «отсталости» и «несознательности» отличались тем, что шли в военно-патриотические организации «поневоле», ради получения равных с мужчинами гражданских прав. Худший вариант патриоток в западных странах удостоился почетного звания «своры, до мозга костей преданной буржуазному обществу»[94].

В практике военно-патриотической организации «Осоавиахим» привлечение женщин к ратному труду выглядело не столь однозначным, как может показаться при знакомстве с гендерными аспектами патриотического дискурса. За мобилизационными призывами военного и осоавиахимовского руководства, обращенными к женщинам, скрывались мучительные поиски форм и методов работы с этой «отсталой» категорией советского населения.

Незавершенность и внутренняя противоречивость патриотического дискурса 1930-х гг. стали очевидными с началом Великой Отечественной войны, ознаменовавшейся возвратом к традиционным гендерным репрезентациям. В образе Родины-матери, доминировавшем в официальной военной пропаганде, не осталось и следа от воинственной женщины довоенного сталинизма. Этот, на первый взгляд, удачный патриотический образец толкования оказался однобоким на фоне беспрецедентного использования женщин в Великой Отечественной войне в качестве комбатантов[95]. Масштабы женского добровольчества, их усилия и жертвы, приносившиеся ради преодоления фронтовой повседневности и реальностей войны, вплоть до перечеркивания собственной телесности и материнского инстинкта, до сих пор исследованы недостаточно[96].

Возможно, поворот власти к традиционным женским репрезентациям, особенно явно обозначившийся во второй половине войны, можно рассматривать как результат рационального планирования, связанного с перспективой окончания военных действий (новые экономические задачи восстановительного характера, потребность в возмещении демографических потерь, учет демографических деформаций, вызванных войной и др.). Как бы то ни было, образцы женского патриотического поведения межвоенного периода, эффективно «сработавшие» в годы войны, были пересмотрены в послевоенный период[97], что привело к укреплению патриархатного гендерного порядка в СССР.

§ 2. Война и проблема военно-патриотического воспитания молодежи

Военное прошлое и советский патриотизм

Для большевистского режима, рожденного под грохот канонад, война была важным патриотическим образом. К тому же, как уже говорилось ранее, со второй половины 1930-х гг. сталинский режим стал проявлять особую благосклонность к традиционным имперским моделям воспитания любви к отечеству, основанным на репрезентациях военных побед и воинской славы. Наиболее сложным для власти был поиск подходящих интерпретаций недавнего военного прошлого: Первой мировой и Гражданской войн, воспоминания о которых хранила значительная часть советского населения.

Первой мировой войне новейшая историография более или менее единодушно отводит место «забытой» войны в коллективной памяти советского населения. Агрессивное навязывание официального толкования воспоминаний об этом событии привело к складыванию советской коммеморативной практики, радикально отличавшейся от европейской традиции. При сравнении с другими государствами-участниками войны становится очевидным, что, несмотря на признание массовых жертв из числа простых солдат, в государстве пролетарской диктатуры не нашлось места травматическому опыту Первой мировой. Вероятно, единственную попытку в этом направлении предприняла военно-историческая комиссия (ВИК) ГШ РККА, на раннем этапе своего существования состоявшая преимущественно из «военных специалистов» (военспецов). Ее руководитель – бывший генерал царской армии А.А. Свечин – писал в предисловии к первому сборнику трудов комиссии: «...Каково бы ни было отношение народа к минувшей войне, он должен внимательно отнестись к усилиям, упорству, самоотвержению и памяти тех, которые, не считая, усеяли своими скромными могилками нашу западную окраину. Постановка им памятника в виде официальной истории войны неизбежна для всякого правительства, продолжающего нуждаться в вооруженной силе и вновь призывающего народ к жертвам. Воинская доблесть нуждается в культе и культ воинской доблести необходим, чтобы одерживать победы. <…> В настоящий момент, когда всякому самоопределению народов открыта широкая дорога, память об общем величественном историческом прошлом особенно дорога, как цемент, связывающий нас в одно целое»[98].

Как пишет К. Мэрридэйл, сразу же после окончания Первой мировой войны в Советской России «появились миллионы более важных мертвых – красные герои гражданской войны, которым новое государство должно было оказать почести. Здесь не нужно было никакой «вехи», только небрежность. Войной занимались: были исторические исследования, работы, посвященные ее последствиям в области народного здоровья и экономики, а также военно-стратегические штудии – все это вполне можно найти в 20-е годы XX века, но тема сама по себе не играла существенной роли в официальных исторических произведениях нового режима»[99].

В советский праздничный календарь день памяти о Великой войне вошел в 1929 г. С этого года по инициативе Коминтерна день начала мирового конфликта (1 августа) отмечали как «День международного смотра революционных сил пролетариата», день проверки готовности рабочего класса к борьбе против новой «империалистической» войны[100]. Ленинская классификация войн как справедливых и несправедливых, империалистических и революционных послужила своего рода большим нарративом, концептуальными рамками для определения места Первой мировой войны в советской историографии и культурной традиции[101]. С точки зрения большевиков, эта «империалистическая и несправедливая» война содержала гораздо меньше образов, достойных закрепления в культурной памяти общества, нежели гражданская. Хотя средства массовой информации и сценарии празднеств упоминали о тысячах трудящихся, «одурманенных и околпаченных» буржуазией и сложивших свои головы в «империалистической бойне», траур не играл никакой роли в праздничных ритуалах «Дня». С.Ю. Малышева отмечает, что в советских торжествах Первая мировая война чаще всего выступала лишь как фрагмент «метарассказа» об Октябрьской революции[102].

В 1930-е гг. концептуальные рамки истолкования Великой войны были дополнены представлениями о будущем военном конфликте. В итоге ее официальная интерпретация оказалась заключена в своеобразную линейную формулу: «империалистическая» война – революция – будущая «империалистическая» война. Юбилейное издание 1934 г.[103] призывало: «"Помни о прошлой войне". Ибо 20-летие прошлой войны есть вместе с тем канун новой войны. "Помни о прошлой войне" – это значит помни, что война выгодна господствующим классам, что ужасы ее испытывают лишь трудящиеся, что от твоей бдительности зависит помешать поджигателям новой войны ввергнуть тебя в еще более жестокую бойню. "Помни о прошлой войне" – это значит прегради дорогу новой империалистической войне – пролетарской революцией»[104]. Далее авторы брошюры напоминали, что бремя войны распределялось на российское общество неравномерно: господствующим классам доставались «выгоды», а трудящимся – «ужасы»[105]. Необходимо отметить, что такой образ Великой войны должен был, вероятно, достаточно безболезненно вписываться в групповую коммеморацию бывших солдат Первой мировой, так как он в целом соотносился с их окопными настроениями тех лет[106].

В контексте официального патриотического дискурса Великая война превратилась в антипод будущего мирового катаклизма, выступавшего в образе «последнего и решительного боя» за коммунизм[107]. Согласно учебному пособию для политзанятий системы Осоавиахима, в 1914–1917 гг. российская армия сражалась за интересы помещиков и капиталистов: «Чтобы обмануть трудящихся и солдат, посылаемых на смерть, царское правительство объявило эту войну "отечественной" войной, войной "в защиту родины". А на самом деле это была война одной группы капиталистических хищников (России, Англии, Франции и др.) против другой (Германии, Австрии и др.) за то, чтобы по-новому переделить между собой мир для грабежа и угнетения. В русскую армию было призвано 13 миллионов солдат, – почти половина всего трудоспособного населения России. Миллионы солдат принуждены были долгие годы сидеть в окопах и умирать под пулями за интересы царя и капиталистов»[108]. В учебнике не нашлось места для рассказа о том, почему прошедшая «бойня капиталистических хищников» не привела к всемирной социалистической революции. Но, умолчав о Брестском мире и о том, как Ленин стал «повивальной бабкой» советского патриотизма, учебник подробно разъяснял вопрос об «отечестве мирового пролетариата»: «лишенные отечества в своих странах, где властвуют капиталисты», рабочие Японии, Германии и других государств все свои надежды связывают с «подлинным, настоящим отечеством» – «нашей родиной, нашим Союзом советских социалистических республик»[109].

Постепенно демонизация стала самой навязываемой моделью интерпретации Первой мировой войны. Это превращение произошло за счет стереотипного упоминания войны в контексте грядущего военного столкновения «мира капитала» и «мира социализма». В пропагандистской литературе, «копеечных» брошюрах Осоавиахима и публичных выступлениях военно-политических руководителей СССР Первая мировая чаще всего выступала как основная референция при формировании представлений о масштабах и формах будущей катастрофы. «Как и во всякой войне, в будущей войне будут действовать два основных фактора: машина и человек. Известное представление о роли технических средств борьбы в будущей войне дает империалистическая война, бывшая уже в значительной степени войной машин, в особенности к ее концу – к 1917 и 1918 гг.., – рассказывал К.Е. Ворошилов, выступая на IX съезде комсомола в 1931 г. – К концу мировой войны было на фронтах около 60 тыс. артиллерийских орудий, 15 тыс. самолетов и 5 тыс. танков – все это, не считая запасной материальной части. Война будущего будет еще во много раз больше насыщена разнообразнейшей техникой истребления»[110]. Другой важной функцией Первой мировой войны в советской публичной коммеморации было ее толкование как «точки отсчета» ускоряющейся милитаризации западного мира и растущей технической мощи Красной Армии. Подробно разбирая все виды военной техники и вооружений, применение которых ожидалось в будущей войне, «военспец» А.И. Верховский в книге «Характер будущей войны и задачи Осоавиахима» подчеркивал, что «машины» уничтожения значительно эволюционировали за десять лет, прошедшие с окончания Первой мировой[111].

Постепенно локальные практики воспоминаний о Великой войне вытеснялись из публичной сферы провинциальной жизни. Распоряжение секретаря Башкирского обкома ВКП(б) по поводу празднования «антиимпериалистического дня» 1 августа 1929 г. в республике недвусмысленно указывало на нежелательность альтернативных репрезентаций Великой войны: «Ораторы и докладчики в своих выступлениях должны руководствоваться целиком установками, указанными в данной директиве, не допуская односторонних выступлений. Наряду с тем, что будет отмечаться подготовка империалистов к войне, их вооружения, технические усовершенствования в капиталистических армиях и т.д., и т.п., необходимо резко оттенить и нашу подготовку к отражению нападения, нашу силу и мощь, нашу техническую насыщенность в Красной Армии, нашу организованность, воспитывая тем самым в трудящихся массах уверенность в победе». Вечера воспоминаний участников империалистической войны, запланированные, вернее всего, по аналогии с ритуалами юбилейных празднований Октябрьской революции и гражданской войны, были призваны «мобилизовать внимание трудящихся на решительное проведение в жизнь решений 16 партконференции»[112].

В Челябинске в «Красный день» 1 августа 1930 г. по окончании рабочего дня прошли демонстрация и митинг рабочих, Осоавиахима и расквартированного в городе 171-го полка, на котором предприятия рапортовали об успехах индустриального строительства. Центральная газета города посвятила этому событию разворот, где были опубликованы отрывок из романа Ремарка «На западном фронте без перемен», высказывания Ленина об империалистической войне, сведения о количестве погибших в

Первую мировую, применении военной техники и ее значении в будущей войне. В статье «СССР – социалистическое отечество мирового пролетариата» сообщалось, что 1 августа «рабочие и трудящееся крестьянство капиталистических стран будут бороться против опасности новых империалистических войн, против нападения империалистов на страну строящегося социализма». Советские трудящиеся в этот день должны были мобилизоваться на выполнение пятилетки в четыре года. Рядом было размещено стихотворение М. Жакра «Рабочему Запада»:

«Надо из сердца,
расхлябанность вынув,
ружья на тыл обернуть...
Чем умирать
и под грохот рождаться,
кровью платя за чужую вину..,
лучше последней войною
гражданской
раз навсегда
уничтожить войну»[113].

Гражданская война, в отличие от Первой мировой, была в 1930-е гг. превращена в «миф о происхождении» советской власти, призванный легитимировать саму власть и дальнейшее существование советского государства. В межвоенный период, отмеченный стремлением сталинского руководства найти основу для объединения советского общества и пигмалионовым трудом по формированию советской идентичности, мифотворческая работа вокруг гражданской войны приобрела особый размах. В литературе, киноискусстве, массовой песне был воплощен целый пантеон «народных героев» гражданской войны – своеобразный «набор» для самоидентификации. К концу 1920-х гг. через полифонические композиции локальных исторических и культурных репрезентаций гражданской войны начала решительно пробиваться соло-партия господствующего дискурса.

Официальная точка зрения на гражданскую войну также не была статичной и трансформировалась по мере становления сталинского режима. Изменения в официальных репрезентациях гражданской войны хорошо видны на примере юбилейных празднований. Благодаря историческому казусу днем памяти гражданской войны стало 23 февраля. Поводом к учреждению этого праздника, известного как День рождения Красной Армии, послужили события, связанные с борьбой против внешнего врага и защитой национально-государственных границ. Как утверждала советская историография, День Красной Армии (23 февраля) был первым воинским праздником, учрежденным по инициативе В.И. Ленина[114]. Мифология, сложившаяся вокруг этого праздника, – наглядный пример работы над прошлым, в ходе которой поражения и неудачи советской власти превращались в достижения и победы[115].

Уже в 1922 г. день 23 февраля отмечался как всенародный праздник и день рождения Красной Армии и Флота, а накануне на Красной площади состоялся первый торжественный парад войск московского гарнизона. Со временем праздник стал ассоциироваться исключительно с эпохой гражданской войны и рождением новой власти. Во всяком случае на праздновании 10-летнего юбилея Красной Армии топос о «защите социалистического Отечества» от иностранного вторжения был вторичен по отношению к мифам об установлении советской власти в борьбе с внутренним врагом. Не прошло и десяти лет после окончания гражданской войны, как в стране стали создаваться музеи Красной Армии, одной из задач которых был сбор, хранение и популяризация материалов по истории гражданской войны. Инициатива в деле институционализации летописания гражданской войны исходила, как известно, от М. Горького[116].

Создание сети провинциальных музеев Красной Армии также происходило по подсказке Москвы, где был учрежден самый первый Музей Красной Армии. Собирание свидетельств и фактов из истории гражданской войны приобрело достаточно масштабный характер, охватив и провинцию, десятилетие назад пылавшую в огне междоусобицы. Более или менее систематически такая работа велась истпартами и музеями, но в моменты празднований «дат» гражданской войны и юбилеев в порядке очередной кампании к поисковой работе подключались и общественные организации.

К 20-летию Красной Армии официальный дискурс памяти о гражданской войне, однако, претерпел существенные изменения. Праздничные тезисы отдела партийной пропаганды и агитации ЦК ВКП(б) наполнились сталинским патриотическим пафосом: «Под руководством партии большевиков Красная Армия разбила наголову и выбросила за пределы нашей социалистической Родины вооруженные до зубов полчища иностранных интервентов, кровожадные банды и белогвардейские армии русских помещиков и капиталистов. Истекая кровью, являя беспримерные в истории мужество и героизм, вооруженные рабочие и крестьяне отстояли фабрики и заводы от капиталистов, землю от помещиков, свою социалистическую Родину от ее внутренних и внешних врагов»[117]. На первый план в коммеморации вышли воспоминания об иностранной интервенции, частью которой интерпретировались и белогвардейцы: «Перепуганная пролетарской революцией и первыми успехами Советской власти мировая буржуазия организовала контрреволюционные силы России, вооружила их и бросила их армии на удушение Советской республики. Международный империализм начал военное вторжение... <...> На Красную Армию революция возложила труднейшую задачу – защитить Советскую Россию от объединенных сил иноземных захватчиков и внутренней контрреволюции, отстоять территориальную целостность и независимость нашей Родины, отстоять завоевания Великой Октябрьской социалистической революции»[118]. Топос о свободе и независимости советской страны и риторическая фигура «социалистической Родины» неоднократно упоминаются в тезисах. Дата начала гражданской войны под явным влиянием современной международной обстановки была смещена на февраль 1918 г. – момент, когда «полчища немецких империалистов» «вторглись в пределы молодой, неокрепшей Советской республики»[119]. От новых акцентов в коммеморации гражданской войны повеяло национал-большевизмом.

Серьезные усилия режима по конструированию памяти о гражданской войне нашли свое отражение и в регионах. Местные истпарты занялись сбором воспоминаний о войне и революции, а локальные власти налаживали публикацию и популяризацию этих воспоминаний, устанавливали памятники и переименовывали улицы[120]. К работе по формированию культуры памяти о гражданской войне были привлечены самые разные организации, в том числе и Осоавиахим. К 11-й годовщине Красной Армии оборонные общества Урала должны были позаботиться о присвоении имен павших героев клубам, домам обороны, избам-читальням, тирам, стрельбищам и даже отдельным военным кабинетам. Окружным советам Осоавиахима руководство области поручило уход за братскими могилами времен гражданской войны, устройство экскурсий к местам массовых «красных» захоронений и боевых действий, а также организацию траурных вечеров. Инструкция Уралосоавиахима призывала не ограничивать «работу по увековечению памяти борцов гражданской войны» юбилейной кампанией, а углублять ее в дальнейшем «как сильное орудие по воспитанию широких трудящихся масс, в особенности молодежи»[121].

В региональные календари публичных мероприятий включались даты, связанные с важными событиями местной истории гражданской войны. Первоначально эти праздничные дни, которые не считались общегосударственными, должны были олицетворять локальную специфику мемориальных практик режима. Со временем уделом местных «дней памяти» стало упоминание о них в календарях знаменательных дат, читателями которых был узкий круг специалистов по истории и библиотечному делу. Но в довоенный период многие регионы в соответствии с праздничным каноном раннесталинской эпохи широко отмечали «свои» юбилеи. Так, на Урале 15 июля ежегодно праздновали День освобождения края от «наймита мировой буржуазии» Колчака. Торжества длились несколько дней, открываясь вечерами воспоминаний участников боев гражданской войны на предприятиях и заводах и завершаясь праздничной демонстрацией. Шествие трудящихся плавно перетекало в народные гулянья и «культурные» развлечения. К годовщине был приурочен военный парад с принятием присяги молодыми красноармейцами. По традиции празднования использовались для очередной «ликвидации прорывов» на различных фронтах общественной и экономической деятельности. Руководство Уральского Осоавиахима накануне празднования 10-летия освобождения края от Колчака, например, рекомендовало считать целевой установкой юбилея «организационное, финансовое укрепление и улучшение содержания форм массовой работы Общества снизу доверху»[122].

Процесс трансформации культуры памяти о гражданской войне на протяжении 1930-х гг. хорошо прослеживается на провинциальном материале. В начале десятилетия на переднем плане празднования 15 июля в Челябинске находилась локальная история гражданской войны. Разворот центральной газеты «Челябинский рабочий» был полностью посвящен памятным событиям. Редакция газеты воспроизвела передовицу об освобождении города, вышедшую на второй день после завершения Челябинской операции, поместила отрывки из воспоминаний о гражданской войне, портреты погибших героев: подпольщицы Кривой, рабочего Колющенко, председателя городского совета Цвиллинга – с пафосными некрологами-воспоминаниями[123]. В соответствии с новыми праздничными традициями, в 1930 г. по поводу годовщины в Челябинске были заложены две «новых крепости социалистической индустрии» – алундовый завод и завод искусственных точил[124]. В 1933 г. газета «Уральский рабочий» сообщала о том, что в ознаменование 14-й годовщины освобождения Урала от Колчака городское бюро «красных партизан» открыло в доме № 11 по улице Февральской революции мемориальную доску. Доска напоминала о том, что в годы революции и гражданской войны в этом доме размещался штаб Красной Гвардии[125].

А четыре года спустя в праздничных мероприятиях и юбилейных текстах уже явственно ощущается влияние официального патриотического нарратива. Между временем гражданской войны и современностью проводились сравнения, демонстрировавшие сходство героизма, патриотизма, жертвенности двух эпох. В планах Челябинского обкома партии по празднованию 15-летней годовщины освобождения Урала от Колчака была подчеркнута необходимость выявления участников гражданской войны, известных так же как ударники социалистического строительства. На время юбилея им было уготовано служить примерами перманентного героизма[126]. Газеты пестрели историческими параллелями. В юбилейном номере «Челябинского рабочего» была напечатана статья В. Котельникова «Герои великой родины». В ней за описанием подвигов эпохи гражданской войны следовало подробное изложение челюскинской эпопеи. «Пусть же страшатся те, которые и сейчас еще не забыли о планах Колчака и интервентов, которые и сейчас лелеют мечты о превращении советской страны в страну капиталистического рабства, – заключал автор патриотической цитатой из центральной газеты «Правда». – Их ждет участь еще более позорная, чем участь Колчака! Им лицом к лицу придется встретиться с героями нашей страны. Ляпидевский, Леваневский, Молоков, Каманин, Слепнев, Водопьянов, Доронин показали чудеса героизма, показали, на что способен стосемидесятимиллионный народ, когда встанет вопрос о защите его родины»[127]. И, конечно, в юбилейных текстах почетное место заняли образы мудрого руководителя и организатора Сталина и социалистической родины.

К концу 1930-х гг. связка «Сталин – гражданская война» приобрела гротескные очертания. Из-за этого репрезентация памяти о гражданской войне, исполняемая провинциальными органами власти и учреждениями культуры, выглядела абсурдно. Например, предметом воспоминаний о гражданской войне в Башкирии были отнюдь не события в самой республике, где гражданская война затронула большую часть населения, опустошила целые районы и оставила множество «зарубок» в памяти обычных людей. В 1938 г. коммеморация практически полностью строилась вокруг официальной версии гражданской войны, которая все больше концентрировалась на событиях Южного фронта, связанных с именами Сталина и Ворошилова. Вот как представлял себе праздничную программу директор башкирского театра в г. Уфе Шайхутдинов: «Мы к подготовке 20-й годовщины Красной Армии приступили давно – в первой половине января. <…> Башкирский театр взял подбор пьесы "Как закалялась сталь", инсценировка Судакова по роману Островского. Режиссера Башкирского театра специально командировали в Москву, там готовился к постановке Трам, поговорил он с инсценировщиком и др. для того, чтобы лучше подготовить... Для того, чтобы показать стратегический план т. Сталина по разгрому Деникина подобрали пьесу "Дорога на юг" Прут... <...> Что мы делали, чтобы актеры уясняли, правильно исполняли и понимали свои роли. Проводили доклады всем работникам театра на тему "Сталин и Красная Армия"... Все участники башкирского театра прочитали роман Островского "Как закалялась сталь" и первый том гражданской войны»[128]. Другие национальные театры и театральные кружки в колхозах также не отличались богатством репертуара. Давлекановский и Альшеевский театры готовили «Как закалялась сталь», чувашский театр «давал» две сцены из пьесы «Пограничники», а украинский – концерт к Дню Красной Армии. На основе общероссийского материала формировались программы библиотек, кинотеатров, оркестров, радио. Не мог похвастаться экспозицией, посвященной истории гражданской войны в Башкирии, и музей революции в Уфе. Вместо этого посетителям предлагалось ознакомиться с выставкой материалов о событиях в Испании. На вопрос о том, как показана героическая роль РККА в «освобождении башкирского народа от гнета помещиков, кулаков, баев», сотрудница музея Вафитова сообщила: «У нас есть отдел прошлое Башкирии. Местного материала очень мало...»[129]

Немногими каналами, по которым происходила передача памяти о гражданской войне в Башкирии, были, судя по стенограмме, местные газеты и встречи с ветеранами войны. Редакторы «Башкурдстана», «Красной Башкирии» и «Комсомольца Башкирии», отчитывавшиеся перед обкомом о подготовке к юбилею РККА, также ориентировались на общесоюзные сценарии празднования. Один из них, чтобы не повторяться, просто упомянул, что его газету, как и все остальные, «материалами снабжает Москва в централизованном порядке». Вместе с тем все редакции запланировали разместить на страницах газет воспоминания участников войны в Башкирии, беседы и рассказы красногвардейцев и красных партизан. Газета «Башкурдстан» отправила для сбора этого материала несколько корреспондентов в Туймазы, Дуван, Стерлитамак, Мелеуз, Кугарчи, Юмагузин, «Комсомолец Башкирии» решил задействовать партизан Белорецка, Белебея, Мияков и Стерлитамака, а «Красная Башкирия» обратилась к местному истпарту. Кроме того, сообщил представитель газеты Ломакин, мы «поможем сами написать статью партизанам Белорецка...»[130] Вечера встреч с ветеранами гражданской войны, которые уже вошли в традицию, собирались провести музей, школы и лечебные учреждения Уфы.

Складывание официальной мемориальной культуры Первой мировой и гражданской войн сопровождалось процессами деиндивидуализации локального, группового, этнического опыта, а по мере становления сталинского режима – и девальвацией местной специфики. Официальная интерпретация недавнего военного прошлого, вероятнее всего, не совпадала с групповой и индивидуальной памятью об этих событиях. Конкурировавшие интерпретационные модели вступали в конфликтно-диалогические отношения, оказывая корректирующее влияние на творческую работу власти по конструированию коллективной памяти.

Война будущая: контуры тотальности

Основополагающим условием формирования официального советского патриотизма и его субъективных интерпретаций стала ситуация напряженного ожидания будущей мировой войны. Это специфическое состояние общества, о котором пишет Р. Козеллек[131], способствовало формированию патриотических символов, ритуалов и патриотического габитуса. Последний включал весьма широкий спектр навыков – от чувства постоянной боеготовности до практических военных умений. Современные исследования национализма показали особую роль войн в формировании наций и образующих идентичность национальных дискурсов. В момент вооруженного конфликта с «враждебным» народом или государством коммуникация между властью и обществом строится вокруг базовых символов, ориентированных на создание, трансляцию и закрепление основ самоидентификации. Усилия власти и исторического субъекта в этих условиях направлены к одной и той же цели, хотя идентификационные образцы сверху и снизу могут не совпадать.

В условиях войны возрастает потребность власти и общества в патриотизме, актуализированном как способность жертвовать собой (вплоть до прекращения физического существования) ради тех идеализированных сущностей, которые символизируются официальным дискурсом как образующие идентичность. Становятся более четкими и определенными образы «своих» и «чужих», внешних и внутренних врагов. Но и в мирных условиях патриотический этос формируется, главным образом, с использованием символов, непосредственно связанных с войной, ее опытом, интерпретациями и фантазиями о войне. Мобилизационные практики, применявшиеся в массовой политике, свидетельствуют о том, что уже в межвоенный период господствовавшие режимы разных стран обладали технологиями для создания в обществе состояния «повышенной военной тревожности».

Как отмечает С. Ферстер в предисловии к сборнику о концепциях тотальной войны[132], социально-психологическая ситуация в послеверсальском обществе отличалась тем, что не только обуреваемые реваншистскими идеями политики и военные, но и рядовое население европейских стран были уверены в неизбежности военного конфликта в будущем. Советское государство не было исключением. Вторая «империалистическая» война была не только одним из любимых коньков советской пропаганды в эпоху раннего сталинизма, но и предметом серьезных размышлений политиков и военных. Состояние ожидания войны, преломившись через специфическую большевистскую идеологию и биполярное мировосприятие, даже породило собственную терминологию. Известно выражение того периода – «осажденная крепость». Именно так характеризовал позиции СССР на международной арене и требуемый психологический настрой в обществе основатель советской военно-патриотической организации М.В. Фрунзе.

Уверенность в неизбежности столкновения с «империалистическим» миром придавала в сталинском обществе всему, что было связано с войной, особую значимость. Будущая война в интерпретации советской пропаганды была не просто войной – это был последний и решительный бой за коммунизм. Прогнозирование хода последней битвы с империализмом находилось в компетенции военных, которые, несмотря на политический контроль и репрессии со стороны власти, оказывали существенное влияние на процессы, происходившие в межвоенном СССР.

Советская военно-политическая элита рассматриваемой эпохи состояла из двух различных по своей социализации, прошлому и мировоззрению когорт: бывших высших кадровых военных царской армии, перешедших на службу в РККА («военных специалистов»)[133], и командиров эпохи гражданской войны (так называемых «красных командиров»). Последние начинали свою военную карьеру еще в годы Первой мировой войны унтер-офицерами, а некоторые из них иногда вообще не имели военного образования (как М.В. Фрунзе). Виднейшие представители обеих когорт, вплоть до того момента, когда их карьера прервалась из-за репрессий, в равной степени активно и творчески участвовали в разработке советской военной теории и ее прикладных аспектов. В 1918–1920 гг. при Всероссийском Главном штабе РККА и в первой советской военной академии были созданы институты для научного изучения опыта прошедших войн: Военно-историческая комиссия (ВИК) и Военно-научное общество (ВНО). И хотя кадровый состав, программы и, самое главное, историческая судьба этих учреждений были различны, они оба внесли свой вклад в решение проблем военного строительства и военно-патриотического воспитания населения[134].

В некоторых военно-политических вопросах мнения «военспецов» и «красных командиров» расходились, как это было, например, при рассмотрении характера будущей войны. Многие «военспецы» были уверены, что основополагающим для прогнозирования будущего военного конфликта и строительства советских вооруженных сил является опыт мировой войны. Как писал бывший царский генерал Д.К. Лебедев, «настоящая обстановка повелительно требует возможно скорее извлечь главнейшие выводы из опыта войны, дабы дать необходимый материал для воссоздания боеспособной армии...»[135]

Молодые командиры Красной Армии, напротив, были убеждены в том, что прототипом будущих боев за социализм во всем мире должна стать именно гражданская война. Они призвали к ее изучению уже в первом сборнике трудов ВНО, изданном в 1921 г.: «...Трудящиеся всего мира стоят перед объективной неизбежностью повторения русского опыта гражданской войны. <...> Впереди многие битвы пролетариата со своим классовым врагом – буржуазией, которая без борьбы от власти не уйдет. А раз так, то ясно, что опыт вооруженной борьбы русского пролетариата имеет огромное значение для мирового пролетариата». На помощь «старшего поколения военных специалистов», по мнению редколлегии сборника, рассчитывать не приходилось, так как «военспецы» были «чужды понимания сущности опыта гражданской войны» и находились под «гипнозом империалистической войны, которую "они делали"»[136].

Тем не менее нередкой была и общность взглядов, в особенности в вопросах, касавшихся боеспособности Красной Армии, дисциплины и политической сознательности бойцов. Совпадения вряд ли являются случайными. Скорее всего, они были следствием одинакового опыта, приобретенного в предыдущих войнах. Этот опыт, несмотря на разность политических убеждений, анализировался военными прежде всего с профессиональных позиций. Выступая на первом Всесоюзном съезде ВНО (март 1926 г.) И.С. Уншлихт отметил, что «научно-исследовательская работа – одна из самых сложных и ответственных наших задач, при решении которой мы должны, учитывая опыт империалистической и гражданской войн, анализируя события, развертывающиеся в наши дни, сделать соответственные выводы, исправить недочеты, которые были у нас до сих пор»[137].

Можно с полным основанием утверждать, что оборонное общество «Осоавиахим» было подлинным детищем ведущих советских военачальников и военных теоретиков. Ключевая роль командования советских вооруженных сил прослеживается во многих аспектах его истории. Здесь можно упомянуть высшее руководство организации, состоявшее почти сплошь из военных, ее концепцию, определявшую роль, задачи и стратегию развития оборонной работы, самодеятельность руководителей локальных отделений, пытавшихся превратить общество во вторую Красную Армию.

Если проанализировать институциональную историю Осоавиахима и ее предшественников: ВНО, Общества друзей воздушного флота (ОДВФ), Добровольного общества друзей химической обороны и химической промышленности (Доброхима), Общества содействия обороне (ОСО) и Общества авиационно-химического строительства (Авиахима), то окажется, что все организации-предвестники, а позднее и сам Союз обществ «Осоавиахим» последовательно возглавляли военные. К организаторам военно-научного движения, позднее преобразованного в военно-патриотическое, принадлежал М.В. Фрунзе. В состав высшего руководства парамилитаристских обществ на протяжении межвоенного периода входили К.Е. Ворошилов, И.С. Уншлихт, С.С. Каменев, Р.П. Эйдеман, С.М. Буденный, М.Н. Тухачевский, П.И. Баранов, Л.П. Малиновский и другие известные военачальники. ЦС Осоавиахима до войны возглавляли А.И. Рыков, И.С. Уншлихт, Р.П. Эйдеман, П.С. Горшенин, П.П. Кобелев. Единственным гражданским среди этой военной когорты был председатель СНК А.И. Рыков, который все же не был полным дилетантом в военных делах[138]. В годы гражданской войны Рыков занимался организацией снабжения Красной Армии.

Избранные на II Пленуме Осоавиахима президиумы ЦС всесоюзного и всероссийского обществ более чем на четверть состояли из военных. Среди них были не только «красные командиры», но и такие известные «военспецы», как С.С. Каменев, Б.М. Шапошников, А.А. Свечин, С.М. Белицкий[139]. Созданный и руководимый военными, Осоавиахим должен был превратиться в один из инструментов повышения обороноспособности СССР и «младшего брата» Красной Армии[140]. Какой виделась советским военным в центре и на местах роль оборонного общества и системы военно-патриотического воспитания в подготовке к будущей войне, можно проследить по их трудам, выступлениям, речам и запискам.

В свете представлений о характере будущей «империалистической» войны проблема боеспособности армии, призванной не только защищать «священные границы» первого советского государства, но и, как было уверено политическое руководство страны, нести знамя коммунизма в Европу, приобретала особую значимость. В 1920-е гг. метафора «тотальная война», широко используемая в современной историографии как научный термин, активно проникала в лексикон средств массовой информации на Западе[141]. Советские военные теоретики практически не использовали ее в своих трудах и выступлениях, употребляя чаще всего словосочетание «современная война»[142]. Несмотря на разную терминологию, в ходе военных дебатов в СССР были очерчены некоторые принципиальные черты будущего военного конфликта, которые перекликались с идеями, имевшими хождение в странах Европы. Наиболее яркие и значимые характеристики новой «империалистической» войны были взяты на вооружение советской пропагандой и инструментализированы в мобилизационных практиках сталинского режима.

Оставим в стороне пронизанные идеологией и не получившие дальнейшего развития споры о войнах революционных и нереволюционных, инициированные М.Н. Тухачевским. Сконцентрируемся на тех идеях, которые были общими для советской и европейской науки и оказались ключевыми в решении проблем военного строительства. Особое внимание далее будет уделено работам, написанным специально для системы Осоавиахима или широко использовавшимся в военно-патриотической пропаганде.

В числе основных черт, которые приписывались будущей войне, были ее всеохватный («полный», по определению М. Алексинского и К. Мехоношина) и механизированный характер. Ведущие советские военные теоретики, анализируя опыт Первой мировой войны и следуя тенденциям развития европейской военной мысли, прогнозировали, что особую роль в будущем конфликте предстоит сыграть авиации, танкам и моторизированным соединениям. С легкой руки М.Н. Тухачевского в обиход вошло определение грядущего военного столкновения как «войны моторов»[143].

В 1928–1932 гг. сторонники концепции техногенной войны вместе со своим лидером Тухачевским переживали неблагоприятный период: они временно потеряли свою влиятельную политическую позицию. Но даже в это время апокалиптические картины авианалетов и танковых сражений были в большом ходу. Так, «военспец» А.И. Верховский в уже упоминавшейся брошюре «Характер будущей войны и задачи Осоавиахима» приводил примеры возможного развития событий, опираясь на фантастические описания неизвестного советской публике французского писателя. Правда, основной полемический пафос его брошюры оказался направленным против преувеличения возможностей техники. Но в условиях повышенной психологической тревожности общества (следствия недавно прошедшей кампании «Наш ответ Чемберлену» и первой Недели обороны) спорно, что оказывалось эффективнее: картины возможных бомбежек и химических атак или уверения в их относительной «безопасности». Приведем небольшой пример из части, которая называется «Общественная подготовка к химической обороне»: «Представьте себе, что за окном, у которого вы читаете эту брошюру, разрывается пудовая бомба, сброшенная с Фармана № 68, начиненная хотя бы, для простоты, – хлором. Опасно ли это для вас или не очень опасно, или совсем безопасно? Проработан ли этот вопрос во всех ячейках Авиахим'а? Все ли мы знаем, что нужно делать в случае налета самолетов? Я обращаю ваше внимание на то, что армия не может думать о защите каждого дома, каждого учреждения, пусть каждый думает о себе. Обязанность общественных организаций, в первую очередь Авиахим'а, направить самодеятельность масс. Если принять нужные меры, то падение аэро-бомбы может быть абсолютно безопасно; приняв нужные меры, можно создать такую обстановку в каждом доме, в каждой деревне, при которой вы из окон вашей квартиры будете спокойно смотреть на волны зелено-желтого газа. Но для этого нужно знать, как пользоваться маской, как оборудовать помещение против химического нападения. Но прежде всего, есть ли у нас количество масок, достаточное для всего населения? А может быть, нет? Кто спрашивал об этом? Разве по этому поводу была поднята кампания? Делали вы, читатель, при выборах в Совет указание вашему делегату, что у нас нет противогазов и что нужно об этом позаботиться? Я обращаю ваше внимание именно на то, что современная война и ее тактика не то, что было в 1914 году. Теперь защита 140-миллионного народа не может быть в полной мере сделана ни армией, ни правительственным аппаратом. Нужна широкая самодеятельность масс, а Осо-Авиахима в первую очередь»[144].

Вряд ли подобный прогноз звучал успокаивающе. Не менее «радужными» были и картины, встречающиеся в других популярных брошюрах системы Осоавиахима – своеобразной «копеечной литературе» советской эпохи. Многие из таких изданий были анонимными, хотя выходили они, как правило, опять же из-под пера военных. Заглянем в брошюру «Как нам готовиться к будущей войне», вышедшую в 1927 г.: «В каком бы глухом месте ты ни находился, будущая война может так или иначе тебя коснуться. Даже если ты остался не призванным в армию и сидишь дома, неприятель сможет тебе причинить вред. Аэропланы противника могут залететь далеко в тыл и сбрасывать на заводы, фабрики, города, села, деревни бомбы, ядовитые газы. Значит, надо подумать не только о том, как самому от этого всего уберечься, но так-же и о том, как помешать неприятелю довести до конца его злое дело и как, вместе с тем, побольше навредить ему самому». За призывом записываться в ячейки Осоавиахима следовал вывод, в основном совпадавший с сентенциями А. Верховского: «Ты узнаешь там, что аэропланы и ядовитые газы не страшны, если от них умело защищаться, что вообще никаких технических средств борьбы бояться не следует. И мировая война показала, что против каждого из технических средств можно найти другое средство, то есть что и **технику можно преодолеть**»[145].

А вот картина будущего апокалипсиса в изложении провинциального осоавиахимовского функционера – бывшего военнослужащего Красной Армии. 30 января 1929 г. руководитель военной секции Уралосоавиахима Н. Кризе выступил перед слушателями с докладом о будущей «империалистической» войне. В постановлении, принятом по окончании заседания секции, говорилось: «Признать, что опасность воздушно-химического нападения может угрожать Уралу только при объявлении войны СССР Англией. Последняя, имея в составе своего морского флота специальные авианосцы по примеру интервенции 1918–1919 года, может воспользоваться своей близостью к Архангельску и оттуда совершить налет на Урал, недосягаемый со стороны нашей западной границы. Для этого достаточно, форсировав горло Белого моря, ввести в него под прикрытием боевых судов своего флота авианосец, и с места наибольшего приближения к устью р. Северной Двины послать отряд бомбовозов в направлении центрального Урала... <...> В обоих случаях маршрут этих самолетов может быть только следующим: река Сев. Двина, гор. Котлас и далее по линии Пермь – Котласской железной дороги до реки Камы на высоте гор. Перми. В этом случае объектами нападения неминуемо окажутся заводы Воткинский, Мотовилиха и Березниковский (по добыче азота). Разрушение столь важных в военном отношении заводов, с точки зрения интересов противника, должно оправдать потерю самолетов из-за невозможности им по выполнении задания вернуться обратно. Летный состав, по уничтожении им аппаратов, может найти себе убежище по заранее обеспеченным явкам. В случае применения противником дирижаблей задача нападения на указанный район значительно облегчается вследствие возможности их возвращения на исходный пункт»[146].

Спустя десять лет похожие размышления были озвучены председателем Пермского Осоавиахима майором Сабуровым. Выступая на учебно-методическом семинаре начальников и политруков ВУПов, проходившем в Перми 14–13 декабря 1939 г., кадровый военный упрекнул работников Осоавиахима в недопонимании задач организации: «Нам нужно подготовить тыл так, чтобы каждый гражданин имел возможность уметь при появлении всякой случайности, взять хотя бы химию, артиллерию. А мы, товарищи, не очень далеко от границы и, пожалуй, самолеты через 2 часа будут над Пермью и будут нас бомбить. Вот тогда мы и забегаем, куда прятаться и что предпринять. Чтобы этого не было, надо понять, что помимо вас организовано много кружков советских и профорганизаций. Имейте в виду, что какой бы ни был кружок, какой бы предмет они ни изучали, ваша задача обязательно привить любовь и желание овладеть техникой»[147].

Этот пример демонстрирует тот факт, что картины «ужасов войны» имели весьма широкое хождение даже в советской глубинке. Представления о тотальном характере будущей войны активно использовались политическими режимами европейских государств и СССР как жупел антипацифистской пропаганды. Выступая на первом Всесоюзном совещании военно-научных обществ в мае 1925 г., М.В. Фрунзе фактически дал советским агитационно-пропагандистским институтам готовую программу действий: «Нам нужно покрепче внедрить в сознание всего населения нашего Союза представление о том, что современные войны ведутся не одной армией, а всей страной в целом, что война потребует напряжения всех народных сил и средств, что война будет смертельной, войной не на жизнь, а на смерть, и что поэтому к ней нужна всесторонняя тщательная подготовка еще в мирное время. Надо, чтобы все у нас хорошенько продумали и отчетливо осознали значение того факта, что СССР продолжает оставаться осажденной крепостью...»[148]

Тотальная война предполагала тотальную мобилизацию всех ресурсов воюющих государств, в том числе человеческих. В прогнозах военных воюющая нация пришла на смену профессиональным армиям прошлых эпох. Первый российский опыт массовой мобилизации на войну, имевший место в «империалистическую», оказался не слишком удачным. Относительно низкая боеспособность русской армии давала военным богатую пищу для размышлений. Анализируя причины поражения «старой» армии в «германской» войне, А.А. Свечин писал: «Наши солдаты в упорядоченном бою, а особенно при штурме, могли равняться с немцами. <...> Но никогда у нас не было такого бесповоротного упорства, чтобы кучки солдат продолжали сопротивление, когда бой уже был потерян, когда всякое принуждение в горсти, отколовшейся от целого, отсутствовало, когда каждый был предоставлен себе и своим настроениям»[149].

Опыт столкновения с Германией, армия которой была охвачена идеей борьбы за великую германскую нацию, привел многих военных к мысли о важности идейного воспитания бойцов. Об этом писал в своем фронтовом дневнике и будущий военный министр Временного правительства А.И. Верховский[150]: «Такое воспитание народа в минуту высшей опасности представляет страшную наступательную силу, обращающую весь народ в один монолит, о который разбиваются все усилия врагов»[151]. Позднее он развил эти мысли в целом ряде военных трудов, в том числе написанных специально для системы Осоавиахима. Боеспособность русской армии, солдаты которой, по признанию А.А. Брусилова, не знали, за что они воюют[152], была окончательно утрачена к 1918 г. Признаками деградации армии стали не только военные поражения, но и массовая сдача в плен, широко распространившееся дезертирство и быстрое революционизирование солдатских масс. Однако распропагандированные и не желавшие больше воевать солдаты были плохим «материалом» и для создания новой армии. «Мы как марксисты чувствовали, – вспоминал позднее Н.И. Подвойский, некоторое время возглавлявший наркомат по военным делам, – что массы солдат, еще полупролетарские массы, не доросли до того высокого представления о социалистическом Отечестве, которое они с энтузиазмом, фанатичностью, самоотвержением и самопожертвованием защищали бы»[153].

Оценка, данная Подвойским «полупролетарским солдатским массам», сохраняла свою актуальность дольше, чем предполагали большевики. Проверка политической сознательности красноармейцев, проведенная ПУР РККА в начале 1920-х гг., выявила крайне слабые знания и «крестьянский менталитет» солдат. В результате в 1925 г. была введена двухгодичная программа политического образования красноармейцев, тремя «китами» которой были милитаризация, советизация и интернационализм[154]. В дальнейшем политический компонент занимал важное место в программах боевой подготовки бойцов РККА. Красная Армия превратилась в «школу социализма». Дело политической индоктринации красноармейцев находилось в компетенции специально учрежденных политических руководителей (политруков). Одновременно была создана разветвленная система политического осведомления, наблюдения и цензуры, формируя которую большевики использовали опыт политического контроля общественного мнения, широко применявшийся в русской армии в 1914–1918 гг.[155]

От политчаса в Красной Армии до политинформации на заводах, фабриках и в школах был один шаг. Перед лицом тотального характера будущей мировой войны идея массового военно-патриотического воспитания и обучения всего населения страны буквально носилась в воздухе. «Красную Армию мы рассматриваем как остов, как костяк для той многомиллионной армии, которая потребуется в случае, если на наше государство нападет недруг, – подчеркивал в 1926 г. нарком по военным и морским делам СССР К.Е. Ворошилов. – И вот для того, чтобы Красная Армия в первых же столкновениях не очутилась в том положении, в каком очутилась царская кадровая армия с ее прекрасными солдатами и комсоставом при первых же сражениях на западной границе, нам необходимо, товарищи, *военизацию* страны начать сейчас же и самым решительным образом»[156].

Во второй половине 1920-х гг. именно этот термин – «военизация»[157] – использовался советскими военными для обозначения комплекса мероприятий по повышению обороноспособности страны[158]. В среде советских военных и политических руководителей изначально не было единодушия в том, что понимать под военизацией, а в публичных выступлениях и научных трудах царил терминологический хаос. На первом Всесоюзном совещании военно-научных обществ (1925 г.) М.И. Калинин, говоря о военизации, упоминал всего лишь антипацифистскую пропаганду[159]. Однако военные мыслили, как правило, более масштабно, подразумевая под военизацией различные аспекты подготовки страны к будущей войне. М.Н. Тухачевский на определенном этапе понимал под военизацией главным образом мобилизацию народного хозяйства страны. Размышляя о боеспособности армии и подготовке кадров для советских вооруженных сил, он пользовался термином «милитаризация» и считал необходимым «популяризацию» и «пропаганду» военных знаний[160]. А.А. Свечин в труде «Стратегия» писал о том, что «самая широкая военизация во всех отраслях государственной и общественной деятельности – это основной закон современной подготовки к войне». В этой же работе Свечин назвал более привычный для военных термин «милитаризация» одиозным, так как он обозначает «господство военных директив над интересами мирного развития общества»[161]. С.С. Каменев и К.А. Мехоношин в 1926 г. опубликовали брошюру, в которой изложили свой взгляд на военизацию как на «массовую военную работу среди населения» обучающего и воспитательного характера, проводимую с учетом требований боевой подготовки красноармейцев[162]. Эта идея и легла в основу деятельности оборонного общества «Осоавиахим».

Пальма первенства в разработке идеи и программы военизации обычно приписывается М.В. Фрунзе – предшественнику К.Е. Ворошилова на посту наркома по военным делам и создателю первой парамилитаристской организации в СССР. На самом деле определить первооткрывателя в этом вопросе довольно сложно. Элементы обучения гражданского населения навыкам, необходимым в боевых действиях, появились уже в годы Первой мировой войны[163]. В гражданскую войну согласно декрету ВЦИК действовал всевобуч – всеобщее военное обучение населения. Известно также, что инициаторами некоторых экспериментов по военизации гражданского населения были бывшие царские генералы, перешедшие на службу в Красную Армию[164].

Первые опыты по военизации не пропали втуне. В апреле 1924 г. в структуре руководства РККА была создана Инспекция по вневойсковой и физической подготовке, которую возглавил К.А. Мехоношин. Наряду с основным направлением работы – организацией вневойсковой подготовки допризывников – Инспекция занималась вопросами военизации «гражданских культурно-просветительных органов». В ноябре 1924 г. под руководством Мехоношина в Революционном военном совете (РВС) была создана специальная комиссия по военизации, пытавшаяся наметить задачи, формы и методы привлечения и организации «общественной самодеятельности» к военной подготовке населения. В докладе о деятельности Инспекции перечислены задачи военизации, как они виделись аппарату ведомства в 1924 г.: привлечение внимания трудящихся масс к вопросам строительства Красной Армии и Флота; распространение среди всей массы населения военной грамотности и в первую очередь основ стрелкового дела; усиление физического воспитания населения; создание базы военной подготовки в период между сборами контингентов, проходящих военную подготовку вневойсковым порядком, и переменников территориальных частей[165]; ликвидация неграмотности среди военнообязанных контингентов.

Как явствует из отчета, деятельность Инспекции в области военизации выразилась прежде всего в составлении циркуляров и директив (например, по организации военных уголков и кружков в избах-читальнях и клубах) и в установлении контактов с различными гражданскими ведомствами: наркоматом просвещения, профсоюзами, руководством комсомольской и пионерской организаций, Рабоче-крестьянской контрольной инспекцией (РККИ), Всесоюзным советом физкультуры. Преимущественно «бумажные» результаты работы Инспекции вызвали, по всей видимости, нарекания со стороны Штаба РККА и попытки создания другого центрального органа для координации работ по военизации населения. Мехоношин в ответ на критику писал, что мероприятия в области военизации требуют «длительной, рассчитанной на целые годы плановой научной и организационной работы для того, чтобы охватить всю толщу многомиллионного населения страны». Намечая будущий план, он выделил ключевые проблемы, которые требовали внимательного анализа: увязывание видов военной подготовки населения с задачами боевой готовности страны; необходимость разработки программ, ориентированных на различные группы населения и учитывающих формы прохождения военной подготовки; проработку «живых» форм и методов массовой работы; оборудование изб-читален и клубов (вероятно, начальник инспекции считал их опорными пунктами военизации) необходимой материальной частью и программами за счет государственного бюджета; создание организационного аппарата на местах; подготовку квалифицированных работников; разграничение функций между военными, культурно-просветительными и другими организациями, занимающимися военизацией.

Перечисленные К.А. Мехоношиным проблемы, как показывает история Осоавиахима, оставались центральными в сфере военно-патриотической подготовки населения на протяжении всего межвоенного периода. Их «спонтанное» и неплановое решение создало, как и предполагал Мехоношин, серьезные проблемы в работе по военизации населения. В момент написания доклада[166] вопросами военизации занимались по меньшей мере три организации: Инспекция, Политическое управление (ПУР) и ВНО. «Таким образом, – писал Мехоношин, – для проведения военизации населения существуют три аппарата в центре, никем не объединяемые, и в результате – параллелизм, отсутствие общего плана развертывания работы, согласование вне военного ведомства одних и тех же вопросов разными лицами и т.д. Наряду с этим приходится отметить, что дело это с каждым днем завоевывает в массах все большее и большее значение с расширением сети военных уголков и кружков как при клубах, так и при избах-читальнях. Такую стихийность и неплановость в проведении работы первоочередной важности необходимо в корне пресечь...» В связи с тем, что первым этапом военизации должно было быть развитие физической культуры населения, Мехоношин предлагал оставить центральным координирующим органом в деле военизации собственную инспекцию.

Предложение Мехоношина, вероятно, не устроило Штаб РККА, так как в 1926 г. М.Н. Тухачевский вновь поднял вопрос о централизации работы по военизации. Он выступил в РВС с докладом «Организация подготовки страны к обороне (военизация страны)». В докладе Тухачевский изложил собственное видение военизации: «Обороноспособность государства в современной войне определяется, главным образом, качественным и количественным развитием его производительных сил и политической устойчивостью государственного аппарата. Для ведения войны необходимо подготовить, с одной стороны, многомиллионную, вооруженную по последнему слову техники армию, и, с другой стороны, так подготовить весь хозяйственный и административный аппарат страны, чтобы в военное время он мог бы бесперебойно и планомерно питать действующую армию, удовлетворяя внутри страны основные экономические потребности населения. Приспособление всей страны к выполнению задач обороны мы называем военизацией»[167]. Основными целями военизации, по мнению Тухачевского, была подготовка возможности развертывания и вооружения многомиллионной армии и обеспечение наиболее безболезненного перехода страны на военные рельсы в случае войны.

Программа военизации была намечена РВС еще весной 1924 г. и утверждена правительством страны. Для проведения ее в жизнь было решено создать межведомственную мобилизационную комиссию (ММК) и постепенно учредить такие же комиссии во всех крупных административно-территориальных единицах. Таким образом, мобилизационные комиссии должны были образовать институциональный «костяк» работы по военизации.

В планах по военизации нашлось место и общественным организациям, первоначально достаточно маргинальное. «...Мы имеем еще дело с широким развитием общественной самодеятельности по вовлечению населения страны в подготовку к войне, – писал Тухачевский. – Эта работа выражается в спортизации населения, в работе Авиахима, ВНО, военизации печати (военкоры), ОДР и т.д. Эти отрасли мобилизации страны, могущие оказать неисчислимые услуги делу обороны, в отдельных своих отраслях развились достаточно широко». Для координации деятельности «общественной самодеятельности» Тухачевский предлагал создать специальные комиссии при ММК[168].

Письменные заключения управлений РККА по докладу начальника штаба показали, что однозначного понимания самой военизации и механизмов ее осуществления в середине 1920-х гг. не было даже среди военных. Большинство управлений посчитало лишним создание специальной комиссии для координации деятельности общественных организаций в области подготовки населения к войне. Штаб предложил рассредоточить руководство между РВС, Штабом, ГУ РККА и ПУРом, а также расширить права советов физкультуры. Непосредственным проводником военизации было предложено считать ВНО. ГУ РККА предложило не переоценивать роль военизации в ближайшие годы и считать ее основными направлениями допризывную подготовку и военную работу в школах и пионерских организациях. Управление военными учебными заведениями потребовало уточнить содержание понятия «военизация» и безусловно отказаться от «военизации детворы»[169].

Из всех замечаний центральных управлений РККА можно отметить мнение Штаба о роли ВНО. В дальнейшем военизация была действительно передана в руки этой общественной организации, позднее объединенной с другими оборонными обществами и превращенной в Осоавиахим. Вторым важным моментом является более узкое (по сравнению с идеями Тухачевского) понимание военизации большинством ведомств – в основном как работы по военному обучению и патриотическому воспитанию населения, которая фактически и являлась гарантией будущего мобилизационного развертывания многомиллионной армии.

«Красные командиры», исходя из опыта гражданской войны, когда противоборствующим сторонам приходилось иметь дело с полуграмотной мобилизованной крестьянской массой, иногда подходили к вопросам боевого и морального духа советских вооруженных сил слишком инструментально. Им казалось, что проблема решается наличием политической лояльности и элементов принуждения. Более опытные, эрудированные и образованные «бывшие» мыслили более широко. А.Е. Снесарев, назначенный в 1926 г. военным руководителем Института востоковедения, размышлял об изменениях, произошедших в военном деле в связи с переходом к массовым армиям: «Можно ли возражать против того, что когда вместо небольшой... армии борется весь народ: от крестьянина за плугом или рабочего за станком до солдата, сидящего в окопах, когда роковое дыхание войны проникает всю страну от старика до ребенка, что психология такой необъятной войны окажется прежде всего и главным образом в основных особенностях общенародной психологией...»[170]

Он писал о патриотизме как о качестве, которое необходимо развивать в военнослужащих для успешной боевой деятельности. Как считает исследователь трудов востоковеда В.М. Дудник, А.Е. Снесарев был убежден в возрастании роли человеческого фактора в современной войне.

Отсюда и его мысль о том, что «человеком надо заниматься серьезно, проникновенно и всесторонне, думая о тех мотивах, которые могут еще императивно повести человека на войну и окрылят его на подвиги и самопожертвование, думая об его духовной организации, его нервной системе и пределах ее упругости...»[171]

Важность такого рода подготовительной работы подчеркивал и А.А. Свечин в уже упоминавшемся труде «Стратегия»: «...Военный план отнюдь не может ограничиваться рамками армии и флота; ныне в войне принимает участие вся страна, и военные директивы должны учитываться на очень широком фронте государственной деятельности. <...> Возникает необходимость исследования, каким образом, не отклоняя деятельности Наркомпроса от поставленных им себе задач, можно было бы повысить достоинства оканчивающих его школы с точки зрения военной квалификации их: развитие физической подготовки, борьба с пацифистическими уклонами мышления, сообщение элементарных военных сведений, обучение стрельбе, хотя бы под флагом спортивных обществ, моральное сближение их с Красной Армией и т.д....»[172]

Нельзя не учитывать влияния на решение проблем военизации военной теории и практики других государств. С некоторыми из них, например с Германией, СССР какое-то время активно сотрудничал в военной сфере, за другими – внимательно наблюдал и учился. Советское военно-политическое руководство быстро заметило широкое распространение за рубежом различного рода общественных и военно-спортивных обществ, находившихся под патронажем государства, а также государственные программы допризывной подготовки молодежи[173]. Выступая на I Всесоюзном съезде Авиахима, И.С. Уншлихт вполне в духе классовой идеологии того времени нарисовал картину создания на Западе вторых вооруженных сил: «Я, товарищи, хочу обратить внимание ваше на то, что вопросы создания общественных организаций, которые бы служили делу обороны, волнуют умы также и всех буржуазных государств. Что здесь некоторые значительно раньше нас, а другие, в связи с ростом и развитием нашего общества, обратили самое серьезное внимание на создание у себя общественных организаций. Организации эти и работа их идет по двум направлениям. Одни работают под названиями всякого рода спортивными, но на самом деле это военные организации. Естественно, что эти военные организации имеют в своих видах только мелкобуржуазные элементы, на которые буржуазные правительства только и могут опираться. С другой стороны, им удается вовлекать в свои спортивные организации известный процент рабочих. <...> Эти организации являются скрытой вооруженной силой, которая должна быть использована против рабочего класса, которая должна быть использована против той части армии, которая будет непослушна. Другая часть организаций – это авиационные и химические общественные организации. Как первые, так и вторые почти всюду содержатся на средства государства. Естественно поэтому, что они не могут вовлечь те массы многомиллионные, которые вовлекаем мы»[174].

§ 3. Сталинские патриоты: мир групповых интерпретаций

«Я мечтал быть летчиком...»

В архивных фондах Осоавиахима, партийно-комсомольских организаций и оборонных секций местных советов сохранился комплекс документов, возникших в процессе общения советских граждан с различными властными институтами. Это письма, обращения, заявления, написанные по конкретному поводу и в ситуации, намеренно смоделированной властью для имитации участия советских граждан в «большой политике». К ним примыкают материалы, собранные органами политического надзора и контроля территориальных частей Красной Армии и Осоавиахима и отражающие политические настроения призывников, красноармейцев, красных партизан. В отличие от таких «эксклюзивных» источников, как личные дневники, открытие которых в 1990-е гг. произвело своего рода «революцию» в историографии сталинизма и расширило горизонты исследований сталинской субъективности, вышеперечисленные материалы – явление достаточно массовое. В последнее десятилетие в исследовательский оборот был введен большой объем такого вида источников. Письма и обращения, заявления и информационные сводки не могут, конечно, служить основой для исследования психологических и мотивационных глубин индивидуального патриотического этоса. Но с их помощью можно попытаться понять, какие именно значения и образы официального советского патриотизма обладали наибольшей релевантностью для той или иной социальной группы. Также можно попробовать реконструировать степень владения сталинским субъектом патриотическим словарем и патриотическими метафорами, активность использования патриотической риторики и направленность патриотических саморепрезентаций. Наверное, именно в процессе работы с «индивидуальными» интерпретациями риск оказаться творцом «сконструированной исторической реальности» особенно высок. Поэтому хотелось бы сразу оговориться, что в дальнейшем речь пойдет преимущественно об особенностях группового патриотического этоса и что читателю предлагается авторское видение проблемы, не претендующее на истину в последней инстанции.

В 1933 г. журнал «Осоавиахим» опубликовал фрагмент из рассказа Д. Фибиха «Ровесник», главным героем которого был мальчик Володя Соловьев. Этот мальчик был «молод, как молода революция», он родился в канун Октября, и для него царь был «абстрактным, мифологическим понятием», чем-то средним «между мамонтом и ихтиозавром». Автор сообщал, что Володя знает капиталистов «по плакатам», гражданскую войну – по кино и книгам: он – «рационалист, материалист, практик». Одновременно Володя – романтик и патриот, для которого «Майн-Рид покажется скучным, как прейскурант». В лучших традициях русской революционно-демократической литературы Володе снился сон: «...Он летит на аэроплане, забрасывая бомбами фашистов. В облаках зеленого газа разбегаются крошечные солдаты. Армия капиталистов разбита. Вот и Нью-Йорк. На всех небоскребах красные флаги». В этом весьма посредственном с точки зрения литературы произведении обнаруживается множество занимательных моментов: на дворе 1933 год и вместо Англии и Польши будущим противником становятся «фашисты», разрывающиеся бомбы источают зеленый газ, победоносная война заканчивается в Америке, а американский летчик Линдберг, несмотря на американское гражданство, – «боевой парень» и «молодчага»[175]. Но самым главным во сне была мечта о небе.

Увлечение авиацией, формировавшееся под воздействием массированной пропаганды, было частью большого, широкого явления – своеобразной милитантности советского общества. Этот феномен в самых разнообразных формах и интерпретациях встречается в различных видах источников, как опубликованных, так и неопубликованных. О массовом энтузиазме и увлечении авиацией рассказывал в своих мемуарах известный советский конструктор А.С. Яковлев: «В большом зале, при торжественной тишине, в присутствии множества любопытных я запустил свой первый летательный аппарат, и он пролетел метров пятнадцать. Радости не было границ! Волнение охватило всех. Модель летала, я ощутил ее движение, жизнь! И здесь родилась моя страсть к авиации. Многие школьники заболели "авиационной болезнью". После уроков мы часто оставались в школе и строили одну модель за другой. Некоторые немного летали, другие не летали совсем, но наш энтузиазм от этого не иссякал. <...> Вспоминая теперь о школьном кружке друзей воздушного флота, я хочу показать, что это были не ребячьи забавы, а отражение того всеобщего интереса к авиации, которым жила наша страна»[176].

Опубликованные в 1955 г. издательством ДОСААФ воспоминания Героя Советского Союза, знаменитого защитника Сталинграда Я.Ф. Павлова своим сюжетом и стилистикой напоминают рассказ о мальчике Володе: «Помню, однажды в правлении колхоза появился плакат Осоавиахима, призывавший овладевать летными знаниями. Мы подолгу глядели на плакат и в нашем воображении рисовались волнующие картины... Вот мы совершаем героические перелеты куда-нибудь, далеко-далеко – на край земли! Вот мы спасаем затерявшихся в северных льдах участников полярных экспедиций... Слава о нас разносится по всей стране... Но мы скромны, мы готовимся к новым, еще более удивительным перелетам... И лишь выбрав свободный денек, мы навещаем своих односельчан. Серебристая машина, распластав огромные крылья, делает над Крестовой несколько приветственных кругов. К восхищению ребятишек, самолет садится прямо на выгоне, и мы виртуозно подруливаем к дверям нашей школы...»[177] Тема популярности военизированных видов деятельности встречается в неопубликованных воспоминаниях рядовых членов комсомольских организаций в провинции. Так, описывая события 40-летней давности, бывший детдомовец из Уфы Володя Левитский упомянул об увлечении мальчиков стрельбой, спортом, походами в противогазах и военными играми[178].

Похожие мотивы были выявлены при интервьюировании ветеранов Великой Отечественной войны[179]. В подавляющем большинстве респонденты (тогда 16–17-летние юноши) так или иначе упоминали о своем желании поступить в авиационное или военно-морское училище или о чувстве восхищения кадровыми военными, испытанном в юношеском возрасте. Один из них – военный летчик – рассказывал о том, как его захватила страсть к небу: «Потом как-то книжки появились, я помню, я читал о челюскинцах затертых.., летчики их спасали, я с тех пор знаю – Молоков, Леваневский, Ляпидевский, Слепнев, Каманин, Водопьянов, вот они, я их рисовал, я говорил, я буду летчиком, я мечтал быть летчиком...» Другой ветеран, всю войну занимавшийся военной подготовкой новобранцев, вспоминал о том, как в детстве он с друзьями несчетное количество раз посмотрел «Мы из Кронштадта», и о своем неосуществленном желании стать летчиком или моряком: «Я хотел вначале в авиацию, потом в военно-морской флот, но потом мечта не сбылась, война перепутала все это... но во всяком случае мечта была обязательно поступить в военное училище, быть командиром Красной Армии. <...> Ну, во-первых, авиация – мечта любого юноши ...» В воспоминаниях военврача о предвоенных годах также оказался сюжет о привлекательности военной службы. По словам респондента, мальчишки «смотрели на военных как на богов до войны, это же было почетно...» О подобных мотивах говорил и военный разведчик: «Я мечтал вообще летчиком быть, но летчиком у меня как-то не получилось, мне форма летчика очень нравилась, самая красивая форма – летчика, тогда уже летчики ходили в форме...»[180]

Ретроспективные образы эпохи, возникающие в воспоминаниях представителей старшего поколения современной России и послевоенных источниках личного происхождения, совпадают со свидетельствами исследуемого времени. С 1934 г. портреты летчиков, спасавших экипаж «Челюскина», обычно украшали праздничные выпуски местных газет, посвященных Дню авиации. В «Челябинском рабочем» рядом с портретами были напечатаны письма читателей. Пионер Боря Андреев писал о своем интересе к авиации и о том, что читает много технической литературы и «рассказы про летчиков»: «Когда Герои Советского Союза – отважные летчики – спасали челюскинцев, я с захватывающим интересом по нескольку раз перечитывал рассказы про них. Интерес к авиации заставил меня вступить в авиамодельный кружок… Когда мне будет 16 лет, я обязательно пойду учиться в планерную школу, а затем в летную, чтобы, постепенно привыкая, перейти от планера к самолету. Я непременно буду летчиком»[181]. Другой мальчик поделился с редакцией своим желанием стать авиаконструктором, как А.Н. Туполев.

Специфика молодежной интерпретации официального патриотизма проступает и в документах комиссий по приему в военные учебные заведения СССР. Перед войной прием в них был организован по принципу массовых пропагандистских кампаний и находился на особом контроле партийно-комсомольских организаций и Осоавиахима. Различные по стилю и аргументации заявления юношей и девушек, решивших избрать военную профессию, свидетельствуют о том, что часть советской молодежи 1930-х гг. уже в совершенстве овладела искусством «говорить по-большевистски», свободно используя риторику патриотического дискурса. Центральное место в патриотическом словаре молодых людей занимал образ «родины», общеупотребительными стали слова «патриот» и «патриотизм». Михаил Климин писал в своем заявлении: «Прекрасно понимаю, что страна Советов – бельмо на глазу у кровавого фашизма. Он дрожит перед ним и готовится уничтожить его. Наш народ должен быть готов. Как и многие патриоты нашей родины, я хочу овладеть морской техникой и бить врага на море, если он нападет. Поэтому прошу комсомол направить меня в военно-морскую школу им. Фрунзе. Оправдаю ваше доверие, если оно будет одолжено. За счастье рабочих и крестьян отдали жизнь многие люди, в том числе и мои родители; моя религия такова: отдать жизнь, если это понадобится… 28 апреля 38 г.»[182]

Обращает на себя внимание факт, что аргументация юношей и девушек чаще выражалась в категориях желания, реже – долга и права. В заявлениях можно встретить простую вербализацию патриотических чувств: «…Я желаю всю свою жизнь посвятить, а если потребуется и отдать ее за независимость нашей родины, за ее расцвет, за партию Ленина-Сталина»; «…Я, как комсомолец, считаю за большую честь выполнять долг защиты нашей родины, буду честно служить нашему трудовому народу». Нередко артикуляция индивидуального патриотизма для убедительности подкреплялась положительным образом СССР, подчеркивавшим отличие «своей родины» от «чужих»: «...Хочу... быть защитником нашей великой социалистической родины, являющейся оплотом международного пролетариата»; «...Я сын нашей великой и непобедимой страны советов и в этой стране социализма предоставлено каждому гражданину СССР право на образование, право на труд, право на отдых и т.д.». Реже встречаются ссылки на свой личный опыт: «Я также постараюсь все свои силы и энергию, а если понадобиться и жизнь [отдать] за дело Ленина и Сталина, благодаря чьей заботе мы с братом после смерти отца были воспитаны в детском доме и благодаря чьей заботе мы получили среднее образование и закалились в советском патриотизме». Авторы некоторых заявлений подтверждали свое право защищать родину ссылкой на патриотические традиции семьи: «У меня отец погиб в рядах РККА в 1919 г., дядя брат матери... погиб в 1908 г. от жандармов как подпольный работник. Почему я лишен возможности служить на дело обороны советского Союза? Разве я не смогу защищать страну так же, как наши доблестные защитники, бойцы РККА».

И все же гораздо чаще, чем простая вербализация патриотических чувств, в заявлениях встречается аргументация, которую условно можно было бы назвать «кодексом любви к технике и армии»: «...Мне лично хочется учиться в военной школе и я иду с большим желанием, так как это большая честь для меня и радость. Но мне больше хочется в летную школу, т.к. у меня с малых лет желание – быть летчиком»; «Прошу принять меня в число курсантов военно-морского училища, т.к. я желаю получить военную специальность и служить в частях Красной армии. Быть лейтенантом флота, это моя давнишняя заветная мечта»; «...Прошу допустить меня к сдаче приемных испытаний в Ваше училище. Хочу овладеть современной морской техникой, знать корабль и уметь его строить»; «Моя мечта быть пилотом зародилась еще в детстве»[183]. Несомненно, заявления конкурсантов выражают целевые установки определенной группы советской молодежи. Тем не менее случайная выборка из документов, оставленных другими категориями молодых советских граждан, опубликованные источники, а также материалы, собранные методами устной истории, подтверждают гипотезу о том, что в саморепрезентациях разных групп молодежи популярность спорта и техники, привлекательность военной профессии и увлечение авиацией были важными референциями.

Истоки этого явления нужно искать, вероятно, как в общемировых тенденциях эпохи, так и в особенностях социальной динамики в довоенном СССР. Культ героев и популярность авиации были характерными чертами общественной жизни между двумя мировыми войнами в большинстве стран Европы и Америки. Великая Французская революция, формирование национальных государств и Первая мировая война привели к изменению статуса вооруженных сил и возникновению представлений о связи военной службы, защиты отечества и гражданства. Следствием войн и революций начала XX в. на европейском континенте стало широкое распространение полувоенных формирований, которые также базировались на идеологических паролях гражданственности и патриотизма. Благодаря сочетанию этих тенденций во всех современных обществах спорт, военная служба и «военное дело» в его парамилитаристских формах постепенно превратились из элитарных занятий в сферы деятельности, доступные для масс.

В раннесталинском СССР спорт, армия и оборонные организации, наряду с другими общественными институтами, были превращены государством в инфраструктуру, приспособленную для интеграции молодого поколения в советское общество, их политической индоктринации и перевоспитания в духе концепции Нового человека. Нередко маргинализированные (например, юноши и девушки из «отсталой» деревни) и стигматизированные субъекты (дети «бывших», кулаков, репрессированных) воспринимали эти институты как «каналы» позитивной социальной динамики. С помощью занятий спортом или армейской службы можно было попытаться достичь более высокого социального положения или избавиться от своей «стигмы».

Органы политического контроля в армии и комиссии по призыву регулярно сообщали о попытках проникновения «чуждых» в РККА, а чистки в Осоавиахиме с завидным постоянством изгоняли из рядов оборонного общества «белогвардейцев» и «кулаков», скрывших свое социальное происхождение: «В большинстве районов отмечается усиленная тенденция социально чуждых и политически скомпрометированных элементов проникнуть в армию, – сообщала призывная комиссия по Челябинской области в 1934 г. первому секретарю обкома, – используя для этого все возможности, до переезда из одного города, в случае неудачи, в другой, что имеет широкие размеры»[184].

О том, что символическое значение таких социальных институтов, как армия, военный вуз или Осоавиахим, «правильно» воспринималось молодежью, свидетельствует письмо учащегося Белорецкого металлургического техникума Николая Жорина Сталину, написанное в феврале 1939 г. Сын раскулаченного, Николай сполна ощущал на себе клеймо маргинальности и искал возможность избавиться от этого: «Если мой отец оказался подлецом, то он получит от пролетарского суда по заслугам. Я так же, как весь наш народ, презираю и ненавижу всех таких, хотя бы то был и отец. Партия и комсомол учат нас ненавидеть и распознавать врагов, в какой бы маске они не маскировались. <...> Я стараюсь сделать все, чтобы быть достойным человеком нашего общества. Но спрашивается, почему я должен переносить некоторые ограничения? В чем виновен я? Почему я так же, как и все, не могу пользоваться всеми поощрениями? Например, в прошлом году я хотел поступить в военную школу, но из-за происхождения не приняли. Я, как призывник 1919 г. рождения, стремлюсь овладеть военной техникой, я имею 3 оборонных значка: ГТО, ВС 1 ст., ВПХО, я готовлюсь к вступлению в ряды РККА. Но я хочу спросить вас тов. Сталин: могу ли я быть в рядах Рабоче-крестьянской Красной армии, могу ли охранять рубежи социалистической родины, защищать ее от врагов и отдать жизнь, если потребуется за дело Ленина-Сталина, за победу социализма, за счастье народа. Я также хочу спросить вас: могу ли я поступить в военную школу, чтобы изучить все тонкости военной науки, чтобы быть командиром РККА, чтобы всю свою жизнь посвятить охране советских рубежей. Прошу вас тов. Сталин ответить мне на мои вопросы»[185].

Совершенно очевидно, что большинство процитированных источников[186] являются артефактами намеренной артикуляции патриотического этоса. Об этом свидетельствует в числе прочего и умелая «игра по правилам», соответствующее целям письма использование идеологических штампов. Вместе с тем в патриотических текстах молодых людей довольно редки отсылки к героизму гражданской войны или трудовым подвигам, которые были важными образцами официального нарратива. Можно отметить также, что «кодекс любви к технике и армии» у молодежи был в большей степени связан с представлениями о социальном престиже, с образцами героизма и идеальными гендерными репрезентациями, нежели с социалистической идеологией. Недаром и сама власть, адаптируя идеи государственного патриотизма к молодежной среде, учитывала эти особенности и формировала соответствующие техники мобилизации.

«Ныне Башкирия свободная и жизнерадостная...»

«В разговорах везде и всюду проявлялась крепкая уверенность в правильности генеральной линии партии, – писал помполит 4-го отдельного территориального стрелкового полка Башкирии[187] в донесении, составленном в сентябре 1934 г., – уверенность в ежедневном улучшении материально-бытового положения рабочих, колхозников и всех трудящихся. Если в прошлом году имелись разговоры о выходе из колхозов, что единоличники живут лучше, чем колхозники; разговоры о том, что колхозники голодают, а единоличники едят белый хлеб, разговоры о том, что задания по зернопоставке непосильны – весь хлеб приходится отдавать государству; разговоры о том, что рабочие СССР живут хуже, чем в капиталистических странах, то в этом году совершенно другое: колхозники с гордостью говорят об успехах колхозного строительства и крепко уверены в том, что лозунг вождя партии и всех трудящихся масс т. Сталина о превращении колхозов в большевистские, а колхозников в зажиточные – практически претворяется в жизнь...»[188]

Так или примерно так начинались многие политические сводки и донесения из территориальных частей и со сборов переменного состава Красной Армии. Для придания большей убедительности политические помощники начальников частей и подразделений часто цитировали рядовых красноармейцев и командиров. «Душа радуется и думаешь, пусть попробуют японцы напасть на Советский Союз, – говорил своим сослуживцам переменник Зайнуллин после «проработки» решений XVII съезда партии в апреле 1934 г., – мы теперь не как в 1918 году или как царская Россия, которая имела 1-2 пулемета на батальон, мы теперь так окрепли и дадим сокрушительный отпор скверным рылам»[189]. Сослуживцы поддержали Зайнуллина дружными аплодисментами. Уверенность в том, что СССР радикально отличается от той, «другой» России, выражал и другой красноармеец, чуваш по национальности: «В 1914 г. масса была одурачена. Некоторые шли добровольцами защищать "родину". Мы сейчас знаем, что только у нас есть настоящая родина, которую будем защищать до последней капли крови»[190].

Артикуляция своей убежденности в том, что жизнь в СССР лучше жизни в дореволюционной России, была лейтмотивом цитируемых в политдонесениях патриотических высказываний представителей национальных меньшинств: «Чуваши раньше были забитыми людьми. Больных трахомой, чувашей травили и не считали их за людей. Теперь никто этого не может сказать. Все национальности равноправны, интересы каждого – защищать советскую власть одинаково. Теперь мы живем по-новому. Наша деревня на 95 % в колхозе, хлеба хватает с излишком... Мы живем богато и зажиточно...» (чуваш Герасимов, 1936 г.); «Башкирия была отсталая и закабаленная раньше буржуями и, благодаря партии и ее вождю т. Сталину, ныне Башкирия свободная и жизнерадостная. Я сам пришел в армию отсталым, меня воспитала армия, я теперь младший командир. Я буду драться с врагами за родину, за товарища Сталина» (башкир Хасанов, 1936 г.); «Раньше между нациями была постоянная вражда. Теперь все это искоренено. Теперь на факте убедились, что только социализм может создать полную свободу и настоящую человеческую жизнь – жизнь всем трудящимся» (башкир Ситдыков, 1936 г.)[191]. В этих высказываниях доминируют стереотипные выражения, заимствованные из официального языка партийных резолюций и выступлений и учебников для политзанятий.

Красноармейцы нерусской национальности, как и полагалось освобожденным «нацменам», подчеркивали улучшение в жизни их родного региона. Наряду с этим они использовали в саморепрезентациях и универсальные патриотические формулы. Новобранец Исхаков, проходивший сборы в одном из батальонов Башкирского полка, после беседы о поставках зерна государству заявил: «Наша группа здесь по политподготовке и по стрельбе дала хорошие результаты, с приходом домой мы также будем драться за хорошую оценку по выполнению государственных заданий»[192]. Новобранец 4-го артдивизиона Гизатуллин обещал «товарищу военкому», что через 5 дней тот прочитает в газете «Башкурдстан», «как ваши переменники организовали красные обозы с хлебом, а также все наши излишки хлеба пойдут в государственные амбары, а не частникам»[193].

Если попытаться классифицировать «отдельные факты отрицательных настроений и разговоров», как обычно назывались проявления нелояльности на языке политдонесений, то получится следующая любопытная картина. Меньшую часть критических высказываний составляют те, что были направлены в целом против режима или отдельных его представителей. Формы выражения «отрицательных настроений» выливались в распространение слухов о ведущих государственных деятелях и партийных руководителях (например, о «половой распущенности» М.И. Калинина или «нерабочем» социальном происхождении партийных руководителей), анекдоты, а также в самостоятельные критические размышления над политической жизнью страны[194].

Лидерствующее положение по количеству и накалу критических высказываний занимают две темы: положение в деревне и недовольство порядками в армии. Причины столь пристального внимания красноармейцев к ситуации в деревне очевидны: Красная Армия на протяжении всего межвоенного периода продолжала оставаться крестьянской по составу (см. главу 3). Сидя в казармах и палатках полевых лагерей, красноармейцы терчастей мыслями своими были далеко, в родных селах и деревнях: «Во время уборки нас берут на сбор, дома некому работать, а зимой будем голодать» (татарин Гильманов, 1934 г.); «Нас призвали на сбор в самый разгар полевых работ, дома работать некому, лето пробудем здесь, а зимой будем сидеть без хлеба» (Хамитов, 1934 г.)[195]. Необходимо отметить, что аналогичные разговоры вели и красноармейцы русской национальности.

Другим объектом критики была служба в армии. Эти высказывания интересны прежде всего своим резким диссонансом с официальной пропагандой, которая окружала военную службу. Начиная с 1925 г., когда был издан «Закон об обязательной военной службе», призывы в Красную Армию проходили под аккомпанемент рассуждений о высоком гражданском долге и в обстановке «всенародного праздника», который старательно имитировали местные органы власти. Вокруг каждого призыва советская пропаганда создавала особую атмосферу тревожности и значительности, распространяя информацию об очередном ухудшении и обострении международной обстановки и непреходящей угрозе войны. Во время праздничных мероприятий большое внимание уделялось формированию положительного образа Красной Армии, основанного на представлениях о постоянной заботе государства о воине-красноармейце и его семье, широких перспективах, открывающихся перед красноармейцами во время и после службы. Новые жизненные горизонты в первую очередь увязывались с повышением образовательного уровня красноармейцев и получением профессии, которая могла обеспечить существование «на гражданке». Государственная пропаганда старательно формировала у населения образ Красной Армии как школы патриотизма, «коллектива физически крепких, выносливых и физически красивых людей»[196].

В отличие от властного нарратива в высказываниях бойцов-националов армия предстает в образе тюрьмы или скотного двора: «Что мы, арестованные что ли, так работать» (Шаяхметов, 1934 г.); «Служить в Красной армии трудно, на нашего брата внимания обращают мало, лучше бы уволиться и стать свободным гражданином» (Хатмуллин, 1934 г.); «В армии служить трудно, много гоняют. В гражданских организациях легче, а получают больше, работают меньше и сам себе хозяин. Здесь гоняют как собак. Да, что там и говорить, был пастухом и помру пастухом» (он же, 1936 г.)[197].

Угроза будущей войны служила не стимулом к росту патриотического сознания, а, скорее, мотивировала бойцов на дезертирство, приспособление или жалобы. Партиец, помощник командира взвода башкир Сагитов считал, что «в армии служить сверхсрочно плохо, так как во время войны в первую очередь пошлют сверхсрочников, я хочу уволиться, если снова возьмут, тогда я буду мобилизованным, а не как доброволец», а кандидат в члены партии и помощник командира отделения татарин Рахметов не понимал усиленной подготовки – «ведь японцы все равно в Белебей не придут, у них планы только до Урала». Переменник Исхаков вообще сомневался в том, что запугивание войной имеет под собой основания, и жаловался на то, что в армии плохо кормят: «Тов. Микоян говорил, что в военной обстановке красноармейцев будем кормить хорошими консервами и т.д. Войны все равно не будет, лучше бы их сейчас нам дали» [198].

Некоторые красноармейцы из представителей коренных народов Урала не ограничивались «антисоветскими» и непатриотическими высказываниями, а занимались членовредительством или симулировали душевную болезнь. Красноармеец Валеев, беспартийный и с семилеткой за плечами, разыграл сумасшествие. Оказавшись в госпитале, он «ругал Советскую власть и руководителей партии и правительства, два раза плюнул на портрет тов. Ленина и ударил по нему кулаком». Улучшение состояния наступило лишь после второй беседы с военкомом. Валеев признался, что притворство далось ему нелегко и «из армии, видно, не уйдешь»[199]. Новобранец Акбашев, пытаясь уклониться от службы в РККА, сыпал себе в глаза махорку, а Сафаргалеев пустился в бега. Оба были приговорены к нескольким годам лишения свободы[200].

Иногда индивидуальное недовольство или протест принимали формы политической оппозиционности. В ноябре 1936 г. начальник политотдела Башкирского полка сообщал о чрезвычайном происшествии в 10 батальоне. Красноармеец этого батальона Карам Салимов писал в газеты «Башкурдстан» и «Яш-Коммунар» статьи и письма «явно антисоветского содержания». По характеристике политдонесения, Салимов происходил из крестьян, был «женат на дочери кулака» и укрывал хлеб от государства. Из армии он писал, что «лозунг "Жить стало веселее" выдвинут несвоевременно потому, что продуктов у нас не хватает, везде очереди». Доставалось от него и ответственным за политическое воспитание красноармейцев политработникам, которых Салимов обвинял в том, что они кривят душой: «...Наши политруки и другие докладчики, повторяя слова товарища Сталина, говорят, что "жить стало лучше, жить стало веселее". На самом деле это неверно. Лозунг Сталина не соответствует действительности. В Башкирии колхозники голодают, живут из года в год все хуже». Впрочем, по всей видимости, Карам Салимов был одним из представителей «думающей» части советского населения и высказывался и по другим вопросам. Собственное мнение имелось у башкирского крестьянина по поводу советской международной политики. «Наше стремление – сохранить мир в стране, – писал Салимов в одной из своих «антисоветских» статей, – но этот лозунг остается только на языке, а на деле помогаем испанцам для продолжения войны, для кровопролития трудящихся. Само по себе видно, мы нарушаем устав Лиги наций, теряем авторитет мира перед другими государствами»[201]. В письме в газету Салимов откровенно называет СССР, вмешивающийся во внутренние дела Испании, «зачинщиком войны».

Впрочем, Салимов был не единственным «критически мыслящим» красноармейцем-националом. Высказываниями подобного рода отличались и некоторые другие представители нацменьшинств в территориальных частях[202]. Башкира Хатмуллина, несмотря на «антисоветские высказывания» и «нытье» в течение двух лет прохождения сборов, сначала даже назначили командиром взвода. Но в итоге «нацмена» все же уволили из армии. Решение было принято после проработки Хатмуллина на партийном собрании, в результате которой он вынес свой вердикт советской власти: «Про недостатки в Советском Союзе говорить нельзя, моментально тебе припишут оппортунизм. Всегда нужно держать слова татарского поэта Тукая, который говорил: "не обманешь – не проживешь", поэтому везде и всюду надо говорить: у нас все есть, всего много, хотя на деле нет ничего»[203].

Удивительным в донесениях помощников по политчасти в территориальных частях Уральского военного округа и Башкирии было то, что в них практически не встречаются жалобы на проявления «шовинизма» и на притеснения по национальному признаку. Высказывания красноармейцев-националов в своей массе ничем не отличаются от того, что говорили русские крестьяне в шинелях. Можно лишь предположить, что «крестьянская» часть их самоидентификации в условиях армейской повседневности представляла собой доминирующий образец, а национальное самосознание находилось в неразвитом состоянии.

Случаи артикуляции своего статуса «нацмена» встречаются в документах осоавиахимовских организаций. Чаще всего «национальная» аргументация была связана с попытками улучшить свое служебное положение, жалобами на несправедливое отношение со стороны начальства или отсутствие продвижения по службе. В 1938 г. в самый разгар репрессий в Осоавиахиме авиатехник Латыпов жаловался, что в аэроклубе Уфы проводится «ишмурзинская»[204] политика и «национальные кадры не принимаются». То, что и начальник аэроклуба Г. Ишмурзин, и сам Латыпов были представителями нерусской национальности, не помешало авиатехнику разыграть «национальную карту». Русский инструктор-планерист, который также обвинял «врагов народа» из башкирского Осоавиахима в том, что его не берут учиться на летчика, использовал другие аргументы: он апеллировал к «указаниям вождя тов. Сталина» и статье «сталинской Конституции» о праве на образование и называл начальство аэроклуба и оборонного общества «зарвавшимися бюрократами»[205].

Военное поколение

Накануне десятилетнего юбилея Красной Армии руководство страны вдруг вспомнило о своих ветеранах – красногвардейцах и «красных партизанах»[206], в годы революции и гражданской войны добровольно вступивших в Красную Армию и отправившихся защищать новую, народную власть. Этот вираж сталинского режима был связан с общеполитической обстановкой в стране и новыми экономическими задачами, стоявшими перед властью. Очередной этап борьбы с оппозицией, задуманный индустриальный рывок и коллективизация в деревне были облечены пропагандой в псевдореволюционную риторику. В поисках социальных групп, полезных в этой ситуации, режим обратился к носителям революционного, донэповского сознания – к своим ветеранам.

После окончания гражданской войны их основная масса была демобилизована и вернулась домой, где оказалась один на один со своими проблемами: последствиями ранений, инвалидностью, разрушенным хозяйством и удручающей бедностью. Лишь в 1928 г. после принятия постановления ЦИК[207] о помощи и льготах бывшим красноармейцам-добровольцам в связи с 10-летием Красной Армии на местах стали создаваться партийно-советские комиссии по обследованию положения ветеранов. Одна из таких комиссий была создана в Башкирии. Результаты проведенного ей обследования были удручающими: сведений о количестве и материальном положении красных партизан не имелось, большинство ветеранов не получало от власти никакой помощи или получало ее эпизодически и в мизерных количествах. Положение партизан и членов их семей было бедственным. Многие не имели собственных домов и хозяйств, нанимались в батраки или сдавали землю в аренду за хлеб, не имея возможности ее обрабатывать самостоятельно, не получали медицинской помощи и пенсии. Дети партизан, оставшиеся без родителей, нищенствовали, не ходили в школу из-за отсутствия одежды и обуви, а кое-где – и самих школ. В отчете башкирской комиссии по обследованию положения красных партизан особое внимание было уделено селу Зилим: «Это бедняцкое село, имеющее около 350 дворов, из коих около 300 домохозяев в 1918 г. участвовали в партизанском движении и многие с фронта не вернулись (убиты). Село в 1918 г. было дотла сожжено, имущество партизан разграблено, семьи (отцы, жены) подвергались истязаниям, и село в целом после ухода партизан с отрядом Каширина представляло кучи развалин. После этого никакой ниоткуда помощи это партизанское село не получало и многие еще живут по чужим избам, в банях, не имеют лошадей и т.д. <...> Партизаны Зилима почти все бедняки. Население Зилима на 75-80 % заражено сифилисом. <...> В Зилиме нет ни одного человека, имеющего среднее образование, и никто не обучается в среднем учебном заведении... Партизаны обижаются, что им до сих пор не откроют даже фельдшерского пункта и они, искалеченные, израненные, избитые, нуждающиеся более чем кто-либо в лечении, должны ходить за помощью в Архангельск...»[208]

Настроение ветеранов гражданской войны по отношению к советской власти оказалось весьма критичным. Башкирская комиссия сообщала о недовольстве, которое проявлялось повсеместно: «Комиссию всюду встречали вопросом: „Что заставило Башобком и Бащик на 12-м году революции интересоваться красными партизанами, разве опять туго приходится, что власть вспомнила о нас" (Зилим); „Мы ничего не получили, за что боролись – придется видимо делать новую революцию" (Зилим); „Нас душат и давят. Белякам живется лучше, придется видно снова в старые партизанские руки взять винтовку" (Архангельск, Гребнев); „Мы ушли в партизаны от лучшего, пришли к худшему" (Зилим, намек на разорение); „Мы пойдем за вами, но прежде покончим всех беляков и спецов, примазавшихся к власти, захвативших теплые места и оттирающих партизан" (Стерлитамак)...»[209] Подобные настроения наблюдались не только в Зилиме. Уполномоченный по Месягутовскому кантону сообщал в Башкирский обком партии в 1928 г., что «большую отрицательную работу ведут в деревне бывшие коммунисты и часть партизан. Они обычно первые бузотеры при проведении тех или иных мероприятий партии. На собраниях по самообложению в Емашинской, Белокатайской, Окинской волостях они яро выступали против самообложения, пытаясь доказать, что это "обдирательство крестьянства, что советская власть, проводя такие мероприятия, отходит от своих основных принципов... за что мы кровь проливали"...и т.п.»[210]

Мобилизационная стратегия сталинского режима по отношению к старшему поколению советских граждан отвечала ожиданиям этой социальной группы. Стремление ветеранов компенсировать дефициты повседневной жизни 1920-х – 30-х гг. за счет героизации прошлого прослеживаются уже на примере юбилейных публикаций, посвященных годовщинам освобождения Урала от Колчака. Воспоминания бывших красноармейцев и красных партизан пестрят упоминаниями о «геройстве» и «героях»[211]. Наиболее вероятно, что эти воспоминания подвергались литературной обработке, в процессе которой и происходила героизация. Вполне возможно, что рассказы ветеранов в узком кругу родственников и знакомых были менее героическими[212]. Однако именно в публичном дискурсе происходила деперсонализация и «героизация» гражданской войны, которая способствовала ее закреплению в культурной памяти советского общества, а следовательно, – и закреплению особого статуса ветеранов войны как участников «выдающихся» и «героических» событий.

В начале 1930-х гг. работа по сбору воспоминаний ветеранов гражданской войны была поставлена на поток. При Центральном доме Красной армии (ЦДКА) в Москве работали представители различных «землячеств» красных партизан, которые рассылали по стране листовки и публиковали в прессе объявления с призывом поделиться своими воспоминаниями. О характере собираемых «артефактов» и их интерпретации можно судить по листовке, выпущенной руководством Приволжского военного округа в 1932 г.: «В шуме великой стройки, год за годом, постепенно забываются славные страницы тех лет, когда рабочие и крестьяне царской России вели вооруженную борьбу за власть советов, за свое право перестроить свое хозяйство на социалистический лад, за право создать из рабской страны свободное, пролетарское государство. Но мы не должны, особенно теперь, когда стоим на рубеже опасности новой империалистической войны, допустить, чтобы эти яркие страницы вооруженной борьбы двух миров, трудящихся против эксплоататоров, стали делом прошлого. Наша задача восстановить в памяти всех трудящихся страны Советов образцы того героизма – как сражалась Революция в период 1917–1922 гг., чтобы на этих образцах воспитать нашу рабоче-крестьянскую молодежь, идущую Вам на смену на наши гиганты социалистической стройки и в ряды покрывшей себя неувядаемой славой защитницы социалистического отечества – СССР – Рабоче-Крестьянской Красной Армии»[213].

В середине 1930-х гг. ветераны гражданской войны уже не могли пожаловаться на недостаточную пропаганду их подвигов. С развитием советской киноиндустрии культ героев гражданской войны проторил себе дорожку в провинцию. В 1936 г. Свердловский областной комитет ВЛКСМ рапортовал обкому партии о культурной работе среди молодежи. Среди прочих достижений значился и кинофестиваль, в ходе которого было «обслужено» более 149 тыс. колхозников и детей. В программу кинофестиваля были включены фильмы, посвященные гражданской войне: «Чапаев» (1934), «Подруги» (1935), «Юность Максима» (1935), «Мы из Кронштадта» (1936)[214]. В доме культуры г. Асбест фильмы «Чапаев», «Подруги» и «Партбилет» посмотрели более 40 тыс. человек[215]. «Перед началом сеансов, – добавляет отчет горкома комсомола, – были пояснения содержания демонстрируемых фильмов, для чего привлекались лучшие пропагандисты...»[216]

Красные партизаны охотно использовали «героический» дискурс для саморепрезентаций. В октябре 1929 г. в столице Башкирской республики Уфе состоялась первая конференция местных ветеранов гражданской войны. Один из выступавших – партизан Гафаров, путаясь в мыслях, обратился к своим бывшим соратникам со словами: «Это легко говорить фразу "партизан и бывший партизан", о значении партизан никто не говорил. Легко ли было партизанам в эпоху 17-18 годов гражданской войны, легко ли было партизанам переносить те невзгоды, те неприятности в 1918 году, когда напряженный был нажим со стороны империалистов, со стороны наймитов, со стороны капиталов, со стороны чехо-словаков...?» Другой красный партизан высказался определеннее: «Товарищи, мы здесь должны ободриться духом, посмотреть, что мы сделали в октябрьские дни, что мы сделали будущему поколению. Товарищи, мы на это пройденное должны смотреть как на какую-то святыню и хранить ее в своей душе и распространять среди молодого поколения»[217].

Вероятнее всего, настроениями, характерными для башкирских красных партизан, были охвачены многие представители этой социальной группы – от бывших рядовых бойцов до руководителей. Воспоминания о гражданской войне, связанные у ветеранов с чувством востребованности и высокой самооценкой, по-прежнему играли базовую роль в создании системы типизаций и релевантностей этой «мы-группы»[218]. Одновременно гражданская война была главной референцией при осмыслении партизанской повседневности, международного положения, текущей политики партии и ее лозунгов. Ветераны призывали «вспомнить и доказать нашим отсталым настроениям, что было время, когда не допивали, не доедали, а все-таки шли вперед», пытались «заявить правительству, что мы в таком же настроении». Другие обещали обратить на дело выполнения пятилетки энтузиазм, с которым «разбивали Колчаковские и разные банды». Третьи собирались «по первому зову» «идти на защиту во всем мире рабоче-крестьянского правительства», четвертые намеревались бороться с церковным дурманом и снимать колокола. Некоторые делали и критические заявления в адрес государственных институтов, предлагали свою помощь в борьбе с «чуждыми»: «Конечно, мы не все сумеем захватить ответственные места, которые требует наша промышленность, наше сельское хозяйство, но мы всегда сумеем с нашими знаниями взять в руки винтовку и отразить тех нэпманов, которые посягают на нашу советскую республику… <…> …Всеми силами сделать известную перекличку и немедленно вычистить тот чуждый элемент, который присосался в наших учреждениях, и заменить … партизанами…»[219]

Для формирования и актуализации патриотического габитуса старшего поколения наряду с юбилеями революции и гражданской войны режим с успехом использовал внешнеполитические события. Так, организационные конференции красных партизан случайно совпали с «военной тревогой» 1929 г., связанной с инцидентом на КВЖД. В это время редкий партизан не воспользовался возможностью, чтобы упомянуть о готовности взять в руки винтовку, организовать партизанский отряд, объединиться.

Материалы уфимской конференции еще раз подтверждают, что ветераны гражданской войны рассматривали свое участие в ней как своеобразный символический капитал[220] и с готовностью демонстрировали режиму, что и у них на руках есть «козыри». Власти пеняли за ее забывчивость («...мы не должны забывать того обстоятельства, что заслуженные партизаны в настоящий момент остались на голодные муки. Красные партизаны совершенно забыты. О красных партизанах, которые вынесли на своих плечах тяжелое время 18-19 годов, теперь забывают»), напоминали ей о своей роли в победе революции и о своих правах («...не будем ждать, когда будут нападать на эту власть, мы ее создавали и не позволим ее сокрушить, мы считаем ее своей, если бывают случаи, когда мы ее ругаем, но в глаза мы имеем право ругать, если она неправильно поступает... »), требовали адекватного вознаграждения за свои прошлые и будущие заслуги («...надо больше заботиться о партизанах, нужно ремонтировать здоровье партизан..., чтобы они могли с большей энергией выполнять поставленные задачи...»; «... с партизанами надо считаться, с ними надо советоваться...»; «...чем мы с вами гарантированы, что весной вся эта сволочь не задумает напасть с противоположной стороны. Мы изъявляем готовность, но для того, чтобы быть готовыми, нужно иметь фундамент... Закаленных здесь сидящих бойцов нужно накормить, нужно вооружить и отправить туда, куда нужно»)[221].

Конфликт вокруг КВЖД вызвал среди красных партизан волну обращений и писем «во власть» с просьбами отправить их добровольцами в Дальневосточную Красную Армию. Партизаны Изумрудных копей обещали, что «каждая жизнь советского защитника будет стоить ста человек белобандитов» и просили передать список ветеранов, пришедших на собрание, «в бюро коллектива ВКП(б) с ходатайством, чтобы последнее договорилось с одной из частей Красной Армии о зачислении добровольцами при первом вызове советского правительства»[222]. «Старый партизан» Николай Паратыгин, прежде чем перейти к просьбе о зачислении в Красную Армию, напомнил о своем добровольчестве, борьбе с Колчаком и трех ранениях и выразил уверенность, что «мы, старые партизаны, как один, возьмемся за винтовку и до колен в грязи будем защищать границы Советского Союза от нападающих на нас китайских бандитов...»[223]

В письмах красных партизан участие в гражданской войне выступает в качестве основания их патриотизма. В ретроспективе гражданской войны вырисовываются и элементы патриотического этоса: добровольность и жертвенность. По сведениям советских источников, добровольчество было достаточно массовым явлением среди красных партизан: в конце 1929 г. наркомат социального обеспечения Башкирии упоминал о решении большинства ветеранов Стерлитамака, Красноусольска и Красного Зилима вступить в Дальневосточную Красную Армию[224]. Челябинские ветераны гражданской войны, собравшиеся на слет 13 февраля 1931 г., постановили вступить в члены Осоавиахима, внести 1495 руб. на строительство аэроплана имени тов. Блюхера и объявить себя внештатными инструкторами оборонной организации «для укрепления ячеек Осоавиахима, военизации трудящихся, усиления обороноспособности страны...»[225]

Вектор официальной коммеморации гражданской войны на Урале и в Башкирии отвечал заинтересованности ветеранов этой войны в поддержании репрезентации войны как самого знакового события советского прошлого. Это совпадение интересов создавало основу для квазиобщественной активности ветеранов по сохранению и поддержанию памяти о событиях тех лет. Соучастие красных партизан в формировании официального мифа о гражданской войне выражалось в установлении мемориальных досок и памятников[226], написании мемуаров и встречах с подрастающим поколением, создании землячеств и партизанских бюро.

Режим относился к социальному активизму красных партизан по-разному. Выступления на вечерах воспоминаний поощрялись в том случае, если они были обставлены соответствующими ритуалами и проходили в согласии с официальным каноном репрезентации гражданской войны. А вот любые попытки институциональной самоорганизации истолковывались властью в духе теории заговора. 2 декабря 1929 г. Башкирский обком партии получил секретное письмо информотдела ЦК ВКП(б), в котором, наряду с прочими, запрашивались данные о «движении за самоорганизацию бывших красных партизан». При знакомстве с составом затребованных сведений создается впечатление, что, по мнению ЦК, в стране уже сложилась разветвленная тайная организация ветеранов: «Имеются ли настроения за создание самостоятельных организаций партизан и чем они вызваны. Попытки организационного объединения бывших партизан, роль в них партийцев и антисоветского элемента. По чьей инициативе возникал и проводился вопрос об организационном оформлении красных партизан. Формы организации и названия объединений. Уставы, программы и лозунги (приложить к записке). Наличие ярко выраженного антисоветского характера организации и их платформа. Формы связи между бывшими партизанами отдельных районов. Характер выступлений и принятых решений на партизанских собраниях, съездах, конференциях и пр. Численный охват партизан этими объединениями, их социальный состав»[227].

25 марта 1930 г. было принято постановление СНК о ликвидации бюро красных партизан и красногвардейцев[228]. Вместо них при городских советах создавались комиссии по выдаче удостоверений этим категориям ветеранов. Фактически эти комиссии выполняли функции органов социального обеспечения и не претендовали на деятельность, направленную на консолидацию социальной группы. Участники гражданской войны не сразу сдали свои позиции, пользуясь тем, что советскими организациями работа с ветеранами была воспринята как обуза. Председатель челябинской комиссии по работе с красными партизанами при горсовете Колкотин писал в конце 1930-х гг., что партизанские «бюро» продолжали работать в некоторых городах Урала, например, в Свердловске и Перми: «Приезжающие из других районов Урала бывшие красногвардейцы и красные партизаны говорят: "почему в других районах есть бюро партизан, а у вас нет". Создается нездоровая обстановка»[229]. Несмотря на официальный запрет, челябинские партизаны, недовольные таким не-

равенством, 23 июня 1930 г. избрали на общем собрании собственную комиссию[230]. Как оказалось позднее, «своя» комиссия работала гораздо эффективнее, чем комиссия горсовета. Если же сохранить партизанские бюро не удавалось, ветераны искали другие институциональные каналы. Уралоблсобес жаловался, что после ликвидации бюро на местах их функции стали выполнять секции Осоавиахима по военной работе среди партизан[231].

Публичная демонстрация патриотического габитуса стала атрибутом группы красных партизан в 1930-е гг., а сам патриотизм выступал в роли легитимирующего дискурса в вопросах о материальных благах и привилегиях. В повседневной жизни патриотический этос группы формировался в процессе обмена политической лояльности на социальный статус. Героизация гражданской войны была всего лишь одним из компонентов этого обмена, его идеологическими рамками. Социально-экономической составляющей был привилегированный статус красного партизана или красногвардейца, связанный с существенными материальными благами в сталинском обществе всеобщего дефицита и бедности.

По сведениям органов социального обеспечения, в 1929 г. на пенсии инвалидам гражданской войны в Башкирии было израсходовано 17327 руб., 26 ветеранов были направлены на курортное лечение, 121 тыс. руб. была выделена на восстановление хозяйств беднейших красных партизан[232]. В Челябинске в 1932 г. по решению городского совета для снабжения красных партизан, красногвардейцев и членов их семей был открыт закрытый распределитель. По случаю революционных юбилеев ветераны войны стали получать подарки. В протоколе торжественного собрания ветеранов с представителями партийных и советских органов, посвященного 14-й годовщине революции, записано, что 105 бывших красногвардейцев и членов их семей из Челябинска были премированы зимними пальто, штиблетами и носками, ботинками и чулками, ситцем, брюками, костюмами, детскими ботинками, бурками с галошами, пижамами, косоворотками, кожаными тужурками, рабочими брюками и пиджаками[233]. Ветераны с готовностью извлекали выгоду из создавшейся ситуации и активно требовали полагавшиеся льготы. Их редкая настойчивость в вопросах реализации своих прав, получения привилегированного положения и случаи мошенничества вызывали раздраженную реакцию местных органов. В 1930 г. Уралоблсобес даже издал по этому поводу особое распоряжение, обвинив ветеранов в «рвачестве»[234].

Постепенно слеты красных партизан и красногвардейцев во время мобилизационных кампаний и юбилеев превратились в своеобразный ритуал, в котором строго соблюдались порядок и иерархия действий. За докладом о современном положении и угрозе новой империалистической войны следовала декларация патриотизма и мобилизационной готовности: перед лицом «нападения на наш союз» ветераны обещали «как никогда поднять производительность труда» и «быть наготове...». Затем следовало перечисление практических мероприятий: ведение инструкторской работы в Осоавиахиме, изучение современной техники, шефство над частями Красной Армии и т.п. Финальными аккордами были приветственные телеграммы командармам, под началом которых ветераны воевали в годы гражданской войны, и, наконец, распределение подарков[235].

Судить об эффективности процесса обмена и его цене для обеих сторон по имеющимся источникам достаточно сложно в силу известной неполноты и лживости советской статистики, особенно в провинции. По материалам можно проследить процесс борьбы красных партизан за привилегии, активность органов советского и партийного руководства в этом вопросе, а также зафиксировать отдельные результаты и экстраполировать их на другие локальные сообщества.

После ликвидации партизанских бюро борьба ветеранов за привилегии сконцентрировалась в комиссиях по выдаче партизанских удостоверений и на слетах партизан. В документах партизанских комиссий отразились в первую очередь представления различных органов власти и самих партизан о том, каким должен быть ветеран гражданской войны. Анализ этих представлений показывает, что в них переплелись нормоустанавливающие требования режима, пропаганда идеалов Нового человека и советского патриота, а также саморепрезентации партизан.

По распоряжению Уралоблисполкома, изданному в марте 1931 г., красногвардейцами считались те, кто вступил в отряды Красной Гвардии после 23 февраля 1918 г. и находился в них вплоть до слияния с войсками регулярной Красной Армии в июле-августе 1918 г.[236] Отсутствие четких критериев принадлежности к привилегированной группе ветеранов и сложность доказательных процедур превращала процесс консолидации социальной группы в хаотичный и творческий процесс. «Выдача удостоверений на право пользования льготами бывшим красногвардейцам, партизанам и их семьям, – писал в своем распоряжении Уралоблисполком, – производится по недостаточно проверенным данным, состав комиссий по выявлению их бытности в Красной Гвардии и партизанских отрядах как следует не подбирается, выявление красногвардейцев и партизан производится не порядком, указанным в постановлении СНК и не на основании документов, подтверждающих это, а со слов и по запискам вторых и третьих лиц, очень часто комиссии вовсе не известных... В результате нередки случаи попадания удостоверений в руки лиц, вовсе не бывших в Красной Гвардии и партизанских отрядах»[237].

Ревностно следили за чистотой рядов сами ветераны. Из экспертных записок, жалоб, заявлений бывших участников боев вырисовываются черты нормативного облика красного партизана. Надежды на причисление к группе привилегированных рушились сразу, если выяснялось, что претендент на партизанское прошлое служил в белой армии, работал в тылу у Колчака или был осужден за уголовные преступления[238]. Иметь безупречное прошлое, однако, было недостаточно. Партизаны следили за тем, чтобы члены их группы соответствовали образу «нового советского человека». Нарушавшие правила подвергались критике и остракизму. Бывший красногвардеец Иван Курицын писал в Челябинский горсовет о недостойном поведении своего соратника по статусу: «Бывший красногвардеец гр. Рахматуллин очень часто пьяным является в ЦРК[239] с требованием выдать ему что-либо и ведет себя очень скверно, выражаясь нецензурно, собирая около себя толпу зевак и дезорганизуя работу других, дискредитирует звание красногвардейца и красного партизана, а посему прошу на первом же заседании разобрать поднятый мною вопрос, и гр. Рахматуллина или принудительно отправить на излечение или же отобрать у него удостоверение красногвардейца, кроме того, возбуждаю следующий вопрос – создать бригаду и выслать ее в места торговли водкой, где также встречаются типы, именующие себя красногвардейцами, и обманывают толпу, и получают вне очереди водку, и дискредитируют звание красногвардейца и красного партизана»[240]. Челябинка Анна Знаменскова на 14 листах описывала похождения своего мужа, который занимался спекуляцией, махинациями, кражами, отличался хулиганскими выходками и связями с людьми с «темным социальным прошлым». Бывший красногвардеец, по словам собственной жены, стремился «умышленно компрометировать советскую власть и руководящую коммунистическую партию», назывался «краснознаменцем», когда находил это выгодным, и «проклинал советскую власть с обывателями»[241].

В борьбе за статус красного партизана и красногвардейца ветераны проявляли упорство и изобретательность, используя в своих интересах пропагандистские шаблоны и представления, проникавшие в общество из властного нарратива. Красный партизан Алексей Попов, попытавшийся сесть в трамвай вне очереди, был бесцеремонно высажен из транспорта с помощью милиционеров. Жалуясь на действия кондуктора и стражей порядка, Попов писал в своем заявлении: «Чхать на меня как на красного партизана я не позволю, также и не позволю чхать на те привилегии и преимущества, которые мне дала партия и советская власть, потому что как партизан я еще буду нужен в будущей войне...»[242] Претендент на звание красногвардейца Пономарев обратился с жалобой на Челябинский горсовет в РВС СССР к Ворошилову, написав, что не может предъявить челябинской комиссии свои подлинные документы, так как они были использованы во время службы в ГПУ и представляют собой государственную тайну[243]. Бывший латышский стрелок Тамашкевич обвинил секретаря Челябинского горсовета в национализме: «"Неужели, если бы не было латышских стрелков, то и революции не было бы", – с насмешкой иронически произнесла секретарь горсовета Астапович. Вот какое отношение русских к латышским стрелкам. Но я полагаю, что за это Астапович надо сделать соответствующее внушение: и впредь не обходить с насмешкой в национальном вопросе; мы, может, чище Астапович, несмотря на то, что она член партии. Латышские стрелки по вызову партии скорее явились на помощь, чем те, у кого есть партбилет. Правительство на нас надеется, а на Астапович и других нам наплевать. Нашу преданность партии и рабочему классу никто не отобьет, пусть даже мы будем терпеть вечные лишения и невзгоды»[244].

* * *

Весьма сжатый обзор некоторых особенностей официального советского патриотизма, представленный в первой главе, не претендует на всеобъемлющую и глубокую характеристику этого феномена. Исходя из специфики исследования, в фокусе которого находится военно-патриотическое воспитание и обучение в провинции, представлялось важным акцентировать лишь некоторые семантические опоры властного нарратива, нашедшие применение в практике оборонной работы на местах.

Обстоятельства зарождения большевистской интерпретации патриотизма (ленинская риторика в период Бреста) и вектор ее трансформации до начала Великой Отечественной войны превратили символы, связанные с войной, в краеугольный камень советской «любви к Отечеству». В рамки такого парамилитаристского толкования патриотизма органично вписалась и имперская традиция патриотического воспитания граждан, и героизация гражданской войны, и представления о грядущем конфликте капитализма и социализма.

Эклектичное сочетание противоречивых элементов (интернационализм/национализм, революционное/буржуазное, традиционное/современное) делало советский патриотизм одновременно неустойчивой и динамичной конструкцией. Это порождало иллюзию относительной свободы интерпретации базовых риторических фигур властного нарратива. В провинции складывались адаптированные к местным условиям и групповым интересам толкования героических образцов поведения, формировались культы национальных героев у нерусского населения, появлялись разнообразные представления о новых гендерных моделях.

Примечания

[1] Двадцатилетие Красной Армии и задачи Осоавиахима. М., 1938. С. 27.

[2] *Jahn H.* Patriotic Culture in Russia... P. 3.

[3] Х. Ян называет первый вариант патриотизма «консервативным», а второй – прогрессивным. Консервативный патриотизм, с его точки зрения, «питался» официальной символикой, был основан на лояльности к старому режиму и наиболее близок к социальному патриотизму, культивировавшему гражданственность и социальное действие. Патриотизм прогрессивный ориентировался на новые ценности – лояльность к российскому народу и нации, базировался на символике милосердия и отражал стремление общества к окончанию войны. См.: Ibid. P. 148–149.

[4] *Ленин В.И.* К истории вопроса о несчастном мире // ПСС. Т. 35, М., 1977. С. 243–252; Послесловие к тезисам по вопросу о немедленном заключении сепаратного и аннексионистского мира// Там же. С. 253–254 и др.

[5] *Ленин В.И.* Социалистическое отечество в опасности// ПСС. Т. 35. С. 357–358.

[6] *Ленин В.И.* Главная задача наших дней// ПСС. Т. 36. М., 1977. С. 78–82.

[7] Действительно, словосочетание «капиталистическое отечество» любому из нас покажется бессмыслицей, а социалистическое отечество плотно вошло в советский лексикон, и сегодня безошибочно ассоциируется с началом советского периода. См.: *Хан-Пира Эр.* Лукавая синонимика...

[8] См.: *Зюганов Г.* О национальной гордости патриотов// Завтра. 2002. № 36. Опубл. на: http://www.zavtra.ru/cgi/veil/data/zavtra/02/459/31.html

[9] *Ленин В.И.* Ценные признания Питирима Сорокина// ПСС. Т. 37. М., 1977. С. 188–197.

[10] *Устрялов Н.В.* Patriotica. Опубл. на сайте: http://www.philosophy.ru/library/vehi/ustral-1.html

[11] *Сталин И.В.* XIV съезд ВКП(б). Политический отчет Центрального комитета// Сталин И.В. Соч. М., 1947. Т. 7. С. 284.

[12] *Brandenberger D.L., Dubrovsky A.M.* «The people need a tsar»... Констатация активного использования патриотического словаря, как правило, встречается в самом общем виде. Специальных исследований по этой проблеме или работ, написанных с точки зрения истории понятий («begriffsgeschichte»), до сих пор не существует. Поэтому более точный «диагноз» начала патриотической лихорадки в эпоху Сталина выставить практически невозможно.

[13] Избранные газеты нескольких стран анализировались на предмет отражения в них интереса общества к международным событиям и внешней политике государства. Исследование было проведено в начале 1950-х гг. в институте Гувера в США. См.: *Ithiel de Sola Pool* (Ed.). Symbols of internationalism. Series C: Symbol studies. № 3. August 1951. Stanford, 1951.

[14] «Ты и убогая, ты и обильная, ты и могучая, ты и бессильная, матушка Русь».

[15] *Сталин И.* О задачах хозяйственников. Речь на первой Всесоюзной конференции работников социалистической промышленности 4 февраля 1931 г.// Сталин И. Вопросы ленинизма. М., 1946. С. 328.

[16] *Oberländer E.* Sowjetpatriotismus und russischer Nationalismus//Die Russen: Ihr Nationalbewusstsein in Geschichte und Gegenwart/ Kappeler A. (Hrsg.). Köln, 1990. S. 83–90.

[17] Цитата из стихотворной подписи С. Маршака к советскому патриотическому плакату, созданному Кукрыниксами в 1941 г.

[18] *Assmann J.* Erinnern, um dazugehören. Kulturelle Gedächtnis, Zugehörigkeitsstruktur und normative Vergangenheit// Generation und Gedächtnis. Erinnerungen und kollektive Identitäten/ Platt K., Dabag M. (Hrsg.). Opladen, 1995. S. 59–60.

[19] См., например: *Hölscher L.* Geschichte als «Erinerungskultur»// Generation und Gedächtnis. S. 146–168; *Burke P.* Geschichte als sociales Gedächtnis// Mnemosyne. Formen und Funktionen der kulturellen Erinnerung/ Assmann A., Harth D. (Hrsg.). F/M., 1991. S. 289–304; *Assmann A.* Geschichte im Gedächtnis// Nach der Sozialgeschichte. Konzepte für eine Literaturwissenschaft zwischen Historischer Anthropologie, Kulturgeschichte und Medientheorie/ Huber M., Lauer G. (Hrsg.). Tübingen, 2000. S. 15-28; *Fried J.* Erinnerung und Vergessen. Die Gegenwart stiftet die Einheit der Vergangenheit// Historische Zeitschrift. 2001. Bd. 273. S. 561–593.

[20] Этот факт позволяет уйти от попыток «научной критики» подобных текстов и от отношения к ним как к «научной литературе» в целом, что до сих пор не является редкостью.

[21] *De Keghel I.* Die Rekonstruktion der vorsowjetischen Geschichte. Identitätsdiskurse im neuen Russland. Hamburg, 2006. S. 27. И. де Кегель ссылается прежде всего на разработки немецких социологов и историков Н. Луманна, Й. Рюзена и др.

[22] Дальнейшие рассуждения ни в коем случае не претендуют на полноту изложения и охват всех аспектов реконструкций исторического прошлого. Так, например, опущены сюжеты о реинтерпретации русского эпоса и фольклора, о классических мотивах в искусстве сталинской эпохи и др. По этим вопросам существует множество исследований, как уже ставших классическими, так и вышедших в последние годы. См., например: *Паперный В.* Культура «Два»; *Богданов К.А.* Наука в эпическую эпоху: классика фольклора, классическая филология и классовая солидарность// НЛО. 2006, № 78. С. 86–124; *Кларк К.* Имперское возвышенное в советской культуре второй половины 1930-х годов.

[23] О мифологизации истории в ранний советский период см.: *Малышева С.Ю.* Советская праздничная культура в провинции: пространство, символы, исторические мифы (1917–1927). Казань, 2005.

[24] В последние годы появились интересные исследования, в которых предпринята попытка реконструкции отдельных аспектов «работы» над историческим прошлым в раннесталинскую эпоху. См., например: *Corney F. C.* Telling October: Memory and the Making of the Bolshevik Revolution. Ithaca; London, 2004; *Дубровский А.М.* Историк и власть: историческая наука в СССР и концепция истории феодальной России в контексте политики и идеологии (1930–1950-е годы). Брянск, 2005.

[25] Начиная с 1935 г. в СССР широко праздновались юбилеи А.С. Пушкина, А.П. Чехова, Л.Н. Толстого и других представителей классической русской литературы. В 1937–1939 гг. были помпезно отмечены 125-летний юбилей Бородинской битвы, 230-летие Полтавского сражения. Подробнее об истории со школьными учебниками и об обращении с дореволюционной историей см., например: *Brandenberger D.L., Dubrovsky A.M.* «The people need a tsar»...; *Константинов С.В.* Дореволюционная история России в идеологии ВКП(б) 30-х гг. С. 217–243. О юбилеях и переориентации культурной политики сталинского режима см.: *Bordjugov G.*

Umorientierung der Staatsideologie und Kulturpolitik in den 30-er und 40-er Jahren…

[26] К такому же выводу пришли в своей коллективной монографии омские историки. Лейтмотивом их «Очерков истории отечественной исторической науки XX века» (Под ред. В.П. Корзун, Омск, 2005) является мысль о советской историографии как «наследнице» дореволюционных интеллектуальных схем. См. также обзор новой литературы на эту тему: *Дмитриев А.* Время историков//Неприкосновенный запас. 2007. № 5(55). Опубл. на сайте: http://magazines.russ.ru/nz/2007/55/dm21-pr.html

[27] Об обосновании «славы» и «чести» Российского государства через рекурс на военные успехи и победы империи пишет И. Ширле. См.: *Schierle I.* «Otečestvo»…; *Schierle I.* «Syn otečestva»: der «wahre Patriot»… См. об этом также: *Платт К.* Репродукция травмы: сценарии русской национальной истории в 1930-е годы// НЛО. 2008. № 90. С. 63–85.

[28] На страницы советских учебников попали великие русские князья и цари Ярослав Мудрый, Александр Невский, Иван Грозный, Петр Первый, военачальники Александр Суворов и Михаил Кутузов.

[29] *Хубова Д.Н.* Память для забвения, забвение для памяти?// Век памяти, память века: Опыт обращения с прошлым в XX столетии. Сб. статей. Челябинск, 2004. С. 68.

[30] См. на примере Александра Невского и Ивана Грозного: *Schenk F. B.* Aleksandr Nevskij. Heiliger - Fürst – Nationalheld. Eine Erinnerungsfigur im russischen kulturellen Gedächtnis (1263–2000). Köln, 2004. S. 266–373; *Platt K. M.F., Brandenberger D.* Terribly romantic, terribly progressive, or terribly tragic: rehabilitating Ivan IV under Stalin// Russian Review. 1999. № 58. P. 635–654.

[31] *Гройс Б.* Утопия и обмен. С. 40–41.

[32] *Schenk F. B.* Aleksandr Nevskij. S. 274–279 и др.

[33] Дилогия «Петр Первый» В. Петрова (1937–1939 гг.), «Александр Невский» С. Эйзенштейна (1938), «Минин и Пожарский» Всеволода Пудовкина (1939 г.). Накануне и в годы Великой Отечественной войны вышли на экраны «Суворов» В. Пудовкина и М. Доллера (1941 г.), «Богдан Хмельницкий» И. Савченко (1941 г.), «Кутузов» В. Петрова (1944 г.), «Иван Грозный» С. Эйзенштейна (1943–1946 гг.).

[34] В одной из сносок монографии Ф.Б. Шенка, где перечисляются книги, посвященные Ледовому побоищу, упомина-

ется книга с пометкой «Библиотека красноармейца». Подобные издания, выходившие в формате тоненьких брошюр, прочитывавшихся за один вечер, были написаны простым языком и предназначались для комплектации библиотечек допризывных пунктов, армейских частей, Домов обороны. Наряду с другими серийными изданиями (существовала, например, «Библиотека Осоавиахима») они продолжали традицию «копеечной» или «дешевой» литературы дореволюционного времени и играли важную роль в просвещении малограмотных «крестьян» в шинели.

35 Сегодня достаточно сложно судить о популярности исторических кинолент на дореволюционные сюжеты и о том, достигало ли их «послание» своей цели. Социологические исследования кинозрителей, активно проводившиеся в 1920-е гг., с началом третьего десятилетия практически прекратились (или, как предполагают социологи, прекратилась публикация их результатов). К тому же эта группа советских кинолент 1930-х гг. – самая малочисленная: меньше десятка против 61 фильма, события которых разыгрывались в годы революции и гражданской войны. См.: *Kenez P.* Cinema and Soviet society... P.159–161; Социология в России/ Под ред. В.А. Ядова. М., 1998. С. 328–329. Отрывочные сведения, которые доступны сегодня исследователям, формируют неоднозначную картину. Например, Н. Нусинова приводит данные массового анкетирования детей в 1928 г., согласно которым наибольшей популярностью у этой категории кинозрителей пользовались зарубежные приключенческие фильмы. См.: *Нусинова Н.* «Теперь ты наша». Ребенок в советском кино. 20–30-е годы// Искусство кино. 2003. № 12. Опубл. на: http://www.kinoart.ru/magazine/12-2003/analysis0312/nusinova0312/

36 *Добренко Е.* О репрезентологии...

37 *Schenk F. B.* Aleksandr Nevskij. S. 306, 327–329.

38 О формировании советского украинского прошлого см.: *Yekelchyk S.* Diktat and Dialogue in Stalinist Culture...; *Yekelchyk S.* Stalinist Patriotism as Imperial Discourse...; *Yekelchyk S.* Stalin's Empire of Memory... Ниже эта проблема будет рассмотрена на примере Башкирии.

39 См.: *Yekelchyk S.* Stalin's Empire of Memory...

40 См.: Краткий курс истории СССР: Учебник для 3-го и 4-го классов/ Под ред. А.В.Шестакова. Одобрен Всесоюзной правительственной комиссией. М., 1937.

[41] 13 апреля 1927 г. президиум Уфимского городского совета рабочих и красноармейских депутатов постановил переименовать ул. Случевскую и Случевский сад в улицу и сад Салавата. В этом же году ЦИК БАССР обратился к ВЦИК с просьбой о переименовании Месягутовского кантона Башкирии в Салаватский. В просьбе было отказано. В итоге в марте 1941 г. Президиум Верховного Совета РСФСР издал указ о присвоении названия Салаватский Малоязовскому району. См.: Салават-батыр навечно в памяти народной: Сб. документов и материалов./ Сост. И.М. Гвоздикова, С.Н. Мурзаханова, Л.М. Гиниатуллина. Уфа, 2004. С. 16, 19, 49.

[42] Там же. С. 18.

[43] Там же. С. 35–36, 48–49.

[44] *Кларк К.* Имперское возвышенное в советской культуре. С. 69.

[45] Салават-батыр навечно в памяти народной. С. 44–46.

[46] Цитата из песни И. Дунаевского и В. Лебедева-Кумача «Марш веселых ребят» (1936 г.).

[47] *Günther H.* Der Helden- und Feindmythos in der totalitären Kultur... S. 6–7.

[48] Ibid. S. 4–5.

[49] См. труды Г. Гюнтера и К. Кларк, а также: *Meier R.* Die Stachanov-Bewegung 1935–1938. Der Stachanovismus als tragendes und verschärfendes Moment der Stalinisierung der sowjetischen Gesellschaft. Stuttgart, 1990; *McCannon J.* Red Arctic. Polar Exploration and the Myth oft he North in the Soviet Union, 1932–1939. N.Y., 1998; *Sartorti R.* «Weben ist das Glück fürs ganze Land». Zur Inszenierung eines Frauenideals//Stalinismus: Neue Forschungen und Konzepte/ Plaggenborg St. (Hrsg.). Berlin, 1998. S. 267–291; *Guski A.* Asketen und neue Menschen. Der literarische Held im sowjetischen Roman// Von der Revolution zum Schriftstellerkongress. Entwicklungsstrukturen und Funktionsbestimmungen der russischen Literatur und Kultur zwischen 1917 und 1934/ Erler G., Grübel R., Mänicke-Gyöngyösi K., Scherber P. (Hrsg.). Berlin, 1979. S. 354–372; *Kuhr-Korolev C.* «Gezähmte Helden». Die Formierung der Sowjetjugend 1917–1932. Essen, 2005; *Rosenthal B.* New myth, new world: From Nietzsche to Stalinism. University Park, 2002 и др.

[50] О типах памяти см.: *Assman J.* Das kulturelle Gedächtnis: Schrift, Erinnerung und politische Identität in frühen Hochkulturen. München, 1999. S. 48–56.

[51] См.: *Нарский И.В.* Жизнь в катастрофе. Будни населения Урала в 1917–1922 гг. М., 2001.

[52] См.: *Нагорная О.С.* «Век катастроф» в культурной памяти современного российского общества// Век памяти, память века... С. 228–241.

[53] *Kenez P.* Cinema and Soviet Society... P. 172.

[54] См.: Челябинский рабочий. 1934. 29 ноября.

[55] *Kenez P.* Cinema and Soviet Society... P. 172–176.

[56] *Зоркая Н.М.* Трилогия о Максиме и большевики от Максима до Ленина. Опубл. на: http://old.portal-slovo.ru/rus/art/964/6584/$print_text/?part=1

[57] Строчки из стихотворения, написанного одной из зрительниц «Чапаева», в котором она описала реакцию зрительного зала. См.: *Рывина Е.* Чапаев (на просмотре кинофильма)// Работница. 1935. № 3. С. 13.

[58] См.: *Günther H.* Der sozialistische Übermensch...; *Bergman J.* Valerii Chkalov: Soviet pilot as New Soviet man// Journal of contemporary history. 1998. № 1 (33). P. 135–152.

[59] *Левинг Ю.* Латентный Эрос и небесный Сталин... С. 1, 14.

[60] В уральском городе Нижний Тагил, где также побывали участники «челюскинской эпопеи», в 1934 г. вместо улицы Извозной появилась улица Челюскинцев, а рядом с ней пролегла улица героев Арктики. В Челябинске именем челюскинцев был назван городской сад. И такие примеры можно найти в истории почти каждого советского города или поселка.

[61] Челябинский рабочий. 1934. 11 июля.

[62] О дисциплинарном дискурсе в СССР см. подробнее: *Rüting T.* Pavlov und der Neue Mensch. Diskurse über Disziplinierung in Sowjetrussland. München, 2002. S. 169–213.

[63] См., например, выступление Р.П. Эйдемана перед уральскими осоавиахимовцами: *Эйдеман Р., Урицкий С.* Создать на Урале мощную организацию Осоавиахима. Свердловск, 1934. С. 27; *Артеменко Н.* Допризывная подготовка... С. 45.

[64] Об идеальной мужественности в патриотическом дискурсе на примере литературы о «героях Хасана» см.: *Petrone K.* Masculinity and heroism in imperial and soviet military-patriotic cultures//Russian masculinities in history and culture/ Clemens B.E. (Ed.). Palgrave, 2002. P. 172–193.

[65] См.: *Kuhr-Korolev C.* «Gezähmte Helden»...; *Hoffmann D.L.* Stalinist values. The cultural norms of soviet modernity (1917–1941). Cornell University, 2003 и др.

[66] Телеграмма делегатов общегородского собрания секций городского и районных советов г. Челябинска папанинцам (сентябрь 1938 г.). См.: ОГАЧО, ф. Р-220, оп. 4, д. 497, л. 291.

[67] *Эйдеман Р., Урицкий С.* Создать на Урале мощную организацию Осоавиахима. С. 18, 26.

[68] ОГАЧО, ф. П-1052, оп. 1, д. 103, л. 422-421.

[69] Там же, л. 409-409об.

[70] См. об этом подробнее: *Стайтс Р.* Женское освободительное движение в России: Феминизм, нигилизм и большевизм, 1860–1930. М., 2004; *Attwood L.* Creating the new Soviet woman: women's magazines as engineers of female identity, 1922–1953. Basingstoke, 1999; *Ilič M.* (E**d.).** Women in the Stalin era. Basingstoke, 2001; *Krylova A.* Stalinist Identity from the Viewpoint of Gender: Rearing a Generation of Professionally Violent Women-Fighters in 1930-s Stalinist Russia// Gender and History. 2004. № 16 (3). P. 626–653 и др.

[71] Авиационные тексты.

[72] *Левинг Ю.* Латентный Эрос и небесный Сталин… С. 14.

[73] По мнению славистов, изучающих сталинский период, семантика одного из ключевых патриотических понятий «родина» («Москва – столица нашей родины», «социалистическая Родина», «Родина-мать» и др.) была связана с элементами традиционного и религиозного сознания. Присутствие традиционного культурного пласта в патриотизме не было спецификой советского варианта. Обращение к традиции свойственно всем ориентированным на формирование идентичности дискурсам, в том числе европейским и неевропейским национализмам. Базовые элементы патриотического дискурса транслировались на советское общество при помощи неофамилиарного кодекса эпохи сталинизма. Это традиционный прием, который использовался российской имперской элитой в XVIII – XIX вв. и который также встречается в других государствах, которые находились в процессе образования нации. Стержнем неофамилиарной конструкции был топос «большой семьи». Он вобрал в себя метафоры «братской семьи народов», комплекс представлений о вождях большевистской партии, начиная от «вождя мирового пролетариата» Ленина, превратившегося в «дедушку Ленина» и «Ильича», и заканчивая «отцом народов» Сталиным. Эти символические фигуры были широко представлены не только в литературно-дидактическом дискурсе, но и в изобразительном искусстве, аги-

тационном плакате и кино. См.: *Добренко Е.* Метафора власти...; *Günther H.* Das Massenlied als Ausdruck des Mutterarchetypus...; *Schierle I.* «Otečestvo»...; *Plamper J.* Georgian Koba or Soviet «Father of Peoples»? The Stalin Cult and Ethnicity// The Leader Cult in Communist Dictatorships. Stalin and the Eastern Bloc/ Apor B., Behrends J.C., Rees E.A. (Ed.). Palgrave, 2004. P. 123–140; *Kelly C.* Grandpa Lenin and Unkle Stalin: Soviet Leader Cults for Little Children// The Leader Cult in Communist Dictatorships... P. 102-122; *Ennker B.* Leninkult und mythisches Denken in der sowjetischen Öffentlichkeit. 1924// Jahrbücher für Geschichte Osteuropas. 1996. № 44. S. 431-455; *Ennker B.* Die Anfänge des Leninkults in der Sowjetunion. Köln, Wien, 1997; *Ennker B.* Politische Herrschaft und Stalinkult: «Führer und Volk» in Stalinismus. Eine Interpretation// Stalinismus. Neue Forschungen und Konzepte/ Plaggenborg St. (Hrsg.). Berlin, 1998. S.151–182 и др.

[74] *Раскова М.М.* Записки штурмана. С. 155.

[75] См. об этом подробнее: *Никонова О.Ю.* «Давайте прыгать, девушки!», или Советский патриотизм в гендерном измерении// Гендерные исследования. 2005. № 13. С. 38–55.

[76] См.: *Хасбулатова О.А.* Опыт и традиции женского движения в России (1860–1917). Иваново, 1994; *Стайтс Р.* Женское освободительное движение в России.

[77] См. анализ тенденций англо-американской историографии в докладе А.Крыловой «Rearing a Generation of female Soldiers in 1930-s Stalinist Russia or Stalinist Identity from the Viewpoint of Gender» на конференции «Geschichten der Osteuropäischen Geschichte: Paradigmenwechsel in einer historischen Disziplin» (Tübingen, 15.-16. Oktober 2004). Опубликованную версию доклада см.: *Krylova A.* Stalinist Identity from the Viewpoint of Gender: Rearing a Generation of Professionally Violent Women-Fighters in 1930-s Stalinist Russia// Gender and History. 2004. № 16 (3). P. 626–653. Мнение отечественных исследователей по этому вопросу см.: *Градскова Ю.В.* «Обычная» советская женщина – обзор описаний идентичности. Опубл. на сайте: http://www.genderstudies.info/social/s01.php; *Айвазова С.* Русские женщины в лабиринте равноправия: Очерки полит. теории и истории. Докум. материалы. М., 1998.

[78] См. об этом: *Алексиевич С.* У войны не женское лицо. Минск, 1985; *Иванова Ю.Н.* Храбрейшие из прекрасных: Женщины России в войнах. М., 2002; *Nikonova O.* Das grosse Schweigen: Frauen im Krieg// Osteuropa. 2005. № 4–6. S. 186–195;

Fieseler B. Der Krieg der Frauen: Die ungeschriebene Geschichte// Mascha+Nina+Katjuscha: Frauen in der Roten Armee 1941–1945. Berlin, 2002. S. 11–30.

[79] См. подробнее: *Günther H.* Das Massenlied als Ausdruck des Mutterarchetypus...

[80] *Богат А.П.* Работница и крестьянка на страже СССР. М., 1927. С. 7.

[81] См.: *Krylova A.* Rearing a Generation of female Soldiers...; *Ровный Б.И.* «Женский вопрос» и женские стратегии выживания в российских кризисах XX в.: к постановке проблемы// Женская повседневность в России в XVIII–XX вв.: Материалы междунар. науч. конференции, 25 сентября 2003 г. Тамбов, 2003. С. 203.

[82] См.: Женщина и Красная Армия// Бюллетень Осоавиахима. 1928. № 4. С. 21-23.

[83] В Первой конной. Воспоминания врача-орденоносца Шифры Хотимской// Работница. 1935. № 18. С. 11.

[84] Отважные альпинистки// Работница. 1935. № 21. С. 8.

[85] РГВА, ф. 25892. оп. 8. д. 139, л. 45-49, 50-51, 53-53об., 278-279об.

[86] К числу наиболее популярных женщин, олицетворявших этот тип женщины, принадлежали советские летчицы Полина Осипенко и Марина Раскова, первая женщина-инструктор парашютного спорта Ольга Яковлева и др.

[87] См.: Давайте прыгать, девушки! Рассказы девушек-парашютисток, поставивших мировой рекорд высотного прыжка. М., 1936.

[88] О роли «будущей войны» в деле социальной мобилизации см.: *Fitzpatrick Sh.* Everyday Stalinism: Ordinary Life in Extraordinary Times. Oxford, 1999. P. 11–13.

[89] *Эйдеман Р., Урицкий С.* Создать на Урале мощную организацию Осоавиахима. С. 29.

[90] Памятка активиста Осоавиахима. Для деревенских организаций (Приложение к журналу «Осоавиахим»)/ Под ред. Д.Е. Липелиса. М., 1930. С. 51-55.

[91] ЦДООСО, ф.61, оп. 2, д. 1208, л. 89–91.

[92] Бюллетень Осоавиахима. 1927. № 17. С. 9.

[93] См., например: Оборона страны и трудящиеся женщины. Материалы для докладчиков и групповых агитаторов// Бюллетень Осоавиахима. 1927. № 8. С. 3–6; *Богат А.П.* Работница и крестьянка на страже СССР.

[94] ГАСО, ф. Р-2516, оп. 1, д. 328, л. 52-52об.

[95] По последним, весьма приблизительным данным, количество женщин, участвовавших в Великой Отечественной войне, составило 800 тыс. человек. См.: *Иванова Ю.Н.* Храбрейшие из прекрасных. С. 256.

[96] См. к этому вопросу: *Сенявская Е.С.* Психология войны в XX в.: Исторический опыт России. М., 1999; Mascha + Nina + Katjuscha: Frauen in der Roten Armee 1941 – 1945. Berlin, 2002; *Гапова Е.* «Между войнами: женский вопрос в национальных проектах»// Социальная история: Ежегодник, 2003: Женская и гендерная история/ Под ред. Н.Л. Пушкаревой. М., 2003. С. 206–207 и др.

[97] К этой проблеме см., например, о судьбах женщин-ветеранов Великой Отечественной войны, женщин-инвалидов и др. категорий воевавших женщин: Mascha + Nina + Katjuscha.

[98] *Свечин А.* Труды комиссии по исследованию и использованию опыта войны 1914–1918 гг.// Военно-исторический сборник. Вып. 1. М., 1919. С. 6.

[99] *Merridale C.* Steinerne Nächte: Leiden und Sterben in Russland. München, 2001. S. 140–141.

[100] Подробнее об этом см.: *Никонова О.Ю.* Военное прошлое России и советский патриотизм: к постановке проблемы// Век памяти, память века... С. 498–500.

[101] *Никонова О.Ю.* Инструментализация военного опыта в СССР в межвоенный период// Человек и война: Война как явление культуры. М., 2001. С. 382–383.

[102] *Малышева С.Ю.* Национально-региональные проявления коллективной памяти в «век катастроф» (по материалам Поволжья)// Век памяти, память века... С. 363.

[103] Юбилейные брошюры издавались региональными или центральными отделениями партии большевиков, а также Коммунистической академией при ЦИК ВКП(б) к 10, 20 и 15-летию ее начала. Чем ближе, однако, была новая война, тем реже публично вспоминали о прошедшей: к 25-летию войны количество юбилейных изданий заметно сократилось. См., например: *Буклер Я.И.* Юбилей бойни и разрушения: (К десятилетию мировой империалистической войны). Изд. Гомельского губкома РКП, 1924; *Бочаров К., Годес М.* Против империалистической войны и интервенции. Л., 1934; Двадцатилетие империалистической войны 1914–1918: Тезисы. М.-Л., 1934 и др. Тенденцию сокращения

юбилейных изданий можно проследить по библиографическим указателям, даже несмотря на их неполноту. См.: *Хмелевский Г.* Мировая империалистическая война 1914–1918 гг.: систематический указатель книжной и статейной военно-исторической литературы за 1914–1935 гг. М., 1936; *Рутман Р.Е.* Россия в период Первой мировой войны и Февральской буржуазно-демократической революции (июль 1914 – февраль 1917 г.). Л., 1975; Первая мировая война: Указатель литературы 1914–1993 гг. М., 1994.

[104] *Бочаров К., Годес М.* Против империалистической войны и интервенции. С. 3–4.

[105] Там же.

[106] См.: *Нарский И.В.* «Я как стал средь войны жить, так и стала мне война, что дом родной...» Фронтовой опыт русских солдат в «германской» войне до 1917 г.// Опыт мировых войн в истории России: Сб. науч. статей. Челябинск, 2007. С. 488–502.

[107] Об интерпретациях Великой Отечественной войны см.: *Weiner A.* Making sense of war: the Second World war and the fate of the Bolshevik revolution. Princeton, 2001.

[108] На страже СССР. С. 45.

[109] Там же. С. 30–32.

[110] *Ворошилов К.Е.* О молодежи. С. 45.

[111] *Верховский А.* Характер будущей войны и задачи Осоавиахима.

[112] ЦГАОО РБ, ф. 122, оп. 8, д. 116, л. 148–149.

[113] Челябинский рабочий. 1930. 1 августа.

[114] См.: Боевой путь Советского Военно-Морского Флота/ Под ред. А. В. Басова. М., 1988. С. 50.

[115] 23 февраля 1918 г. был днем, когда в Петрограде прошли акции под лозунгом защиты «социалистического отечества» от кайзеровских войск, перешедших в наступление и теснивших малочисленные отряды «завесы», прикрывавшие столицу. Власть большевиков оказалась на грани катастрофы, от которой ее спас Брестский мир.

[116] Речь идет о предложении А.М. Горького издать «Историю гражданской войны в СССР». См.: Об издании «Истории гражданской войны». Из постановления ЦК ВКП(б) 30 июля 1931 г.// КПСС о Вооруженных Силах Советского Союза: Документы 1917–1981. М., 1981. С. 265.

[117] К двадцатилетию Рабоче-Крестьянской Красной Армии

и Военно-Морского Флота. Из Тезисов Отдела партийной пропаганды и агитации ЦК ВКП(б)// Там же. С. 269.

[118] Там же. С. 272.

[119] Там же. С. 271.

[120] См.: *Нарский И.В.* Конструирование мифа о гражданской войне и особенности коллективного забывания на Урале в 1917–1922 гг.// Век памяти, память века... С. 394–412, цит. с. 404–405.

[121] ГАСО, ф. Р-1516, оп. 1, д. 8, л. 124.

[122] Там же, л. 196.

[123] Челябинский рабочий. 1930. 15 июля.

[124] Об этой традиции см. подробнее: *Малышева С.Ю.* Советская праздничная культура... С. 102–104.

[125] Уральский рабочий. 1933. 16 июля.

[126] ОГАЧО, ф. П-288, оп. 1, д. 84, л. 10-13.

[127] Челябинский рабочий. 1934. 15 июля.

[128] ЦГАОО РБ, ф. 122, оп. 18, д. 561, л. 1-6.

[129] Там же.

[130] Там же.

[131] *Koselleck R.* Vergangene Zukunft. Zur Semantik geschichtlicher Zeiten.

[132] An der Schwelle zum totalen Krieg.

[133] Подробнее см.: *Кавтарадзе А.Г.* Военные специалисты на службе Республики Советов, 1917–1920. М., 1988.

[134] Более подробно об этом см.: *Никонова О.Ю.* «Воинская доблесть нуждается в культе, и культ воинской доблести необходим, чтобы одерживать победы»: опыт Великой войны и советский патриотизм// Война и общество: К 90-летию начала Первой мировой войны. Самара, 2004. С. 119–130; *Nikonova O.* «Der Kult des Heldenmutes ist nötig, um Siege zu erringen...» Sowjetisches Militär und Erfahrungen des Ersten Weltkrieges// Kriegsniederlagen, Erfahrungen und Erinnerungen/ Carl H., Kortum H.-H., Langewiesche D., Lender F. (Hrsg.). Berlin, 2004. S. 185–199.

[135] РГВА, ф. 7, оп. 5, д. 65, л. 2.

[136] Сборник трудов военно-научного общества. Кн. 1. М., 1921. С. 3–5.

[137] Очередные задачи ВНО. Речи тт. Калинина, Ворошилова и Уншлихта на I Всесоюзом съезде ВНО. М., 1926. С. 4.

[138] См.: *Анохин А.И.* В труде и боях закаленное...; *Анохин А.И.* Они были первыми (очерк о руководителях оборонного общества). М., 2000.

[139] Бюллетень Осоавиахима. 1928. № 8, 9. С. 53–56.

[140] Именно так назвали Осоавиахим К. Мехоношин и М. Алексинский в юбилейной брошюре, изданной по поводу 10-летия Красной Армии. См.: *Алексинский М., Мехоношин К.* Осоавиахим и Красная Армия. С. 76.

[141] Подробнее об истории понятия «тотальная война» и его эволюции см.: Россия и война в XX столетии: взгляд из удаляющейся перспективы. М., 2005. С. 11–45.

[142] Подробнее об особенностях употребления понятия «тотальная война» в советском контексте см.: *Beyrau D.* Totaler Krieg. Begriff und Erfahrung am sowjetischen Beispiel// Formen des Krieges. Von Antike bis zur Gegenwart/ Beyrau D., Hochgeschwender M., Langewiesche D. (Hrsg.). Paderborn, 2007. S. 327–353; русскоязычная версия статьи см.: *Байрау Д.* Понятие и опыт тотальной войны (на примере Советского Союза)// Опыт мировых войн в истории России. С. 28–48.

[143] *Тухачевский М.Н.* Избранные произведения. В 2-х тт. Т. 1. М., 1964. С. 9.

[144] *Верховский А.* Характер будущей войны и задачи Осоавиахима. С. 21–22.

[145] Как нам готовиться к будущей войне. М., 1927. С. 8, 9.

[146] ГАСО, ф. Р-2516, оп. 1, д. 1, л. 130, 131.

[147] ГАНИОПДПО, ф. 105, оп. 5, д. 247, л. 27–41.

[148] *Фрунзе М.В.* Наше военное строительство и задачи военно-научного общества// Фрунзе М.В. Избранные произведения. М., 1965. С. 438-453, цит. С. 443.

[149] *Свечин А.А.* Искусство вождения полка... С. 111, 112.

[150] Александр Иванович Верховский участвовал в Первой мировой войне в чине полковника, на заключительном этапе занимал должность начальника штаба Отдельной Черноморской дивизии, во время Февральской революции был назначен командующим Московским военным округом, затем – военным министром Временного правительства. Эсер. После революции перешел на службу в Красную Армию, преподавал в Военной академии РККА и АГШ. Автор ряда работ по военному делу.

[151] *Верховский А.И.* Россия на Голгофе: Из походного дневника 1914–1918 гг. Петроград, 1918. С. 8.

[152] *Брусилов А.А.* Мои воспоминания. М., 2001. С. 69.

[153] Записки Н.И.Подвойского о первых шагах военного строительства в Советской республике// Военно-исторический журнал. 1968. № 12. С. 70.

[154] *Von Hagen M.* Soldiers in the Proletarian Dictatorship... P. 272–276.

[155] *Холквист П.* «Осведомление – это альфа и омега нашей работы»: Надзор за настроениями населения в годы большевистского режима и его общеевропейский контекст// Американская русистика: Вехи историографии последних лет. Советский период: Антология. Самара, 2001. С. 45–93. Подробнее об уроках, извлеченных большевиками из Первой мировой войны, см.: *Beyrau D.* Der Erste Weltkrieg als Bewährungsprobe...

[156] Очередные задачи ВНО. С. 16.

[157] Далее этот термин будет употребляться без кавычек.

[158] В 1930-е гг. термин «военизация» встречается все реже. Судя по некоторым источникам, высшие партийные инстанции положили конец терминологической неразберихе и порекомендовали заменить разнообразные определения словосочетанием «допризывная подготовка». См. выписку из протокола заседания ЦКК от 8 марта 1926 г.: РЦХИДНИ, ф. 17, оп. 60, д. 804, л. 85.

[159] Из выступления М.И. Калинина: «Я говорю "военизировать" не в смысле прохождения предварительного военного обучения; необходимо сознание широких масс трудящихся пропитать пониманием задач обороны страны в современных условиях...» См.: Очередные задачи ВНО. С. 6, 7.

[160] *Тухачевский М.Н.* Вопросы современной стратегии// Тухачевский М.Н. Избранные произведения. Т. 1. С. 258, 259; *Тухачевский М.Н.* Популяризация военных знаний// Там же. С. 232, 233.

[161] *Свечин А.* Стратегия. С. 159.

[162] См.: *Каменев С., Мехоношин К.* Военная подготовка населения. М.-Л., 1926.

[163] Я благодарю профессора А.И. Кубышкина за указание на этот факт.

[164] Подробнее об эксперименте, проведенном по плану Е.З. Барсукова, см. главу 2.

[165] Подробнее об этих категориях см. прим. 18 главы II.

[166] На документе отсутствует датировка, вероятнее всего, доклад был написан в 1926 г., накануне обсуждения вопроса о военизации в Штабе РККА.

[167] РГВА, ф. 33989, оп. 1, д. 20, л. 50-54.

[168] Там же.

[169] Резюме мнений начальников всех центральных управлений РККА по поводу доклада см.: РГВА, ф. 33989, оп. 1, д. 20, л. 55-58.

[170] Цит. по: *Дудник В.М.* Военная деятельность А.Е. Снесарева// Андрей Евгеньевич Снесарев (жизнь и научная деятельность). М., 1973. С. 57.

[171] См.: Там же. С. 57–59.

[172] *Свечин А.* Стратегия. С. 157–159.

[173] См., например, выступление Уншлихта на I Всесоюзном съезде Авиахима в 1927 г.: ГАРФ, ф. 8355, оп. 1, д. 2, л. 73–74.

[174] ГАРФ, ф. 8355, оп. 1, д. 2, л. 73–74.

[175] *Фибих Д.* Ровесник// Осоавиахим. 1933. № 21. С. 10–12.

[176] *Яковлев А. С.* Цель жизни. С. 49.

[177] *Павлов Я.* Чему я научился в оборонном обществе. С. 3.

[178] Пионервожатый одного из детдомов Уфы, через 40 лет случайно встретившись в Москве со своими воспитанниками, записал их воспоминания. См.: ЦГАОО РБ, ф. 8848, оп. 1, д. 49, л. 3–5.

[179] Интервьюирование проводилось методами неформализованного интервью.

[180] Интервью с А.П. Абрамовским от 14.11.2005, Е.Н. Козловым от 28.11.2005, П.И. Макароном от 1.12.2005, Л.И.Мельниковым от 9.12.2005.

[181] Челябинский рабочий. 1934. 18 августа.

[182] ЦДООСО, ф. 61, оп. 2, д. 718, л. 8.

[183] Там же, д. 341, л. 12, 70, 126, 144; д. 718, л. 1, 4–6, 8, 10–14, 51, 55, 86, 97–98, 121.

[184] ОГАЧО, ф. П-288, оп. 1, д. 58, л. 41–47.

[185] ЦГАОО РБ, ф. 341, оп. 1, д. 1206, л. 130–133.

[186] Можно предположить, что этот тезис «работает» даже в ситуации с ветеранами, особенности саморепрезентаций которых складывались в ходе регулярной деятельности по «военно-патриотическому воспитанию» подрастающего поколения.

[187] Далее – Башкирский полк.

[188] ЦГАОО РБ, ф. 122, оп. 13, д. 64, л. 68об.

[189] Именно так в апреле 1934 г. демонстрировали свое «здоровое политико-моральное состояние» переменники 4-го отдельного стрелкового полка Башкирии. См.: ЦГАОО РБ, ф. 122, оп. 13, д. 64, л. 27–28об.

[190] РГВА, ф. 25892, оп. 8, д. 139, л. 20–21.

[191] ЦГАОО РБ, ф. 122, оп. 13, д. 64, л. 27; РГВА, ф. 25892, оп. 8, д. 139, л. 153–155, 291–292.

[192] ЦГАОО РБ, ф. 122, оп. 13, д. 64, л. 68об–67.

[193] Там же.

[194] РГВА, ф. 25892, оп. 8, д. 139, л. 20–21, 153–155, 191–197.

[195] РГВА, ф. 25892, оп. 8, д. 139, л. 150–152, 272–272об., 280; ЦГАОО РБ, ф. 122, оп. 13, д. 64, л. 66, 56.

[196] ЦГАОО РБ, ф. 122, оп. 13а, д. 13, л. 13–14.

[197] ЦГАОО РБ, ф. 122, оп. 13, д. 64, л. 66; РГВА, ф. 25892, оп. 8, д. 139, л. 218–219.

[198] Там же, оп. 13, д. 64, л. 7-6; РГВА, ф. 25892, оп. 8, д. 139, л. 150–152.

[199] РГВА, ф. 25892, оп. 8, д. 139, л. 191–197.

[200] ЦГАОО РБ, ф. 122, оп. 13, д. 64, л. 67об.

[201] РГВА, ф. 25892, оп. 8, д. 139, л. 240–241, 272–272об.

[202] Там же, л. 20–21.

[203] Там же, л. 218–219.

[204] Г.М. Ишмурзин был начальником Уфимского аэроклуба, арестованным в 1937 г. Спустя год Ишмурзин был оправдан и восстановлен в партии и должности. Письмо написано, вероятно, еще до оправдания. См.: ЦГАОО РБ, ф. 134, оп. 1, д. 1196, л. 38.

[205] Там же, оп. 1, д. 1243, л. 6–7.

[206] К категории красногвардейцев относились преимущественно рабочие, добровольно вступившие в отряды Красной Гвардии для защиты революции. В годы гражданской войны отряды красногвардейцев, как правило, сливались с регулярными отрядами РККА. Статус «красных партизан» присваивался участникам партизанских отрядов, воевавших в годы гражданской войны против «белогвардейцев». Далее термин «красный партизан» употребляется без кавычек.

[207] В постановлении ЦК ВКП(б) от 19 января 1928 г. «О праздновании десятилетия Красной Армии» говорилось, что власть решила «отметить заслуги бывших красных партизан и бывших красногвардейцев» выдачей кредитов, землеустроительными льготами, освобождением от платы за учебу и выделением стипендий в вузах детям ветеранов. Три дня спустя было опубликовано соответствующее постановление ЦИК.

[208] ЦГАОО РБ, ф. 122, оп. 8, д. 74, л. 3–7, здесь л. 4.

[209] Там же, л. 7.

[210] ЦГАОО РБ, ф. 122, оп. 8, д. 115а, л. 1–5.

[211] См.: Челябинский рабочий. 1934. 3 июля, 6 июля, 11 июля и др.

[212] Один из ветеранов Великой Отечественной войны, отец которого был участником гражданской, смог вспомнить из рассказов отца лишь забавный эпизод о боевой лошади артиллеристов, которая без команды становилась «по боевому расчету» (см. интервью с Козловым Е.Н. от 28.11.2005). Возможно, это свидетельствует о том, что детские воспоминания стерлись за прошедшие годы, а возможно, и о том, что «личные свидетельства» и «официальные нарративы» о гражданской войне жили «параллельной» жизнью.

[213] ОГАЧО, ф. Р-220, оп. 1, д. 743, л. 197.

[214] ЦДООСО, ф. 61, оп. 2, д. 213, л. 1-2, 16.

[215] Данные по г. Асбесту, очевидно, преувеличены, или для просмотра картины была организована доставка жителей окрестных поселений. Так как численность жителей города даже в 1939 г. составляла всего лишь 30 тыс. человек.

[216] ЦДООСО, ф. 61, оп. 2, д. 213, л. 16.

[217] ЦГАОО РБ, ф. 122, оп. 8, д. 74, л. 41-42.

[218] Об этих категориях см. подробнее: *Шютц А.* Смысловая структура повседневного мира. М., 2003.

[219] ЦГАОО РБ, ф. 122, оп. 8, д. 74, л. 39об-74.

[220] О видах капитала и о связи капитала с позицией в социальном пространстве см.: *Бурдьё П.* Социальное пространство и генезис «классов»// *Бурдьё П.* Социология политики: Пер. с фр. Н.А.Шматко/ Сост., общ. ред. и предисл. Н.А. Шматко. М., 1993. С. 53–97.

[221] ЦГАОО РБ, ф. 122, оп. 8, д. 74, л. 39об-74.

[222] ГАСО, ф. Р-2516, оп. 1, д. 46, л. 2.

[223] Там же, л. 6.

[224] ЦГАОО РБ, ф. 122, оп. 8, д. 74, л. 9.

[225] ОГАЧО, ф. Р-220, оп. 1, д. 696.Л. 3.

[226] Центральная свердловская газета «Уральский рабочий» в 1933 г. сообщала о том, что в ознаменование 14-й годовщины освобождения Урала от Колчака городское бюро красных партизан открыло в доме № 11 по улице Февральской революции мемориальную доску. Доска напоминала о том, что в годы революции и гражданской войны в этом доме размещался штаб Красной Гвардии. См.: Уральский рабочий. 1933. 16 июля.

[227] ЦГАОО РБ, ф. 122, оп. 8, д. 74, л. 1-2.

[228] ОГАЧО, ф. Р-220, оп. 1, д. 696, л. 69.

[229] Там же, л. 90.

[230] Там же, л. 39.

[231] Там же, л. 101.

[232] ЦГАОО РБ, ф. 122, оп. 8, д. 74, л. 8.

[233] ОГАЧО, ф. Р-220, оп. 1, д. 696, л. 29, 119–124.

[234] Там же, л. 101.

[235] Там же, л. 119,120, 125–127,175,176, 177, 224 и др.

[236] ОГАЧО, ф. Р-220, оп. 1, д. 696, л. 100.

[237] Там же. В различных местностях Уральской области формирование категорий красных партизан и красногвардейцев обладало своей спецификой. Например, в Пермском округе среди претендентов на эти звания оказались т.н. «биржевики», арестованные «белыми» за сочувствие Советской власти и «не служившие в красногвардейских отрядах». См.: ГАПО, ф. Р-770, оп. 1, д. 31, л. 1.

[238] ОГАЧО, ф. Р-220, оп. 1, д. 743, л. 103–105, 107.

[239] Вернее всего, речь идет о специальном распределителе, организованном для красных партизан. Подробнее о системе снабжения продуктами питания и предметами первой необходимости в эти годы см.: *Осокина Е.* За фасадом «сталинского изобилия». Распределение и рынок в снабжении населения в годы индустриализации 1927–1941. М., 1998.

[240] ОГАЧО, ф. Р-220, оп. 1, д. 696, л. 45.

[241] Там же, д. 743, л. 108-113.

[242] ОГАЧО, ф. Р-220, оп. 1, д. 743, л. 46.

[243] Там же, д. 743, л. 75.

[244] Там же, л. 273.

Глава вторая

Осоавиахим и мобилизационные практики в СССР конца 1920-х – 1930-х гг.

§ 1. Формирование системы военного обучения населения

Реформа Красной Армии и проблемы военной подготовки граждан

Военно-патриотическая организация «Осоавиахим» была ключевым звеном в планах по военизации населения и воспитанию патриотического духа в гражданах СССР. Эти планы даже с сегодняшней точки зрения выглядят достаточно комплексно. Подготовка к будущей войне представлялась советскому военному руководству стержнем деятельности спортивных и общественных организаций, частью образовательного процесса школ, техникумов и вузов. Политическая верхушка страны также видела в программе военизации вполне определенные выгоды, в первую очередь мобилизационного характера. Страна опутывалась дополнительной сетью квазиобщественных организаций, которые работали недостаточно эффективно, но все же расширяли возможности политического контроля, были источником материальных и трудовых ресурсов, встраивались в общую практику по дисциплинированию населения. Практическая реализация намеченного шла трудно, путем проб и ошибок, зачастую пробуксовывая из-за неэффективности сталинского бюрократического аппарата. Понять смысл и методы советской военизации невозможно без характеристики ситуации, в которой оказались вооруженные силы СССР после окончания гражданской войны, и особенностей их реформирования в межвоенный период.

Демобилизация Красной Армии, проведенная в начале 1920-х гг. в связи с окончанием гражданской войны, обозначила новую веху в истории развития советских вооруженных сил. Экономика страны, подорванная разрушительными войнами, в обозримом будущем не могла содержать пятимиллионного «монстра». Между тем лозунг «враждебного капиталистического окружения» не сходил с повестки дня, а новая мировая война оставалась главным событием, формировавшим ожидания всего европейского и части азиатского мира. Фактор военной угрозы был важным пропагандистским оружием крепнувшего сталинского режима, открывавшим серьезные мобилизационные перспективы. В этих общих рамках советские вооруженные силы стали экспериментальным полем для амбициозных военных и политических руководителей[1].

1923 год стал поворотным для истории Красной Армии. Будущий маршал К.А. Мерецков писал, что именно в этом году специальная комиссия ЦК РКП(б) после проверки состояния РККА пришла к выводу, что «в существующем виде Красная Армия небоеспособна»[2]. Комплекс мероприятий, изменивший принципы построения вооруженных сил и законодательство о военной службе, известен как военная реформа 1923–1928 гг.[3] С нее в СССР началось формирование армии современного типа, состоявшей из воинов-граждан. Процессы в военном строительстве, по мнению Дж. Санборна, оказали значительное влияние на конструирование русской нации и отличались от аналогичных в западных странах только тем, что были основаны на классовых принципах[4]. Тенденции реформирования Красной Армии также вполне вписывались в общие рамки развития европейской военной мысли вплоть до начала Большого террора, во время которого погибли лучшие представители советской военной элиты, бывшие сторонниками решительных преобразований[5]. Необходимо отметить, что стратегически идеологическая основа военной реформы и официальный патриотический дискурс были ориентированы на достижение единой цели – создания сообщества лояльных государству граждан, в обязанности которых входила бы его защита с оружием в руках.

Смешанная, кадрово-территориальная система строительства Красной Армии, введенная после ожесточенных дискуссий в среде военного руководства[6], была, с одной стороны, данью идеологии[7]. Согласно марксистской концепции после социалистической революции задачи охраны независимости и порядка в государстве должен был выполнять вооруженный народ (милиция). Однако гораздо более существенным было бедственное экономическое положение в стране, вышедшей из гражданской войны, и невозможность содержать значительную армию. Поэтому создание территориальных частей можно считать, пожалуй, лавированием режима в стесненных экономических условиях[8].

В начале 1923 г. в результате радикального сокращения численность РККА составила около 600 тыс. человек[9]. Обезлюдевшие вооруженные силы пополнялись достаточно хаотично – за счет периодических мобилизаций (во время которых действовал даже архаичный принцип жеребьевки[10]) и добровольцев. «При таких условиях, когда происходили периодические демобилизации, а с другой стороны прибывали периодические пополнения, – сообщает записка, составленная для ВИК Генерального штаба РККА, – в армии создалась полная неустойчивость личного состава, выразившаяся в так называемой "текучести" его, и в частях, как обычное явление, призванный личный состав находился не более полугода. Вследствие этого в частях образовался огромный некомплект, и роты фактически были пусты. <...> Некомплект младшего командного состава в этот период был также велик и в большинстве частей фактически почти отсутствовал»[11]. В этой бедственной ситуации началась подготовка закона о порядке привлечения граждан СССР к несению военной службы, и в порядке эксперимента стали формироваться территориальные части[12].

«Территориальные формирования, – говорилось в Постановлении ЦИК и СНК СССР от 8 августа 1923 г., – должны быть в полной боевой готовности наравне с кадровыми частями Красной Армии; каждый входящий в них рабочий и крестьянин должен осознать свою принадлежность к единой Красной Армии, а обучающиеся военному делу трудящиеся должны быть надежным резервом, готовым в любую минуту стать под красные знамена на защиту Союза ССР»[13]. Военная подготовка в территориальных частях осуществлялась «в порядке вневойскового обучения» и на краткосрочных армейских сборах. Постановление также вводило понятия обязательной «предварительной» военной подготовки для молодежи 16-18 лет и допризывной подготовки для 19-летних. «Предварительная» подготовка заключалась «преимущественно в физическом и элементарном военном воспитании молодежи» и проводилась «под общим руководством и наблюдением военного ведомства силами и средствами гражданских организаций». Пункт о допризывной подготовке уточнял лишь ее длительность, не касаясь форм и ответственных институтов[14]. В целях «популяризации идей допризывной подготовки и физической культуры среди широких масс трудящихся» особым приказом РВС был введен «День призывника», приуроченный к международному юношескому дню 2 сентября[15]. На основе постановления 1923 г. в Красной Армии был проведен первый призыв мирного времени (в 1924 г.), в целом оцененный военными как достаточно успешный[16].

«Закон об обязательной военной службе», разрабатывавшийся в течение двух лет, был утвержден ЦИК и СНК СССР 18 сентября 1925 г. Военная служба стала обязательной для всех трудящихся СССР в возрасте от 19 до 40 лет включительно. Нетрудовые элементы, которые не допускались к службе в РККА, проходили службу в тыловом ополчении в течение трех лет. Закон 1925 г. расширительно толковал состояние на действительной военной службе, включая в нее нахождение в запасе и допризывную подготовку. Проходящими действительную военную службу считались не только солдаты и офицеры, служившие в кадровой армии, но и призывники, служившие в территориальных частях и так называемые вневойсковики. Таким образом, по утверждению автора аналитической записки о призывах 1920-х гг., достигалось «всеобщее военное обучение»[17]. В целях унификации был законодательно введен 5-летний срок «действительной военной службы», который в кадровой армии складывался из двухгодичной службы и трехгодичного нахождения в запасе (в сухопутных войсках). За счет «запасного» состояния достигалось уравнивание сроков службы «кадровиков», «переменников» и «вневойсковиков»[18].

Спустя три года после начала эксперимента по организации территориальных частей руководитель ГУ РККА С.С. Каменев записал в проекте рапорта наркому военных и морских дел К.Е. Ворошилову: «Сегодня еще нельзя говорить, что Красная Армия боеспособна. Мы, несомненно, на пути к этой боеспособности, но требуется еще очень серьезная проверка по целому ряду мероприятий»[19]. Эффективность решения задач обороноспособности страны путем существования кадрово-территориальной армии оставалась по-прежнему спорной. Численность кадровых частей РККА в мирное время составляла (по оценкам на 1928 г.) чуть более 600 тыс. человек. С учетом сил будущих противников предполагалось утвердить численность военного времени в 3 млн чел. на 1928–1930 гг. и в 3 млн 266 тыс. чел. на 1931–1932 гг.[20] Более чем двухмиллионная разница между составами военного и мирного времени должна была представлять собой хорошо обученный боевой резерв Красной Армии. Минусом кадрово-территориальной армии были трудности, связанные с организацией военного обучения в территориальных частях, неполный охват молодежи призывного возраста армейской службой, опасность снижения качественного уровня подготовки боевых резервов на случай войны. По сведениям документа, составленного специалистами РВС, кадровая армия пропускала через себя не более 20 % юношей призывного возраста[21]. «Излишки» призывников, которые не могла «переварить» кадровая армия, обучались и готовились в составе территориальных частей военных округов, а значительная часть мужской молодежи вообще оказывалась «неохваченной». Численность этих совокупных «излишков», по сведениям того же секретного доклада, ежегодно составляла не менее 350 тыс. чел., а по данным 1-го отдела управления делами наркомата внутренних дел, даже больше – 450 тыс. чел.[22] Хромало выполнение плана и по таким специфическим видам военной службы, как допризывная и вневойсковая подготовка. Контрольные задания по допризывной подготовке были с трудом выполнены наполовину, а по вневойсковой – и того меньше (табл. 1):

Таблица 1[23]

Выполнение планов по вневойсковым видам военной службы, %

Учебный год	Допризывная подготовка	Вневойсковая подготовка
1925–1926	52	22,8
1926–1927	51	11,3
1927–1928	36	7

Падение численности молодежи, охваченной различными видами военного обучения и военной службы, и удорожание стоимости обучения одного допризывника и военнослужащего заставили автора доклада В.Н. Левичева выступить с предложением о передаче указанных в таблице видов военной подготовки в ведение учебных заведений и общественных организаций. Экономические трудности периода форсированного индустриального строительства и «бедность» Красной Армии привели к поиску альтернативных путей боевой подготовки мобилизационных резервов для армии.

Стремление к милитаризации сугубо гражданских социальных институтов и сфер было характерно не только для строившего социализм СССР. В период между двумя мировыми войнами мысль об инкорпорировании военной подготовки в гражданские учебные заведения и общественные организации буквально витала в воздухе. Питательной средой для идей подобного рода в Европе стал опыт Первой мировой войны. В СССР активными сторонниками военизации были представители советского военного руководства, имевшие опыт не только мировой, но и гражданской войн. По данным особой комиссии РВС СССР, к этой категории относились 75 % старшего комсостава Красной Армии (по сведениям на 1926 г.)[24]. В докладе строевого управления Главного управления (ГУ) РККА от 8 мая 1926 г., подготовленном для РВС СССР, содержится прямое указание на связь между опытом войн и тенденциями военного строительства: «Опыт последних и вероятный характер будущей войны определили направление современной организации вооруженных сил всех государств в сторону усиления подготовки и накопления многомиллионных военнообученных резервов». Западноевропейские армии, по мнению автора доклада, шли по пути увеличения кадровой армии и сокращения сроков службы в войсках для повышения пропускной способности армии. Для Красной Армии эти пути были закрыты по соображениям финансово-экономического характера, поэтому она выбрала вариант «применения милиционных начал»[25].

Несмотря на различия общественных систем, трансфер опыта стран Западной и Восточной Европы играл важную роль в планах советской партийно-военной элиты. Ссылки на него лишний раз подтверждают, что СССР в вопросах военного строительства скорее находился в русле общеевропейских тенденций, нежели шел своим, особым путем. «В соответствии с массовым характером современной войны, – писал В.Н. Левичев в докладе РВС СССР от 10 мая 1926 г., – усложнением тактики и техники военного дела, необходимостью максимального охвата населения при последовательном сокращении сроков действительной службы, еще до империалистической войны целый ряд государств ввели допризывную подготовку молодежи. В послевоенный период значение и место допризывной подготовки быстро возросли, и к настоящему времени допризывная подготовка составляет предмет исключительных забот со стороны всех передовых государств. При этом размеры и формы ее применения для ряда государств ограничены известным переплетом классовых противоречий, что не везде позволило сделать допризывную подготовку ступенью обязательной военной подготовки для всех слоев населения. Однако общая линия развития допризывной подготовки за последнее пятилетие не оставляет никаких сомнений в том, что с течением времени последняя становится всюду обязательным видом подготовки молодежи. Ряд государств: Япония, Италия, Америка за последние 2 года перешли от необязательных форм проведения допризывной подготовки к обязательным для всего населения. Франция, Польша и ряд других государств еще не перешли полностью к обязательной системе для всего населения, но внесли это обязательство по отношению ко всей учащейся молодежи при весьма широко развитой сети военных и спортивных обществ...»[26]

Советская власть, по мнению Левичева, обладала определенным опытом в сфере военной подготовки гражданского населения. Обязательное военное обучение молодежи с 16 лет было введено на заре существования советского государства – в 1918 г. и получило дальнейшее развитие в законодательстве и партийных решениях[27]. Попытки организовать военное обучение в гражданских учебных заведениях предпринимались уже в годы гражданской войны. В 1920 г. в порядке эксперимента была проведена «милитаризация» Смоленского государственного политехнического института. Инициатором идеи стал бывший начальник Управления артиллерии при Ставке Верховного Главнокомандующего в годы Первой мировой войны Е.З. Барсуков. Приказом по Западному фронту царский офицер, перешедший на службу в Красную Армию, был назначен военным помощником ректора института и начальником объединенных при институте военного техникума, краткосрочных военно-технических курсов и школы военно-дорожных специалистов[28]. Интересно, что в состав РВС Западного фронта, одобрившего эксперимент, входили будущие вдохновители и руководители оборонной организации «Осоавиахим» И.С. Уншлихт и М.Н. Тухачевский. По прошествии двух лет «милитаризацию» отменили, но Барсуков продолжал свои попытки организовать военную подготовку технических специалистов для нужд армии и обороны и в 1930-е гг.[29]

В 1920-е гг. к делу военной подготовки населения пытались привлечь культурно-просветительские организации[30]. В 1926 г. постановлением ЦИК и СНК во всех гражданских высших учебных заведениях было введено вневойсковое военное обучение «с целью сокращения непрерывной службы в кадровом составе РККА граждан, окончивших ВУЗы, а также облегчения подготовки из них среднего начсостава запаса и квалифицированных работников в военно-промышленных учреждениях военного времени»[31]. Старшим военным руководителем вневойсковой подготовки стал А.А. Самойло[32]. Еще через два года (19 сентября 1928 г.) было издано Постановление РВС СССР «О проведении военной подготовки в техникумах, рабфаках и совпартшколах 2 ступени»[33]. Оба документа создавали вариант паллиатива армейской подготовки командующего состава запаса.

Нехватка грамотного комсостава стала тяжелым опытом Первой мировой войны на Восточном фронте после 1915 г., когда русская армия потеряла почти все кадровое офицерство довоенного времени. Комсостав запаса Красной Армии межвоенного периода складывался отчасти из офицеров – участников мировой и гражданской войн и получивших специальную подготовку выпускников советских вузов. Мужчины, отслужившие в царской или Красной Армии и числившиеся в запасе, нуждались в обновлении своих знаний. Вот что об этом сообщала справка, подготовленная для РВС СССР ГУ РККА: «Состояние запаса рядового и младшего комсостава, охватывающего родившихся 1888–1906 годов представляет следующее: 8,2 % составляют контингенты, прошедшие военную подготовку в мирных условиях бывшей царской армии, 39,3 % прошедших подготовку в запасных частях во время империалистической войны, 36,6 % прошедших подготовку в Красной Армии во время гражданской войны, 24,2 % прошедших подготовку в Красной Армии в мирных условиях. Если учесть, что средства борьбы и тактика после гражданской войны подверглись коренному изменению, то нужно признать, что 75,8% запаса для использования в будущей войне нуждается в основательной переподготовке...»[34] Постановление ЦИК и СНК 1923 г. о переходе к территориальной системе предусматривало периодический призыв военнослужащих запаса на месячные «повторительные сборы»[35], которых для переподготовки «запасных» было явно недостаточно. Ситуация с переподготовкой начсостава запаса на местах и состояние этой категории резервистов оставляли желать лучшего. Один из руководителей Приволжского военного округа Малышев специально остановился на этой проблеме, выступая на 10 конференции РКП (б) Башкирии в 1925 г.: «В большинстве это люди, вышедшие из низов. Многие – крестьяне. За время войны их хозяйство разрушилось. Организованной помощи никакой им не дают. Среди них до 20% безработных. Авторитетом как командиры не пользуются. Активности никакой не проявляют. Чувствуют себя выброшенными из армии, тяготятся званием командира и связанными с этим обязанностями. Ввиду отсутствия квалификации служат на низких технических должностях и теряют навыки начальника... Особенно неприглядно положение "бывших белых", это клеймо их преследует всюду, а между тем, во время войны они должны будут быть использованы на ответственных командных ролях»[36].

Учитывая ситуацию, сложившуюся с имевшимися кадрами запаса, после 1926 г. военное руководство СССР сделало ставку на новое поколение командиров. При подготовке постановления РВС о введении военной подготовки на рабфаках, в техникумах и совпартшколах 2 ступени от 19 сентября 1928 г. ГУ РККА так обосновало необходимость намеченных мероприятий: «Военная подготовка учащихся имеет особую важность в деле укрепления обороноспособности Советского Союза, так как учащиеся, как наиболее развитый в культурном отношении контингент молодежи, являются ценным элементом пополнения РККА. Важность этого вопроса учтена ОРГБЮРО ЦК ВКП(б), каковое в постановлении от 6 января сего года предусмотрело ввести военные элементы в техникумах, совпартшколах, рабфаках и в 9-й группе школ 2 ступени. Проводившаяся до сих пор допризывная подготовка не оправдала ожиданий, так как учебный план и сроки учебы упомянутых заведений не совпадают со сроками общих сборов очередных допризывных возрастов. В результате молодежь приходит в армию не подготовленной»[37]. Будущий комсостав стали готовить в высших учебных заведениях с последующим прохождением сокращенной действительной службы в армии[38]. В 1930 г. высшая допризывная подготовка для учащихся вузов была заменена на высшую вневойсковую подготовку, а последующее прохождение срочной службы было полностью отменено[39].

Логическим завершением схемы инкорпорирования военной подготовки в образовательные учреждения было распространение ее на школы. В Законе о всеобщей воинской обязанности, принятом Верховным Советом СССР в день начала войны Германии против Польши (1 сентября 1939 г.), было записано, что «начальная военная подготовка учеников проводится во всех школах, начиная с 5 до

7-го класса включительно». К допризывной военной подготовке, кроме студентов вузов, техникумов, рабфаков и ФЗУ, привлекались также учащиеся старших классов средней школы. По Закону, в школах на военную подготовку отводилось 2 учебных часа в неделю[40].

Система вооруженных сил, основанная на принципах военной реформы 1923–1928 гг., подвергаясь частичным изменениям, сохранялась в СССР вплоть до начала Второй мировой войны. Вступление Советского Союза в новую «империалистическую» войну повлекло за собой отказ от прежних принципов военного строительства. В 1939 г. на четвертой внеочередной сессии Верховного Совета СССР был принят «Закон о всеобщей воинской обязанности», ликвидировавший территориально-кадровую систему в Красной Армии[41]. Выступая на сессии Верховного Совета, нарком обороны К.Е. Ворошилов подробно остановился на изменениях, произошедших в организации вооруженных сил и военной службе за последние десять лет. В числе прочих он отметил и отмену высшей вневойсковой подготовки в вузах, нацеленной на накопление грамотного командного состава запаса. Ворошилов назвал этот тип вневойсковой подготовки «не вполне оправдавшим надежды»[42]. Ликвидация территориальных частей и некоторых видов вневойсковой подготовки в РККА, предпринятая перед лицом приближающейся войны, повлекла за собой и быстрое изменение статуса Осоавиахима. Последние два года перед началом Великой Отечественной войны эта парамилитаристская организация стала одной из основных инстанций по подготовке начсостава запаса и резервистов специализированных типов войск: десантников, авиаторов, танкистов и др.

«Да здравствует Осоавиахим – многомиллионный боевой резерв РККА!»

Несмотря на введение военной подготовки во всех типах учебных заведений – от школ до вузов, и появление в них штатных военных руководителей, образовательные учреждения не могли обеспечить необходимый уровень обучения и, что самое главное, охват молодежи. Поэтому военное руководство СССР не оставляло идеи создания массовой оборонной организации. Первая ласточка, возвестившая о попытках создания такой организации, появилась осенью 1920 г. В октябре этого года при Военной Академии РККА было создано ВНО. Возникшее как внутриармейская организация, ВНО наряду с узкопрофессиональными задачами – научными исследованиями по теории и истории военного искусства, ставило и задачи популяризации военных знаний. В «Положении о Военно-научном обществе СССР», утвержденном приказом РВС СССР в 1925 г., основной целью общества названо «содействие усилению обороноспособности Союза Советских Социалистических Республик». Добиваться этого предлагалось, в том числе, и путем «вовлечения трудящихся масс через организации ВНО в активную работу по обороне страны и содействия делу их подготовки в военном отношении» [43].

Первоначально создатели ВНО хотели сохранить сугубо внутриармейский характер организации. Структура ВНО в точности повторяла принципы строительства Красной Армии. При гражданских учреждениях: высших учебных заведениях, школах, заводах, фабриках, избах-читальнях – создавались только кружки военных знаний (КВЗ). Положение уточняло, что «КВЗ в гражданских учреждениях организовываются лишь по соглашению с политорганами Красной Армии и местными комитетами РКП (б) и РЛКСМ и осуществляют свою деятельность под руководством и при содействии одной из войсковых организаций ВНО данного района»[44]. Руководители организации получали штатные оклады в военном ведомстве, а сама организация содержалась преимущественно на деньги государства. Съезд организаций ВНО, проходивший в 1926 г., одобрил тенденцию развития общества, подчеркнув необходимость популяризации военных знаний «в широких слоях трудового населения» и «в подрастающем поколении трудовых масс»[45].

С переходом к армии смешанного типа ВНО стало постепенно превращаться в одну из основных инстанций для «распространения военных знаний среди слоев населения, подлежащего вневойсковому обучению (допризывники, остатки новобранцев, запас)», отчего его роль в планах по военизации населения СССР сразу же возросла[46]. Военное руководство СССР не скрывало, что между военным строительством в СССР и появлением организаций парамилитаристского типа существует тесная связь. Один из генеральных секретарей Осоавиахима М.А. Алексинский и бывший руководитель Инспекции по вневойсковой подготовке Штаба РККА К.А. Мехоношин в год десятилетнего юбилея Красной Армии писали, что после перехода на смешанный тип армии «надо было спешить с подведением базы, как под наши территориальные формирования, так и под организацию вневойсковой подготовки»[47]. Так в лице ВНО идея массовой оборонной организации получила готовое «тело», в которое нужно было вдохнуть жизнь.

С появлением ВНО и расширением сферы его деятельности отпала необходимость в сохранении старых систем военной подготовки гражданского населения, рожденных гражданской войной, и в 1923 г. был ликвидирован Всевобуч. В июле 1926 г. ВНО было переименовано в ОСО. Этот факт означал не просто смену имени, но и сигнализировал о намерениях военного руководства страны изменить масштабы деятельности общества. Целью реформирования были выход за рамки армии и военных вузов и распространение сферы влияния организации на гражданское население. За несколько месяцев до переименования генеральный секретарь ВНО Р.П. Эйдеман[48] заявил, что «войсковая рубашка построения ВНО становится узкой. Мы перестраиваемся на рельсы широкой общественной организации...»[49] Слова Эйдемана лишний раз подтверждают мысль о последовательной работе руководства Красной Армии над идеей массовой оборонной организации в СССР.

Одновременно с ВНО – ОСО создавались другие организации парамилитаристского характера: в 1923 г. – ОДВФ, в 1924 г. – Доброхим, позднее (в 1925 г.) объединенные в Авиахим СССР. Профиль этих организаций отвечал представлениям военного руководства о будущей «империалистической» войне. Именно поэтому особого внимания в военной подготовке гражданского населения удостоились авиация и химическая оборона. Одновременно за планами создания каждого из оборонных обществ прослеживается сугубый прагматизм. Например, ОДВФ было эффективным инструментом по сбору средств на создание советской авиации, Доброхим должен был содействовать более эффективному ведению сельского хозяйства. При создании ОДВФ нельзя не учитывать и такой важный фактор, как дань общемировой моде – массовому увлечению людей того времени авиацией.

В 1927 г. все добровольные общества (Авиахим и ОСО) были слиты в единую организацию под названием «Осоавиахим», так как, по мнению политического руководства страны, их цели и задачи были близкими, а дальнейшее раздельное существование вызывало разброс сил и средств[50]. Создание единой оборонной организации, по всей видимости, отвечало и давним устремлениям военного руководства страны к централизации всей работы по военизации советского населения. В январе 1927 г., когда на I Всесоюзном съезде Авиахима было принято решение о слиянии этой организации с ОСО, казалось, что была поставлена жирная точка в долгом поиске подходящих форм массовой военно-патриотической работы. В действительности руководство страны еще неоднократно пыталось изобрести дополнительные каналы для военизации[51].

Призывая делегатов съезда поддержать проект объединения Авиахима и ОСО, заместитель председателя ЦС Авиахима И.С. Уншлихт недвусмысленно дал понять, что создание Осоавиахима означает перенос акцентов в военной работе на массовость: «В первую очередь надо укрепить наши сегодняшние завоевания, надо вести работу среди самых широких масс, надо создать симпатию к нашему обществу среди миллионов и миллионов населения. <...> ...Общество ОСО всего только 9 месяцев как вышло на широкую арену общественности. До сих пор оно, как военно-научное общество, занималось тем, что вело весьма крупную плодотворную работу, но эту работу оно вело почти исключительно в рядах РККА... Мы, как новое общество, берем на себя задачу подготовки страны к обороне не только в смысле поднятия нашей промышленности, в смысле развития тех отраслей промышленности, без которых немыслимо ведение войны, но мы как новая организация... ставим перед собой задачу подготовить бойца, облегчить задачи, стоящие перед рабоче-крестьянской Красной Армией... Особенно сегодня, когда сгущаются тучи, сегодня, когда вся Европа под знаменем фашизма, когда вся Европа собирается в новый поход против нас...»[52]

Формально Осоавиахим считался «широкой общественной организацией» и соответственно должен был строиться на началах добровольности[53]. На деле на протяжении всего предвоенного периода «единая оборонная» находилась под тщательным государственным контролем и пристальным вниманием со стороны советского военного ведомства, финансировалась из государственного «кармана» и развивалась планово, в соответствии с намеченной пятилеткой. Организация металась между желательным политическим имиджем и прагматичными планами военного руководства страны.

Стремление выдавать желаемое за действительное без труда прочитывается в партийных решениях и официальных материалах оборонной организации. В начале 1927 г. И.С. Уншлихт, выступая на открытии Авиахимического музея в Москве и на I съезде Авиахима, затронул вопрос соотношения общественной инициативы и централизованного руководства. Он обвинил руководителей украинского Авиахима в непонимании основных задач и целей общественной организации и пояснил, что оборонное общество – это «не военная организация, где мы командуем, где наши распоряжения идут сверху, – это общественная организация, которой надо предоставить максимум свободы действий...»[54] В другом своем выступлении Уншлихт скорректировал свою позицию: «Естественно, что не может быть общественной организации там, где нет самодеятельности масс. Естественно, что наша организация может существовать только тогда, когда места могут проявлять активность и инициативу, но из этого, товарищи, никоим образом не вытекает, что места должны кустарничать, что каждая губерния должна составлять какое-то самостоятельное общее целое. Требуются общие поправки, общие направления, общие указания и общие руководства. В рамках общего руководства максимальная самодеятельность местам должна быть предоставлена, и она предоставлена. Но все свои действия места должны согласовывать»[55]. Однако в конце 1927 г. он уже рассуждал об опасности потери политического контроля и предлагал меры для ликвидации самодеятельности на местах.

Флюгерная позиция заместителя председателя новообразованного оборонного Союза Осоавиахим весьма красноречиво характеризует типичное для большинства так называемых добровольных обществ положение. На уровне публичного дискурса все они размещались в социальном поле, свободном от государственного вмешательства и подразумевавшем фантомную советскую общественность. В реальности – находились в сфере непосредственных государственных интересов и под жестким партийно-государственным контролем. Несоответствие публичных речевых практик партийного и осоавиахимовского руководства и «грамматики» организационной жизни порождало любопытные явления в истории военно-патриотического общества, как в сфере институционально-организационной, так и в области сталинских мобилизационных технологий и габитуса советских патриотов.

Проблема формального статуса оборонного общества была тесно связана с глубинным конфликтом в среде руководства организации. Его ядром были споры о понимании Осоавиахима либо как сугубо военной организации, имевшей целью подготовку резервов для Красной Армии, либо как общественной организации с упором на массовое военное обучение и патриотическое воспитание населения. Стратегическая нерешенность вопроса о целях оборонного общества приводила к постоянным колебаниям в политике руководства Осоавиахима. В первую очередь это касалось численности общества и такой сферы деятельности, как массовая военно-патриотическая работа. Уже процесс слияния двух крупнейших оборонных организаций (ОДВФ и Доброхима) показал, что часть идеологов и организаторов военизации использовала эту акцию для очищения вновь образованного общества Авиахим от «балласта». Рассказывая о перерегистрации, проведенной после объединения, И.С. Уншлихт заметил: «Суть дела не в тех миллионах членов на бумаге, которые числятся, которые членских взносов не платят, которые никакого участия в активной работе нашего общества не принимают. Таких членов общества нам больше не нужно. <...> Первые сведения, которые мы получили, были неблагополучные, сведения, говорящие о том, что можно ожидать колоссального сокращения численности нашего общества. Мы этого не боялись. Мы шли на всякое сокращение, на всякое уменьшение численности с тем, чтобы оставить этот костяк и те основные кадры, благодаря которым мы сможем в ближайшее время добиться максимальных результатов»[56].

Дальнейшая история Осоавиахима представляет собой непрерывную борьбу двух противоречивых тенденций – стремления превратить общество в грандиозный по своей численности институт военно-патриотического воспитания и обучения и желания иметь качественно подготовленные боевые резервы для РККА. Периоды погони за массовостью сменялись волнами «чисток» рядов оборонного общества и битвами за качество «отработки контингентов». Уже через год с небольшим после создания единой парамилитаристской организации (19 марта 1928 г.) ЦК ВКП(б) принял Постановление «О работе Осоавиахима». Отметив определенные успехи организации, ЦК жестко раскритиковал «существенные недостатки» в работе оборонного общества[57]. По следам постановления был созван пленум ЦС Осоавиахима, на котором в качестве одного из высоких гостей присутствовал нарком обороны К.Е. Ворошилов. Приветствуя делегатов, Ворошилов упрекнул всех в том, что организация развивается «несколько замедленным темпом». Намеченного в момент слияния роста общества в 2-3 раза не произошло. Осоавиахим вырос «всего лишь» на миллион[58]. Невелика была доля активных членов оборонной организации – в военизированных кружках и секциях занималась одна шестая общего количества осоавиахимовцев, остальные были плательщиками взносов. Ворошилов отметил низкое качество военной работы и назвал главные, по его мнению, причины отставания: отсутствие грамотного, квалифицированного в области военной работы актива и недостаточность материальных ресурсов.

Выступавший с отчетным докладом И.С. Уншлихт также четко дал понять, что численность оборонного общества и количество обучающихся в практических организациях – пока что основные критерии успеха Осоавиахима. Он назвал крупнейшим недочетом тот факт, что при общей численности советского населения в 150 миллионов количество членов Осоавиахима составило только 3 миллиона. «Активистов» среди этих осоавиахимовских миллионов было 17,4%. Доля женщин, охваченных осоавиахимовской работой, составляла 15 %, а положение в деревне можно было считать катастрофическим – в сети общества удалось залучить лишь 5,5 % деревенских жителей[59].

При внимательном чтении доклада Уншлихта становится понятно, что с момента создания первых организаций парамилитаристского типа в области практического осуществления военизации не произошло сколько-нибудь значительного перелома. Пропаганда массовости военно-патриотического воспитания и обучения продолжала оставаться центральным тезисом всех публичных выступлений, затрагивавших тему Осоавиахима. При этом рост масштабов общества не был подкреплен наличием устойчивой и эффективной институциональной структуры и квалифицированными кадрами инструкторов. Наиболее реалистичными в планах Осоавиахима и самыми эффективными с точки зрения достигнутых результатов в конце 1920-х гг. по-прежнему были «штучные» мероприятия – авиаперелеты и воздушные экспедиции, научные испытания в области применения авиации и химии в народном хозяйстве, материальная помощь Красной Армии и научно-исследовательским учреждениям военного профиля, военно-научная деятельность.

Военизация масс продолжала оставаться каким-то аморфным наброском, далеким от важных дел и забот предприятием, весь успех которого пока что заключался в существовании слабенькой, на ладан дышавшей сети практических организаций. Некоторым из них – стрелковым секциям и стрелковым тирам – не исполнилось еще и года. Позволим себе пространную цитату из доклада заместителя председателя Осоавиахима: «Вся исключительная важность задачи военизации еще не осознана с полной отчетливостью широкими кругами осоавиахимовского актива. Работе не придан массовый размах. Нет конкретной, ясной постановки задачи в этой области. До сих пор на местах господствует мнение, что военное обучение – дело настолько сложное и трудное, что его можно вести только в частях, только войсковым путем. <…> Какие имеем мы практические достижения в смысле роста военной подготовки трудящихся? Очень слабые. Это происходит от отсутствия у нас твердой системы в этом деле, неразработанности программ, их расплывчатости, неувязки с программами военного ведомства. В деле военной подготовки широких масс мы должны ставить себе элементарные, простые, строго конкретные задачи. Научить стрелять, обучить простейшим тактическим приемам, умению обращаться с противогазами и т.д., мы должны добиваться этих и подобных реальных достижений в нашей практической военной работе»[60].

На момент созыва апрельского (1928 г.) пленума ЦС Осоавиахима система практических организаций состояла из различных учреждений. К пропагандистско-просветительскому профилю относились военные уголки, клубы, музеи, дома обороны, постоянные выставки и библиотеки. Основной формой ведения работы по военному обучению оставались основанные еще во времена ВНО кружки военных знаний. В наследство от Авиахима оборонному обществу достались кружки по изучению авиации и химии, авиахимкоманды и опытные сельскохозяйственные участки. Новшеством конца 1920-х гг. стали стрелковые кружки и тиры, химические лаборатории, кружки воздушного спорта. По статистике ЦС, наибольший процент (8 %) вовлеченных осоавиахимовцев давали КВЗ[61]. Вероятно, сказывался тот факт, что эти кружки были самыми старыми организационными формами парамилитаристского образования. Вторыми по популярности были стрелковые кружки, хотя этот результат достигался, по всей видимости, за счет украинского Осоавиахима, где существовали объединенные военно-стрелковые кружки. Все остальные практические организации не могли похвастаться даже одним процентом вовлеченных в свою работу осоавиахимовцев[62].

Резолюция апрельского пленума Осоавиахима по массовой работе – своеобразный «диагноз», поставленный организации. Помимо общего призыва бросить все силы на обучение «миллионов» осоавиахимовцев азам военного дела, она содержала целый ряд практических указаний. Последние свидетельствовали о том, что массовая военная подготовка населения в СССР находилась в зародышевом состоянии. Резолюция уточняла, что первоочередными задачами по налаживанию массовой работы являются разработка программ военного обучения и обеспечение специализированных кружков (стрелковых и авиационно-химических) мелкокалиберным оружием и противогазами. Был отмечен положительный опыт экспериментальной работы в области планеризма, служебного собаководства и голубеводства. Эти сферы были названы стратегическими направлениями в деятельности Осоавиахима, причем планеризм в перспективе должен был послужить базой для подготовки учащихся летных школ гражданской авиации.

В 1929 г. численность Осоавиахима выросла до 5,1 млн членов. Часть руководства организации, осознавшая, что за «распуханием» общества стоят «дутые» цифры, заняла критическую позицию в вопросе дальнейшего количественного роста организации. При слабой материальной базе и отсутствии подготовленного инструкторского состава обучить миллионы осоавиахимовцев в практических организациях было невозможно. Стали поступать предложения «сузить двери» общества и избавиться от формальных членов[63]. 5 февраля 1929 г. генеральный секретарь Осоавиахима Л.П. Малиновский[64] представил заместителю председателя общества С.С. Каменеву докладную записку о состоянии вверенного ему «детища». Обстановку «истекшего и текущего периода» Малиновский назвал неблагоприятной, не обеспечивающей условия для углубления массовой военной работы среди трудящихся. Это была новая сфера деятельности Осоавиахима, которой уделялось пристальное внимание со стороны государства, а также выделялась немалая материальная поддержка. Тем не менее массовая военно-патриотическая работа по-прежнему заслуживала оценки «неудовлетворительно». За прошедший с апрельского пленума год «болезни» организации мало изменились: слабый инструкторский состав и плохое финансовое обеспечение низовых организаций были непреодолимыми препятствиями на пути военного обучения масс. «Если трезво оценить работу наших кружков стрелковых и военных знаний и организации ВХО, – писал Малиновский, – то первый вывод сводится к тому, что за вычетом стрелковых кружков достаточной степени массовости здесь нет, да и не было (охват 25–30 %). Спрашивается, можно ли добиться, чтобы вся или большая часть членов общества работала практически в этих кружках? Мы твердо отвечаем на этот вопрос отрицательно. Очень хорошо, если и в эту сеть вовлечены 25–30 %. Нельзя ведь забыть огромную трудность обеспечения работы достаточным инструктажем и надлежащей организацией. Кроме того, при повышении количества обычно теряем в качестве. <...> Наконец, самое существенное – недостаток материальных средств»[65]. На деревню Малиновский предлагал вообще не рассчитывать до тех пор, пока там не будут введены специальные инструкторы и не будет обеспечена достаточная материальная помощь со стороны города.

Генеральный секретарь Осоавиахима обратил внимание С.С. Каменева на то, что требования к оборонному обществу со стороны военного ведомства с каждым годом растут. В связи с тем, что Красная Армия не могла обеспечить подготовку мобилизационных резервов, часть задач в этой области была переложена на добровольные общества, в первую очередь на Осоавиахим. Однако законодательное, кадровое, материальное и финансовое обеспечение явно не поспевало за темпами роста обязанностей оборонного общества. Малиновский выражал особую озабоченность по этому поводу: «Задачи общества переросли наличные возможности, – писал он. – Налицо ножницы. Со стороны государства ставятся все новые и новые задачи, увеличивающие эти ножницы. Требуется внесение полной ясности и проведение мер обеспечения успеха. Эта группа вопросов должна стать одной из главнейших на предстоящем съезде»[66].

Судя по обсуждению в журнале «Осоавиахим», 1929 год прошел под знаком дискуссии о перспективах развития оборонной организации. Споры шли и вокруг формулировок «осоавиахимовской» пятилетки, которую в духе времени решено было принять на грядущем съезде. Точка зрения критиков гигантомании не была поддержана, и военно-политическое руководство страны взяло курс на «плановое решение» проблем. В фонде секретариата второго заместителя РВС СССР сохранился секретный «Проект пятилетнего плана Осоавиахима», составленный всего в 85 экземплярах и помеченный 14-м декабря 1929 г.[67] В числе главных задач пятилетки было названо 100-процентное обеспечение нужд обороноспособности СССР. В основу планирования численности оборонного общества был положен опыт Первой мировой войны: к концу пятилетки организация должна была охватить 10 % населения страны. Комиссия по пятилетке сочла нужным подчеркнуть, что «эти проценты не являются достаточными, так как опыт последних войн показал, что не менее 12–15 % населения непосредственно охватываются военными действиями»[68]. По сведениям Госплана, привлеченного к работе над составлением «осоавиахимовской» пятилетки, в абсолютном выражении численность парамилитаристской организации должна была составить 17 млн человек. Как пишет В.В. Гошуляк, эти показатели были заведомо нереальными, и намеченная численность организации не была достигнута ни во второй, ни в третьей пятилетках[69]. Тем не менее на II Всесоюзном съезде Осоавиахима[70] проект пятилетнего развития общества, одним из основных пунктов которого был количественный рост, утвердили.

В решениях по вопросам военной подготовки трудящихся можно заметить любопытную эволюцию. Впервые вместо достаточно абстрактных рассуждений о необходимости обучения «нового членства» в резолюции четко обозначена цель: «широкое участие советской общественности в деле накопления военно-обученных резервов» и подготовка «живой силы к обороне страны». Институционально-организационные аспекты были отмечены переходом от кружковой системы к организации учебно-строевых осоавиахимовских единиц, постановкой задачи унификации программно-методического обеспечения, введению планирования численности обучающихся военному делу в соответствии с планами накопления резервов. В содержательном плане концепция массового военного обучения на первый взгляд практически не изменилась, по-прежнему упор делался на три основные сферы: стрелковое дело, воздушно-химическую оборону и развитие базы для подготовки авиационных кадров. Новшеством был акцент на военизации спорта и введение профессиональной специализации военной подготовки. Если все предыдущие решения говорили главным образом о подготовке рядового бойца пехоты, то II съезд Осоавиахима поставил задачу подготовки бойцов различных военных специальностей (пулеметчиков, артиллеристов, саперов, танкистов, трактористов и др.)[71].

Резолюции съезда, предназначенные всем и каждому и сформулированные достаточно обтекаемо, прочитываются совсем по-другому, если в качестве ключа использовать секретный проект плана «осоавиахимовской» пятилетки. По проекту добровольные виды военной подготовки[72] за пятилетку 1929–1933 гг. возрастали в среднем на 39,7 %. Численность категорий, подпадавших под обязательные виды подготовки[73], обещала составить 212,5 % по отношению к 1929 г. Средний прирост будущих пехотинцев должен был составить 17 % в год, а прогноз увеличения количества обучавшихся в кружках военных профессий был следующим: в конце пятилетки – в 6-20 раз больше, чем в начале.

Всего за пятилетку военную подготовку в рамках Осоавиахима должны были пройти около 6 млн человек[74]. Совершенно очевидно, что и план «осоавиахимовской» пятилетки, и решения II Всесоюзного съезда оборонного общества отражали тенденции в изменении взглядов советского военного руководства на современную войну, военную стратегию, принципы военного строительства и вооружения Красной Армии. Ядром этих взглядов (даже с учетом оживленных дискуссий в среде военных) была ориентация на механизированную индустриальную войну, на применение новых видов вооружений (в первую очередь танков и авиации). Эти аспекты нашли свое отражение не только в фундаментальных военных трудах конца 1920-х гг., но и в Полевом уставе 1929 г.[75]

Вплоть до середины предвоенного десятилетия продолжались попытки руководства оборонного общества усидеть на двух стульях: организовать масштабную работу по военизации всего советского населения и выполнить планы военного ведомства по подготовке качественных мобилизационных резервов. На начало 1930-х гг. пришлись последние крупные патриотические акции Осоавиахима, рассчитанные на массированную пропагандистскую обработку советских граждан: «ворошиловская эстафета», «декада обороны», движение за превращение предприятий в «крепости обороны»[76]. Мобилизационные акции приводили к росту рядов оборонного общества, главным образом, за счет спонтанных и кратковременных всплесков энтузиазма и осоавиахимовских «мертвых душ» (формальных членов), а также приписок руководителей общества на местах. Дважды на протяжении десятилетия численность Осоавиахима, согласно официальной статистике, перешагивала 10-миллионный рубеж: в 1931 г. количество членов организации составило 9 млн человек, в 1932 г. – 12 млн, а на 1 января 1935 г. – 13 млн человек.

Пытаясь выполнить плановые задания, ЦС Осоавиахима даже решил использовать принцип «пирамиды»: каждые три старых члена общества вовлекали в него два новых. Но руководство организации не было слепым и прекрасно понимало цену этих бумажных миллионов. И каждый раз, когда «сверху» поступали сигналы о том, что вектор развития организации разворачивается в сторону усиления работы с резервистами, оборонное общество «чистили» от балласта. Проверки учета членов, организованные ЦС в 1932-м и 1935–36 гг., показали, что реальная численность организации составляла не более 7-8 млн человек[77]. С позиций сегодняшнего дня, зная масштабы приписок в обществе, можно предположить, что в действительности количество сознательных обладателей членской книжки было еще меньше. Таким образом, за весь межвоенный период оборонное общество так и не смогло объединить в своих рядах весь просчитанный мобилизационный резерв, имевшийся в стране. Не говоря о том, что качество военной подготовки осоавиахимовцев оставляло желать лучшего.

Партийная верхушка страны и осоавиахимовское руководство несколько раз пытались стабилизировать организационно-институциональную сферу деятельности организации. Дважды на протяжении 1930-х гг. ЦК ВКП(б) принимал разгромные постановления по поводу Осоавиахима[78], одним из важнейших пунктов которых было усиление партийной ответственности за налаживание работы общества на местах. В 1935 г. функции контроля за работой Осоавиахима возложили на вторых секретарей партийных комитетов[79], а председателей райсоветов организации ввели в состав партноменклатуры. Решительное наступление повели против приписок и «мертвых душ». На V пленуме ЦС Осоавиахима после резкой критики Р.П. Эйдеманом качества военной подготовки на местах было принято решение о «перестройке» низового звена[80]. На протяжении года (1934–1935 гг.) увидели свет два положения о первичных организациях общества[81], а спустя еще год – 26 декабря 1936 г. был утвержден новый устав Осоавиахима[82]. Если в положениях в общих словах говорилось об активном участии членов Осоавиахима в работе низовой ячейки, то в уставе было записано, что «членом общества мог быть только тот гражданин СССР, который работал в одной из организаций Осоавиахима»[83].

Но общеполитическая обстановка в стране не способствовала стабилизации: во второй половине 1930-х гг. Осоавиахим, как и другие советские квазиобщественные организации, захлестнула волна репрессий[84]. Аресты и преследования затронули не только «верхушку» оборонного общества, но и руководящий состав местных организаций. Частая смена руководителей, неуверенность в будущем, нарушения устава[85] привели к тому, что шаткое положение многих отделений стало катастрофическим. В этой обстановке единственным реальным выходом была стратегия вынужденного сужения горизонтов деятельности организации. Возможно, эта стратегия совпала с желанием военной «головки» Осоавиахима (которое, конечно же, не афишировалось!) ориентировать общество на подготовку «обязательных контингентов»[86]. Но это совпадение произошло незаметно для глаз внешнего наблюдателя, так как на уровне патриотической риторики был сохранен весь пафос гигантомании, призывы к массовости и лозунги о всеобъемлющем советском патриотизме.

На пленумах в Москве местным отделениям Осоавиахима по-прежнему доставалось за проваленные массовые кампании: «...Большинство осоавиахимовских ячеек, борясь за развертывание работы учебных пунктов и подготовки допризывников и вневойсковиков, – говорилось в резолюции IV пленума (1933 г.), – уделяло совершенно незначительное внимание постановке первичной массовой военной работы, которой должны быть охвачены сотни тысяч и миллионы трудящихся, не знакомых с военным делом и с современной военной техникой»[87].

Окидывая взглядом предвоенную историю Осоавиахима, можно отметить, что, несмотря на все усилия политического руководства СССР по превращению Осоавиахима в «многомиллионный резерв РККА», соответствующие лозунги и мероприятия, эта идея так и осталась нереализованной. А вот роль «тени отца Гамлета» – организации, с большим или меньшим успехом дублировавшей некоторые функции Красной Армии, Осоавиахиму удавались. Возможно, потому, что задачи подготовки резервистов были более обозримыми, практически ориентированными и отвечали прямой заинтересованности военного руководства.

Уральский Осоавиахим: организация, структура и численность

В феврале 1929 г. генеральный секретарь ЦС Осоавиахима Л.П. Малиновский писал в секретной докладной записке, адресованной С.С. Каменеву: «...Одной из резких особенностей работы общества является пестрота решительно во всех отношениях. Есть кружки, ячейки, отлично работающие и рядом с ними средне или отвратительно работающие, а многие и бездействующие. Это относится ко всем ступеням работы и ко всем сторонам состояния общества. Таким образом, не изменяя общего вывода в целом, нужно считаться с крайним разнообразием в состоянии отдельных отрядов общества»[88]. По всей видимости, Малиновский неплохо знал ситуацию на местах. Пример Уральской областной организации Осоавиахима и ее наследников – областных оборонных обществ – подтверждает крайнюю неравномерность и отсутствие стабильности в институциональной истории военно-патриотического воспитания и обучения. Но начнем по порядку.

Полугосударственный характер Осоавиахима особенно явственно проявлялся в провинции, где общественная инициатива была лишь отголоском решений, принимавшихся в Москве. Пожалуй, одним из немногих исключений был Уралдоброхим, в создании которого активно участвовала общественность Екатеринбурга, главным образом представители университетских кругов. Даже заседание организационного бюро «общества содействия военно-химическому делу», проходившее в Уральском государственном университете, состоялось на две недели раньше, чем такое же событие в Москве[89]. В областной совет Уралдоброхима, избранный 26 мая 1924 г., вошли председатель облсовнархоза Ф.И. Локацков (председатель), ректор УрГУ Алферов, профессора университета Маковецкий, Перханьянц, Карманов, Першке, студент УрГУ Есин, представители 57-й дивизии Шабалин и Кобяков, облвоенком Коровин, делегаты от областного профсоюза химиков Вольф и Златопольский и посланец уральских комсомольцев Потельцев, а также некоторые другие[90]. Ответственным секретарем Уралдоброхима был избран профессор УрГУ С.Г. Карманов[91].

Студенты и преподаватели, «вдохновленные» опытом применения достижений химической науки в годы «империалистической» войны и очевидным интересом к этому вопросу со стороны советской власти, с увлечением устраивали для населения публичные лекции по химии и вели пропаганду химических знаний. Корни этой общественной инициативы, несомненно, произрастали из университетских традиций и истории уральской горнозаводской промышленности, известной химическими производствами[92]. Другие московские инициативы, не имевшие столь живой и непосредственной связи со спецификой региона, были восприняты с меньшим воодушевлением. Создание ВНО, ОДВФ и последующее слияние всех организаций парамилитаристского профиля в «единую оборонную» происходили по указаниям из центра и были эхом московских событий. Так как большинство имеющихся на сегодняшний день исследований чрезвычайно кратко освещают процесс рождения Уральского Осоавиахима, остановимся на нем чуть подробнее.

Судя по архивным документам, зафиксировавшим процесс слияния парамилитаристских обществ на Урале, инициатива находилась в руках военных и немногих активистов раннего оборонного движения. Примерно через полторы недели (4 февраля 1927 г.) после того, как в Москве завершилась работа первого Всесоюзного съезда Осоавиахима[93], в Свердловске состоялось заседание президиума Уральского ОСО. В числе организаторов и приглашенных преобладали руководители армейских подразделений, размещенных в крае. Среди наиболее известных деятелей, ранее отметившихся на поприще оборонной работы, были Н.М. Уваров и П.С. Ершов – кадровые военные, представлявшие штаб 57-й Уральской дивизии и военное бюро УралОСО, и И.И. Михалев – ответственный секретарь Уралавиахима[94]. На заседании было принято решение сформировать рабочую группу, которая будет заниматься вопросом объединения двух организаций.

В соответствии с инструкцией Москвы слияние оборонных обществ должно было происходить «сверху вниз». Центральные органы управления (Советы) республиканского, областного и губернского уровней объединялись механически, и в них входили все прежние работники[95]. На протяжении 1927 г. такое объединение областных советов произошло на Урале. Президиум облсовета сразу начал действовать в рабочем режиме. Созыв объединительного съезда, напротив, постоянно откладывался[96]. В литературе утвердилось мнение, что это было вызвано стремлением уральцев развести свое собственное мероприятие с Всесоюзным съездом Осоавиахима, хотя на основе архивных документов можно предположить, что причиной задержки была массовая проверка деятельности оборонных организаций области, затеянная областной РККИ[97].

Наконец, 15 января 1928 г. городской театр им. А.В. Луначарского приветливо распахнул свои двери множеству подтянутых мужчин в военной форме. Мероприятие было обставлено весьма торжественно, по образу и подобию «московского» сценария. В документах по подготовке съезда даже сохранилась листовка с программой работы I Всесоюзного съезда Авиахима, видимо, взятая за основу. После доклада председателя президиума облсовета Уралосоавиахима П.Т. Зубарева, который назывался так же, как и доклад А.И. Рыкова на съезде Авиахима («Роль советской общественности в деле укрепления обороны и социалистического строительства»), выступали делегации с мест, а затем состоялся концерт. Слух делегатов областного съезда ублажали заслуженный артист республики В.Г. Ухов, артисты государственной оперы Д.Я. Лерма и В.А. Москаленко, собиратели русских народных песен Осин и Самохвалов, баянисты-гармонисты Гончарук, Карманов и Артамонов, исполнительница народных песен Семенова. Танцевали солисты государственного балета Вальдемарова и Леонидов. Концерт вел конферансье Кисилевский[98].

С этого момента единая оборонная организация на Урале начала свое «законное» существование. Областному совету Уралосоавиахима подчинялись 15 окружных советов (в соответствии с административно-территориальным делением Уральской области, образованной в 1923 г.) и Коми-Пермяцкий национальный окружной совет. В г. Свердловске, как столице Уральской области, были созданы два городских райсовета[99], также напрямую подчинявшихся облсовету. Отметим сразу, что в дальнейшем структура уральской осоавиахимовской организации изменялась в такт с административно-территориальными преобразованиями. В декабре 1930 г. по постановлению президиума ВЦИК на севере Тобольского округа были образованы Остяко-Вогульский и Ямальский (Ненецкий) национальные округи. В 1934 г. после ликвидации Уральской области[100] статус областной получили Челябинская (23 марта 1934 г.) и Свердловская организации Осоавиахима[101]. В 1938 г. из состава Свердловской области была выделена Пермская, в которой соответственно также появилась областная оборонная организация.

Согласно официальным данным, на момент созыва объединительного съезда Уральского Осоавиахима (январь 1928 г.) организация насчитывала 134886 членов, 2908 ячеек, 727 кружков военных знаний, 222 стрелковых кружка, 139 кружков первой помощи, 25 авиахимкоманд, 103 авиаспорткружка. Руководителями секций и кружков и инструкторами общества работали почти 7 тыс. человек[102]. Ко второму областному съезду Осоавиахима (январь 1930 г.) численность организации выросла более чем в два раза[103]. По обширности территории и численности Осоавиахим Урала был одной из крупнейших областных оборонных организаций.

Количественный рост уральской организации Осоавиахима продолжался вплоть до середины 1930-х гг. Это было связано в первую очередь с установкой II Всесоюзного съезда Осоавиахима (февраль 1930 г.) на превращение организации в массовую. Указание из Москвы, естественно, было поддержано уральской организацией. Отдавая дань духу времени, руководители локальных обществ старались соответствовать увлекательности идей и масштабности планов, завышая собственные показатели, занимаясь приписками и принимая в организацию всех подряд. Как признавался председатель Уральского облсовета Осоавиахима, «районы часто берут цифры с потолка или округляют»[104]. Областное руководство также вынашивало самые амбициозные планы, намереваясь довести численность общества до 1200 тыс. человек к концу пятилетки. Так как этот процесс должен был проходить планово, в резолюции II съезда Уральского Осоавиахима по организационно-массовой работе было записано, что областной совет должен проработать «контрольные цифры» по каждому округу, а также позаботиться о том, чтобы состав организации остался классово чистым. Процент рабочих в Осоавиахиме должен был составить не менее 50, а крестьян – 35[105].

Когда в партии начались «чистки», председатель облсовета комбриг П.С. Ершов поплатился за свое увлечение цифрами. В декабре 1933 г. состоялся расширенный пленум Уралосоавиахима, в котором приняли участие представители партийного и советского руководства области, а также сам председатель ЦС Осоавиахима Р.П. Эйдеман. В своем выступлении Эйдеман, критикуя уральскую организацию по всему фронту, хлесткими фразами прошелся и по количественным показателям: «Тут спорят над тем, сколько же членов в Уралосо, и ясного ответа дать не могут. Было время, полтора года назад, когда т. Ершов приезжал в Москву с цифрой в 1 миллион и утверждал, что членов не меньше, а больше. Ему аплодировали, и он на фоне этого миллиона казался внушительным. Теперь начали проверку членства в ячейках и утверждают, что не миллион, а 600-700 тысяч. Позорно низкая цифра! Есть панические люди, которые начинают утверждать, что закрепленных из этих 600 тысяч не более 150. Я же думаю, что это панические голоса. Что представляет эта цифра прошлого – миллион членов? Возможно, она взята с потолка. Этого, к сожалению, исключать нельзя. Есть и в нашей осоавиахимовской организации люди, которые перефразировали старую пословицу "не плюй в колодец, пригодится воды напиться", говоря "не плюй в потолок, пригодится и с него брать цифры". Однако этих людей становится все меньше, и мы постараемся так поработать, чтобы они совсем исчезли. Вероятнее же всего, что около миллиона людей за все это время действительно постучалось в дверь Уралосо, но значительная часть из них отхлынула. Мы не сумели их охватить организационно и обеспечить их воспитание»[106].

Разбухание уральской оборонной организации за счет, главным образом, формальных, если не сказать фиктивных членов, приостановилось, когда в обязательном порядке стали проводить мероприятия по замене членских билетов. Как уже упоминалось выше, этот процесс начался по инициативе центрального руководства Осоавиахима и был связан с ориентацией части осоавиахимовской «верхушки» на «сужения дверей» общества. В течение 1936–1938 гг. по распоряжению ЦС Осоавиахима организации всех уровней должны были провести переучет своих членов и выдать им новые членские билеты. Как свидетельствуют цифры, акция привела к радикальному сокращению количества членов оборонной организации, как в масштабах всего СССР, так и на локальном уровне.

После ликвидации Уральской области в регионе появилось сразу три новых оборонных общества: Свердловской, Челябинской и Обь-Иртышской областей[107]. Свердловский облсовет, который фактически стал наследником Уральского облсовета Осоавиахима, возглавил А.А. Васильев-Карсавин, проработавший вплоть до 1937 г., когда был снят с должности «как несправившийся»[108]. После этого облсовет постоянно страдал от нестабильности руководящего состава. Челябинский областной совет был создан 23 марта 1934 г. на I областной конференции Осоавиахима, его председателем стал Н.И. Смышляев, Пермским облсоветом в 1938 г. руководил Давыдычев.

Численность областных оборонных обществ на протяжении второй половины 1930-х гг. постепенно сокращалась. Если в августе 1934 г. в рядах Свердловского областного оборонного общества значились почти 423 тыс. членов, то в начале 1935 г. их осталось уже чуть больше 388,5 тыс. В середине 1938 г. оборонная организация Свердловской области насчитывала около 96 тыс. человек[109]. Крупнейшие городские организации Свердловской области: Молотовская, Кабаковская, первая Свердловская – во время переучета членов уменьшались сразу на несколько тысяч. Редкая низовая организация могла похвастаться тем, что ее ряды после замены членских билетов не сократились. Иногда потери были весьма существенными, как в случае с одной из крупнейших городских организаций – Осоавиахимом Свердловска. Там в 1939 г. «потерялись» 4 тысячи человек. Некоторые первичные организации и их районные объединения сократились наполовину и более[110]. Численность Челябинской областной оборонной организации в 1934 г. составила чуть больше 264 тыс. человек, в 1936 г. она в результате переучета резко сократилась с 167 тыс. до почти 54 тыс.[111] В январе следующего года общество насчитывало 92705 человек[112]. И лишь в 1939 г., когда дыхание будущей войны стали ощущать даже в провинции, общество вновь начало прирастать новыми членами[113].

Борьба за «действительное членство» обнаруживала на низшем уровне оборонной организации факты, достойные пера сатирика. Ряд сюжетов, рассказанных делегатами II областного пленума Челябинского Осоавиахима (6–7 октября 1935 г.), поражают своей гротескностью. Руководитель Уфалейского Осоавиахима Кожевников в порыве самокритики делился с делегатами пленума своим опытом переучета осоавиахимовцев: «Мы по состоянию на первое июня насчитывали около 10 тысяч человек... Около десятка тысяч членства, но когда поставили конкретно вопрос о переучете членства, то оказалось, что у нас состоят только 3035 человек. Но тогда, когда мы начали проводить точный переучет в Нижне-Уфалейском районе, то в трех организациях состояло 100 с лишним человек на учете, а на самом деле оказалось только 25 человек. Почему у нас так получается. Потому, что когда приходят люди зарегистрироваться, то их плохо охватывают и не втягивают в кружки и, кроме того, эти члены не чувствуют ответственности своего членства. Возьмем, к примеру, бывший Каслинский район, там занимались даже таким делом, некто Алферов, в бывшем[114] белогвардеец, стоял у руководства. Он организовал снаб[115], и этот снаб превратили в кооператив. Занимались вербовством членства там. Прежде чем получить билет, люди вставали в очередь и получали майки. Кто же стоял в этих очередях. Старые старухи, которые абсолютно не желают и не могут работать, они стояли в очереди только для того, чтобы вступить в Осоавиахим... И таких членов в Уфалейской организации есть сколько хотите. Они не работают в Осоавиахиме, а держат билет только для того, чтобы что-нибудь получить. Такие безобразия допускать нельзя...»[116]

Руководитель Магнитогорской организации Куропаткин также пустился в откровения: «...Как у нас проводился учет членов? Вербовать и крышка, в том числе и я в этом повинен. Приходит председатель первичной организации, берет 5 тыс. билетов, отдает групповой организации и считает у него 5 тыс. членов ОСО, а когда мы проверили, то оказалось, в партийном комитете лежало не меньше 250 тыс. осоавиахимовских билетов, а они у нас числятся как члены ОСО, таким образом, у нас осталось 35 тыс. человек, но после переучета на сегодняшний день мы имеем 7297 человек по округу...»[117]

Обсуждение проблемы «членства» на челябинском областном пленуме показало, что локальное руководство уловило смысл политики «сужения дверей», несмотря на стремление центрального руководства общества завуалировать стремление к компактности Осоавиахима сохранением лозунгов о массовости и добровольности. Как высказался один из делегатов, «решения 6-го пленума говорят, что мы должны покончить с переверковкой членов Осоавиахима, пусть членов Осоавиахима будет меньше, но пусть все эти члены Осоавиахима будут вовлечены в практическую деятельность. Это значит, что каждый член

Осоавиахима отныне должен [быть] охвачен каким-либо видом работы»[118].

С течением времени с идеей переучета членов и обмена членских билетов произошла метаморфоза, характерная для многих амбициозных начинаний осоавиахимовского руководства. В провинции переучет быстро превратился в формальность, обязательную строчку в дежурных отчетах районных и городских организаций. Проверка работы Челябинского областного Осоавиахима, затеянная в августе 1938 г. местным обкомом партии, показала, что «замену осоавиахимовских билетов свели к голой технике». Пример с председателем деревенского Щучанского райсовета Осоавиахима, который «регулярно высылал сведения» об утверждении статистических отчетов, на деле не имея точных данных, не был единичным[119].

§ 2. Формы и методы обучения военным навыкам

Подготовка резервистов

Планы включения Осоавиахима в работу по военной подготовке «излишков» призыва и переподготовке начсостава запаса, как мы уже видели выше, вынашивались советскими военными с момента создания парамилитаристского общества. Образно говоря, Осоавиахим представлял собой своеобразный «айсберг» с видимой надводной частью – массовым военно-патриотическим воспитанием и обучением – и подводной частью – подготовкой боевого резерва для Красной Армии. В 1930-е гг., когда в воздухе ощутимо «запахло» войной, подводная часть айсберга превратилась в задачу стратегической важности.

Подготовка допризывников и вневойсковиков, а также переподготовка начсостава запаса перекладывались на «плечи» Осоавиахима постепенно. Первыми в ведение оборонного общества передали допризывников. В соответствии с законом 1925 г. допризывная военная подготовка проводилась во время сборов в летних полевых лагерях и в междусборовый период на ВУПах. Найти помещение для ВУПа, обеспечить его учебными пособиями, кухней, спортивным инвентарем и прочими нужными вещами обязаны были местные органы исполнительной власти[120]. ВУП и полевой лагерь являлись тем минимальным набором, который должен был иметь каждый район для организации военного обучения. В планах центрального руководства Осоавиахима предусматривалось, что места обучения должны быть расположены поблизости от «обучаемого контингента». «Идеалом, – писал В.Н. Левичев, – было бы организовать допризывную военную подготовку без всякого отрыва молодежи от работы. Однако в этом отношении мы имеем непреодолимые препятствия, именно редкость населения крестьянской периферии, которая составляет около 90 % допризывников. Вследствие этого приходится собирать допризывников на учебные пункты в среднем радиусе от 10–15 верст, что влечет за собой создание учебных пунктов с казарменным размещением и организацией общественного питания. Практиковавшиеся в прошлом 5-дневные занятия с перерывами, для того чтобы допризывники могли запасаться продовольствием, создавали недовольство населения, растянутость периода допризывной подготовки привели в целом ряде губерний к организации общественного питания на основе приноса продуктов допризывниками и отпуска средств местными исполкомами для обеспечения довольствием бедной части допризывников»[121]. Несмотря на трудности с материальным обеспечением, в оборонной организации постепенно стал складываться «фонд» собственных лагерей и ВУПов.

В 1928 г. ЦС Осоавиахима обратился в РВС СССР с просьбой принять решение о стимулировании желающих пройти допризывную подготовку в организации. Приказ РВС, изданный в декабре 1928 г., установил некоторые льготы: для тех, кто прошел обучение в системе Осоавиахима, были сокращены сроки прохождения сборов в территориальных частях РККА. Кроме того, призывники, получившие в Осоавиахиме военную профессию, призывались на действительную военную службу в соответствии с полученной специальностью[122].

Окончательная передача всех видов вневойсковой подготовки Осоавиахиму произошла в 1935 г. Постановлением ЦК ВКП(б) и СНК СССР от 8 августа 1935 г. на Осоавиахим были возложены задачи подготовки допризывников, вневойсковиков, переподготовки военнообязанных запаса и комсостава запаса, а также организация массовой начальной военной подготовки трудящихся, в первую очередь в области стрелкового спорта, ПВО и химической защиты, авиационного и конного спорта и некоторых других видов, имевших военно-прикладное значение. В «Сводке номенклатуры советов, практических организаций, учреждений, производственных предприятий и подсобных хозяйств системы Осоавиахима», утвержденной 13 июня 1935 г., перечислены типы практических организаций, предназначенных для обучения резервистов и добровольных членов общества. Для организации боевой подготовки к 1935 г. помимо ВУПов в системе Осоавиахима появились учебные центры, к которым относились вечерние командные школы, лагери типов «А» и «Б», кавалерийские школы, конно-спортивные клубы, комсомольские и постоянные учебные строевые подразделения (КУСПы и ПУСПы соответственно[123]). Для обучения стрелковому делу создавались школы снайпинга, школы инструкторов стрелкового дела, спортивные стрелковые клубы и клубы «Юного ворошиловского стрелка» (ЮВС). По линии авиации в номенклатурном списке значились аэроклубы, планерные станции, авиамодельные лаборатории, парашютные и летно-планерные школы. Военно-морской подготовкой заведовали профильные учебные пункты, центры, курсы и школы. Подготовка в области ПВХО проводилась на специализированных военно-химических пунктах (ВХУПах), а практические занятия зачастую происходили на оперативно-истребительных станциях (ОИС), занимавшихся борьбой с сельскохозяйственными вредителями и обработкой посевов химическими препаратами. Первичные организации Осоавиахима могли иметь также комитеты и инструкторов по голубеводству, собаководству и военно-научному делу[124].

О серьезности изменений, происходивших с Осоавиахимом, свидетельствовал целый ряд пунктов постановления от 8 августа и принятого на его основе «Положения о военном обучении военнообязанных и военнослужащих в организациях Союза Осоавиахим СССР» от 31 декабря 1935 г. Авторство Положения принадлежало наркомату обороны, и его содержание «не подлежало оглашению»[125]. «Во всей системе практических организаций Общества (в школах, лагерях, военно-учебных пунктах, аэроклубах, планерных и парашютных станциях, участках ПВО и пр.), – говорилось в Положении, – решительно поднять качество проводимой Обществом работы, создать твердую воинскую дисциплину и четкий внутренний распорядок, применительно к уставам РККА»[126].

Допризывники и вневойсковики отныне проходили обучение в Осоавиахиме в обязательном порядке и «по нарядам НКО», считались состоящими в рядах РККА и за уклонение от обучения подлежали уголовной ответственности. Направление на учебу в Осоавиахиме происходило по всем правилам призыва на действительную военную службу – с участием военно-учетных органов, райвоенкомов и специальной комиссии. В учебном процессе должны были использоваться программы, разработанные специалистами ГШ РККА. Обучение завершалось испытаниями, которые проводила специальная приемная комиссия. В состав комиссии входили командир от войсковой части (не ниже командира роты) и члены местного военного управления, организации Осоавиахима, представители партийных и советских организаций. Если учащийся выдержал испытания, данные о нем поступали в местные военно-учебные органы, где он отныне состоял на персональном учете с указанием военной специальности. Войсковые соединения и части прикреплялись ко всем органам боевой подготовки Осоавиахима и должны были оказывать оборонной организации помощь в снабжении материальной частью, кадрами, инспектировании. Для обучения вневойсковиков НКО выделял Осоавиахиму командный, военно-политический состав и младших командиров запаса, которые получали жалованье и материальное довольствие по нормам РККА. Допризывники и вневойсковики, прошедшие обучение в Осоавиахиме, имели право пользоваться льготами, предусмотренными Положением (отпуск во время действительной военной службы, приоритетное поступление в военные школы РККА и др.)[127].

Не все местные отделения Осоавиахима имели полный набор практических организаций, предусмотренный номенклатурным списком. На периферии основными препятствиями к организации авиаклубов, школ снайпинга или военно-морских курсов были, как правило, затруднения с обеспечением материально-технической частью и недостаток квалифицированных кадров. В целом положение оборонных организаций в советской провинции существенно отличалось от ситуации в Москве или Ленинграде.

В челябинском архиве в одном из толстых томов с аккуратно подшитыми документами местного Осоавиахима сохранились «Указания и учебные программы по боевой и политической подготовке в системе Осоавиахима на

1935/36 учебный год (летний период обучения)», помеченные грифом «Не подлежит оглашению»[128]. Заглянув в некогда секретный документ, можно составить представление о том, кто, как, когда и чему обучался в лагерях Осоавиахима. Допризывники, не прошедшие по каким-то причинам зимнюю подготовку на ВУП или получившие во время этой подготовки неудовлетворительные оценки, летом отправлялись на 12-дневные полевые сборы. Их более успешные собратья, выполнившие зимнюю программу, стажировались в тех же лагерях в качестве помощников младшего начсостава. Из них готовили младших инструкторов Осоавиахима, которые после прохождения стажировки командовали отделениями КУСП и руководили КВЗ. В полевые лагеря и на ВУП допускались лишь годные к военной службе и ликвидировавшие свою неграмотность допризывники. Из полевого лагеря Осоавиахима допризывник должен был, согласно «Указаниям», выйти «политически грамотным, тщательно проверенным, дисциплинированным, физически закаленным, выносливым, владеющим основами строевой и стрелковой подготовки и достойным РККА бойцом»[129]. Программа обучения включала в себя общую физическую, строевую, стрелковую и, конечно, политическую подготовку. Эти дисциплины занимали львиную долю времени обучения. Кроме этого, допризывников кратко знакомили с основами тактики, уставами РККА и военно-санитарным делом. Судя по программе, прежде чем оказаться в рядах РККА, допризывники должны были пройти «школу» пехотинца «старого образца», штыковых атак, долгих маршей, стрельбы из винтовки и пулемета Дегтярева. В основу обучения были положены уставы РККА 1934–1935 гг. издания и учебные пособия Осоавиахима по физической подготовке.

Вневойсковики проводили в лагерях почти месяц. Их программа обучения была дополнена специальной подготовкой согласно избранной военно-учетной специальности. Помимо бойцов пехоты из вневойсковиков в середине 1930-х гг. готовили пулеметчиков, кавалеристов, артиллеристов, химиков, телефонистов и вожатых военных собак. Вневойсковики бронетанкисты, военные железнодорожники и моряки проходили летнее обучение по особой программе. Все допризывники и вневойсковики, обучавшиеся в летних лагерях Осоавиахима, помимо усвоения положенной программы сдавали нормы ГТО, ВС и ПВХО. «Неохваченная масса» активно вербовалась в Осоавиахим.

Каждый призыв сопровождался тщательной социальной селекцией, в ходе которой выявляли и отсеивали «социально чуждых» – допризывников с непролетарским социальным происхождением или «подозрительными» родственниками. Помимо этого, на ВУП и в полевых лагерях Осоавиахима постоянно работали политруки. Они занимались политическим обучением учащихся и по совместительству осуществляли надзор за допризывной молодежью, периодически отчитываясь перед местными партийными органами и политуправлениями мобилизационных округов. Делу политического обучения будущих красноармейцев в армии придавали особое значение. На должности политруков ВУП и лагерей принимались, как правило, только члены партии. Политинспектор Челябинского областного Осоавиахима Туч, отчитываясь перед ЦС Осоавиахима о сборах политруков в 1935 г., особо отметил райкомы партии, приславшие для переподготовки кандидатов в члены ВКП(б) и комсомольца[130].

В 1935–1936 учебном году в полевых лагерях Осоавиахима на политическую подготовку допризывников было отведено 10, вневойсковиков – 16 часов, что составляло 1/8 и 1/10 учебного времени соответственно. Допризывники за это время должны были проработать темы: «Международное положение и задачи обороны страны», «Красная Армия на страже социалистической родины», «Задачи Осоавиахима» и «Текущая политика»; вневойсковики – тему «Наша родина – могучая социалистическая индустриальная страна». В качестве основных учебных материалов выступали доклады и речи партийных руководителей, красноармейский политучебник, учебник системы Осоавиахима[131], материалы пленумов ЦС Осоавиахима, осоавиахимовской газеты «На страже» и партийной прессы. Нередко в бюллетенях ЦС Осоавиахима публиковались готовые методические разработки политзанятий[132]. Политучеба не ограничивалась обязательными политзанятиями, предусмотренными программой. В свободное от занятий время курсанты лагерей и ВУП продолжали «прорабатывать» все те же речи и партийные постановления уже в рамках «массовой политической работы» и ежедневных политинформаций[133].

При всей важности дела политической индоктринации, система осоавиахимовской политучебы отнюдь не была идеальной. В дефиците, как обычно, были кадры и материальная база[134]. В донесении от 27 ноября 1935 г. политинспектор челябинского Осоавиахима Туч охарактеризовал условия, в которых проходила переподготовка самого политсостава ВУП: «Обеспеченность помещением, питанием, а также учебными пособиями неудовлетворительная. Для расквартирования и учебы использован ВУП ЧГРЭС – помещение необорудованное и холодное. Питание в местной столовой однообразное и стоимостью около 10 рублей в день на одного человека. Резко ощущался недостаток литературы по итогам VII конгресса Коминтерна и по докладу т. Берия»[135]. В результате на многих ВУП процент курсантов, получивших по политзанятиям неудовлетворительную оценку, был очень высоким.

Накануне Великой Отечественной войны структура практических организаций Осоавиахима вновь претерпела изменения. Общевойсковые ВУПы при районных советах Осоавиахима и летние лагеря были ликвидированы, а их материально-техническая база передана вновь созданным группам, командам и отрядам Осоавиахима. В связи с новым приказом ЦС Осоавиахима была изменена структура региональных оборонных организаций. Так, отдел военного обучения Башкирского Осоавиахима с августа 1940 г. вместо специализированных ВУПов объединял стрелковые учебные центры 2-го и 3-го разрядов в Уфе и Стерлитамаке, стрелковый клуб 3-го разряда в Уфе, кавалерийский клуб 2-го разряда в Красноусольском районе, автомотоклуб 3-го разряда в Сталинском районе и клуб технической связи 3-го разряда при Кировском районном совете[136].

Весной 1940 г., когда руководству Красной Армии вновь «разрешили» готовиться к войне, невзирая на пакт о ненападении и договор о дружбе с Германией 1939 г., ЦС Осоавиахима обязали приступить к усиленной подготовке военнослужащих запаса. Оборонные организации начали лихорадочно перестраивать работу по боевой подготовке, вновь вернулись к системе ВУПов. По распоряжению Башкирского ЦС с 28 октября 1940 г. в республике началась подготовка военнослужащих запаса второй категории по 250–300-часовой программе с отрывом от производства. Отдел военного обучения[137] Башкирского Осоавиахима образовал для этих целей ВУПы почти в каждом районе республики. Начальник отдела, капитан Н.Г. Киреев, писал в приказе ЦС Осоавиахима Башкирии: «Подготовка военнообязанных запаса по второму периоду военного обучения является исключительно ответственной задачей. Военнообязанные должны в итоге получить определенную военно-учебную специальность. С момента выпуска из наших ВУП они будут считаться подготовленными для действия в составе вооруженных сил нашего государства, если только потребует этого наша партия большевиков. Поэтому все силы и средства должны быть мобилизованы на образцовое выполнение этой задачи»[138]. Уже в ноябре, проверяя работу ВУПов и обнаружив целый ряд недостатков, Киреев пригрозил председателям райсоветов и командирам-инструкторам судебной ответственностью за «выпуск брака»[139]. Угроза не пустая, учитывая, что с конца 1939 г. контроль за качеством выпускавшегося «контингента» был вполне реальным. Он осуществлялся комиссией, в составе которой были представители прикрепленной воинской части, республиканского военкомата, Осоавиахима, партийных и советских организаций[140].

Массовое военное обучение

Для продвижения военного обучения в массы была избрана стратегия, соответствовавшая ситуации материального дефицита. Упор в практической работе решено было сделать на определенных отраслях военного дела и военизированных видах спорта. «Локомотивами» военизации виделись поочередно стрелковое и парашютное дело, авиация и военно-физкультурная работа. Высокий интерес к этим видам военного дела и спорта в межвоенный период, а также их стремительное проникновение в широкие массы были общемировой тенденцией. К тому же, как минимум два из этих «столпов» популяризации – стрелковый спорт и физическая подготовка – были важными пунктами реформирования многих европейских армий. Важное значение придавалось и работе по распространению знаний в области противохимической и противовоздушной обороны. Военное руководство СССР, исходя из опыта Первой мировой войны, было уверено в том, что предстоящие военные конфликты обязательно будут сопровождаться массированными авиационными налетами и применением средств химического нападения.

Наиболее массовыми и распространенными видами военной подготовки в СССР в межвоенный период были стрелковое дело и противохимическая оборона. Развитию стрелкового спорта большое внимание было уделено уже на I Всесоюзном съезде Осоавиахима. Однако съезд установил лишь «общую задачу», подчеркнув «новизну вопроса», писал позднее председатель стрелковой секции ЦС Осоавиахима С.С. Каменев. Между тем руководство оборонного общества призывало всячески форсировать создание стрелковых кружков. «В отношении методической установки, – сообщалось в письме Каменева, – необходимо исходить из спортивной заинтересованности, начиная подготовку стрелков не с изучения теории стрелкового дела, а со стрельбы, сначала из нагана дробинками, а затем из мелкокалиберной и боевой винтовки и малокалиберного и боевого нагана. Надо каждому усвоить, что только методами соревнования (спортивными) удастся вызвать и сохранить интерес в этом важном деле»[141]. В реальности на местах было все наоборот: из-за отсутствия учебного оружия правила стрельбы приходилось объяснять практически на пальцах. Решать проблему пытались за счет передачи Осоавиахиму устаревшего стрелкового вооружения Красной Армии, что, в частности, пообещал делегатам II Пленума ЦС (1928 г.) И.С. Уншлихт[142].

Теоретически не так сложно было придать массовый характер и таким видам военно-спортивной подготовки, как прыжки с парашютом, планеризм и физкультура. 1930-й год, когда в Воронеже состоялся первый групповой парашютный прыжок, считается началом развития массового парашютного спорта[143]. Развитие планеризма и авиамоделизма, особенно популярных среди подростков и молодежи, стимулировалось организацией различного уровня состязаний. Всесоюзную известность приобрели планерные соревнования в Коктебеле, которые спустя годы с восхищением описывал советский авиаконструктор А.С. Яковлев[144]. Развитию этих видов спорта благоприятствовал тот факт, что они хорошо сочетались с элементами досуговой культуры. В советских парках культуры и отдыха было широко распространено устройство парашютных вышек и тиров[145]. Популярными были показательные выступления спортсменов на массовых праздниках.

Привлекательность Осоавиахима и его практических организаций пытались поднять, учредив специальные нагрудные знаки. Одним из первых появился знак «За стрельбу»[146], позднее – в 1932 г. – нагрудный знак «Ворошиловский стрелок»[147]. Делу популяризации знака послужила проведенная в 1934 г. «Ворошиловская эстафета», одним из лозунгов которой была сдача норм по стрельбе. Постепенно знак «Ворошиловский стрелок» стал в СССР предметом культа, и его обладатели чрезвычайно им гордились. Советская историография с пафосом отмечала, что счет обладателям нагрудного знака «Ворошиловский стрелок» к концу 1930-х гг. шел на миллионы, а V Пленум ЦС Осоавиахима назвал «Ворошиловского стрелка» «популярнейшим значком в нашей стране»[148]. Весной 1934 г. были утверждены нормативы «Ворошиловского стрелка» I и II-й ступеней, а летом того же года введен знак «Юный ворошиловский стрелок». Лучшие парашютисты с 1931 г. награждались первым среди авиационных нагрудных знаков – знаком «Парашютист»[149], а выполнившие комплекс «Готов к противовоздушной и противохимической обороне» с 1935 г. могли украшать свою грудь знаком «Готов к ПВХО»[150].

Система нагрудных знаков Осоавиахима за достижения в оборонной работе и нормативов к ним в целом сложилась к середине 1930-х гг. Помимо уже упомянутых были учреждены знаки «За ударную конную работу», «Ворошиловский всадник», «Моряк» и «Юный моряк», «Коротковолновик Осоавиахима СССР», «Юный авиастроитель», «Инструктор парашютного спорта». Спортсмены-осоавиахимовцы, ставшие победителями соревнований и выполнившие советские и международные спортивные нормы, награждались знаками «Снайпер», «Спортсмен-парашютист», «Мастер парашютного спорта» и др.[151]

Остановимся кратко на официальной процедуре сдачи норм на оборонный значок на примере нормативов «Готов к ПВХО». Сам комплекс норм «Готов к ПВХО» был утвержден ЦС Осоавиахима 20 сентября 1934 г.[152] По правилам, нормы мог сдавать каждый «подготовившийся трудящийся». Прием норм происходил в специально оборудованных местах (например, уголках или кабинетах ПВХО) в присутствии специального инструктора. Каждый желающий сдать нормы должен был получить в своей организации Осоавиахима и заполнить личную учетную карточку. Нормативы включали в себя как теоретические знания (например, знакомство с видами отравляющих веществ, средств защиты от них и пр.), так и практические навыки (обращение с противогазом, проведение дегазационных мероприятий и др.). При их проверке инструкторы обязаны были «предъявлять жесткие требования к сдающим, не делая послаблений и отступлений от требований норм»[153]. Халатность и мягкость квалифицировались как «очковтирательство». Благополучно сдавшим нормативы выдавался билет «Готов к ПВХО». Чтобы получить соответствующий оборонный знак, необходимо было выполнить еще ряд требований, записанных в Положении о нагрудном знаке: быть ударником на производстве, активистом Осоавиахима, иметь собственный исправный противогаз, «содержать в чистоте и порядке собственное жилище и рабочее место», а также «соблюдать правила личной гигиены в повседневном быту»[154]. Нагрудный знак выдавался на два года и требовал обязательной пересдачи норм спустя этот срок. За поступки, «дискредитирующие звание члена Осоавиахима и советского гражданина», значка можно было запросто лишиться. Льготы, с которыми был связан любой нагрудный знак, были чаще всего нематериального свойства и «внутренними», то есть распространялись главным образом только на систему Осоавиахима.

Для подготовки корпуса инструкторов системы Осоавиахима были разработаны нормативы II ступени, которые давали право обучать рядовых членов оборонной организации. Значок «Готов к ПВХО» II ступени предполагал прохождение 50-часовой программы по ПВХО, разработанной ЦС Осоавиахима. Претенденты на звание инструктора должны были провести одно показательное занятие, подготовить к сдаче нормативов «Готов к ПВХО» не менее 100 человек, отремонтировать 50 противогазов, подготовить 25 домохозяек, произвести не менее 50 анализов химического состава почвы, воды или других объектов, зараженных ОВ, пробыть не менее 6 месяцев начальником группы самозащиты. Кроме того, будущий инструктор должен был доказать личные успехи в деле ПВХО, список которых приводился в пособии «Спутник осоавиахимовца». Среди персональных достижений значились дегазация площади в 120 кв. м, работа в противогазе в течение 2-3 часов, стрельба по мишеням в надетом противогазе и целый ряд других[155]. Даже неполный перечень этих умений делает понятным, почему количество значкистов II ступени никогда не было массовым.

Для придания размаха и «духа соревновательности» делу сдачи нормативов на оборонные значки в предвоенное десятилетие стали проводить оборонные соревнования: стрелковые спартакиады, военно-химические соревнования и др., в названии которых быстро появилось определение «всесоюзные». Распространенными были и заочные состязания, причем не только между советскими осоавиахимовцами, но и с привлечением зарубежных участников. Например, проходили заочные состязания стрелков: в СССР в них участвовали обладатели звания «Ворошиловский стрелок», а в далекой Америке – члены какого-нибудь спортивно-стрелкового или охотничьего клуба[156].

Наиболее тяжело «завоевывала» провинцию авиация. Перед войной она оставалась, пожалуй, самой популярной отраслью военно-спортивного дела. Тем не менее на протяжении 1920-х гг. лозунг «Каждой губернии и округу – аэродром и самолет!», выдвинутый Авиахимом, так и остался лозунгом. В 1928 г. на II Пленуме ЦС было принято решение «признать своевременным и необходимым начать организацию аэроклубов»[157]. Постепенно практическая работа в авиационной области сконцентрировалась именно в них. Феноменальная популярность летного дела в СССР была связана в первую очередь с умело поставленной пропагандой. Его пропагандистское «продвижение» в массы было первым и наиболее удачным опытом советского военного руководства. Организация ОДВФ, созданная в 1923 г., стала «пионером» в деле организации агитоблетов первых советских самолетов, «звездных» перелетов советской авиации, кампаний по сбору средств на строительство самолетов. ОДВФ было многочисленнее, чем другая оборонная организация – Доброхим, и оказывало серьезную финансовую поддержку советскому авиастроению, научно-исследовательской работе в области авиа- и моторостроения и воздухоплавания[158]. И хотя катание на самолетах и аэроклубы стали реальностью в более отдаленных уголках СССР лишь к середине 1930-х гг., популярность авиации оставалась стабильно высокой.

Тем не менее членство в аэроклубах никогда не было массовым. Для организации самого рядового аэроклуба требовалась серьезная материальная база, а для поступления в него – хорошее здоровье и физическая подготовка. И то, и другое было редкостью в советской стране межвоенного периода. Отчитываясь об успехах в авиационной работе, локальные организации часто сетовали на то, что, несмотря на большое количество желающих поступить в летные школы, результаты по этому показателю минимальные: большой отсев по состоянию здоровья[159]. В апреле 1928 г., подводя итоги достигнутому с момента образования Осоавиахима, И.С. Уншлихт заметил в своем докладе на II Пленуме ЦС, что рост организации шел, главным образом, за счет КВЗ и стрелковых кружков и назвал «нездоровым» падение интереса к вопросам авиации и химии[160].

С введением оборонных знаков и нормативов у осоавиахимовского руководства появился удобный критерий оценки деятельности локальных осоавиахимовских организаций, а у локальных организаций – дополнительная строка отчетности. Если ранее степень активности организации измерялась процентом вовлеченного в оборонную работу населения и количеством организованных кружков, теперь отчеты первичек, районных, городских и областных советов пестрели цифрами, сообщавшими о количестве подготовленных значкистов. На самом деле, сформулировать критерии эффективной деятельности парамилитаристских обществ не так просто. Если взять за «точку отсчета» те показатели, которые значатся в стандартных информационных сводках и отчетах, стекавшихся в областные, краевые и республиканские центры, то высок риск оказаться на пути, проторенном когда-то советской историографией. Издания, посвященные истории Осоавиахима – ДОСААФ, пестрят ничего не говорящими цифрами и «пустой» статистикой, от которой клонит в сон. Некритичное следование за источниками приводило авторов к перечислению «успехов» и «достижений» парамилитаристских обществ, которых на самом деле иногда просто не существовало.

Впрочем, тогда это и не могло выглядеть по-другому. Кроме того, необходимо учесть, что на протяжении 1920–1930-х гг. само центральное руководство Осоавиахима не смогло выработать четких параметров для характеристики состояния оборонных обществ. Ставка на массовость оказалась проигрышной, так как быстро выяснилось, что отчетность периферийных организаций в значительной степени – плод фантазии местных функционеров. Вряд ли можно утверждать, что более «реальными» были все прочие количественные показатели – «отработанные» стрелки, выпускники КВЗ и курсов переподготовки начсостава запаса. Массовые оборонные мероприятия – недели обороны, агитоблеты, оборонные массовки и сбор средств на самолеты и танки – очень быстро проявили себя как временные, «ситуативные» всплески активности, которые не приводили к закреплению у советских граждан патриотического габитуса. Материальные критерии – наличие домов обороны, музеев и уголков Осоавиахима – уже «на старте» ставили провинцию в положение проигравшего, так как ресурсы, которыми располагали периферийные общества, не шли ни в какое сравнение с материальной базой Осоавиахима в таких крупных промышленных центрах, как Москва и Ленинград. Даже такой крупной оборонной организации, как уральская, для того, чтобы завершить строительство образцового Дома обороны в Свердловске, понадобилось решение Р.П. Эйдемана о вступлении ЦС Осоавиахима в Уралоблсовет в качестве юридического члена[161].

И все же, несмотря на изменившийся характер справок и отчетов провинциальных оборонных организаций, ставших более сухими, они немало рассказывают о том, как же на самом деле выглядела массовая военно-патриотическая работа в провинции. В связи с вышесказанным я попытаюсь реконструировать массовую военно-патриотическую работу Уралосоавиахима в общих чертах, не абсолютизируя количественные показатели и экстенсивные параметры. При этом будут «точечно» затронуты основные позиции, которые в разные периоды существования Осоавиахима выступали в качестве критериев оценки его деятельности: охват кружковой работой, состояние низовых ячеек, военная подготовка различных «контингентов», развитие авиационного дела, мобилизационные кампании и др.

Периферийные организации явно не дотягивались до Москвы и Ленинграда ни размахом, ни качеством оборонной работы. При более внимательном рассмотрении картина различий между центром и провинцией складывается в сложный коллаж дефицитов, дилетантства и профанации. «Диагноз», поставленный Осоавиахиму уже на I Всесоюзном съезде оборонной организации, – нехватка квалифицированных инструкторов и слабая материальная база – наблюдался у большинства уральских организаций. Об этом говорилось на I областном съезде уральского Осоавиахима[162], об этом же сообщают стенограммы более поздних съездов и конференций и рядовые отчеты местных организаций.

Характеризуя условия работы уральских оборонных обществ с конца 1927 по октябрь 1928 гг., председатель облсовета назвал их «неблагоприятными». Развертыванию оборонной работы мешали «кампании общегосударственного характера», поглощавшие всю энергию аппарата и общественников. Активность по линии Осоавиахима наблюдалась преимущественно там, где были дома обороны[163], и «в местах, где в течение прошлой зимы побывал самолет «Все в Осоавиахим»[164]. «Большой успех имеет кино, а также научные доклады с демонстрацией диапозитивов, – писал руководитель уральского Осоавиахима. – В общем, работа идет самотеком, от случая к случаю, без плана». В деревне (в Сарапуле и Кургане) интерес к оборонному обществу был исключительно практического характера: крестьяне интересовались, чем закончится история с использованием минеральных удобрений, и осваивали «химические» методы борьбы с сельскохозяйственными вредителями[165].

Если все-таки обратиться к количественным данным, то показательными здесь являются не абсолютные, а относительные цифры, характеризующие степень вовлеченности членов Осоавиахима в практическое военное обучение[166]. По сведениям за 1928 – 1930 гг., КВЗ начального типа посещали от 13 до 23 % от общего количества осоавиахимовцев, КВЗ повышенного типа – от 1,4 до 2 % членов, а стрелковые кружки – 5–8 % обладателей членских книжек. В других кружках и организациях Осоавиахима (кружки связи, авиахимкоманды, кружки по изучению авиации и проч.) было не больше нескольких десятков или сотен обучающихся на всю Уральскую область, то есть меньше 1 % от всех осоавиахимовцев[167]. По официальным данным, в 1927–1929 гг. во всех практических организациях Уральского Осоавиахима обучались в среднем от 23 до 36 % обладателей членских книжек оборонного общества, в следующем году – чуть больше 29 %. Основным недостатком военно-патриотической работы, по признанию руководства Уралосоавиахима, было невысокое качество подготовки[168].

В 1931 г. проверить деятельность областной организации Осоавиахима приехала комиссия из Москвы. В результате проверки Уралосоавиахим был свергнут с пьедестала одной из лучших оборонных организаций. После этого местное руководство, вероятно, пришло к выводу, что наладить образцовую военно-патриотическую работу в масштабах всего региона практически невозможно. 6 августа 1931 г. на заседании президиума облсовета было принято решение дифференцировать руководство райсоветами и ячейками Осоавиахима в соответствии с их статусом. Организационному отделу поручили выделить не менее 25–30 основных райсоветов на решающих промышленных участках Урала, таких как Магнитострой, Златоуст, Березники, Уралмедьстрой, Надеждинск, ВИЗ, Уралмаш, Челябтракторострой и др. Президиум намеревался превратить эти райсоветы в «решающие опорные пункты осоавиахимовской работы, добиваясь образцовой ее постановки». Для этого предполагалось пополнить «избранные» оборонные общества квалифицированными работниками и улучшить их снабжение[169]. Чтобы вши, клопы и тараканы, во множестве расплодившиеся в общежитиях и бараках «ударных» производств, не отвлекали рабочих и их семьи от «необходимого отдыха» и не создавали «угрозу срыва в своевременном окончании этих важнейших строек», было принято решение организовать областную истребительную станцию[170].

Решение о «точечном» развитии военно-патриотической работы было принято в результате успешных опытов по превращению отдельных промышленных предприятий области в показательные «площадки» Осоавиахима. В мае 1931 г. «ударной бригадой Осоавиахима» была объявлена доменная печь № 1 Надеждинского завода, в июне приняли решение направить инструкторско-методическую группу облсовета в Березники[171]. Обсуждая в сентябре того же года итоги пребывания бригады облсовета в Березниках, президиум отметил, что в результате «штурма осоавиахимовской работы» местная оборонная организация выросла более чем на 4 тыс. человек, были организованы 61 КВЗ и 63 ударных бригады Осоавиахима, все рабочие предприятия перечислили свой однодневный заработок на постройку самолета «Березниковец». Для закрепления успеха в Березники на постоянную работу намеревались отправить 4-х представителей облсовета, выделить предприятию дотацию в размере 100 тыс. руб на постройку газоубежища, дома обороны, «химгородка» и тира, а ударников наградить денежными премиями и предметами одежды. «Учитывая положительный опыт», в индустриальные центры решили систематически посылать выездные бригады[172]. На II пленуме Уралосоавиахима (октябрь 1931 г.), где руководство оборонного общества области подверглось беспощадной критике за плохую работу, Березники стали основным «козырем» облсовета[173].

На фоне образцовых Березников полной катастрофой выглядела ситуация в Магнитогорске, которому была посвящена вторая часть этого же пленума. Из выступления председателя Магнитогорского райсовета Ярина можно было понять, что на одной из крупнейших и известнейших индустриальных строек СССР о военно-патриотической работе даже и не вспоминали. За год в местном райсовете сменилось три ответственных секретаря, его работники совершенно не пользовались авторитетом. Городской совет выгнал руководство местного Осоавиахима из Дома обороны, пригрозив увольнением. Учесть всех осоавиахимовцев на стройке с 60 тыс. рабочих никто не мог, и сведения райсовет подавал наугад – то ли 10 тыс., то ли 14 тыс., а может быть, и все 28. «Штурмовая бригада» из облсовета нашла местную организацию в состоянии полного хаоса и запустения. Оружие было выдано на руки, и где искать винтовки, никто не знал. Пятая лотерея Осоавиахима была заведомо провалена, так как лотерейные билеты, подхваченные потоком «текучки», уплыли в неизвестном направлении вместе с их распространителями. Из 16 работников райсовета шестеро были уволены за непригодность, а остальные предавались пьянству. Военная подготовка рабочих новостройки была организована плохо, часть кружков не работала из-за отсутствия преподавателей, курсы шоферов готовили «теоретически», так как руководство стройки не выделяло автомашин[174]. Два года спустя выездная бригада облсовета выявила «граничащее с развалом» состояние осоавиахимовской организации и на другом ключевом предприятии области – Уралмаше[175].

Печальное состояние осоавиахимовских организаций на местах, полнейшее отсутствие инициативы и громадный дефицит кадров вынуждали аппарат облсовета постоянно путешествовать. На III пленуме Уралосоавиахима П.С. Ершов предложил «установить за правило пребывание руководящих освобожденных работников до одной трети своего времени по низовому руководству в течение всего года, а в течение ближайших месяцев 75 % аппарата должно быть в совхозах, колхозах, МТС... и налаживать работу ячейки Осоавиахима». Характеризуя работу оборонного общества в целом, председатель облсовета не удержался от красочной метафоры, сравнив Уралосоавиахим с «кораблем, севшим на мель»: «колеса работают, а корабль с места не идет – есть видимость работы, а работы нет»[176].

Работа выездных бригад Уралосоавиахима и ее результаты: «начатое на Урале движение ударных бригад Осоавиахима», «поддержанное во всех районах страны» – обычно упоминались в советских исследованиях по истории местного оборонного общества как пример новаторского подхода к делу[177]. Но реальные факты, которые выявлялись выездными бригадами на местах, как правило, не публиковались. Не говорилось о методах «кавалерийской атаки» и огромных дотациях на разваленную военно-патриотическую работу, о материальном стимулировании ударников и о том, что «ударничество» нередко заканчивалось в тот момент, когда за последним осоавиахимовским функционером закрывались ворота предприятия[178]. Лишь В.В. Гошуляк, характеризуя периферийные оборонные общества, признал, что «работа осоавиахимовских организаций Урала в годы пятилетки отличалась запущенностью и неорганизованностью. Огромная текучесть кадров, существовавшая на уральских предприятиях, особенно на новостройках, не позволяла там в полной мере наладить массовое военное обучение»[179].

Одним из показателей, по которым оценивалась деятельность оборонных обществ, была так называемая «отработка контингентов» – обязательная подготовка кадров различных военных специальностей. После принятия планов подготовки в рамках «осоавиахимовской» пятилетки разнарядка была спущена на места[180], где в порыве показного энтузиазма провициальные функционеры областного масштаба выдвинули «встречные цифры». Сами руководители районных оборонных обществ иногда в порыве откровения называли эти цифры «астрономическими»[181]. В 1931 г. П.С. Ершов охарактеризовал выполнение планов по боевой подготовке как «прорыв». Выполнение контрольных заданий по добровольным видам составило от 13 до 40 %. Подготовка «обязательных контингентов» была реализована в среднем на 60–80 %, но показатели по отдельным специальностям сильно отличались: если планы по бойцам-пехотинцам и пулеметчикам были перевыполнены (105 и 115 %), то подготовка кавалеристов (7 %), инженеров (32 %), связистов (44 %) и артиллеристов (67 %) явно оказалась не на высоте. Причиной невыполнения председатель облсовета назвал то, что «мы поставили перед собой встречные цифры, с которыми мы не справились»[182]. Проблемы с выполнением планов преследовали уральскую оборонную организацию и в дальнейшем.

Но даже реализация взятых на себя обязательств не может служить критерием эффективности работы Осоавиахима на Урале. В 1932 г. руководитель Молотовского оборонного общества Попов откровенно высказался по этому поводу: «Как мы сейчас работаем? Мы имеем охват по Пермской организации больше, чем контрольное задание, данное областью, но качество никудышное»[183]. А сам Ершов, готовясь к совещанию в ЦС Осоавиахима в сентябре 1932 г., пометил в своем конспекте: «...Почти все пулеметчики не стреляли из пулемета, а артиллеристы вовсе не слышали орудийного выстрела»[184].

В 1934 г. ЦС Осоавиахима отмечал неравномерность в развертывании стрелково-спортивной работы на Урале. Развертывание работы в сфере ПВХО в 1933–1934 гг. было признано неудовлетворительным. Вплоть до второй половины 1930-х гг., когда были созданы материальные предпосылки для их развития, «слабыми звеньями» в деятельности Уралосоавиахима оставались авиационное, планерное и парашютное направления[185]. Последние сферы деятельности с середины предвоенного десятилетия оказались в зоне повышенного внимания руководящих органов оборонного общества и областного комитета ВКП(б). К лету 1933 г. в области уже были созданы летная школа им. Кабакова (Свердловск), 15 планерных станций, 2 планерные школы, работала сеть авиамодельных кружков. Но такая ступень организации авиационной работы в области заслужила оценку «неудовлетворительно». Было принято решение форсировать авиационное дело: к 1934 г. предполагалось создать в области 7 аэроклубов, в которых должны были заниматься 76 летных групп (16 – в Свердловске, по 12 – в Челябинске, Магнитогорске, Нижнем Тагиле и Перми, по 6 – в Надеждинске и Тюмени), в 22 уральских городах должны были появиться планерные клубы, а в области создана планерная школа. Масштабные планы требовали 10 млн руб. для их реализации, получить которые предполагалось, в том числе, и за счет «мобилизации средств в районах». Облисполком секретным постановлением ЦИК СССР от мая 1932 г. обязали оказать материальную помощь по оборудованию аэродромов и летных площадок, а Уралпрофсовету поручили передать летной школе им. Кабакова 21 самолет и приобрести для Уралосоавиахима 100 планеров[186].

Не всегда удачным было участие Уралосоавиахима в мобилизационных патриотических кампаниях. Наряду с успехами, например, в реализации осоавиахимовских лотерей, нередко приходилось терпеть фиаско. В 1929 г., по признанию председателя облсовета, Уралосоавиахим упустил возможность «усилиться количественно и качественно» на волне возмущения трудящихся «наглым захватом КВЖД китайскими генералами». «Конфликт на КВЖД, – писал Ершов в отчете, – застал наши организации в состоянии спячки и организационного развала». Совершенно комичный случай произошел с «ворошиловской эстафетой» в 1933 г. Урал вступил в нее с громадным опозданием из-за того, что... работники облсовета не читали газету «Комсомольская правда». Телеграмма из ЦС, сообщавшая о начале эстафеты, запоздала, и об эстафете свердловские аппаратчики узнали от Магнитогорского горкома комсомола[187].

После ликвидации Уральской области в 1934 г. громоздкая осоавиахимовская организация региона перестала существовать. Более компактные областные общества с центрами в Свердловске, Челябинске и Перми (после 1938 г.) могли бы стать более управляемыми в сфере военно-патриотической работы. Но этого не случилось.

К этому времени критерии оценки деятельности Осоавиахима несколько изменились: в центре все больше внимания стали обращать не только на численность членов общества и количество прошедших военную подготовку, но и на материально-техническую базу организаций. В сводках руководящих органов разных уровней важное место стала занимать информация о наличии оборудованных ВУПов, развитии авиационного дела и планеризма, устройстве парашютных вышек и создании аэроклубов. В целом это соответствовало установкам осоавиахимовской «верхушки», во второй половине 1930-х гг. сделавшей ставку на авиационный спорт и парашютизм, и возросшим материальным возможностям провинциальных обществ.

Во второй половине предвоенного десятилетия сохранялись черты, присущие оборонным обществам в более ранний период их истории: крайняя неоднородность военно-патриотических обществ в регионе, «городской» характер Осоавиахима и нестабильность руководящего состава. В 1935 г. Челябинский обком партии провел проверку деятельности местного оборонного общества. Челябинская область оказалась такой же пестрой в плане «качества» осоавиахимовской работы, как и ранее вся уральская организация. К числу передовых инспектор отнес низовые организации Челябинского тракторного завода, организации городов Копейска и Каменск-Уральского, а также «сельскохозяйственную» районную организацию села Бреды[188]. На II областном пленуме челябинского военно-патриотического общества за успехи в реализации 9-ой лотереи грамотами ЦС Осоавиахима были награждены советы Аргаяшского, Каменского, Долматовского и Шадринского районов[189].

Руководство Свердловского областного Осоавиахима, отчитываясь перед обкомами партии и комсомола, хвалилось почином «оборонной семьи» рабочего Уралмаша Тараненко, отрапортовавшей Косареву и Эйдеману о своей готовности к ПВХО, достижениями Нижне-Тагильской организации, общества пермского завода им. Дзержинского, Ленинской фабрики Свердловска и др.[190] Пермяки сообщали, что при общем слабом развитии оборонной работы в национальном Коми-Пермяцком округе образцовой подготовкой значкистов выделился отдаленный Косинский район[191].

И все же отдельные примеры «показательной» оборонной работы тонули в потоке критики, «самокритики», жалоб и откровенных признаний осоавиахимовских функционеров, приоткрывающих завесу умолчания советской историографии. Важной строкой отчетности по-прежнему была «отработка значкистов». На основе статистических сведений, поступавших в областные советы из низовых звеньев общества, можно сделать вывод, что наиболее массовым видом работы во второй половине 1930-х гг. была подготовка «ворошиловских стрелков» и значкистов ПВХО I ступени[192]. Справедливости ради нужно отметить, что это были наиболее простые в плане освоения военные навыки. Поэтому и контрольные цифры, спускавшиеся из Москвы по этим категориям, были самыми большими. Каждая осоавиахимовская организация стремилась не только выполнить, но и перевыполнить плановые задания, приходившие из центра. Поэтому профанация подготовки значкистов была чрезвычайно распространенным явлением.

В отчетах районных и городских советов вместо абсолютных показателей «в людях» все чаще стали встречаться проценты, демонстрировавшие перевыполнение в 1,5–2 и более раз. В порыве самокритики некоторые руководители оборонных организаций поясняли происхождение этих цифр. Один из них красочно описал знакомую всем ситуацию: «...Здесь выступали товарищи и говорили о том, что у нас значкисты пачками готовятся. Это действительно так. На инструктора нажимают: "подготовьте 1500 чел. значкистов ПВХО и т.д." И вот Сидоров или Петров подготовят этих значкистов, и тогда говорят: "Поднять на знамя Сидорова, 25 раз во всех положениях его сфотографировать", 50 раз напишут в газете, а пройдет месяц-полтора ни о значкистах, ни о Сидорове ничего не известно. Возьмем Уралмашзавод, где очень много и в очень короткий срок наготовили этих значкистов, нажимают, ничего не поделаешь, приходится готовить. И один инструктор на 15 кружков бегает, через полчаса занимается»[193]. Следующий осоавиахимовский функционер жаловался на инструктора-общественника, который готовил значкистов ПВХО на собраниях и торжественных заседаниях: «Прошли торжества, начались будни, мы решили этих значкистов проверить... И все они сдали только на "плохо" и то с минусом...»[194] По признанию руководителя Саткинского Осоавиахима, из 300 ворошиловских стрелков, подготовленных в районе в 1935 г., 40 % «совершенно стрелять не могут»[195]. Четыре года спустя почти в тех же выражениях охарактеризовал своих значкистов председатель свердловского городского совета Осоавиахима Леонтьев[196]. Другой руководитель не без иронии назвал подготовленных ворошиловских стрелков «калеками»[197].

В 1938 г. было опубликовано специальное постановление ЦС Осоавиахима, принятое по результатам проверки ряда первичных оборонных организаций. В деле подготовки значкистов в массовом масштабе были выявлены «очковтирательство», «хвастовство» и «показная шумиха». Во многих проверенных первичках пытались скрыть тот факт, что значкисты не могли повторить однажды сданные нормативы. В постановлении была отмечена и практическая сметка осоавиахимовцев: «В целом ряде первичных организаций Осоавиахима имеет место совершенно нетерпимое явление – выполнение членами Осоавиахима своей общественной работы за деньги. Например, члены Осоавиахима, подготовленные организацией инструкторами стрелкового спорта, ПВХО, за плату ведут работу по подготовке других членов Осоавиахима на значки ПВХО, Ворошиловского стрелка. Такая практика несовместима с общественным характером организации, развращает ее актив»[198]. Наличие «элементов формализма и кампанейщины» признавалось даже советскими исследователями, занимавшимися проблемами Осоавиахима. Как отмечал В.В. Гошуляк, в 1937 г. в Дне советского стрелка участвовало 150 тыс. человек, однако подтвердить выполненные нормы смогли в среднем лишь 10–15 % участников[199]. Дополнительным аргументом в пользу идеи о профанации военного обучения служат и последние предвоенные пленумы ЦС Осоавиахима, на которых постоянно поднимался вопрос о качестве подготавливаемого «контингента». В 1938 г. ЦС Осоавиахима даже несколько изменил порядок приема оборонных норм I ступени, запретив инструкторам делать это самостоятельно и разрешив прием норм специальным комиссиям райсоветов Осоавиахима[200].

Довольно проблематично поверить в качество подготовки значкистов, учитывая массовость заявлений руководителей первичных и районных организаций Осоавиахима о сложном материальном положении и постоянной нехватке инструкторских кадров. Во второй половине 1930-

х гг. ситуация, конечно, уже не выглядела так драматично, как на заре существования Осоавиахима. Однако провинциальные осоавиахимовцы по-прежнему жаловались, что у них... «всего нет». Именно так завершил свой отчет о «плохой работе» Советского райсовета г. Челябинска, больше похожий на жалобное письмо, его председатель. Причиной неудовлетворительных показателей было отсутствие помещения, военно-учебного пункта, тира и даже телефона. Председатель Сталинского райсовета Челябинска писал, что качество подготовки значкистов низкое ввиду отсутствия учебных пособий, а руководитель первички цинкового завода сетовал, что работа кружков проводится от случая к случаю в клубе или красном уголке[201]. Руководитель Златоустовского Осоавиахима на II пленуме Челябинской областной оборонной организации с гордостью рассказал о том, что в городе скоро будет готова парашютная вышка. И сразу пожаловался: «Я приезжаю в район и говорю, что вышка будет готова, имеется 16 человек подготовленных парашютистов, но они не имеют права принимать. Где мы возьмем инструктора – вопрос. <...> У нас имеются планеры, но они лежат»[202]. Впрочем, в расположенном в сотне с небольшим километров городе Сатка ситуация сложилась с точностью до наоборот: инструктора-планериста местной организации «выслали», а планер к нему «выслать» забыли.

Сочетание инструктора, необходимых пособий и материальной части вообще было редкой удачей для многих провинциальных организаций. Чаще же положение вещей было таким, что вызывало смех даже у самих руководителей Осоавиахима: «На Уралмашзаводе организовался кружок ворошиловских конников, полтора года готовились, выпустили 10 человек. Сначала организовались 40 человек, не было инструктора, наконец, инструктора дали. Через 5 дней выясняется, что лошадей нет. Дали одну лошадь. 25 человек в течение 2-х часов на ней поездили, и от нее осталась хвост да грива /Смех/ <...> Рапорт написан и выслан в Центральный Совет, что у нас организован взвод ворошиловских конников. И вот такими рапортами вы очень часто пугаете районные советы, и они дают цифры с потолка, очковтирательские цифры»[203].

Имитация бурной оборонной деятельности крайне легко приживалась в провинции, доходя до абсурда и анекдотических случаев, сродни описанным Ильфом и Петровым осоавиахимовским учениям. Там, где заканчивалась «штучная работа» – подготовка мастеров спорта и рекордсменов областного, республиканского или всесоюзного масштаба, – оборонная работа превращалась в игру в «солдатиков». Свердловский Осоавиахим, когда в 1937 г. понадобилось послать представителей области на всесоюзные стрелковые соревнования, не нашел никого, кроме штатных инструкторов и секретаря стрелкового комитета областного совета. Сюжеты, о которых рассказывали осоавиахимовцы на городском активе в Свердловске в мае 1937 г., вполне могли украсить иронический рассказ о приключениях Остапа Бендера. «Я начну говорить о том, как проходило 4-е областное соревнование Осоавиахима здесь..., – делился воспоминаниями один из участников. – Команды стоят на лестницах в противогазах. Говорят, что сейчас будем практиковаться. Что значит практиковаться на лестницах, для того, чтобы практиковаться, нужно иметь определенное помещение... Завтра нам выходить на соревнование, а мы не знаем, как нужно одеть и снять противогаз. Ведь мы настолько их одевали, что у нас начали болеть подбородки. Теперь в части набора команд. Надо, чтобы было налажено так, как нужно, чтобы каждая организация имела право выставить в соревновании команду, но этого не было, а ловили на улицах и говорили, что завтра выступаем»[204]. У челябинцев была своя история о стрелковой команде ЧТЗ, которая отправилась на всесоюзную комсомольскую спартакиаду без винтовок, подготовившись за 24 часа и израсходовав 15 боевых и 20 мелкокалиберных патронов, и чуть было не уехала обратно без единого выстрела[205].

Весьма неоднозначно выглядели авиационная работа, планерное и парашютное дело. Материальная база этих направлений деятельности Осоавиахима медленно, но неуклонно улучшалась. В 1934 г. в Свердловской области было три аэроклуба (Свердловский, Нижне-Тагильский и Надеждинский), а в Челябинской – два (Магнитогорский и Челябинский). Через три года в Свердловской области было уже пять аэроклубов[206], 8 планерных станций, 36 парашютных вышек, 4 парашютные станции[207]. Свердловский аэроклуб считался одним из крупнейших и хорошо оборудованных клубов страны, в 1937 г. в соревновании аэроклубов он занял второе место[208]. К числу лучших принадлежал и один из старейших аэроклубов на Урале – Магнитогорский.

В то же время среди аэроклубов были и такие, которые всю вторую половину 1930-х гг. находились на грани закрытия: Пермский (Молотовский) и Березниковский[209]. В 1936 г., когда Пермский аэроклуб находился еще в составе Свердловской области, туда был направлен начальник Свердловского аэроклуба Афанасьев для решения вопроса о дальнейшем существовании пермского «предприятия». Объясняя причины бедственного состояния своего аэроклуба, пермский начальник жаловался, что его заставляют жить «на общественных подаяниях»: «Мне правительство миллионы не отпускает. Бюджет Свердловского аэроклуба 2 миллиона. Эти деньги меня заставляют зарабатывать, ходить, просить, спрашивать, платить за отработку. Есть решение о том, что люди могут обучаться при условии, если эта организация является юридическим членом клуба. Но у них особой статьи нет по административно-хозяйственным расходам, средств на это нет, не могут дать. Что я могу сделать? Я сказал – пойти воровать мне не разрешат, учиться воровать уже поздно, вышел из этого возраста. При таком положении ни один руководящий работник не в состоянии руководить, потому что 99 % времени у него уходит на мобилизацию средств...» [210]

Впрочем, и клубы, находившиеся на хорошем счету, как Магнитогорский, также требовали усиленного внимания. Начальник Магнитогорского аэроклуба Наумов охарактеризовал его состояние в 1935 г. как «развал» и «прорыв», возмущался тем, что кадровый состав клуба по два месяца не получал зарплаты, и людям «подчас приходилось продавать обмундирование». Аэроклуб размещался в бараке, где во время дождя протекала крыша. А всесоюзный перелет 1935 г., маршрут которого проходил в том числе и через Магнитогорск, удалось принять «более или менее благополучно», «не имея для этого перелета никаких материальных средств», только благодаря секретарю Магнитогорского окружкома Новаковскому[211].

Репрессии 1937 г., в которых пострадали многие видные областные партийные, комсомольские работники и крупные осоавиахимовские функционеры, помогавшие развитию авиационного дела финансово и на уровне управленческих решений, воздействовали на состояние аэроклубов, летных школ, планерных и парашютных станций самым неблагоприятным образом[212]. После снятия с должности начальника Свердловского аэроклуба Афанасьева был сорван набор пилотов, приостановлено масштабное строительство на территории аэроклуба, разобрали уже заложенные фундаменты зданий. Как говорилось в материалах по обследованию аэроклуба, на вопрос, «что они делают?», рабочие отвечали: «Выкорчевываем последствия вредительства»[213].

Уволенные и арестованные осоавиахимовские руководители стали «виновниками» всех основных проблем аэроклубов, планерных и парашютных станций: плохого материального обеспечения, низкой квалификации и недисциплинированности кадров, высокой аварийности. Эти беды преследовали наспех сооруженные осоавиахимовские учреждения на протяжении всей второй половины 1930-х гг. В Свердловском аэроклубе в 1937 г. произошла 21 вынужденная посадка, три аварии, одна катастрофа с человеческими жертвами, в 1939 г. только в Свердловской области произошло 15 чрезвычайных происшествий[214]. Из-за «вредительства врагов народа» до «полного развала» была доведена планерная работа в Свердловской области[215].

При всей популярности авиации этот вид спорта не был массовым. В числе прочих причин существовали и такие объективные препятствия, как жесткие требования к состоянию здоровья и уровню общих и технических знаний. Элементом «массовости» в развитии авиационного дела были, пожалуй, лишь агитоблеты и авиаперелеты, имевшие огромное агитационное и популяризаторское значение, а также авиамассовки и катания на самолетах. По настоящему массовым в авиационном направлении можно считать, пожалуй, лишь вышечный парашютизм.

В последнее пятилетие перед войной парашютные вышки стали одной из достопримечательностей многих городских парков культуры и отдыха (ПКиО). Количество совершенных прыжков исчислялось десятками тысяч[216]. Правда, эти «прыжки» имели мало общего с подготовкой парашютистов для Красной Армии и были, по выражению одного из осоавиахимовских функционеров, «кустарщиной». Они часто были поставлены на коммерческую основу и рассчитаны на людей, которые «прыгают ради острых ощущений»[217].

Если вкратце обобщить сюжеты, посвященные прикладным аспектам военно-патриотической работы Осоавиахима в провинции, можно отметить следующее. Несмотря на все трудности, дефицит инструкторских кадров и крайнюю «бедность» материальной базы провинциальных организаций, за довоенный период им удалось наладить крайне неустойчивую и неэффективную, но все же «рабочую» систему военного обучения советских граждан. Лучше всего эта система функционировала в деле «отработки обязательных контингентов», где контрольные цифры были «обозримыми», а поддержка армии наиболее реальной и ощутимой. Добровольные виды военной подготовки так и не приобрели массового характера. Даже популярность оборонных знаков, на основе которой была организована деятельность Осоавиахима во второй половине 1930-х гг., не смогла решительно изменить ситуацию. Качество военной подготовки оставалось в среднем чрезвычайно низким, а выдающиеся «достижения» осоавиахимовцев – единичными фактами.

§ 3. Патриотическая мобилизация населения

«Игры патриотов»

Главной целевой группой патриотической пропаганды и мобилизации было послевоенное поколение. Именно дети, родившиеся в конце первого и начале второго десятилетия XX века, составили в межвоенный период «призывной контингент», а следовательно, поколение солдат и командиров будущей войны. Советская молодежь второй половины 1920-х – 1930-х гг. была в определенном смысле tabula rasa, на которой сталинское руководство записывало свои лозунги, запечатлевало стереотипы поведения и мышления. Опыт войн, через которые прошли отцы и деды тогдашних 20-летних, оказался отфильтрованным и искаженным государственной пропагандой. Воспоминания об этих войнах, доступные лишь в обработке советской пропаганды, способствовали формированию неадекватных, редуцированных и мифологизированных представлений о войне. Героизация военного прошлого культивировала наивно-идеалистическое мировоззрение и восхищение армией. Одновременно, обладая наиболее пластичным мышлением, молодые люди оказались восприимчивыми к новым поведенческим кодам, настойчиво пропагандировавшимся властью. В частности – к инновативному стилю жизни, включавшему в себя занятия спортом и физической культурой[218], а также к образцовым гендерным репрезентациям[219]. Для деревенской молодежи этот новый стиль жизни означал в первую очередь разрыв с традиционной культурой. Многие мобилизационные практики были ориентированы прежде всего на новую городскую молодежь – социальную группу, образовавшуюся вследствие роста социальной мобильности советского населения в годы индустриализации. Своеобразным подтверждением этой гипотезы можно считать интересное совпадение, выявленное в ходе интервьюирования ветеранов Великой Отечественной войны. Подавляющее большинство респондентов, увлекавшихся в юности спортом и физической культурой, были выходцами из семей мигрантов, переехавших из деревни в город в конце 1920-х гг.

Элемент увлекательности, романтики, игры стал одним из ключевых в технологии формирования патриотического габитуса у молодежи. Стратегические соображения по методике массовой патриотической работы сформулировал в 1928 г. И.С. Уншлихт, когда говорил о необходимости находить такие формы, которые привлекли бы широкие массы, были бы приспособлены к их уровню, связаны с повседневной жизнью. «Практика показала, – утверждал Уншлихт, – что такими формами массовой работы являются всякого рода гулянья, экскурсии, соревнования, вечера вопросов и ответов, специальные конференции по принципу массового представительства и т.д.»[220] Заместитель председателя ЦС Осоавиахима также особо подчеркнул значение радио и кино, агитоблетов и агитобъездов и опыт туризма. Вообще слова «популяризация», «популярный язык» часто встречались в выступлении Уншлихта на II Пленуме ЦС. В некоторых случаях, как, например, в национальных республиках, иные формы работы, не отличавшиеся «популярностью», вообще были невозможны. Учитывая общую «культурную отсталость» этих регионов, возведенные в квадрат трудности, связанные с необходимостью перевода специальной литературы на национальные языки, осоавиахимовское руководство рекомендовало, главным образом, «применять наиболее яркие и интересные», «первичные» формы массовой работы[221].

Идея «учения с увлечением» неоднократно встречается и в резолюциях II Всесоюзного съезда Осоавиахима, проходившего в Москве в феврале 1930 г. Достичь оживления массовой работы по военной подготовке трудящихся предполагалось, в частности, путем внесения в нее элементов «спортизации» и усиления соревновательных методов – за счет сочетания учебы с дополнительными, «наиболее интересными для обучаемых видами работы». Агитационно-пропагандистскую работу также рекомендовалось облечь в театрализованные и художественные формы (живые газеты, инсценировки, литмонтаж, ечера обороны, художественные чтения с показом диапозитивов, хоровое пение)[222]. Учебник, подготовленный Б. Леонтьевым специально для системы Осоавиахима, так «рекламировал» необходимость создания военно-физкультурного городка в деревне: «В таком физкультурном городке постепенно налаживается сдача норм ГТО, на ворошиловского стрелка, молодежь учится военному строю, метанию гранат, а попутно развлекается, проводит игры, танцы и т.д. Имея такой городок можно весело отпраздновать большой праздник, устроить парад, соревнования и постепенно перейти к другим, более серьезным видам военной подготовки: изучению противогаза, подготовке метких стрелков, парашютисток, связистов, санитарок»[223].

Комбинирование патриотического воспитания с растущей популярностью спорта и техники было порождением государственной пропаганды и эффективно использовалось многими политическими режимами. Высокое физическое развитие считалось признаком образцовой мужественности в Европе[224]. В СССР его превратили в неотъемлемую характеристику советских патриотов обоих полов. В духе идеалов античности физическое развитие сочеталось с обладанием высокими морально-психологическими качествами. Древнеримский афоризм «В здоровом теле – здоровый дух» приобрел в советское время невиданную популярность. Вот как по этому поводу высказывался один из провинциальных советских функционеров: «В системе коммунистического воспитания трудящихся физкультура занимает далеко не последнее место. Это и понятно, так как правильно организованные физкультура и спорт призваны на помощь воспитанию необходимых качеств членов нового социалистического общества – несокрушимой воли, хладнокровия, смелости, находчивости в любых условиях. Именно эти качества дисциплинируют человека, вырабатывают здоровый и крепкий организм, а с ними и бодрый дух. Всем ясно, товарищи, что когда человек здоров, весел и жизнерадостен, значит этот человек готов решать любые проблемы и любые задачи...»[225]

Несмотря на то, что все перечисленные нравственные качества приписывались будущим «строителям социализма», очевидно, что они были универсальными характеристиками образцовой мужественности межвоенного периода. Этот «джентельменский набор» приобрел в Европе идеологическую окраску, лишь соединившись с расовой теорией нацистов. В советском обществе образцовая мужественность была более открытой категорией, под которую подпадали все советские граждане вне зависимости от национальной принадлежности. Даже классовый принцип в этом случае подвергался определенной эрозии, что демонстрирует популярность в СССР голливудских «героев» или зарубежных спортсменов[226].

Пропагандируя «учение с увлечением» и очередное порождение советского новояза – «спортизацию», советское руководство не только отдавало дань моде, но и преследовало серьезные оборонные цели. «Анализ данных о физическом развитии населения призывного возраста устанавливает факт значительной пониженности его физического развития в результате общеэкономических и бытовых потрясений последнего десятилетия за последние два года (1925 и 1926), – сообщалось в секретном докладе военно-санитарного управления РККА от 1927 г. – Призывные контингенты ближайших лет, перенесшие тяжелые испытания 1914–1921 гг. в наиболее ранимом возрасте, могут дать новое ухудшение физического развития, что диктует необходимость особого внимания к допризывной подготовке и физическому воспитанию молодежи»[227].

Советские технологии патриотической мобилизации родились, таким образом, на пересечении государственных задач и интереса части советской молодежи к спорту, технике и армии. Комсомол, физкультурные общества и региональные отделения Осоавиахима образовали «кросслокальные сети» институтов, занимавшиеся мобилизационной работой. В соответствии с особенностями целевой группы важную роль в патриотической мобилизации играли перформативные акции. Такие формы мобилизационной работы, как военизированные походы и походы по местам боевой славы, военизированные праздники, состязания и военно-спортивные игры были наиболее зрелищными. Они не только отвечали стремлению сталинского режима к постоянному публичному воспроизводству и инсценированию власти, но и соответствовали психоэмоциональным возрастным характеристикам молодежной «мы – группы».

Необходимо сразу оговориться, что вышеперечисленные формы мобилизационной работы с большим или меньшим успехом использовались мобилизационными институтами в городе. Возможности военно-патриотических организаций в деревне, как свидетельствуют источники, были достаточно ограниченными. Поэтому планы по военно-патриотической работе с деревенской молодежью чаще всего оставались на бумаге. Реально действовавшими институтами в деревне были, пожалуй, военные комиссариаты и территориальные части Красной Армии. Именно Красная Армия становилась для части деревенской молодежи «школой» дисциплинирования и патриотического воспитания. Впрочем, по свидетельству некоторых исследователей, уровень физического развития городской молодежи также был довольно низким[228].

Первый военизированный поход провели московские осоавиахимовцы летом 1927 г. Советские источники сообщают, что походы быстро приобрели популярность среди молодежи[229]. Летом ходили в походы пешком, совершали переходы на шлюпках и велосипедах, зимой отправлялись в лыжные прогулки. Военизированные походы требовали хорошей физической подготовки и выносливости. Часто маршруты были длинными и небезопасными, проходили в сложных погодных условиях. Например, в феврале 1936 г. двенадцать верхневильвинских комсомольцев запланировали переход Верхняя Вильва – Астрахань на швerботах. Общая протяженность пути составила 3177 км. За время перехода участники сдали нормы ГТО, Ворошиловского стрелка и ПВХО, прошли 100 км в противогазах и совершили 20-километровый заплыв в четыре этапа[230]. В 1935 г. шесть допризывников из Башкирии прошли на лодках от Уфы до Москвы. Этот лодочный переход, разрешение на который было получено в ЦС Осоавиахима, стал предметом гордости башкирских осоавиахимовцев. Его участники были приняты М.Н. Тухачевским, а фотография команды была помещена в газете «Красная Звезда». Отважная шестерка была награждена ценными подарками[231]. Широко известным стал и лыжный переход жен командиров Уральского военного округа, совершенный в январе – феврале 1935 г. по маршруту Тюмень – Москва. Со своей любовью к сенсациям советская пропаганда преподнесла его как «первый в мире переход лыжниц»[232].

Часто обязательным элементом военизированного похода было прохождение отрезка пути в противогазах[233]. По инициативе узлового комитета ст. Свердловск-Сортировочная 17–18 августа 1939 г. молодежь в составе роты допризывников и санитарной дружины из 29 девушек совершила поход на 28 км. Из них 12 км они прошли в противогазах, выполнив одновременно нормы на оборонные значки ПВХО и ГСО[234].

Во второй половине 1930-х гг., когда военизированные походы стали обязательным компонентом в работе любой «образцовой» общественной организации, отчеты районных и областных советов Осоавиахима и комитетов комсомола запестрели цифрами достижений. О военизированных переходах регулярно сообщали сводки военкоматов о подготовке к очередному призыву[235]. Политически грамотным считалось проведение военизированных походов в честь юбилеев и революционных праздников.

Интеграция военно-спортивных элементов в праздничную культуру раннего сталинизма позволяла наиболее эффективно увязать две задачи: формирование культа физического здоровья и приобщения молодежи к ритуалам поддержания памяти о революции и гражданской войне. Поэтому военизированные походы часто выступали в форме «походов по местам боевой славы». В Башкирии накануне празднования 20-летия Красной Армии местный Осоавиахим запланировал массовые лыжные переходы между районами и поход в район Стерлитамака, где «были расстреляны красноармейцы»[236]. Кагановичский райком Перми провел «школьные вылазки по историческим местам», на которых участники боев против «белых» рассказали подросткам об «обороне Перми от колчаковских банд» и показали место «переправы красной разведки при взятии г. Перми в 1919 г.»[237] Таким образом, военизированные походы по местам боев гражданской войны прекрасно вписывались в обширную работу по изобретению новых советских традиций – коммеморации гражданской войны и культа ее героев.

Во второй половине 1930-х гг. в деле организации военизированных походов появились новые тенденции. Массовость и инициатива уступили место профессионализму и организации. К участию в походах стали привлекаться тренированные спортсмены. Сами походы превратились в хорошо продуманные масштабные агитационные мероприятия, сопровождавшие значительные политические события в стране: принятие Сталинской Конституции, выборы в Верховные Советы Союза, РСФСР и местные советы.

Трансформацию развлечения в профессиональную агитработу демонстрируют планы подготовки массовых военизированных лыжных переходов на Урале, организованных в 1939 г. добровольными спортивными обществами и приуроченных к выборам в местные советы: «<...> 1. Командир пробега должен быть согласован с партийными и комсомольскими организациями района, с представлением в союз для утверждения – выписки заседания правления артели, список лыжников и справки прохождения медосмотра. 2. С коллективом лыжников провести ряд бесед по выборам и Конституции, подготовить их для проведения кампании по выборам на остановках и ночевках в пути следования. 3. Создать возможность тренировки лыжникам регулярно, вплоть до перевода их в одну смену с утра. 4. Для создания эффектности команде приобрести лыжные костюмы или подобрать одинаковую одежду для перехода на месте в районе. 5. В пути следования обеспечить команду нагрудными лозунгами, которые согласовать с партийными, комсомольскими организациями района. 6. Продумать и обсудить на правлении артели встречу и прием команды лыжников, ночевка – общежитие, питание, обслуживание. 7. Количество команды лыжников ограничивается в 3 человека, не более...»[238]

Удовольствие и спорт перестали быть главной целью походов. Основным содержанием стала агитационная работа, которая, как свидетельствует один из документов, «вменялась в обязанность» участникам переходов[239]. В сводке управления Свердловского мобилизационного округа, информировавшей о ходе подготовки граждан к призыву, сообщалось и о проведенных лыжных походах. Начальник управления мобилизационного округа Никифоров пенял районным военкоматам на недостаточную работу в этом направлении, хотя из перечисления следует, что каждый из них организовал хотя бы одно «лыжное» мероприятие. Одновременно Никифоров отмечал, что во время походов была проведена «большая массово-политическая работа». В частности, команда Коми-Пермяцкого округа во время «кольцевого» лыжного перехода проверила подготовку к призыву и весенней посевной кампании, провела беседы о животноводстве, уходе за конем, налаживании осоавиахимовской работы в низовых ячейках. Лыжники-агитаторы продавали билеты 10-й лотереи Осоавиахима, пересчитывали и проверяли «членство», проводили с колхозниками беседы и выпускали стенгазеты[240]. К сожалению, в фондах Осоавиахима не удалось обнаружить документов личного происхождения, которые позволили бы реконструировать мотивы и настроения участников военизированных походов. Специальные дневники походов, которые иногда велись руководителями отрядов, содержат лишь данные о состоянии здоровья, о количестве проведенных агитационных мероприятий и «радостном настроении», с которым колхозники встречали осоавиахимовцев [241].

Советская пропаганда связала развлекательный элемент походов с понятиями долга, достоинства, любви к социалистической родине. Таким образом, романтика оказалась органично встроенной в патриотический этос молодежи. Аргументом в пользу этого предположения можно считать, пожалуй, и общую тенденцию, характерную для развития советского туризма, не связанного непосредственно с деятельностью Осоавиахима. Туристические походы и экскурсии нередко содержали элемент патриотического воспитания. «Путешествие на лодке, прекрасный отдых на живописной реке, связанной с воспоминаниями из истории колонизации Урала и отдельными эпизодами гражданской войны» – так характеризует путешествие по р. Уфа описание туристских самодеятельных маршрутов по Уралу Свердловского туристско-экскурсионного управления ВЦСПС. Знакомство с другими маршрутами подтверждает предположение, что воспоминания о гражданской войне сопровождали туристов также в путешествиях по железной дороге или пеших переходах[242].

Другим способом сочетания военного обучения, патриотического воспитания и развлечения были военно-спортивные игры. В сентябре 1938 г. в Перми широко праздновались Международный юношеский день и 20-летие комсомола. В списке праздничных мероприятий значился и спортивный праздник на р. Каме, во время которого «был показан военный бой на воде». По сообщению источника, несколько тысяч трудящихся города Перми вышли на улицу и «с большим интересом следили за военной игрой»[243]. В это же время в Уфе была организована межрайонная тактическая игра «оборона – наступление», в которой было задействовано 800 человек из двух районов города и два звена самолетов[244].

Военно-спортивные игры, маневры и показательные военные выступления пришли в Осоавиахим, а вместе с ним и в массовую праздничную культуру межвоенного времени из армии. Воображаемые бои и марш-броски, проводившиеся на карте или специальном полигоне, в конце 1920-х гг. стали применяться как форма обучения в Военной академии. А показательные военные парады с приглашением иностранных гостей и демонстрацией мощи Красной Армии стали известны далеко за пределами СССР. Военно-спортивные игры, как и военизированные переходы, были практическим применением все той же идеи «учения с увлечением». В отличие от походов игры обычно включали в себя и элемент зрелищности, праздника, что делало их еще более привлекательными для молодежи.

Внимательный взгляд на формы военно-спортивных мероприятий Осоавиахима позволяет предположить их родство с элементами не только революционной, но и дореволюционной досуговой культуры. Исследователи советских праздников обычно характеризуют появление военно-спортивных мероприятий в планах празднований, а также тенденцию милитаризации праздничной культуры как новшество конца 1920-х гг.[245] Однако народная праздничная культура до революции, так же как и церемониально-праздничная культура императорского двора и русской армии, включали в себя элементы военно-спортивных состязаний, парады и игровые зрелищные формы[246]. Несомненно, включение воинских ритуалов в сценарии праздников, использование военной техники и все более широкий охват гражданского населения парамилитаристскими, по своей сути, формами деятельности – черты новые. Они свидетельствуют о том, что праздничная культура также изменялась под натиском индустриального общества. Тем не менее сами спортивные элементы были уже известны, и суть этих ритуалов оставалась в основе своей прежней – зрелищность, состязательность, демонстрация образцов мужественности и женственности, корпоративности и коллективного духа. Возможно, этим и объясняется быстрая «приживаемость» и популярность военно-спортивных праздников в советское время, о чем свидетельствуют некоторые источники. Например, в марте 1928 г. в местные комитеты комсомола поступило циркулярное письмо ЦК ВЛКСМ «О развертывании военной работы в деревне». В письме рекомендовалось «наиболее живые формы военной работы – походы, маневры, конкурсы – переносить на деревню, но ставить более простые задачи: состязания между селами (волостями), поход одного села на другое, конкурсы на лучшего стрелка»[247]. Отчеты уральских райсоветов Осоавиахима свидетельствуют о том, что «походы одного села на другое» быстро прижились в деревне. Вполне вероятно, что деревенской молодежью они воспринимались как легализованный вариант старинных кулачных боев «стенка на стенку».

В городе, обеспеченном материально лучше деревни, были популярны зрелищные имитации воздушно-химических нападений. На заре военно-патриотического движения, когда по инициативе Л.Д. Троцкого в стране стали создаваться организации Доброхима, его уральское отделение в годовщину освобождения края от Колчака наметило показ «туманных картин», характеризующих применение химии в военном деле и сельском хозяйстве[248]. С той поры «воздушные нападения» стали часто включаться в сценарии праздничных мероприятий. Именно такая репетиция химической атаки с воздуха была иронически нарисована Ильфом и Петровым в «Золотом теленке». Особенно эффектными показательные осоавиахимовские учения выглядели, если в них принимала участие авиация.

Сталинский режим всячески пропагандировал советскую авиацию, создавая вокруг нее ореол героизма и доступности[249]. Во время праздников советские трудящиеся могли полюбоваться на имитации воздушных боев и даже прокатиться на самолете в качестве пассажиров. Правда, эти развлечения стали приметой 1930-х гг., когда советская авиация действительно встала на ноги. На заре отечественного самолетостроения агитационные кампании совершали отдельные самолеты, отправлявшиеся из центра в кольцевые маршруты по стране. Так было, например, в 1929 г., когда из Москвы вылетел самолет, на борту которого красовался лозунг «Все – в Осоавиахим!», облетевший 150 населенных пунктов России, Украины и Белоруссии[250]. Через 5–7 лет самолеты, принадлежавшие региональным отделениям Осоавиахима и военным частям, уже широко использовались в праздничных представлениях. В программе одной из оборонных массовок 1937 г. в Свердловске значились воздушный парад, высадка десанта, сбрасывание грузов, а также индивидуальный пилотаж. В Сысерти райком комсомола запланировал отметить 20-летие РККА двусторонним учением «оборона и наступление», а также организовать «противовоздушно-химическую оборону» Сысерти с участием самолетов, выделенных областным Осоавиахимом. Юбилейный «кустовой» вечер в клубе шахты им. Володарского на Кизеловских копях завершился катанием 7 стахановцев-комсомольцев на самолете, «прилетевшем из Чусовой»[251].

Отчеты осоавиахимовских функционеров свидетельствуют о том, что население чаще всего воспринимало военно-спортивные мероприятия как развлечение. Во всяком случае, именно на это жаловался заместитель председателя городского Осоавиахима Свердловска на собрании городского актива 9 мая 1937 г., характеризуя работу организации по ПВХО: «За 1936 год по Свердловской области всего подготовлено 12 значкистов ПВХО второй ступени. <...> Но в чем беда. Я лично усматриваю причины в том, что много было парадностей в вопросах ПВХО, шумихи и отсутствия целеустремленности и политической работы. Взять прошлый год, я не был здесь, но мне рассказывали, что были такие торжества, что 80 тысяч было в парке культуры и отдыха, дым, взрывы, полеты, а потом дым рассеялся, звук взрывов уже не улавливается, люди утихли, разъехались по домам. Подвели итоги в конце года, и оказалось 12 значкистов»[252].

Одновременно местным партийным, комсомольским и осоавиахимовским руководителям было ясно, что именно на пути соединения спорта, военного обучения и отдыха возможно массовое привлечение советских граждан к военно-патриотическому делу. В Свердловском парке культуры и отдыха наряду с эстрадными и танцевальными площадками, читальней, шахматно-шашечным клубом и каруселями были оборудованы парашютная вышка, стрелковые тиры, лодочные станции, баскетбольные, крокетные, волейбольные и городошные площадки. За лето 1936 г. с парашютной вышки в ПКиО, по данным обкома партии, были совершены 3500 прыжков. В парке регулярно проходили физкультурные соревнования и сдача норм ГТО[253]. В уже упоминавшейся выше сводке начальника Свердловского мобилизационного округа особой похвалы за хорошую постановку лечебно-оздоровительной работы удостоились Пермь и Молотово, «которые систематически и в массовом порядке привлекают призывников к сдаче норм на ГТО...», а прием нормативов по лыжам превратили «в праздник с проведением парада и митинга»[254].

Недели обороны, добровольчество и «отрядная вакханалия»

Первыми крупными мобилизационными акциями патриотического характера считаются «Неделя обороны» и кампания «Наш ответ Чемберлену», проведенные в 1927 г. В современной историографии такие мобилизационно-пропагандистские мероприятия сталинского режима второй половины 1920-х гг. также известны под названиями «военных тревог»[255]. Поводом для включения механизмов патриотической мобилизации, как правило, служило ухудшение международной ситуации вокруг СССР. В обращении ЦК ВКП(б) в связи с объявлением первой «Недели обороны» говорилось о разрыве Англией «дипломатических и торговых сношений с СССР» как о «естественном продолжении» враждебной политики консервативного правительства Великобритании по отношению к «первому пролетарскому государству». Конечной целью этой политики, естественно, было «свержение советской власти» и «возвращение старого режима». Красочно обрисовав «замыслы врагов», партия призывала: «Быть на-чеку, смотреть прямо в глаза опасности, быть готовым к отпору – такова первейшая обязанность рабочих и крестьян нашей страны»[256]. ЦК ВЛКСМ обратился к своей аудитории – советской молодежи. Агитируя за активное участие в кампании «Наш ответ Чемберлену», он напомнил рядовым комсомольцам: «У нас есть отечество. Это Советский Союз – отечество всех угнетенных, надежда и оплот международного пролетариата»[257]. Для защиты «отечества всех угнетенных» необходимо было овладеть оружием и пройти военную подготовку. «Мы не хотим войны, но будем готовы к ней», – подводило итог постановление ЦК[258].

Одним из основных мобилизационных институтов в периоды «военных тревог» стало военно-патриотическое общество «Осоавиахим». Масштабные акции 1927 г. стали первыми крупными «перфомансами» оборонной организации в масштабах всего Союза. Патриотическая кампания началась со сбора средств в фонд «Наш ответ Чемберлену» и с агитационных мероприятий, нацеленных на распространение влияния Осоавиахима среди населения. «Неделя обороны» с 10 по 17 июля была центральной частью плана, в которой агитация тесно переплеталась с праздничными ритуалами. В связи с этим даже пожертвовали отмечавшимся ранее Днем смотра сил строителей обороны (14 июля), посвященным оборонной организации. Пиковая дата «Недели обороны» – 17 июля – поглотила этот праздник. В течение семи дней «сплошная» агитация «за укрепление обороноспособности СССР» должна была сопровождаться экскурсиями ячеек в части Красной Армии и ответными визитами красноармейцев на фабрики и в деревню, массовыми гуляньями с участием воинских частей и Осоавиахима, военно-спортивными играми и походами.

17 июля с открытия продажи билетов 2-й авиационной лотереи Осоавиахима начались праздничные мероприятия. ЦС Осоавиахима рекомендовал в этот день

провести демонстрацию колонн Осоавиахима. В колоннах маршировали члены авиахимкоманд, стрелки, кружковцы-парашютисты и авиамоделисты, женские санитарные команды, физкультурники, велосипедисты и пионеры «с лозунгами и барабанами». «Демонстрация, – говорилось в рекомендациях, – должна носить характер боевого карнавала со знаменами, лозунгами, значками, карикатурами и т.д. Желательно, если лагерь Красной Армии находится вблизи этого города, шествие колонн закончить мощным митингом в лагере, с участием воинских частей. К моменту этого митинга заканчивается парад Красной Армии». По завершении демонстрации-карнавала армейские или осоавиахимовские части должны были продемонстрировать «показательные атаки конницы», «выезды артиллерии и пулеметных тачанок», провести всевозможные состязания (по стрельбе, конному спорту, велосипедной езде, бегу), активно привлекая к участию население. В Москве в этот день планировался слет эскадрилий, аналогичный «звездному перелету»[259]. В результате проведения «Недели обороны», по данным советской историографии, численность Осоавиахима возросла на 600 тыс. человек[260]. А в ноябре 1927 г. военно-патриотическая организация передала ВВС РККА эскадрилью самолетов «Наш ответ Чемберлену», построенную на деньги, собранные в ходе оборонной акции[261].

Первая крупная мобилизационная акция Осоавиахима фактически прошла мимо уральской организации, руководство которой в это время было озабочено затягивающимся процессом слияния оборонных обществ. Обсудив телеграмму ЦС «о проведении кампании в связи с военными угрозами», президиум облсовета постановил «открыть немедленно кампанию по сбору добровольных отчислений на постройку двух самолетов под наименованиями "Уральский рабочий" и "Уральский крестьянин"» и «запросить ЦС о присылке агитматериалов». Местным обществам было рекомендовано «в срочном порядке» провести ряд митингов на предприятиях и учреждениях[262]. Так как «Неделя обороны» на Урале шла ни шатко ни валко, ее решили сдвинуть на вторую половину июля, объединив с уже традиционными празднованиями освобождения края от Колчака. Впоследствии облсовет отчитался перед ЦС положенными «экскурсиями в лагеря РККА», военными играми, боевыми инсценировками и военными походами. В ряде округов также были проведены «маневры»[263], а Свердловское отделение Осоавиахима организовало военизированный поход в лагеря 170-го стрелкового полка. В походе, проходившем по всем правилам настоящих военных марш-бросков, приняло участие 500 человек[264]. В ноябре 1928 г. председатель облсовета сообщил в Москву о сборе 48 тыс. рублей в фонд «Недели обороны», хотя и признался, что результаты «по членству и сбору средств» неудовлетворительны – мешают другие общегосударственные кампании. Правда, к 10-летию РККА уральская организация все же смогла торжественно передать ВВС пять именных самолетов[265].

Судя по оценкам и действиям руководства военно-патриотической организации, кампания «Наш ответ Чемберлену» и «Неделя обороны» серьезно повлияли на решение превратить Осоавиахим в основной институт военизации. Еще 24 июня 1927 г. была принята резолюция президиума оборонного общества, в которой работа по военной подготовке трудящихся была названа «первоочередной» задачей. Для руководства работой по массовой военной подготовке трудящихся в структуре ЦС Осоавиахима была создана соответствующая секция[266]. Итоги первой крупной патриотической кампании укрепили позиции сторонников централизации усилий по военизации населения. Спустя месяц после завершения первой «Недели обороны»[267] (в августе 1927 г.) президиум Осоавиахима принял решение снизить возрастной ценз для вступления в оборонную организацию с 18 до 14 лет[268], тем самым расширив круг потенциальных участников организации. Вероятно, в рамках общей тенденции к расширению социальной базы Осоавиахима решено было оформить институционально и участие женщин[269].

На II Пленуме ЦС Осоавиахима в апреле 1928 г., оценивая эффект, произведенный первой «Неделей обороны», нарком обороны К.Е. Ворошилов отметил: «Проведенная прошлым летом неделя обороны дала большие результаты. Мы по-новому поставили вопрос о боевой подготовке членов общества и всего трудящегося населения СССР. В течение нескольких месяцев Осоавиахим создал отряды рабочих и крестьян, которые практически изучали военное дело, а осенью принимали участие в маневрах вместе с регулярными частями Красной Армии. Я уверен, что отряды Осоавиахима, если бы противники заставили нас взяться за оружие, самоотверженно действовали бы бок о бок с регулярными воинскими частями»[270].

Успех акции «Наш ответ Чемберлену» и «Недели обороны» (хотя и не повсеместный, как видно на примере уральской организации) был для военного и политического руководства Осоавиахима несколько неожиданным. Всплеск активности населения перед лицом призрака надвигающейся войны обозначили мощный финансовый и военно-стратегический ресурс, который могла бы составить оборонная организация, и одновременно продемонстрировали угрозу, таящуюся в ней. «Основным достижением всей кампании, – сообщал секретариат Осоавиахима в своем отчете, опубликованном в официальном печатном органе «Бюллетень Осоавиахима», – является то, что она заложила прочную основу систематической работе по военной подготовке трудящихся... Кампания значительно оживила работу низовых организаций Общества. Она, несомненно, привлекла внимание всей советской общественности к Осоавиахиму как к организатору трудящихся в деле массовой подготовки страны к обороне»[271]. Военное руководство СССР, ключевые фигуры которого (Фрунзе, Тухачевский и др.) достаточно последовательно вынашивали планы централизации дела военной подготовки советского населения, наконец получило в свои руки аргумент большой силы: трудящиеся проявили большой интерес к делу обороны страны, осталось лишь придать этому интересу четкие организационные формы.

Однако «Неделя обороны» имела и негативные, с точки зрения военного руководства, побочные эффекты. Они вызвали серьезную озабоченность военного руководства страны и Осоавиахима и, как представляется, повлияли на дальнейшую историю оборонной организации. Речь идет о так называемой «отрядной вакханалии» (а именно так назвали этот феномен руководители Осоавиахима), охватившей оборонные организации в конце 1927 г. В октябре 1927 г. заместитель председателя Осоавиахима И.С. Уншлихт в секретной «депеше» ЦК ВКП(б) сообщал, что в течение нескольких месяцев после «Недели обороны» по директивам местных партийных комитетов или с их санкций стали создаваться специальные осоавиахимовские формирования: «роты, дружины, полки, а в некоторых местах и более крупные соединения – бригады и дивизии. Эти формирования являются постоянными, имеют свои штабы, кадр начальствующего состава, а в некоторых организациях и форму»[272]. В письме Уншлихта упоминались осоавиахимовские организации Северного Кавказа, Орла, Днепропетровска, Орши, Гомеля. В числе инициаторов «отрядной вакханалии» оказались также уральские и башкирские организации Осоавиахима. Командующий состав Вятского губернского Осоавиахима на общем собрании 2 сентября 1927 г. высказался, помимо прочих мероприятий, за переименование гражданских названий оборонных организаций в военные подразделения: роты, взводы, отделения. «Общее название части наименовать "Вятский осоавиахимовский полк", – говорилось в резолюции собрания, – о чем просить утверждения губсовета»[273].

Особо отличился башкирский Осоавиахим, во главе которого в 1927 г. стоял начальник территориального управления Красной Армии в Башкирской республике Малышев. В многостраничном «Докладе о новых формах военной работы Башкирского общества Осоавиахим», направленном 7 декабря 1927 г. члену РВС Приволжского военного округа Дуганову, Малышев писал: «Практика двух лет наиболее развитой военно-общественной работы в Башкирской республике по линии ОСО и Осоавиахима в формах кружков военных знаний, наряду с существенными достижениями выявила целый ряд недостатков, наличие которых в значительной степени тормозило дальнейшее развитие военизации населения. <...> Изучение этих обстоятельств привело к мысли сделать попытку найти новые формы общественной работы, кои, если не целиком, то в известной мере обеспечили бы изжитие указанных недостатков. В течение продолжительного времени прорабатывая этот вопрос, лично я пришел к выводу о необходимости изменения организации военной работы в форму, приближающуюся к войсковой организации, т.е. к необходимости формирования осоавиахимовских частей, при чем исходя из следующих соображений:

Приближенные к армейским организационные формы военной работы обеспечат возможность в процессе работы наглядно изучать организацию армии.

Путем централизованного руководства получить возможность введения большей плановости, лучшего изучения организации и быстрого исправления недочетов. В то же время это руководство будет значительно приближено к низовым ячейкам.

Система войсковой организации даст возможность большего привлечения к практической работе начальствующего состава запаса, т.к. использование его по военной специальности и должностной воинской категории в значительной степени повысит его заинтересованность, ибо, выполняя обязанности по своей учетной должности, он не только будет учить, но и учиться сам. В целом это соображение обеспечивает значительное улучшение руководства практической работой и открывает большие возможности переподготовки запаса.

Исходя из положения, что ответственные, политические гражданские работники состоят на учете запаса по ответственным командным и политическим должностям, такая форма работы даст возможность вовлечь в практическую руководящую работу Осоавиахима значительный кадр руководящих работников, благодаря чему обеспечит повышение внимания Осоавиахиму, большую организационную связь Осоавиахима с партийно-профсоюзными и комсомольскими организациями, улучшит идейное руководство и на основе этого даст больше возможностей материальной помощи.

Приближение организационных форм военной работы Осоавиахима к армейской организации в условиях большой законной симпатии трудящихся к своей армии, повысит их активность в изучении военного дела, породит чувство дорожить «своей», хотя и осоавиахимской частью, значительно укрепляя идею шефства и, несомненно, вызовет здоровые и весьма полезные тенденции к соревнованию»[274].

По сообщению Малышева, реорганизация башкирского Осоавиахима была совместным детищем партийных, профсоюзных и осоавиахимовских руководящих органов республики, что было закреплено в соответствующем совместном постановлении. Формирование 1-го Уфимского полка Осоавиахима было завершено к 25 сентября 1927 г. В этот день состоялся общественный смотр и парад полка. В состав руководителей первого осоавиахимовского полка в Башкирии вошли многие представители партийной и профсоюзной «верхушки» республики. Блистательный список комсостава Уфимского полка помещен в приказе по Башкирскому обществу «Осоавиахим» от 27 августа 1927 г.: «Командиром полка назначается председатель Башосоавиахима тов. Малышев, военным комиссаром полка – заместитель председателя Башпрофсовета тов. Муксинов, помощниками командира полка: по строевой части – командир полка запаса, секретарь ВЦИКа Муксинов, по хозяйственной части – управляющий конторой госбанка тов. Вербловский, помощниками военкома – заведующий АПО Башобкома тов. Уразаев, секретарь 1 горрайкома ВКП(б) тов. Наудин и ответственный редактор «Красной Башкирии» тов. Бойцов, временно исполняющий должность начальника штаба полка – начштаба 4-го Башкирского резервного полка т. Мухатдинов и начальником санитарной части полка – заместитель наркома здравоохранения Мелиоранский. Остальной начальствующий состав, в соответствии с § 2 сего приказа назначить распоряжением командования полка по согласовании с соответствующими профессиональными и осоавиахимовскими организациями»[275].

По опыту башкирской столицы осоавиахимовские части стали создаваться в кантонах, и к моменту составления «Доклада» в Башкирии были организованы 4 полка, 6 отдельных батальонов и 1 отдельная рота, живо обсуждался вопрос об объединении их в дивизию. Новые организационные формы демонстрировали свои «положительные стороны»: заинтересованность в военной работе и обучении активно проявляли как рядовой, так и командный состав осоавиахимовских частей. Учитывая, что в комсостав вошли многие руководящие работники республики, как по партийной, профсоюзной, так и по административно-хозяйственной части, многие вопросы стали решаться быстрее. «Раньше материальная помощь Осоавиахиму со стороны хозорганов почти отсутствовала, – писал Малышев, – сейчас гарантирована оплата стрелковых пособий и военной литературы до 15000 рублей». Легче стали решаться вопросы с помещениями и приобретением материальной части. Башкирский Осоавиахим ввел для своих полков форму военного образца, организовать производство ткани для которой и пошив помогли «руководители хозчасти полка в лице управляющего конторой Госбанка и председателя крупнейшей торговой организации в Башкирии "Башторга"»[276].

«Отрядная вакханалия» изрядно встревожила руководство Осоавиахима. Партийное «ядро» президиума Осоавиахима, проанализировав информацию с мест, решило «вырвать зло с корнем». И.С. Уншлихт сообщил в ЦК ВКП(б) о результатах совещания и мотивах принятого решения:

«Фракция ВКП(б) президиума Союза Осоавиахим СССР рассмотрела вопрос об этих формированиях и пришла к твердому решению, что они являются неприемлемой формой работы общества по следующим соображениям:

эти формирования вклиниваются в общую систему военной подготовки трудящихся, вносят параллелизм в работу терчастей Красной армии и, т.о., не содействуют органам наркомвоенмора и частям РККА в деле подготовки страны к обороне, а подменяют их своей работой,

нет никакой возможности организовать политический контроль над этими формированиями, над подбором начальствующего состава и т.д., что создает особо неблагоприятное положение в некоторых районах (Кубань и др.),

эти формирования выходят из рамок общественной подготовки трудящихся к обороне, стирая этим, в значительной части, лицо Осоавиахима как общественной организации.

Исходя из изложенного, фракция ВКП(б) Президиума союза Осоавиахима СССР просит дать указания партkомам о роспуске осоавиахимовских формирований. Одновременно по разрешению ЦК этого вопроса будет дана такая же директива по линии общества»[277].

Второй пункт изложенных Уншлихтом соображений является, видимо, ключевым в понимании отношения к «отрядной вакханалии». Недаром в официальном циркуляре ЦС Осоавиахима от 2 декабря 1927 г. «О ликвидации всех постоянных формирований Осоавиахима, носящих характер войсковой организации», адресованном низовым организациям, именно этот пункт был пропущен. Создание формирований Осоавиахима войскового типа, согласно циркуляру, допускалось лишь как временная мера для выполнения конкретных учебных заданий: проведения лагерных сборов, военных походов и маневров, участия в совместных маневрах с Красной Армией, в празднествах и торжествах. Создание осоавиахимовских частей разрешалось лишь по согласованию с высшим войсковым командованием. «После выполнения этими формированиями своих задач, – говорилось в документе, – они должны быть немедленно расформированы без какого-либо сохранения списков, кадров, штабов и пр.» Расформирование же созданных после «Недели обороны» подразделений рекомендовалось проводить с «особой осторожностью», «дабы не убить возросшего интереса трудящихся к военным знаниям, не растерять активы этих формирований»[278]. Несмотря на столь явное осуждение руководства и принятые организационные меры, идея постоянных формирований армейского типа оказалась чрезвычайно живучей и привлекательной для рядовых осоавиахимовцев.

Следующий всплеск увлечения осоавиахимовскими постоянными подразделениями пришелся на очередной распропагандированный виток напряженности, на этот раз во взаимоотношениях СССР и Китая. В ноябре 1929 г. правление территориального округа 57-й Уральской стрелковой дивизии сообщало, что «в связи с событиями на Китайско-Восточной железной дороге в окружные военные комиссариаты и РИКи поступают массовые заявления военнообязанных о поступлении их добровольцами в части особой Дальневосточной армии». Некоторые окружные военкоматы по собственной инициативе начали учет лиц, пожелавших вступить добровольцами в РККА[279]. Газета «Уральский рабочий» предложила на местах организовать добровольческие соединения, которые будут находиться в боевой готовности и выступят на защиту советского государства по первому призыву партии и правительства. Инициатива нашла широкий отклик среди уральцев. На предприятиях и в учебных заведениях, а также под эгидой Осоавиахима стали создаваться добровольческие отряды.

Идея добровольческих формирований, построенных по типу армейских подразделений, особенно пришлась по вкусу молодежи. Не просто звание добровольца, но и личная учетная карточка, причисление к «роте» или «батальону», практические военные занятия рождали чувство сопричастности к большому и важному «взрослому» занятию. 18 декабря 1929 г. в Деловом клубе г. Свердловска был проведен первый слет добровольцев, в котором участвовало 1700 человек. Учебно-строевые подразделения Осоавиахима отрапортовали слету о своих достижениях, заслушали приветствия пионеров и комсомольцев, а также доклад обкома ВКП(б) о международном положении. Добровольцы взвода главных свердловских мастерских Пермской железной дороги объявили себя «ударниками осоавиахимовской работы» и приняли на себя обязательства «выступить на защиту Октября по первому зову ВКП(б) и правительства». Командный состав взвода обещал съезду «все перечисленные обязательства выполнить полностью с установкой в каждом звене военных знаний и в полном смысле военного устава»[280].

Как и в 1927 г., советское руководство, столкнувшись с инициативой «снизу», поспешило запретить добровольческие подразделения. 16 и 24 сентября 1929 г. были опубликованы циркуляры ЦС Осоавиахима о ликвидации постоянных войсковых соединений, организованных из добровольцев. Добровольцы вводились в состав учебно-строевых единиц осоавиахимовских организаций и проходили военную подготовку в общем порядке[281]. Запретив добровольчество, руководство Осоавиахима фактически узурпировало идею «масс» о постоянных соединениях учебного и боевого характера. Вот как писал об этом в докладной записке ко II съезду Осоавиахима Л.П. Малиновский: «Все чаще и чаще приходится ставить вопрос об устойчивом институте инструкторов, об усилении аппарата

Планеристы В. Карпов, А. Рокитянская, В. Рокитянский, А. Деменков после полетов на планере Г-9, 1938 г. (архив РОСТО Башкирии, г. Уфа)

Артисты театра оперы и балета на стрелковых занятиях Осоавиахима. Свердловск, 1935. Автор съемки Л.Сурин (ГАСО. Фотоколлекция. Ф. И5/ч9. оп. 2. Д. 143);

Знакомство с винтовкой. Фото из альбома-рапорта Сталинского райкома комсомола г. Свердловска об итогах военно-технического экзамена молодежи. Альбом подготовлен для первого секретаря Свердловского обкома ВКП (б) И.Д. Кабакова 22 февраля 1935 г. (ЦДООСО, ф. 221, оп. 3, том 1, д. 112, л. 4об.)

Участники лыжного пробега Уфа-Оренбург, 1935 г. (ЦГАОО РБ, ф. 8823, оп. 1, д. 1027)

Бирский военно-спортивный кружок «Чеверевец» на маневрах. 27 сентября 1925 г. Фото И.Иванова (ЦГАОО РБ, ф. 8823, оп. 1, д. 935)

Парад членов осоавиахимовских кружков Мотовилихи по случаю 10-летия Красной армии, 1928 г. (ГАПО, ф. Р-1719, оп. 1, д. 384)

Осоавиахимовец на стрельбище. Свердловск, 1927. Автор Л.Сурин (ГАСО. Фотоколлекция. Ф. И5 (04?). Ящ. 18. Д. 2893)

Перед стартом. Фотоальбом с видами и участниками велопробега «Уралмаш – Ивдель – Уралмаш», 1935 г. (ЦДООСО, ф. 221, оп. 3 том 1, д. 113, л. 1)

Лагеря Осоавиахима. Свердловск, 1929. Автор Л.Сурин (ГАСО. Фотоколлекция. Ф. И5 (04?). Ящ. 16. Д. 2635)

Первая парашютная вышка, построенная аэроклубом в саду имени Ивана Якутова в г. Уфе, 1934 г. (архив РОСТО Башкирии, г. Уфа)

За изучением автотракторного мотора. Фото из альбома-рапорта Сталинского райкома комсомола г. Свердловска об итогах военно-технического экзамена молодежи. Альбом подготовлен для первого секретаря Свердловского обкома ВКП (б) И.Д. Кабакова 22 февраля 1935 г. (ЦДООСО, ф. 221, оп. 3, том 1, д. 112, л. 6об.)

Сдача норм ГСО (Готов к санитарной обороне). Фото из альбома-рапорта Сталинского райкома комсомола г. Свердловска об итогах военно-технического экзамена молодежи. Альбом подготовлен для первого секретаря Свердловского обкома ВКП (б) И.Д.Кабакова 22 февраля 1935 г. (ЦДООСО, ф. 221, оп. 3, том 1, д. 112, л. 10)

Встреча участников лодочного похода Уфа-Москва с членами ЦС Осоавиахима, 1935 г. (ЦГАОО РБ, ф. 8823, оп. 1, д. 1030)

Занятия авиаспортивного кружка. Свердловск, 1929 г. Автор Л.Сурин (ГАСО. Фотоколлекция. Ф. И5 (04?). Ящ. 1. Д. 50);

Выставка Осоавиахима, посвященная противогазовой обороне. Свердловск, 1934 г. автор Л.Сурин (ГАСО. Фотоколлекция. Ф. И5 (04?). Ящ. 1. Д. 101)

Отряд Осоавиахима Перми на учениях в лагере на р. Мулянке, начало 1930-х гг. (ГАПО, ф. Р-1684, оп. 3, д. 8)

Фото из альбоми «Город Пермь в дни 15-й годовщины Октября», 1932 г. (ГАНИОПДПО, ф. 8043, оп. 1, д. И-58)

Подготовка материальной части к очередным полетам. Уфимский аэроклуб. 1936 г. (ЦГАОО РБ, ф. 8823, оп. 1, д. 175)

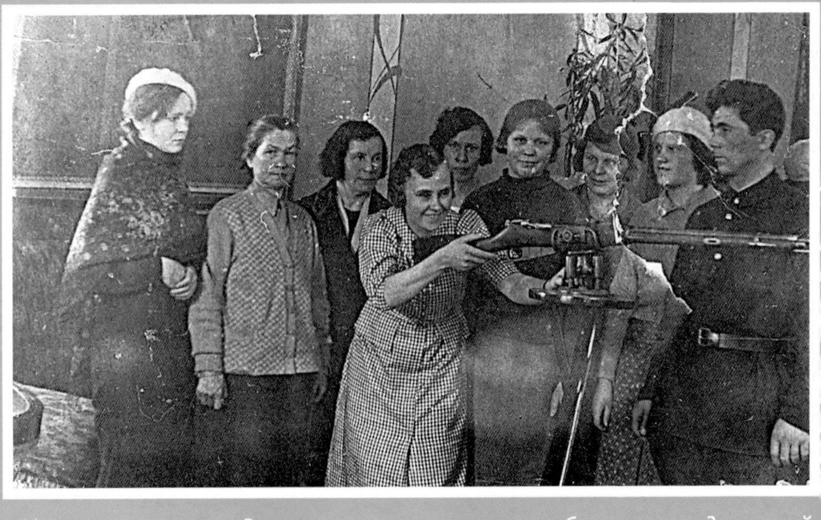

Инструктор курсов Ворошиловских стрелков и работницы предприятий Дзержинского района г. Перми во время изучения стрелкового оружия в учебном классе, середина 1930-х гг. (ГАПО, ф. Р-1658, оп. 4, д. 20).

Допризывники на учебном сборе. Г. Оханск, 1926 г. (ГАНИОПДПО, ф. 8043, оп. 1, д. В-273)

Изучение авиамотора в клубе Осоавиахима. Свердловск, 1932 г. Автор Л.Сурин (ГАСО. Фотоколлекция. Ф. И5 (04?). Ящ. 25. Д. 4499)

Агитационно-пропагандистская работа в г. Краснокамске, апрель 1936-октябрь 1936 г. На обороте фото надпись, сделанная участником событий: «По настоятельной просьбе рабочих мы обучили на беседах 45 человек использованию противогазов и кратко познакомили с историей газовой войны и свойствами газов, затем говорили об опасности войны, а противогаз одевать не умели; выделяли по 10 минут из беседы.... Здорово интересно было... И сидели... в противогазах Грокова, Кучницкая и вся молодежь выдерживают по 30-40 минут, а руководит т. Буров...» (фрагменты текста и подпись неразборчивы). (ГАНИОПДПО, ф. 8043, оп 1, д. И-341)

Велопробег по границам Туймазинского района по маршруту ст. Туймаза, Япрыкова, Москово, Туркменева, Муллино, Уязы, Кожай-Андреева, Нижне-Троицк, Верхне-Троицк, Константиновка, Николаевка, Нижне-Губеева, Чукады-Тамак, Алексеевка, Кандры, Аднагулово, Сардыкова, Колпаковка, Тюленякова, Покровка, Казанка, Аблаева, Какрыбашева. - 200 км, 4 июня - 9 июня 1931 г. (ЦГАОО РБ, ф. 8823, оп. 1, д. 1005)

Участники лодочного похода Уфа-Москва, в первом ряду слева будущий башкирский писатель Анвер Бикчентаев 1935 г. (ЦГАОО РБ, ф. 8823, оп. 1, д. 3

Бирский конный кружок военных знаний «Чапаевец» на маневрах, 16 июня 1929 г. Фото А.Иванова (ЦГАОО РБ, ф. 8823, оп. 1, д. 993)

Комсомольская рота Осоавиахима, г. Белебей, 1928 г. (ЦГАОО РБ, ф. 8823, оп. 1, д. 985)

Осоавиахим—боевой резерв РККА

Грядущая гигантская бойня главным образом и в первую очередь готовится против нас... Вопросы обороны государства во всей нашей работе являются важнейшими узловыми вопросами.

Ворошилов.

№ 100

Социалистическая

ПУТЕВКА

1-го Р. С. ОАХ.

Жен. сектору

г. Свердловск УОАХ 1933 г.

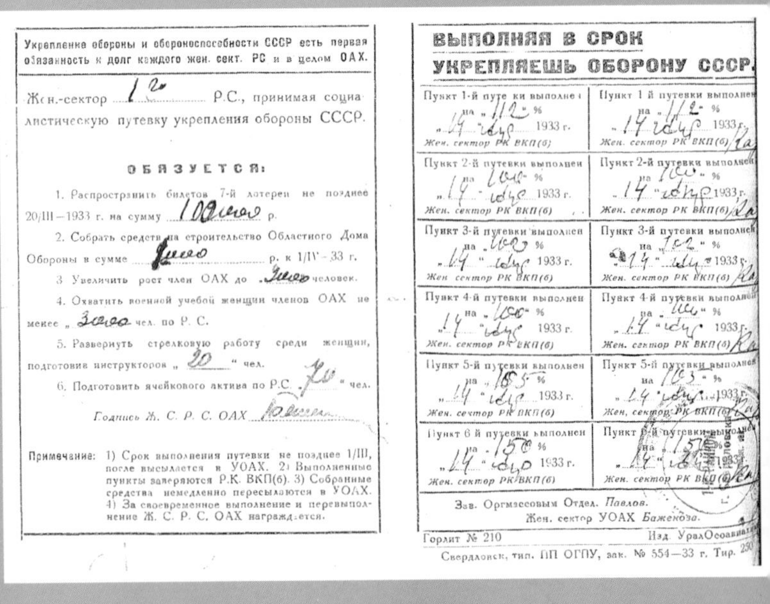

Укрепление обороны и обороноспособности СССР есть первая обязанность и долг каждого жен. сект. РС и в целом ОАХ.

Жен.-сектор 1-го Р.С., принимая социалистическую путевку укрепления обороны СССР.

ОБЯЗУЕТСЯ:

1. Распространить билетов 7-й лотереи не позднее 20/III—1933 г. на сумму 10000 р.

2. Собрать средств на строительство Областного Дома Обороны в сумме 2000 р. к 1/IV-33 г.

3. Увеличить рост член ОАХ до 3000 человек.

4. Охватить военной учебой женщин членов ОАХ не менее „3000“ чел. по Р. С.

5. Развернуть стрелковую работу среди женщин, подготовив инструкторов „20“ чел.

6. Подготовить ячейкового актива по Р.С. „70“ чел.

Подпись Ж. С. Р. С. ОАХ

Примечание: 1) Срок выполнения путевки не позднее 1/III, после высылается в УОАХ. 2) Выполненные пункты заверяются Р.К. ВКП(б). 3) Собранные средства немедленно пересылаются в УОАХ. 4) За своевременное выполнение и перевыполнение Ж. С. Р. С. ОАХ награждается.

ВЫПОЛНЯЯ В СРОК УКРЕПЛЯЕШЬ ОБОРОНУ СССР.

Пункт 1-й путевки выполнен на „112“ % „14“ 1933 г. *Жен. сектор РК ВКП(б)*	Пункт 1-й путевки выполнен на „112“ % „14“ 1933 г. *Жен. сектор РК ВКП(б)*
Пункт 2-й путевки выполнен на „100“ % „14“ 1933 г. *Жен. сектор РК ВКП(б)*	Пункт 2-й путевки выполнен на „100“ % „14“ 1933 г. *Жен. сектор РК ВКП(б)*
Пункт 3-й путевки выполнен на „100“ % „14“ 1933 г. *Жен. сектор РК ВКП(б)*	Пункт 3-й путевки выполнен на „102“ % „14“ 1933 г. *Жен. сектор РК ВКП(б)*
Пункт 4-й путевки выполнен на „100“ % „14“ 1933 г. *Жен. сектор РК ВКП(б)*	Пункт 4-й путевки выполнен на „100“ % „14“ 1933 г. *Жен. сектор РК ВКП(б)*
Пункт 5-й путевки выполнен на „105“ % „14“ 1933 г. *Жен. сектор РК ВКП(б)*	Пункт 5-й путевки выполнен на „105“ % „14“ 1933 г. *Жен. сектор РК ВКП(б)*
Пункт 6-й путевки выполнен на „150“ % „14“ 1933 г. *Жен. сектор РК ВКП(б)*	Пункт 6-й путевки выполнен на „150“ % „14“ 1933 г. *Жен. сектор РК ВКП(б)*

Зав. Оргмассовым Отдел. *Павлов.*

Жен. сектор УОАХ *Баженова.*

Горлит № 210 Изд. УралОсоавиахим

Свердловск, тип. ПП ОГПУ, зак. № 554—33 г. Тир. 250

Социалистическая путевка, выданная женскому сектору 1-го райсовета Осоавиахима г. Свердловска, 1933 г. (ГАСО, ф. Р-2516, оп. 1, д. 418, л. 13-13об.)

этими инструкторами, о финансовой поддержке низовых организаций и, наконец, о некотором видоизменении организационной формы в смысле объединения кружков в учебно-строевые единицы (ничего общего не имеющие с забракованной и отброшенной решениями ЦК отрядной вакханалией – полки, дивизии Осоавиахима). Учебно-строевые единицы сумеют объединить не только нынешних кружковцев (т.е. людей только знакомящихся с военным делом) но и тех, кто с ним уже знаком в целях освежения и совершенствования военных знаний и навыков. Эта перемена вызывается также и повышением тактической требовательности к нашей работе со стороны военведа»[282].

В результате на II Всесоюзном съезде Осоавиахима (февраль 1930 г.) практика организации постоянных осоавиахимовских формирований была охарактеризована как «искажение принципов добровольчества»[283], но сама идея в несколько видоизмененном виде продолжила свое существование. В середине 1930-х гг. в структуре Осоавиахима появились КУСПы и ПУСПы, а накануне Великой Отечественной войны первичные организации оборонных обществ были преобразованы в подразделения армейского образца. Таким образом, «играть в солдатики» можно было только по правилам.

В последнее предвоенное десятилетие масштабные акции по патриотической мобилизации населения стали редкостью. Вероятно, потому, что наряду с ожидавшимся эффектом они приносили и нежелательные последствия в виде «отрядной вакханалии» или других неконтролируемых проявлений патриотического этоса. Рядовые же оборонные массовки постепенно превратились в один из традиционных видов праздничных мероприятий. Они не обязательно были привязаны к какой-нибудь громкой акции или проводились в «ответ» на ухудшение международной обстановки. Осоавиахим, в ведении которого находилась организация подобных мероприятий, использовал оборонные массовки для саморекламы, а местные власти с успехом пользовались его услугами для организации отдыха и развлечений трудящихся, особенно в летнее время. Так, в январе 1937 г. свердловский Осоавиахим приурочил спортивно-оборонную массовку к празднованию пятого выпуска курсантов местного авиаклуба. План мероприятия включал в себя парад, митинг, военизированную эстафету, лыжные и конькобежные соревнования, хоккейный матч. Среди военно-показательных мероприятий были выступления конной группы с джигитовкой, вольтижировкой и рубкой лозы, показательная стрельба, демонстрация работы противохимической команды и санитарной дружины. В 15 ч. дня начался воздушный парад с демонстрацией высадки десанта, сброса грузов, а также индивидуального пилотажа, запуска монгольфьеров, планеров и авиамоделей[284].

Оборонная массовка по случаю выборов в Верховный Совет РСФСР, проведенная на заводе Уралмаш в мае 1938 г., была перенесена «в лес, чтобы каждый трудящийся мог не только получить оборонные навыки, но и отдохнуть». Лесом оказался парк культуры и отдыха, вместивший около 4 тысяч человек. Осоавиахимовцы продемонстрировали стрельбу из револьверов и мелкокалиберных винтовок, а учащиеся областной кавалерийской школы «с мастерством показали искусство верховой езды, рубку лозы [и] в продолжении 4 часов держали внимание трудящихся Уралмаша в напряжении...» Отчитываясь о проведении массовки, председатель райсовета вывел следующую мораль: «Если рабочие провели больше 7 час на воздухе, у них получилась большая зарядка на целую пятидневку и, придя в цех, они могли работать еще плодотворнее и показать большие достижения... Мне кажется, что и другие районы г. Свердловска должны взять пример с Орджоникидзенского района и провести такие массовки в лесу у себя в районе...»[285]

Таким образом, игровые и спортивные формы патриотической мобилизации (военизированные походы и учебные маневры, военные игры и соревнования), а также различные оборонные акции Осоавиахима выполняли двоякую функцию. С одной стороны, они были достаточно эффективным способом будирования населения и активирования индивидуального/группового патриотического этоса. О результативности такой «ментальной» мобилизации, сочетавшейся с усиленной военной пропагандой, свидетельствует феномен советского добровольчества периода «военных тревог» конца 1920-х гг. Патриотические акции последнего предвоенного десятилетия, проводившиеся на основе других сценариев[286], уже не приводили к «отрядным вакханалиям». Тем не менее они вызывали иные, менее организованные реакции населения, например, побеги на «испанскую войну».

С другой стороны, советская патриотическая мобилизация оказывала влияние на советскую празднично-досуговую культуру и придавала ей ярко выраженный парамилитаристский характер. Воздействуя на эмоциональном уровне, зрелищные и развлекательные элементы оборонных акций закрепляли в памяти участников положительно окрашенные воспоминания, интерпретировавшиеся властью и населением в патриотическом контексте.

Несомненно, патриотический этос советского населения не был абсолютно деидеологизированным феноменом. Тем не менее анализ технологий патриотической мобилизации демонстрирует важную роль неидеологических элементов в мобилизационных практиках власти. Возможно, именно эти элементы играли существенную роль в интеграции определенных групп населения в советскую систему. Одновременно они могли служить фрагментами мозаичных идентичностей сталинского субъекта. В нужный момент, когда государство включало механизмы патриотической мобилизации, часть населения реагировала сложившимися стереотипами патриотического поведения.

* * *

В середине 1920-х гг. в СССР началась реформа вооруженных сил, в ходе которой была введена территориально-кадровая система организации РККА. Одним из последствий «военной реформы» стало увеличение численности мужского населения, не охваченного военным обучением. С учетом общемировых тенденций развития военного дела (законодательное закрепление и использование массовых мобилизаций, всеобщей воинской повинности, допризывной подготовки) и новейшего российского/советского военного опыта военно-политическим руководством страны была намечена программа военизации. Важным пунктом программы был максимальный охват советского населения военно-патриотическим воспитанием и обучением. Центральным институтом военизации стало оборонное общество Союз Осоавиахим.

В институциональной истории Осоавиахима нашла свое отражение конкуренция различных взглядов на цели и задачи организации. Часть осоавиахимовского руководства тяготела к превращению добровольного общества в систему по качественной подготовке мобилизационных резервов. Другая (вполне возможно, под давлением политических и идеологических соображений) стремилась к максимальному охвату военным обучением всего советского населения, включая так называемые «отсталые» категории: женщин, «нацменов», а также детей.

История осоавиахимовской организации на Урале в целом повторяет общесоюзный сценарий: периоды погони за массовостью здесь также сменялись «чистками» рядов общества и борьбой за качество. Вместе с тем особенности экономической и социальной жизни региона в 1920–1930-е гг., а также удаленность от центра накладывали свой отпечаток на функционирование местного Осоавиахима. Огромная протяженность и неоднородность Уральской области создавала дополнительные трудности в деле организации эффективной военно-патриотической работы, которые не исчезли и после ликвидации громоздкой административно-территориальной единицы. Высокая мобильность уральского населения, характерная для советской провинции кадровая бедность и крайний дефицит материальных ресурсов снижали результативность деятельности оборонного общества.

Оставаясь зачастую неудовлетворительной с точки зрения военного ведомства, военно-патриотическая работа Осоавиахима стала неотъемлемой частью городской развлекательной и досуговой культуры. «Милитантность» этой культуры отвечала устремлениям определенных слоев советского населения, которые откликнулись на тенденции эпохи и советскую пропаганду, культивировавшую образы здоровых, сильных, патриотически настроенных юношей и девушек.

Примечания

[1] См.: *Stoecker S.W.* Forging the Stalinr's Army. Marshal Tukhachevsky and the Politics of Military Innovations. Oxford, 1998. P. 10.

[2] *Мерецков К.А.* На службе народу. М., 1968. С. 78-79.

[3] Подробнее о реформе Красной Армии см.: Фрунзе М.В.: Военная и политическая деятельность. М., 1984; Реформа в Красной Армии: документы и материалы, 1923–1928 гг.: [в 2 кн.] / Отв. сост. Тархова Н.С., Шабардин П.М. М., СПб., 2006.

[4] *Sanborn J. A.* Drafting the Russian Nation... P. 55, 59–60. С утверждением Дж. Санборна вполне можно согласиться, если заменить русскую нацию на «новую советскую общность» – советский народ, проекты создания которой разрабатывались параллельно с реформированием системы военной службы.

[5] Сошлемся на мнение специалиста по военной истории А. Зайцова, приводимое С.Т. Минаковым: «Принятая Фрунзе и затем, после него, лишь совершенствовавшаяся организация Красной Армии... является компромиссом между опытом гражданской войны и принципами устройства современных армий». См.: *Минаков С.Т.* Военная элита 20-х – 30-х годов XX века. М., 2005. С. 327.

[6] Смешанная территориально-кадровая система построения Красной Армии была введена декретом ЦИК и СНК СССР от 8 августа 1923 г. См.: *Клевцов В.Г.* Социальные и организационные проблемы военных реформ 20–30-х годов// Армия и общество. 1900–1941 гг. Статьи, документы. М., 1999. С. 140.

[7] См. об этом: *Мерецков К.А.* На службе народу. С. 79, 80.

[8] См.: *Минаков С.Т.* Военная элита... С. 313; *Клевцов В.Г.* Социальные и организационные проблемы военных реформ. С. 140.

[9] См.: *Горлов С.А.* Совершенно секретно: Альянс Москва — Берлин, 1920–1933 гг. М., 2001. С. 51.

[10] Жеребьевка, определявшая очередность приема на действительную военную службу, была отменена, «как не отвечавшая новым требованиям комплектования РККА», лишь в 1930 г. с выходом новой редакции закона об обязательной военной службе. См.: РГВА, ф. 39352, оп. 1, д. 40, л. 24.

[11] РГВА, ф. 33989, оп. 1, д. 5, л. 41об-42.

[12] К 1928 г. 58 % стрелковых дивизий Красной Армии были переведены на территориальное положение. См.: *Клевцов В.Г.* Социальные и организационные проблемы военных реформ. С. 140.

[13] В.И.Ленин, КПСС о подготовке молодежи к военной службе. М., 1985. С. 76.

[14] Там же. С. 77.

[15] Там же. С. 79–80.

[16] *Sanborn J. A.* Drafting the Russian Nation... P. 56–57.

[17] РГВА, ф. 39352, оп. 1, д. 40, л. 18–19.

[18] «Переменниками» в повседневной переписке называли военнообязанных граждан, зачисленных в переменный состав территориальных войск. В момент нахождения в частях они считались находящимися на действительной военной службе. «Вневойсковики» были более широкой категорией – к ним причислялись все граждане, проходившие военное обучение вневойсковым порядком. См.: Приказ РВСР № 1742 с объявлением декрета ЦИК и СНК СССР от 8 августа 1923 г. «Об организации территориальных частей и проведении военной подготовки трудящихся», 11 августа 1923 г.//Реформа в Красной Армии. Кн. 1. С. 33–38. «Переменники», призванные в территориальные части, привлекались в течение первого года службы на так называемый трехмесячный «новобранческий сбор». В течение оставшихся четырех лет учебные сборы были двухмесячными. Как правило, все краткосрочные сборы приходились на летний период, что создавало определенные трудности при призыве деревенской молодежи, для которой это было самое «горячее время» – пора сельскохозяйственных работ. Вневойсковики также числились на военной службе в течение пяти лет, но период, занятый учебными сборами, был гораздо короче – всего лишь полгода. См.: РГВА, ф. 39352, оп. 1, д. 40, л. 20.

[19] РГВА, ф. 33989, оп. 1, д. 14, л. 9–12.

[20] По сведениям секретного доклада РВС советскому правительству от ноября 1928 г. См.: РГВА, ф. 4, оп. 1, д. 823, л. 3–42.

[21] РГВА, ф. 4, оп. 1, д. 731, л. 13–19.

[22] Там же, л. 3–5.

[23] Сведения приводятся в докладе начальника ГУ РККА председателю РВС СССР от 11 апреля 1928 г. См.: РГВА, ф. 4, оп. 1, д. 497, л. 4–2.

[24] РГВА, ф. 33989, оп. 1, д. 16, л. 5.

[25] Там же, д. 35, л. 244–249.

[26] Там же, л. 154-159. Информация о формах военной подготовки населения в западных странах использовалась не только во внутренних документах военного ведомства, но часто встречалась и в популярной литературе оборонного характера. В подобного рода брошюрах приводились примеры из опыта организации военной службы в Англии, США и Польше. Поскольку эти страны считались вероятными противниками в будущей войне, такие сведения служили дополнительным аргументом в пользу необходимости военного обучения. См., например: *Подгорецкий К.* Военная подготовка молодежи. М.-Л., 1927.

[27] Там же.

[28] РГВИА, ф. 234, оп. 1, д. 23, л. 52–56.

[29] Там же, д. 53, л. 6–8об.

[30] См. приказ РВС «О создании комиссии по вовлечению гражданских культпросветорганизаций в работу по военной подготовке населения и по распространению в стране военных знаний». Там же.

[31] РГВА, ф. 33989, оп. 1, д. 35, л. 266–267. См. также: РЦХИДНИ, ф. 17, оп. 60, д. 804, л. 85.

[32] См.: *Дудник В., Смирнов Д.* Вся жизнь – науке// Военно-исторический журнал. 1965. № 2. С. 56.

[33] РГВА, ф. 33989, оп. 1, д. 35, л. 173–175.

[34] Там же.

[35] В.И.Ленин, КПСС о подготовке молодежи к военной службе. С. 78.

[36] РГВА, ф. 25892, оп. 2, д. 292, л. 8–12.

[37] РГВА, ф. 4, оп. 1, д. 497, л. 29.

[38] По закону об обязательной военной службе 1928 г. лица, прошедшие высшую допризывную подготовку в вузах и техникумах, призывались на срочную военную службу в сухопутных войсках и авиации в течение 9 месяцев, а в военно-морских силах – в течение одного года. См.: РГВА, ф. 39352, оп. 1, д. 40, л. 24.

[39] Там же.

[40] В.И.Ленин, КПСС о подготовке молодежи к военной службе. С. 94–95.

[41] См.: Внеочередная четвертая сессия Верховного Совета СССР 1-го созыва. О проекте закона о всеобщей воинской обя-

занности. Доклад народного комиссара обороны СССР маршала Советского Союза К.Е. Ворошилова на заседании Верховного Совета СССР 31-го августа 1939 года// Пропагандист и агитатор РККА. 1939. 1 сентября.

42 Там же.

43 Положение о Военно-научном обществе СССР. М., 1925. С. 3–5.

44 Там же.

45 Военно-научное общество СССР. Бюллетень № 1. М., 1926. С. 15.

46 Там же. С. 31–33.

47 *Алексинский М., Мехоношин К.* Осоавиахим и Красная Армия. С. 16–17.

48 Первым председателем всесоюзного ВНО был М.В. Фрунзе, вторым – К.Е. Ворошилов. Р.П. Эйдеман бессменно исполнял обязанности генерального секретаря организации. См.: *Анохин А.И.* В труде и боях закаленное. С. 9, 10.

49 Цит по: *Анохин А.И.* В труде и боях закаленное. С. 19.

50 Советская военная энциклопедия. М., 1978. Т. 6. С. 141.

51 Примерами могут служить введение обязательного военного обучения комсомольцев в 1928–1929 гг. или инициатива военно-технического экзамена для молодежи.

52 I Всесоюзный съезд Авиахима. Протоколы заседания 19 января 1927 г. См.: ГАРФ, ф. Р-8355, оп. 1, д. 3, л. 148–164.

53 Устав Осоавиахима был утвержден СНК 31 августа 1927 г.

54 ГАРФ, ф. Р-8355, оп. 1, д. 3, л. 148-164.

55 Там же, д. 2, л. 8.

56 Из доклада заместителя председателя Авиахима И.С. Уншлихта на первом съезде Авиахима. Вечернее заседание 18 января 1927 г. См.: Там же, л. 49.

57 *Анохин А.И.* В труде и боях закаленное. С. 16–17.

58 Очередные задачи Осоавиахима. Речь тов. Ворошилова// Бюллетень Осоавиахима. 1928. № 8–9. С. 6.

59 Итоги работы и очередные задачи Осоавиахима. Доклад тов. Уншлихта на 2-м Пленуме ЦС Осоавиахима// Бюллетень Осоавиахима. 1928. № 8-9. С. 13, 18, 20. Впрочем, «гибкость» советской статистики видна уже на примере обширной публикации материалов пленума в «Бюллетене Осоавиахима». В резолюции пленума, посвященной работе Осоавиахима в деревне,

цифры охвата деревенских жителей приводились следующие: по численности деревенских осоавиахимовцев в сравнении с общей численностью Осоавиахима – 1 %, по охвату деревень (количество ячеек в деревенских поселениях по отношению к общему числу деревенских поселений) – 4,3 %.

[60] Итоги работы и очередные задачи Осоавиахима. С. 18.

[61] КВЗ были начальные (для не имевших военного образования) и повышенного типа (для обучения прошедших начальные КВЗ и по отдельным военным специальностям).

[62] Итоги работы и очередные задачи Осоавиахима. С. 12–13.

[63] *Гошуляк В.В.* Очерки истории оборонно-массовой работы партии в годы довоенных пятилеток... С. 82.

[64] Лев Павлович Малиновский сменил на посту генерального секретаря М.А. Алексинского на апрельском (1928 г.) пленуме ЦС ОАХ.

[65] РГВА, ф. 33989, оп. 1, д. 65, л. 90–94об.

[66] Там же, л. 91об.

[67] Там же, л. 199–208об.

[68] Там же.

[69] *Гошуляк В.В.* Очерки истории оборонно-массовой работы партии в годы довоенных пятилеток... С. 83.

[70] Проходил 11–12 февраля 1930 г.

[71] Резолюции 2-го Всесоюзного съезда Осоавиахима. М., 1930. С. 15–33.

[72] Эти виды подготовки охватывали невоеннообязанную молодежь и военнообязанных граждан из числа рядового состава. См.: РГВА, ф. 33989, оп. 1, д. 65, л. 199–208об.

[73] Подготовка начсостава запаса, вневойсковиков и запаса первой очереди. См.: Там же.

[74] См.: Там же.

[75] См., например: Вопросы стратегии и оперативного искусства в советских военных трудах (1917–1940 гг.). М, 1965. С. 13–14; *Захаров М.В.* Генеральный штаб в предвоенные годы. М., 1989. С. 37-40.

[76] *Гошуляк В.В.* Оборонно-массовая работа партии в годы довоенных пятилеток. С. 95–101.

[77] Там же. С. 84.

[78] Постановления ЦК ВКП(б) «О работе Осоавиахима» и «Об Осоавиахиме» были приняты 23 февраля 1932 г. и 8 авгу-

ста 1935 г. См.: КПСС в резолюциях и решениях съездов, конференций и пленумов ЦК. Т.5. 1929–1932. М., 1984. С. 403–405; Т. 6. 1933–1937. М., 1985. С. 258, 259.

79 Там же. Т. 6. С. 259.

80 Под знаменем Ленина – Сталина вперед за большевистскую перестройку работы Осоавиахима. Речь тов. Эйдемана на V пленуме ЦС Осоавиахима// *Эйдеман Р.П.* За большевистскую перестройку Осоавиахима. Свердловск, 1934. С. 20.

81 Положения о первичных организациях Осоавиахима были утверждены ЦС 22 декабря 1934 г. и 19 ноября 1935 г. См.: *Гошуляк В.В.* Оборонно-массовая работа партии в годы довоенных пятилеток. С. 131.

82 Там же. С. 132.

83 Там же.

84 Подробнее об этом см.: *Гошуляк В.В.* Оборонно-массовая работа партии в годы довоенных пятилеток. С. 133, 134

85 III съезд Осоавиахима, намеченный на 1936 г., а затем неоднократно переносившийся, так и не состоялся в предвоенный период. Более или менее регулярно созывались лишь Пленумы ЦС Осоавиахима. См.: *Гошуляк В.В.* Оборонно-массовая работа партии в годы довоенных пятилеток. С. 132.

86 См. примечание 75.

87 Резолюция по докладу тов. Белицкого «Укрепление низового звена общества и задачи осоавиахимовских ячеек в деревне»// Решения IV Пленума Центрального совета Союза Осоавиахима СССР и РСФСР. М., 1933. С. 7.

88 Из секретной докладной записки генерального секретаря Осоавиахима Л.П. Малиновского от 5 февраля 1929 г. См.: РГВА, ф. 33989, оп. 1, д. 65, л. 89–89об.

89 По сообщению первого информационного бюллетеня Уралдоброхима, заседание оргбюро состоялось 4 мая 1924 г., аналогичное заседание в Москве состоялось 19 мая 1924 г. См.: РГВА, ф. 4, оп. 1, д. 80, л. 43–45.

90 Там же.

91 *Клименко Н.* Свердловская областная ОСТО: 75 лет служения Отечеству. С. 17.

92 Подробнее об этом см.: *Клименко Н.* Свердловская областная ОСТО. С. 17, 19.

93 Первым съездом Осоавиахима принято считать мероприятие, в которое переросло объединенное заседание де-

легатов I Всесоюзного съезда Авиахима и пленума ЦС ОСО, на котором 23 января 1927 г. было объявлено о создании новой, объединенной оборонной организации.

[94] Персональный состав участников организационного заседания см. приложение 2.

[95] ГАСО, ф. Р-2516, оп. 1, д. 1. Л. 14.

[96] Первоначально он был намечен на 14 июля 1927 г. См.: ГАСО, ф. Р-2516, оп. 1, д. 1. л. 37–38. В некоторых районах географического Урала, которые формально не входили в Уральскую область, объединительные съезды прошли раньше. 7 апреля 1927 г. был создан губернский совет Осоавиахима в Вятке, 20 марта 1927 г. – областной совет в Башкирии.

[97] Неутешительные итоги проверки были подведены осенью 1927 г. См.: ГАСО, ф. Р-2516, оп. 1, д. 1. л. 25–25об.

[98] ГАСО, ф. Р-2516, оп. 1, д. 4. Л. 1.

[99] По терминологии того периода – горрайсоветы.

[100] 17 января 1934 г. Уральская область была разделена на Свердловскую (Средний и Западный Урал), Челябинскую (Южный Урал) и Обь-Иртышскую (Зауралье) области.

[101] Российская оборонная: Энциклопедич. сборник/ Под ред. А.И. Анохина. М., 2002. С. 26–28, 129, 130, 165, 173, 193, 194, 215.

[102] Доверять официальной статистике можно лишь отчасти, так как сами руководители областной организации признавались, что «районы часто берут цифры с потолка или округляют». Цитата из информационного отчета Уральского облсовета Осоавиахима за зимний период 1928–1929 гг. См.: ГАСО, ф. Р-2516, оп. 1, д. 2, л. 89–99.

[103] Резолюции Второго Уральского областного съезда Осоавиахима, 25-30 января 1930 г. Свердловск, 1930. С. 3.

[104] ГАСО, ф. Р-2516, оп. 1, д. 2, л. 89-99.

[105] Резолюции Второго Уральского областного съезда Осоавиахима. С. 21, 22.

[106] *Эйдеман Р., Урицкий С.* Создать на Урале мощную организацию Осоавиахима. С. 21, 22.

[107] Обь-Иртышская область далее не будет объектом рассмотрения, так как географически она относится к Западной Сибири.

[108] См. протокол закрытого партсобрания первичной парт-организации областного совета Осоавиахима от 28 марта – 2 апреля 1937 г.: ЦДООСО, ф. 1719, оп. 1, д. 2, л. 114–116 об.

[109] По другим данным – почти 92 тыс. человек. См.: ЦДООСО, ф. 1719, оп. 1, д. 2, л. 90; ф. 61, оп. 2, д. 1212, л. 3; *Эполетов Н.И.* История оборонного общества Среднего Урала. С. 59.

[110] Сведения взяты из материалов Первой городской конференции Осоавиахима Свердловска, апрель 1939 г. См.: ЦДООСО, ф. 61, оп. 2, д. 1208, л. 85–118.

[111] По другим данным – до 61 тыс. человек. См.: ОГАЧО, ф. П-1052, оп. 1, д. 104, л. 81-80об.; ф. П-288, оп. 1, д. 679, л. 4–8.

[112] По другим данным – в феврале 1937 г. в Челябинской области было 102120 осоавиахимовцев. См.: ОГАЧО, ф. П-1052, оп. 1, д. 8, л. 474-476; Челябинская область. Энциклопедия. Т. 5. Челябинск, 2008. С. 610.

[113] Осенью 1939 г. численность Свердловского областного Осоавиахима составила около 138 тыс. человек. См.: ЦДООСО, ф. 61, оп. 2, д. 1210, л. 73–74; д. 1210, л. 37–38.

[114] Так в тексте.

[115] Снабженческая организация Осоавиахима.

[116] ОГАЧО, ф. П-1052, оп. 1, д. 1а, л. 228–385.

[117] Там же, д. 104, л. 230-233. О «потерях» других организаций за время переучета см.: Там же, ф. П-92, оп. 1, д. 411, л. 6–11.

[118] Там же, ф. П-1052, оп. 1, д. 104, л. 260.

[119] Там же, л. 12–14.

[120] Военно-учебный пункт должен был иметь помещение для занятий и внешкольной работы (ленинский уголок), помещение для жилья допризывников и командного состава, кухню для приготовления пищи, оборудованное стрельбище и помещение для занятий физкультурой, военный городок. См.: *Чупраков Н., Беспахотный Д.* Комсомол на допризывной подготовке. С. 11.

[121] РГВА, ф. 33989, оп. 1, д. 35, л. 154–159.

[122] См.: *Анохин А.И.* В труде и боях закаленное. С. 17.

[123] В комсомольские или постоянные учебно-строевые подразделения Осоавиахима сводились допризывники, работавшие на предприятиях, для прохождения военного обучения без отрыва от производства. Согласно положению о КУСП, подразделение могло быть организовано только из допризывников одного предприятия, совхоза или МТС; организация сводных КУСП, а также сведение КУСП в более крупные части (батальон, полк) запрещались. Задачами работы КУСП были строевая и физическая подготовка допризывников, подготовка к сдаче норм военно-технического экзамена и привлечение допризывников к

массовой оборонной работе. См.: ОГАЧО, ф. П-1052, оп. 1, д. 2, л. 261–263.

[124] Там же, л. 339-341.

[125] См.: Положение о военном обучении военнообязанных и военнослужащих в организациях Союза Осоавиахим СССР. М.-Л., 1936.

[126] Там же. С. 7, 8.

[127] Там же. С. 8–25.

[128] ОГАЧО, ф. П-1052, оп. 1, д. 103, л. 375–336.

[129] Там же, л. 376.

[130] Там же, л. 220–218.

[131] На страже СССР. Учебное пособие для проведения политических занятий на учебных пунктах и в лагерях Осоавиахима. М., 1934.

[132] ОГАЧО, ф. П-1052, оп. 1, д. 103, . л. 375-336; ЦГАОО РБ, ф. 122, оп. 13, д. 64, л. 14.

[133] ОГАЧО, ф. П-1052, оп. 1, д. 103, л. 413–412об.

[134] Там же, л. 415–414.

[135] Там же, л. 220.

[136] ЦГИА РБ, ф. Р-1012, оп. 1, д. 11, л. 203.

[137] Так стали называться отделы боевой подготовки.

[138] ЦГИА РБ, ф. Р-1012, оп. 1, д. 2, л. 74об–76об.

[139] Там же, л. 78об–80.

[140] Там же, д. 9, л. 43.

[141] Осоавиахим и стрелковый спорт// Бюллетень Осоавиахима. 1927. № 4. С. 6, 7.

[142] Итоги работы и очередные задачи Осоавиахима. Доклад тов. Уншлихта на 2-м Пленуме ЦС Осоавиахима. С. 19.

[143] См.: *Анохин А.И.* В труде и боях закаленное. С. 23.

[144] См.: *Яковлев А.С.* Цель жизни. С. 30–37.

[145] См., например: *Kucher K.* Der Gorki-Park. Freizeitkultur im Stalinismus 1928-1941, Köln, 2007.

[146] Положение о нагрудном знаке Осоавиахима «За стрельбу» см.: Уставной сборник Союза Осоавиахим СССР. Уставы, руководящие постановления правительственных органов и Президиума Центрального совета. М., 1929. С. 83.

[147] Положение о знаке «Ворошиловский стрелок» Президиум ЦС Осоавиахима утвердил 29 октября 1932 г., а в декабре был утвержден и сам значок. См.: *Кузнецов Д.Н.* Нагрудные знаки оборонного общества. М., 1983. С. 20.

[148] Там же. С. 22, 23.

[149] *Анохин А.И.* В труде и боях закаленное. С. 23.

[150] См.: *Кузнецов Д.Н.* Нагрудные знаки оборонного общества. С. 27.

[151] Знак «За ударную конную работу» учрежден 24 марта 1934 г., нормы и знак «Ворошиловский всадник» были утверждены соответственно 4 марта и 2 июня 1936 г., «Юный ворошиловский всадник» – в 1938 г., знаки «Моряк» и «Юный моряк» были введены в 1939 г., «Коротковолновик Осоавиахима СССР» – в 1940 г. «Инструктор парашютного спорта» появился в 1933 г., «Спортсмен-парашютист» – 29 апреля 1936 г. Звание и знак «Мастер парашютного спорта» появились в сентябре 1934 г. Знак «Юный авиастроитель» был введен в 1935 г. Знак «Снайпер» учрежден 4 сентября 1933 г. См.: *Кузнецов Д.Н.* Нагрудные знаки оборонного общества.

[152] Там же. С. 27.

[153] Спутник осоавиахимовца. С. 134.

[154] Спутник осоавиахимовца. С. 135, 136.

[155] Там же. С. 143, 144.

[156] Осенью 1934 г. в Бауманском районе Москвы открылся первый клуб Ворошиловских стрелков. Члены этого клуба соревновались с командой Портсмутского стрелкового клуба (США) и выиграли. Опубл. на: http://www.rosto.ru/?page=facts_01

[157] Что постановил пленум. Резолюция пленума центральных советов Союза Осоавиахим СССР и Осоавиахима РСФСР по отчетному докладу президиумов Союза Осоавиахим СССР и Осоавиахима РСФСР// Бюллетень Осоавиахима. 1928. № 8–9. С. 27.

[158] См., например, стенограмму первого заседания I Всесоюзного съезда Авиахима и приветственные выступления представителей ЦАГИ, НАМИ и др. институтов и организаций, связанных с самолетостроением и научно-исследовательской работой в этой области, а также отчетный доклад И.С. Уншлихта: ГАРФ, ф. Р-8355, оп. 1, д. 2, л. 28-76.

[159] «...В осенний набор безотрывников в летную школу комсомольская организация не дала ни одного человека, - отчитывались об оборонной работе комсомольцы трамвайного парка Свердловска. – Желающих было много, но ни один из них не подошел по состоянию здоровья». См.: ЦДООСО, ф. 61, оп. 2, д. 629, л. 60об.

[160] Итоги работы и очередные задачи Осоавиахима. Доклад тов. Уншлихта на 2-м Пленуме ЦС Осоавиахима. С. 13.

[161] ГАСО, ф. Р-2516, оп. 1, д. 396, л. 14.

[162] См.: Крепим оборону страны. Итоги I съезда Уральского Осоавиахима// Бюллетень Осоавиахима. 1928. № 7. С. 25.

[163] В 1927 г. в Уральской области был лишь один Дом обороны – в Сарапуле, в следующем году – уже 11, в 1929 г. – 17. В 1929 г. председатель Уральского облсовета жаловался, что из-за отсутствия Дома обороны в Свердловске (причина – «жилищный кризис») нет возможности организовать образцовую работу в столице. Первоначально предполагалось переоборудовать под Дом обороны бывшую церковь, затем было начато строительство нового здания, завершившееся в 1934 г. См.: ГАСО, ф. Р-2516, оп. 1, д. 2, л. 89-99; д. 42, л. 58-58об.; *Клименко Н.* Свердловская областная ОСТО. С. 29.

[164] Агитоблет охватил 21 населенный пункт в 7 уральских округах (Златоуст, Миасс, Челябинск, Пермь, Серьга, Лысьва, Чусовая и др.). Было совершено 212 полетов, поднято в воздух 870 человек. См.: ГАСО, ф. Р-2516, оп. 1, д. 2, л. 70.

[165] Там же, л. 15–23.

[166] Подсчитано на основе отчетов облсовета. Сведения отличаются большой пестротой. См.: Там же, д. 2, л. 13–13об.; 89–99; д. 3, лл. 2–9, 10–15.

[167] Там же, д. 2, л. 13–13об, 89–99; д. 3, л. 2–9, 10–15.

[168] Там же, д. 42, л. 58–58об.; д. 315, л. 1–23.

[169] Там же, д. 153, л. 95–97.

[170] Там же, л. 98–99.

[171] Там же, л. 47–48, 67–68, 80–81.

[172] Там же, л. 118–120.

[173] См. выступление председателя президиума облсовета П.С. Ершова на II пленуме уральского Осоавиахима: Там же, д. 162, л. 12–35.

[174] Там же, л. 249–269.

[175] Там же, д. 332, л. 49.

[176] Там же, д. 278, л. 16, 30.

[177] *Эполетов Н.И.* История оборонного общества Среднего Урала. С. 44-46; *Клименко Н.* Свердловская областная ОСТО. С. 29, 30.

[178] Так было, например, с той же доменной печью № 1 Надеждинского завода. См.: ГАСО, ф. Р-2516, оп. 1, д. 153, л. 80–81.

[179] *Гошуляк В.В.* Оборонно-массовая работа партии в годы довоенных пятилеток. С. 90.

[180] См., например: ГАСО, ф. Р-2516, оп. 1, д. 43, л. 16, 18, 32–34.

[181] См.: Там же, д. 324, л. 16–22.

[182] Там же, д. 162, л. 14–35.

[183] Там же, д. 278, л. 107–110.

[184] Там же, д. 315, л. 125–130.

[185] См.: Там же, д. 162, л. 14-35; д. 396, л. 20; д. 399, л. 96–97, 100; д. 411, л. 12.

[186] Там же, д. 412, л. 6–7.

[187] Там же, д. 315, л. 1-23; д. 413, л. 4–6.

[188] ОГАЧО, ф. П-288, оп. 1, д. 679, л. 4.

[189] Там же, ф. П-1052, оп. 1, д. 104, л. 281–283.

[190] ЦДООСО, ф. 61, оп. 2, д. 274, л. 19–20, 53–55.

[191] ГАНИОПДПО, ф. 105, оп. 5, д. 242, л. 23–25.

[192] См., например: ЦДООСО, ф. 61, оп. 2, д. 1210, л. 74; д. 1209, л. 85-118; д. 1210, л. 36; д. 274, л. 18, 30–31, 53; ОГАЧО, ф. П-92, оп. 1, д. 411, л. 5, 8–11; ф. П-1052, оп. 1, д. 104, л. 538; ГАНИОПДПО, ф. 105, оп. 5, д. 236, л. 142, д. 244, л. 29, 43, 61–64, 65 и др., д. 247, л. 19–21; ЦГИА РБ, ф. Р-1012, оп.1, д. 5, л. 2.

[193] Стенограмма собрания городского актива Осоавиахима г. Свердловска от 9 мая 1937 г. См.: ЦДООСО, ф. 61, оп. 2, д. 527, л. 112–113.

[194] Там же, л. 37.

[195] ОГАЧО, ф. П-1052, оп. 1, д. 1а, л 228–385.

[196] ЦДООСО, ф. 61, оп. 2, д. 1209, л. 85–118.

[197] ОГАЧО, ф. П-1052, оп. 1, д. 104, л. 393.

[198] Постановление Центрального Совета Осоавиахима СССР и РСФСР. Свердловск, 1938. С. 3.

[199] *Гошуляк В.В.* Оборонно-массовая работа партии в годы довоенных пятилеток. С. 137.

[200] Двадцатилетие Красной Армии и задачи Осоавиахима. С. 47.

[201] Из отчетов председателей райсоветов г. Челябинска в 1938 г. См.: ОГАЧО, ф. П-92, оп. 1, д. 411, л. 5–11.

[202] Там же, ф. П-1052, оп. 1, д. 1а, л 228–385.

[203] Там же, л. 31–32, 33–35, 112–113.

[204] ЦДООСО, ф. 61, оп. 1, д. 527, л. 37, 31–32, 33–35, 112–113. Там же, л. 31–32, 33–35, 112–113.

[205] ОГАЧО, ф. П-1052, оп. 1, д. 1а, л. 385–386.

[206] Пермский (Молотовский) аэроклуб в 1938 г. отошел к Пермской области.

[207] ЦДООСО, ф. 61, оп. 2, д. 274, л. 53.

[208] Там же, д. 41, л. 1–13.

[209] ГАНИОПДПО, ф. 8191, оп. 2, д. 3, л. 4; д. 7, л. 1–3, 6, 16–22.

[210] ЦДООСО, ф. 61, оп. 2, д. 273, л. 1–34.

[211] ОГАЧО, ф. П-1052, оп. 1, д. 1а, л. 228–385.

[212] См., например, факты, приводимые в докладе начальника авиации Осоавиахима Н.М. Уварова на совещании начальников и комиссаров аэроклубов СССР, 10-11 января 1938 г.: ГАРФ, ф. Р-8355, оп. 1, д. 147, л. 5–104.

[213] ЦДООСО, ф. 61, оп. 2, д. 629, л. 78–83.

[214] Там же, д. 1210, л. 32–35.

[215] Там же, д. 1209, л. 4–17.

[216] См., например: Там же, д. 274, л. 19.

[217] Там же, д. 1210, л. 35–36.

[218] См.: *Kuhr-Korolev C.* «Gezähmte Helden». S. 189–202.

[219] См.: *Кон И.* Мускулистая маскулинность. Атлетизм или милитаризм?// Гендерные исследования. 2001. № 6. С. 114–126.

[220] Итоги работы и очередные задачи Осоавиахима. Доклад тов. Уншлихта на 2-м Пленуме ЦС Осоавиахима. С. 17.

[221] О массовой работе Осоавиахима// Бюллетень Осоавиахима. 1928. № 8–9. С. 47.

[222] Резолюции 2-го Всесоюзного съезда Осоавиахима. С. 9, 40–44.

[223] *Леонтьев Б.* Вооруженный народ. М., 1936. С. 118.

[224] См.: *Кон И.* Мускулистая маскулинность.

[225] Доклад председателя Свердловского областного совета физкультуры Конюхова на областном совещании актива физкультурников (10-11 ноября 1939 г.). См.: ЦДООСО, ф. 61, оп. 2, д. 1207, л. 22–47.

[226] О популярности западных фильмов в межвоенном СССР см.: *Кларк К.* Становление советской культуры// Американская русистика: Вехи историографии последних лет. Советский период: Антология / Сост. М. Дэвид-Фокс. Самара, 2001. С. 146-173, цит. с. 163.

[227] РГВА, ф. 4, оп. 1, д. 495, л. 68–56.

[228] См., например: *Kuhr-Korolev C.* «Gezähmte Helden». S. 176–220.

[229] См.: *Анохин А.* В труде и боях закаленное. С. 16.

[230] ЦДООСО, ф. 61, оп. 2, д. 274, л. 4.

[231] См.: *Лукманов А.Г., Савельева Л.И.* Очерки из истории ДОСААФ Башкирской АССР. Уфа, 1983. С. 19.

[232] Работница. 1935. № 7. С. 12. В определенной степени этот лыжный переход был действительно выдающимся, так как женщины к участию в военизированных походах, как правило, не допускались. Во всяком случае, их участие обязательно оговаривалось в плане перехода. См.: ЦДООСО, ф. 61, оп. 2, д. 1211, л. 12, 37.

[233] Умение обращаться с противогазом было частью норм ПВХО, сдача которых во второй половине 1930-х гг. стала практически обязательной для всех слоев населения СССР. Особое внимание к вопросам воздушно-химической обороны было связано с представлениями о характере будущей войны. Советское военное руководство, как, впрочем, и военные в других странах, было убеждено в том, что в грядущем конфликте будут использованы отравляющие вещества. По организации военизированных походов в противогазах было издано специальное пособие. См.: *Трамм Б.Ф.* Походы в противогазах. М., 1937.

[234] ЦДООСО, ф. 61, оп. 2, д. 1212, л. 15–36.

[235] Там же, д. 275, л. 1–3, 17 и др.

[236] ЦГАОО РБ, ф. 122, оп. 18, д. 561, л. 1–6.

[237] ЦДООСО, ф. 61, оп. 2, д. 802, л. 56.

[238] Там же, д. 1211, л. 9, 10.

[239] Там же, л. 22.

[240] Там же, д. 275. Л. 1-3. О парках культуры и отдыха и культуре развлечений в сталинскую эпоху в целом см.: *Kucher K.* Der Gorki-Park; *Рольф М.* Советские массовые праздники. М., 2009.

[241] См., например: ЦДООСО, ф. 61, оп. 2, д. 1211, л. 23, 67–67об, 70.

[242] Там же, д. 881, л. 28–43.

[243] Там же, д. 873, л. 10–11.

[244] ЦГАОО РБ, ф. 122, оп. 18, д. 561, л. 1–6.

[245] См., например: *Рольф М.* Советский массовый праздник в Воронеже и Центрально-Черноземной области России (1927–1932). Воронеж, 2000. С. 18-32; *Малышева С.Ю.* Советская праздничная культура в провинции. С. 46–49, 94–111.

[246] Вспомним хотя бы татаро-башкирский Сабантуй, русские кулачные бои, конные состязания кавказских и среднеазиатских народов.

[247] РГВА, ф. 4, оп. 1, д. 504, л. 1–2.

[248] Там же, л. 47–49.

[249] Осоавиахим с первых дней своего существования считался если не «крестным» отцом, то, во всяком случае, «старшим братом» авиации. Одной из задач предшественника Осоавиахима – ОДВФ – была мобилизация средств на развитие советского моторо- и самолетостроения. Обычной практикой масштабных патриотических кампаний был сбор добровольных пожертвований на нужды обороны. Так, во время первой «военной тревоги» 1927 г. люди по всей стране отдавали свои заработанные нелегким трудом рубли на строительство советских самолетов. На Урале особо отличились Башкирия и Вятская губернии, в которых были собраны средства на строительство самолетов «Башкирский ультиматум» и «Степан Халтурин». С тех пор Осоавиахим стал регулярно оказывать «спонсорскую» помощь авиации. За 1926–1928 гг., по официальным данным, на народные средства было построено 223 самолета. Самолетов, возможно, можно было бы построить и больше, если бы все собранные средства расходовались по назначению. Но в 1924 г. председателем ОДВФ С.С. Каменевым были утверждены правила, согласно которым средства, поступавшие на именные самолеты, расходовались УВВС РККА «на свои текущие нужды по плану, одобренному РВС СССР и бюро президиума Авиахима СССР». С 1923 по 1925 г. ОДВФ было собрано на постройку самолетов 2.254.400 руб. 50 коп. Из них израсходовано по прямому назначению чуть больше 100.000 руб. См.: РГВА, ф. 33989, оп. 1, д. 20, л. 365–366; Российская оборонная... С. 26–28, 129, 130, 248–302.

[250] См.: Российская оборонная. С. 248–302.

[251] ЦДООСО, ф. 61, оп. 2, д. 336, л. 1–2; д. 802, л. 1, 55.

[252] Там же, д. 527., л. 22–23.

[253] Там же, д. 275, л. 27.

[254] Там же, л. 1–3.

[255] См., например: *Кудюкина М.М.* Красная Армия и «военные тревоги» второй половины 1920-х годов// Россия и мир глазами друг друга: из истории взаимовосприятия. Вып. 4. М., 2007. С. 153-174; *Голубев А.В.* Советское общество и «военные тревоги» 1920-х годов// Отечественная история. 2008. № 1. С. 36–58.

[256] Бюллетень Осоавиахима. 1927. № 5. С. 1–4.

[257] Бюллетень Осоавиахима. 1925. № 5. С. 6.

[258] Там же. С. 6.

[259] Там же. С. 8–13.

[260] Бюллетень Осоавиахима. 1928. № 8-9. С. 14.

[261] См.: Российская оборонная. С. 248–302.

[262] ГАСО, ф. Р-2516, оп. 1, д. 1, л. 36.

[263] Там же, д. 2, л. 8–11.

[264] См.: *Клименко Н.* Свердловская областная ОСТО. С. 23–24.

[265] См.: *Эполетов Н.И.* История оборонного общества Среднего Урала. С. 32, 33.

[266] См. «Резолюцию президиума Союза Осоавиахим СССР и Осоавиахим РСФСР по вопросу о военной подготовке трудящихся» от 24 июня 1927 г. Опубликована в: Бюллетень Осоавиахима. 1927. № 6. С. 10–12.

[267] Вторая «Неделя обороны» прошла в июле 1928 г. См.: *Анохин А.* В труде и боях закаленное. С. 16.

[268] Бюллетень Осоавиахима. 1927. № 10. С. 6.

[269] Подробнее об этом см. в главе 4.

[270] Очередные задачи Осоавиахима. Речь тов. Ворошилова// Бюллетень Осоавиахима. 1928. № 8-9. С. 6, 7.

[271] Бюллетень Осоавиахима. 1927. № 10. С. 6.

[272] ГАРФ, ф. Р-8355, оп. 2, д. 21, л. 35.

[273] ГАРФ, ф. Р-8355, оп. 2, д. 21, л. 25. Вятская губерния была упразднена лишь в 1929 г.

[274] Там же, л. 2-6. Записка Малышева – замечательное подтверждение устойчивости культурных кодов в условиях серьезных политических потрясений и смены режимов. Возможно, сам не ведая того, руководитель терсистемы в Башкирии призвал к восстановлению дореформенной практики Российской империи. Вплоть до второй половины XIX в. все мужское население этого региона было причислено к Башкирскому войску. С учетом этого не удивителен и факт широкого распространения «отрядной вакханалии» на казачьих территориях. Я благодарю И. Нарского за указание на этот аспект.

[275] Приказ по Башкирскому обществу Осоавиахим от 27 августа 1927 г. См.: Там же, л. 34.

[276] Там же, л. 2–6.

[277] Докладная записка заместителя председателя Союза Осоавиахим И.С. Уншлихта в ЦК ВКП(б) от 29 октября 1927 г. См.: Там же, л. 35.

[278] Бюллетень Осоавиахима. 1927. № 17.

[279] ГАСО. Р-2516, оп. 1, д. 46, л. 22.

[280] Там же, л. 41, 43, 58–58об.

[281] Там же, л. 31.

[282] РГВА, ф. 33989, оп. 1, д. 65, л. 90–94об.

[283] Резолюции 2-го Всесоюзного съезда Осоавиахима. С. 9.

[284] ЦДООСО, ф. 61, оп. 2, д. 336, л. 1–2.

[285] Там же, д. 785, л. 31–33.

[286] Последними крупными акциями Осоавиахима была «Декада обороны» в 1930 г. и Ворошиловская эстафета середины десятилетия. Последняя носила ярко выраженный спортивно-состязательный характер. Патриотическая мобилизация вокруг событий на оз. Хасан и р. Халхин-Гол была построена на основе встреч с «героями Хасана», публикации воспоминаний и художественных произведений.

Глава третья

Осоавиахимовские кадры

§ 1. Оборонное общество в провинции

Вопрос о «праве на выстрел»: социальное лицо Осоавиахима

Как следует из названия третьей главы, в ней я попытаюсь осветить некоторые аспекты социальной истории Уральского Осоавиахима. Но прежде чем перейти к повествованию, необходимо сделать одно важное предварительное замечание.

Дальнейший анализ и рассуждения в значительной степени построены на материалах статистического и информационного характера, которые регулярно стекались в Уральский областной совет и затем использовались для отчетов, направлявшихся в Москву. Уже в конце 1920-х гг. эти отчеты стали составляться на основе готовых шаблонов, поступавших из ЦС Осоавиахима.

Процесс заполнения огромных многостраничных таблиц был нелегким делом. И не только потому, что статистические данные из районов были неполными и присылались нерегулярно. Трудности вызывала сама процедура подразделения уральского населения на нужные категории. Если с рабочими проблемы возникали редко, то выделение из крестьян бедняков и середняков зачастую оказывалось неразрешимой задачей, множество вопросов вызывали графы «служащие» и «прочие».

«...Целью статистических исследований, – писала Ш. Фицпатрик о советской статистике 1920-х гг., – было создание иллюзии существования классов. Очевидный вывод, который из этого следует, – это вывод о том, что историкам необходимо подходить к подобным статистическим данным крайне осторожно»[1]. Вероятно, можно распространить этот тезис американской исследовательницы не только на статистику, но и на различные статистические «срезы» советского общества, к которым фактически относятся и информационные сводки Осоавиахима.

Осоавиахимовские отчеты базировались, главным образом, на сведениях, которые указывали сами обладатели членских книжек в анкетах, или на принятых в обществе стереотипах. Так, сто членских книжек, отправленных на уральский завод, превращались в отчетах в сто рабочих-осоавиахимовцев, а 50 билетов, переданных в сельский совет – в 50 членов «крестьянского происхождения». Изначально слабая социальная стратификация и несформированные чувства социальной и национальной самоидентификации, высокая социальная и профессиональная мобильность населения Урала в рассматриваемый период, политика «приписывания к классу» и практики стигматизации – все эти факторы заставляют говорить об определенной условности социальных категорий, о которых пойдет речь далее. Понятия рабочий класс, крестьянство, служащие и проч. используются в исследовании не для обозначения реально существовавших «классов», а как дискурсивные конструкции, которые служили инструментами контроля и регулирования состава и структуры военно-патриотического общества.

Первый фрагмент исследования посвящается общей характеристике социальной политики в Осоавиахиме, направленной на достижение желаемого соотношения классовых групп внутри оборонного общества и сохранение его «классовой чистоты». Особое внимание также уделяется проблеме привлечения в парамилитаристскую организацию представителей нерусских национальностей и союзной молодежи. В фокусе внимания следующих частей находятся еще две особые категории советского населения, обладавшие специфическим статусом в парамилитаристской организации. В военном обучении одной из них – допризывников – было чрезвычайно заинтересовано советское военное ведомство. В связи с тем, что ресурсы Красной Армии в межвоенный период были ограничены, задачи боевой подготовки будущих красноармейцев были возложены на Осоавиахим. Характеристика допризывников показывает, с каким «человеческим материалом» приходилось работать воспитателям патриотизма при подготовке «обязательных контингентов». Судьба другой группы советских граждан в оборонном обществе – женщин – призвана продемонстрировать уникальный эксперимент, проведенный в рамках Осоавиахима. Инструментами регулирования «женского вопроса» в военно-патриотическом обществе были дискурс о женской эмансипации, опыт последних войн и позиция военного руководства, колебавшегося между идеологией и традициями военного строительства.

Несмотря на проблемы со сбором информации и постоянными жалобами на неполноту и несовершенство учета, руководство оборонного общества тщательно вело своеобразный «мониторинг» социального состава организации. О том, что это не было простой погоней за цифрами, красноречиво свидетельствуют откровения виднейших деятелей Осоавиахима. Р.П. Эйдеман, выступая на одном из заседаний президиума Осоавиахима в 1932 г., весьма недвусмысленно высказался о необходимости соблюдать классовую чистоту оборонного общества: «Мы с вами обладаем очень деликатным средством – оружием. Это могущественный рычаг нашей работы. Мы этим оружием вооружаем наши пролетарские и колхозные массы. Мы не можем допустить, чтобы к этому оружию имел доступ наш враг. К этому надо прибавить: тщательная проверка, отбор людей, идущих к нам»[2].

Внимательное отношение осоавиахимовского руководства к социальному составу оборонного общества было, вероятно, результатом воздействия нескольких основных факторов. Во-первых, вопрос о «праве на выстрел» не был праздным хотя бы с точки зрения марксизма, следовать принципам которого вынуждены были даже те военные руководители Осоавиахима «из бывших», которые не были убежденными большевиками. Немаловажную роль играли и хорошо усвоенные уроки предыдущих войн. И в империалистической, и в гражданской солдатская масса российской/Красной армии проявила себя как недостаточно патриотичный, политически малосознательный, а следовательно, ненадежный и небоеспособный (при сравнении с другими, в первую очередь, немецкими комбатантами) элемент[3]. В публичных выступлениях осоавиахимовских деятелей стигмой «несознательности» наделялись в первую очередь крестьяне, которые по старой большевистской традиции считались «отсталой» социальной группой. С учетом перспективы крупного военного конфликта в будущем и тенденций военного строительства (массовая армия) крестьянское население представляло собой реальную «брешь» в обороноспособности СССР.

Вот как об этом размышлял И.С. Уншлихт: «Мы пришли к выводу, что если сказать рабочему о том, что нашей стране угрожает опасность, то рабочий это поймет, даже если эта опасность – не завтрашнего дня. Рабочий будет начеку и, учитывая ту опасность, которая может угрожать в ближайшие годы, он примет соответствующие меры и пойдет по тому пути, который необходим для усиления нашей обороноспособности. Другое дело с крестьянскими массами. Если Вы мужику в деревне скажете, что надо готовиться к войне, ибо возможно, что на нас нападут, то он не поверит так же, как он вначале не верил гражданской войне и выступал против нас до тех пор, пока белогвардейцы, белогвардейские элементы на занятой территории не расправились с крестьянством и не забрали у них землю... Таким образом, для всех более отсталых элементов, которые менее понимают перспективы и задачи, стоящие перед нами и те возможности, которые мы в состоянии сегодня уже уяснить, для них существует только непосредственная опасность и только ее они чувствуют»[4].

По отношению к таким «несознательным» слоям советского общества, как крестьянство, использовались особые технологии привлечения их в ряды Осоавиахима. Раньше уже упоминалось о популяризации применения минеральных удобрений в сельском хозяйстве, организации химотрядов и отрядов по борьбе с вредителями на селе, использовании авиаперелетов для пропаганды достижений общества. Необходимо отметить, что такой подход приносил свои плоды. Генеральный секретарь Осоавиахима Л.П. Малиновский в докладе С.С. Каменеву о подготовке II съезда организации отмечал «несомненный» рост популярности общества в деревне, что привело к численному увеличению общества не менее чем на 25 %[5]. Оборотной стороной было то, что деревенские ячейки, как правило, оставались пассивными членами организации, в лучшем случае платившими взносы, а в худшем – просто числившимися на бумаге. Тем не менее для советской статистики, служившей делу пропаганды, а не задачам научного анализа, этот факт всегда был аргументом в пользу растущей сознательности крестьянства. Для того чтобы представить себе динамику социальной структуры Осоавиахима в центре и провинции, посмотрим сначала на общесоюзные цифры (табл. 2).

Для начала отметим, что таблица демонстрирует вполне объяснимые закономерности – например, различное соотношение рабочих, крестьян и служащих в промышленных и сельскохозяйственных районах, в частности, уменьшение процента рабочих и увеличение доли крестьян и служащих в аграрных областях. Затем, из таблицы видно, что на рубеже двух предвоенных десятилетий происходил достаточно медленный рост процентной доли рабочих, сопровождавшийся довольно быстрым увеличением относительной численности крестьян в оборонном обществе. Соотношение между рабочей и крестьянской «прослойками» в Осоавиахиме, которое по планам осоавиахимовской пятилетки должно было в 1933 г. составить 41: 35 %, говорит сразу о нескольких факторах. С одной стороны, эти плановые цифры – лишнее подтверждение партийной линии на массовость в отношении оборонного общества. С другой, становится ясно, что ресурс рабочих масс, привлеченных в Осоавиахим, в определенный момент был исчерпан, и дальнейший рост организации планировался и происходил исключительно за счет деревни. Постепенно заполнявшее общество крестьянство медленно, но верно «растворяло» рабочие «проценты». Из дополнительных фактов, которые хотелось бы отметить, бросается в глаза стабильно низкий процент комсомольско-партийного состава, не поднимавшийся в конце 1920-х гг. выше 17 %.

Интересно, как отмеченные тенденции оценивало само осоавиахимовское руководство. Генеральный секретарь Осоавиахима Л.П. Малиновский, характеризуя рост и социальный состав оборонного общества в феврале 1929 г., отмечал, что численность организации увеличивается до-

Таблица 2[6]

Социальный состав оборонных обществ СССР в 1925–1928 гг., %

Социальная группа	На 1 октября 1926 г. (Авиахим, по данным от 38 орг-й из 52)	Соотношение в 8 обществах промышленных районов на тот же период	Соотношение в 12 обществах сельско-хозяйственных районов на тот же период	На 1 октября 1927 г. (данные неполные)	На 1928 г.	По плану первой пятилетки Осоавиахима к 1933 г.
Рабочие	36,7	41	29,4	37,2	33,3	41
Крестьянство	15,3	12,2	21,2	21	25	35
Служащие	30	28,5	34,2	26,5	27	9
Военнослужащие	9,4	9,9	6,8	7,1	7	2,5
Прочие[7]	8,7	8,2	8,4			15
Партийные*	17			17,4	17	
Комсомольцы	11,5			15,3	17	
Беспартийные	71,5			67,3		
Мужчины				84,3		
Женщины				15,7		32

* Данные о партийном составе относятся к 52 организациям.

статочно быстро. Только за 1928 г. Осоавиахим пополнился 1 млн новых членов, главным образом, «за счет деревни, комсомола, женщин». При этом, считал он, рост количества комсомольцев и военнослужащих в организации мог бы происходить быстрее и стремиться к 100-процентному охвату этих групп обществом. Недостаточный рост рабочей прослойки Малиновский объяснял проблемами во взаимоотношениях Осоавиахима и профсоюзов. Профсоюзы, констатировал он, «считают Осоавиахим параллельной себе организацией, стремятся свести деятельность ячеек к программно-методическому руководству». По мнению генерального секретаря, Осоавиахиму были гарантированы сложности с ростом рабочей прослойки и с материальной базой до тех пор, пока окончательно не разрешится вопрос об ответственности за военную подготовку рабочих[8]. Вывод докладной записки еще раз свидетельствует о стремлении осоавиахимовского руководства держать процесс расширения рамок оборонного общества под контролем: «Одна из важнейших задач, к которой мы уже приступили, – это регулирование направления роста и социального состава общества. Вопрос о «праве на выстрел», особенно в деревне, требует особого внимания»[9]. Рано или поздно эта прагматичная установка «верхушки» парамилитаристской организации должна была оказаться в противоречии с лозунгом превращения Осоавиахима в «многомиллионный резерв РККА».

Теперь, имея перед глазами таблицу со среднестатистическими показателями по стране в целом, попытаемся выяснить, как выглядел Уральский Осоавиахим на фоне общесоюзных данных. На протяжении межвоенного периода оборонное общество Урала развивалось «точечно», концентрируясь в более крупных городах и окружных/областных центрах. Этот факт, несмотря на всю погоню за цифрами и резолюции о работе в деревне, признавали и местные руководители. На I съезде уральской оборонной организации председатель ее облсовета специально подчеркнул в отчетном докладе: «Наше общество все еще является, главным образом, городским. Оно недостаточно втянуло в свои ряды крестьян, мы еще слабы в деревне»[10].

Та же мысль звучала в официальных осоавиахимовских документах и десять лет спустя. «Необходимо отметить слабую работу в колхозах по созданию осоавиахимовских организаций и росту их. Из 2161 колхоза области организовано первичных организаций только в 520 колхозах с охватом членов Осоавиахима 9640 чел. <…>, – писал и.о. председателя Свердловского облсовета Осоавиахима Коромыслов в отчете от 19 апреля 1939 г. – Объясняется это, прежде всего, слабой массово-воспитательной осоавиахимовской и политической работой на селе и недостаточным вниманием к первичным организациям как со стороны райсоветов, так и облсовета Осоавиахима. С другой стороны, это положение говорит за то, что ряд партийных и комсомольских организаций сельской местности также не уделяют должного внимания массовой оборонной работе и созданию первичных организаций Осоавиахима в колхозах»[11].

Попробуем чуть подробнее остановиться на социальном и партийно-комсомольском составе Уральского Осоавиахима и реконструировать социальный облик одной из крупнейших провинциальных организаций, каким он представал в информационных сводках руководства и каким его хотели видеть осоавиахимовские функционеры. Оговоримся сразу, что статистические сведения относятся к периоду 1927–1931 гг. (табл. 3). В результате подготовки и проведения административной реформы, внесшей хаос в осоавиахимовскую отчетность, после 1934 г. Уральский Осоавиахим как единое целое прекратил свое существование.

Из таблицы видно, что соотношение рабочих, крестьян, служащих и «прочих» в оборонном обществе можно, несколько округлив цифры, представить как 40:30:20:10. Подсчеты также показывают, что процент начсостава запаса или других категорий военнослужащих, вовлеченных в Осоавиахим, оставался на протяжении указанного в таблице периода традиционно низким (не более 2 %). 17-18 % от общей численности организации составляли члены и кандидаты ВКП(б) и комсомола, львиная же доля осоавиахимовцев была беспартийной. Наглядным становится, что организация была «мужской», хотя количество женщин в Осоавиахиме к началу 1930-х гг. немного выросло.

Таблица 3[12]

Социально-половой и партийно-комсомольский состав Уралосоавиахима в конце 1920-х – начале 1930-х гг., %

Год/период	1.12.27–1.10.28	1.10.29–1.4.30	1.10.28–1.10.29	На 1.01.30	На 1.01.31 (по 118 райсоветам)
Кол-во членов	100	100	100	100	100
Из них: рабочих	38,55	39,5	38,2	38,2	40
крестьян	26,3	32,3	29,7	29,7	30,5
служащих	24,9	20,5	21,9	21,9	17,9
прочих	10,2	2,9*	10,2	10,2 (военнослужащ. в т.ч.)	10,9
начсостава запаса	1,9	0,9	1,7		
партийных	17,3	17,5	17,6	17,6	
комсомольцев	14,99	18,3	17,1	17,1	
беспартийных	67,7	63,1	65,3		
мужчин	81,3	76,8	77,8		
женщин	18,8	21,8	22,2		

* Вероятно, данные о количестве «прочих» были указаны неверно.

Сравнение среднестатистических показателей по Уралу с данными о социальном составе Осоавиахима на союзном уровне демонстрирует, что провинциальное оборонное общество в среднем было более «рабочим»[13], нежели Осоавиахим центральных областей. Более высокой была и доля привлеченного крестьянства. А вот процент служащих-осоавиахимовцев, напротив, был ниже, что, вероятно, адекватно отражает реалии провинции с менее развитым административно-бюрократическим аппаратом и немногочисленной интеллигенцией. Показатели партийно-комсомольской прослойки в обществе, а также соотношение мужчин и женщин в уральском Осоавиахиме в целом и общем совпадали с общесоюзными. Достаточно резко в сторону понижения отличался лишь показатель по количеству вовлеченных военнослужащих, что опять же типично для провинции, если учесть, что кадровый военный состав в СССР был сосредоточен, главным образом, в центральных и приграничных областях «красной империи». Этот факт, кстати, объясняет и одну из основных трудностей, с которой сталкивались провинциальные оборонные общества, – отсутствие качественного инструкторского корпуса. А это, в свою очередь, радикально влияло и на общие достижения Урала в области военно-патриотического воспитания и обучения.

Усредненные данные, о которых шла речь выше, все же не дают представления о соотношении социальных групп в более мелких отделениях, например, уровня округов. Для демонстрации этого соотношения я произвела выборку статистических данных по семи окружным советам. Среди них оказались три «городских» округа с центрами в Свердловске, Перми и Челябинске, в которых размещались крупные промышленные предприятия или они были (как Свердловск) крупными административными центрами. Эти окружные организации «набирали» своих членов преимущественно в городах. В сельских округах количественно доминировало деревенское население. В число сельских окружных организаций был включен и Осоавиахим национального Коми-Пермяцкого округа. Для сравнения был выбран период с 1 октября 1928 г. по 1 октября 1929 г. Социальный состав этих организаций показан в процентах по отношению к общей численности организации (табл. 4).

Таблица 4[14]

Социальный состав некоторых окружных организаций Уралосоавиахима в 1928–1929 гг.

Окружной совет	Кол-во членов	Из них рабочих	Крестьян	Служащих	Прочих	Нач-состава запаса	Партийных	Комсомольцев	Беспартийных	Мужчин	Женщин
Городские окружные советы											
Свердловский 1 и 2 горрайсоветы	100	31,98	0	41,2	26,9	3	22,8	23,8	53,98	78,2	38,1
Пермский	100	48,85	14,7	17,8	18,7	0,2	20,1	18	58,4	77,7	18,9
Челябинский	100	34,8	32,7	25,1	7,4	1,8	22,6	15,94	55,5	69,7	14,2
Сельские окружные советы											
Коми-Пермяцкий	100	1,9	61	27,1	9,96	2,7	13,1	20,3	66,6	78,2	21,8
Ишимский	100	32,1	42	20	5,9	1,6	10,2	12,4	75,7	78,7	23,8
Сарапульский	100	27,3	27,5	30,6	14,6	1,2	14,99	19	65,95	71,95	28
Тобольский	100	13,7	37,96	33	15,2	0	11,5	15,4	59,3	73,2	21,6

Таблица показывает, что социальный, партийно-комсомольский и половой состав локальных организаций был весьма неоднородным. Все общества отличались своеобразием и отражали местную специфику. Среди городских округов самый высокий процент рабочих-осоавиахимовцев дал Пермский, а два городских районных совета Свердловска оказались лидерами по числу вовлеченных служащих. Весьма велик у городских округов и разброс показателей по крестьянской группе. Более равномерным в городах было соотношение партийных и беспартийных членов Осоавиахима. А вот комсомольцы опять оказались представлены по-разному – от 15,94 % в Челябинске до почти 23,8 % в Свердловске. Показатели численности мужчин и женщин демонстрируют абсолютное доминирование мужского населения в Осоавиахиме. Хотя свердловские организации показывают неожиданно высокую долю женщин. Учитывая, что при сложении «мужских» и «женских» процентов общая сумма оказывается больше 100, можно предположить ошибочность указанных сведений. Хотя Свердловск вполне мог дать процент вовлеченных женщин выше среднестатистического, если обратить внимание на многочисленность группы «служащих».

Показатели «сельских» округов тоже не отличаются единообразием. Они демонстрируют относительно высокий процент крестьян и служащих, хотя в Ишиме и доля осоавиахимовцев-рабочих оказывается довольно значительной. Вероятно, достаточно типичным для сельской местности можно считать более низкий процент партийцев и, соответственно, более высокие, чем у «городских» округов, показатели по беспартийным. Доля же комсомольцев, мужчин и женщин в среднем приближается к показателям округов с доминированием городского населения. Обратим внимание также, что доля привлеченных в Осоавиахим представителей начсостава запаса была низкой в обоих типах выбранных округов.

Отчеты 1920-х гг., в отличие от более позднего периода, помимо цифр содержат и весьма любопытные пояснения. Они помогают лучше понять статистику, а также проливают свет на некоторые тенденции в политике сталинского режима по отношению к оборонному обществу.

10-процентное преобладание рабочих над крестьянами в усредненных показателях по Уральскому Осоавиахиму в целом, отмеченное нами выше, совершенно «размывалось» на местах, где специфика локальной ситуации каждый раз приводила к неповторимому соотношению основных социальных групп. Погоня за массовостью, с одной стороны, и стремление сохранить классовую чистоту оборонного общества – с другой, в регионе с преобладанием аграрного населения приводили к неразрешимым противоречиям. Комментируя рост организации в годовом отчете за 1928–1929 гг., президиум Уральского областного совета Осоавиахима пояснил: «Мы имеем увеличение удельного веса всех социальных групп, кроме служащих. Однако рост общества за счет рабоче-крестьянской прослойки идет медленно, темп увеличения рабочей прослойки явно недостаточен, совершенно нет характеристики по социальной группе крестьян-бедняков»[15].

В этом же отчете президиум подчеркивал, что рост общества в последнее время происходит за счет крестьянских ячеек, и жаловался на засоренность местных организаций кулачеством. В другом своеобразном «аналитическом обзоре», составленном годом ранее, отмечается, что в члены Осоавиахима в деревне вступают, главным образом, сезонные рабочие, и прирост является в целом незначительным. Привлечению крестьян в ряды осоавиахимовцев мешали, как думали местные руководители, различные общегосударственные кампании: по самообложению, хлебозаготовкам. Рост отдельных деревенских ячеек, например, в Сарапуле и Кургане, подчеркивали составители отчета, происходил исключительно благодаря практической работе[16]. Крестьяне проявили интерес к применению минеральных удобрений и «клюнули» на патриотическую агитацию, облеченную в форму кампании по борьбе с сельскохозяйственными вредителями. Все «любопытствовавшие», вероятно, были записаны в Осоавиахим.

Попробуем еще немного приблизиться к объекту анализа и рассмотрим состав осоавиахимовской организации на примере отдельно взятой мелкой единицы. Примером послужит Осоавиахим Бирского кантона в Башкирии. Это позволит, одновременно с социальным, взглянуть и на национальный состав участников военно-патриотического общества. К сожалению, выборочная сохранность архивных документов заставляет чуть изменить «фокус» и сдвинуть хронологическую границу: возьмем более ранний период (1926–1927 гг., канун образования Осоавиахима как единого оборонного общества) и статистику по КВЗ, то есть посмотрим на социальный и национальный состав участвовавших в практической оборонной работе. Этот аспект является важным потому, что все вышеприведенные статистические данные относились к осоавиахимовцам в целом, то есть и к тем, кто реально учился держать в руках винтовку, и к тем, кто просто регулярно платил взносы.

В Бирском кантоне Башкирии, считавшемся одним из лучших в деле постановки военной работы, был создан 41 КВЗ (4 – в городе Бирске, 22 – на уровне волости и 14 – в деревнях). Кружки объединили 1371 участника. Рабочих из них было 4,5 %, крестьян – 74,8 %, остальные подпадали под категорию «прочие». И опять здесь встречается вариант, который не позволяет вывести хоть какую-нибудь «закономерность». Если по количеству вовлеченных крестьян Бирский кантон приближался к показателям Коми-Пермяцкого национального округа, то небольшой кантональный центр – башкирский городок Бирск – давал «прирост» рабочей прослойки. Лишь соотношение мужчин и женщин можно было бы назвать более или менее традиционным для оборонного общества – 84,8 % против 15,2 %. Типично небольшой оказалась и доля вовлеченных партийцев – 18 %. Зато необычно высок процент комсомольцев – 39 %. Так как статистические сведения относятся к раннему периоду истории военно-патриотических организаций, можно объяснить этот факт интересом молодежи к пока еще новому и необычному делу военной подготовки. К тому же, в провинциальных городах и тем более селах «ассортимент» развлечений у молодежи был небогат, что и влекло их в КВЗ. Это подтверждается и историей военизации в Бирске. Изначально работа по военизации активно проводилась местным военкоматом с прицелом на организацию в КВЗ допризывной подготовки. В Бирске даже был создан КВЗ «Чеверевец», состоявший исключительно из городской и учащейся молодежи, целью которого была подготовка его участников к службе в Красной Армии[17].

Любопытную картину дает статистика по национальности участников КВЗ. Среди наиболее многочисленных в КВЗ национальностей соотношение выглядело следующим образом: русские – 56,7 %, татары – 27, мари – 7,95 и башкиры – 7 %[18]. Абсолютное доминирование русских участников показывает и другой башкирский КВЗ «Каширинец», созданный в с. Аскино. Расклад сил в КВЗ, состоявшем из русских, татаро-башкир, мари и белорусов выглядел как 97:2:1:1[19]. «Нацменьшинства», как видим, опять оказались в меньшинстве.

Проблема представительства нерусских национальностей в Осоавиахиме решалась на протяжении межвоенного периода долго и трудно. Уже на I съезде Авиахима (январь 1927 г.) в выступлениях делегатов были подняты вопросы о трудностях работы в отдаленных от центра районах СССР. Отвечая на них, И.С. Уншлихт озвучил установку руководства оборонного общества, которая была типичным для большевиков проявлением «культурного империализма»: «Совершенно были правы те товарищи из окраин, которые говорили, что нет должного внимания. Понимание роли и задач у нас имеется, но мы до сих пор в недостаточной степени их могли обслужить. Мы должны, несмотря на то, что значительно увеличились расходы, бросить туда работников. Надо учесть, что культурный уровень окраин ниже центральных губерний и что, исходя из этого, необходимо больше работы, больше усилий, чем в центральной части нашего союза...»[20]

Однако добиться сколько-нибудь серьезных результатов и значительно увеличить численность коренного населения в Осоавиахиме национальных регионов так и не удалось. Основное препятствие в решении национального вопроса руководство организации в центре и на местах видело в отсутствии квалифицированных национальных кадров и литературы на национальных языках. К этому можно добавить, что преимущественно «городской» характер оборонного общества оказывал свое негативное влияние на проблему численности национальных кадров. Это относится, во всяком случае, к автономной республике Башкирии, крупные города которой были «русскими» в демографическом отношении.

Одновременно бросается в глаза, что «нацменьшинствам» в политике Осоавиахима уделялось гораздо меньше внимания, чем другим «отсталым» категориям советского населения, например, женщинам. Об этом говорят даже формальные на первый взгляд вещи. Так, на II пленуме оборонного общества (апрель 1928 г.) работа среди женщин удостоилась отдельной резолюции, а с нерусскими национальностями – лишь особых пунктов в рамках общих постановлений. Местным отделениям Осоавиахима было предложено усилить внимание к наиболее ярким и интересным формам деятельности, таким как агитоблеты, киносеансы, радиопередачи, экспедиции по борьбе с вредителями и др. – перечисление, которое сразу вызывает в памяти рекомендации по работе в деревне. Очевидно, что со всеми «отсталыми» группами населения предлагалось работать, учитывая их возможные локальные интересы и... в игровых и развлекательных формах. Видимо, в глазах осоавиахимовского руководства «отсталость», «неразумность» и «детство» были категориями сопоставимыми. В безличной форме пленум призывал создать литературу на национальных языках, а также вполне конкретно поручил президиуму Осоавиахима «проработать вопрос о дотации наименее мощным национальным объединениям» для финансирования издательской деятельности[21].

Вероятно, несмотря на то, что множество других проблем отодвигало военную подготовку «нацменьшинств» на задний план, вопрос о дотации все же был решен. В 1932 г. председатель Осоавиахима Башкирии попенял президиуму ЦС на несвоевременное и неполное перечисление дотационных сумм: «Башкирская организация является многонациональной. Требуется много средств и сил для того, чтобы обслужить все эти национальности, но получается так, что мы чрезвычайно бедны средствами и по отчету... видно, что за первое полугодие мы получаем только 7 % дотации от Центрального совета. Я заявляю, товарищи, что дальнейшая работа во втором полугодии должна дать решительный перелом в усилении дотации башкирской организации, ибо... важнейшая литература, которая поступает отсюда на места, должна быть переведена на башкирский язык, ибо есть районы, которые совершенно не знают по-русски, и нельзя с ними развернуть работу, не дав им литературы на родном языке»[22].

Ранее уже неоднократно упоминалось, что общеполитическая линия осоавиахимовского руководства «колебалась» вместе с линией партии. Поэтому не удивительно, что «оргвыводы» президиума Совета Национальностей ЦИК СССР, сделанные по результатам всесоюзного смотра национальных культурных политико-просветительных учреждений, сразу же были взяты на вооружение в оборонной организации. В рядах Осоавиахима был вскрыт «прорыв» в работе с нерусскими национальностями. Специальная директива ЦС от 31 мая 1931 г. обязала местные отделения «организовать подготовку руководящих кадров для Осоавиахима среди национальностей, а также инструкторов-пропагандистов, кружковцев и др. из числа националов», «принять решительные меры к коренизации аппаратов», использовать в национальных районах такие формы работы, как «передвижные школы» и «агиткибитки», укомплектованные кадрами, владеющими местными языками. В структуре руководящих органов на местах должны были появиться специальные инструкторы и национальные секторы. Отдельной строкой были прописаны требования укрепить районные советы «нацменами», составить особый план работы среди нацменьшинств и усилить издание национальной литературы[23].

Материалы более поздних пленумов ЦС Осоавиахима, однако, ясно свидетельствуют о том, что «специальные» решения руководящих органов организации по национальному вопросу принимались, скорее, для галочки, чем отражали действительную заботу о взращивании патриотических чувств у «националов». Проблемы общества с налаживанием систематической военно-патриотической работы в массах, а затем и внутренние трудности, связанные с разбуханием бюрократического аппарата, репрессиями и неэффективностью парамилитаристской организации отодвигали национальный вопрос далеко на второй план.

Несмотря на периодические призывы из Москвы усилить работу в национальных районах, дело на периферии обстояло хуже некуда. Резолюции съездов и пленумов уральской оборонной организации показывают полное пренебрежение к этой проблеме, которое возрастало обратно пропорционально количеству посвященных «националам» абзацев. И если на I съезде местного военно-патриотического общества делегаты еще намеревались изучать опыт работы в национальных районах и собирались обратиться к Татарской и Башкирской республикам за «указаниями», то на последующих они уже ограничивались упоминанием о необходимости издания литературы на национальных языках[24].

В отчетах Уральского Осоавиахима из одного документа в другой в разделе «нацменьшинства» кочевала одна и та же фраза: «отдельной работы не ведется»[25]. В информации о работе в зимний период 1928–1929 гг. были указаны сведения о существовании национальных ячеек в г. Кургане, татаро-башкирских техникумах и «туземных районах» Севера, в достоверность которых мало верил сам составитель отчета[26]. Представители национальных районов, в которых были созданы осоавиахимовские организации, редко выступали на областных съездах и пленумах. В этом плане характерной была речь председателя Карабашского райсовета Пономарева на II пленуме областного совета Уралосоавиахима (октябрь 1931 г.). Он попенял делегатам за то, что «в отношении работы среди нацмен никто из товарищей не сказал, так же как и докладчик»[27]. Сведения, сообщенные самим Пономаревым, были просто анекдотическими: райсовет, повернувшийся «лицом к нацмен», организовал бригаду из 15 женщин-домохозяек, которые взяли обязательство «в любой момент по вызову той или иной организации разгружать овощи со станции Кыштым». Другим достижением райсовета была вербовка пяти лесоподъемщиков, заявивших, что они «будут по-большевистски драться за выполнение производственной программы»[28].

На следующем пленуме (апрель 1932 г.) представитель Ялано-Катайского национального района Гренков, сообщив, что его район – «нацменовский» и «отсталый», пожаловался на отсутствие работников. И тут же рассказал захватывающую историю о том, как «умирающий класс все еще цепляется за наши основные работы». Оказалось, что недавно органами ОГПУ был арестован ответственный секретарь районного совета – сын муллы: «Данный субъект был обнаружен известными органами и изъят. Что же мы нашли после его ухода. Когда заменили его мною, я человек новый, на этой работе совершенно не был, а оказалось, что все сводки, все руководящие материалы он изъял себе – это было обнаружено у него дома в ящике после снятия его с работы...»[29]

Второстепенность вопроса о «нацменьшинствах» для осоавиахимовского руководства, вероятно, объяснялась тем, что до определенного момента советская военная верхушка не планировала интенсивно использовать национальные кадры в будущей войне. Во всяком случае, эксперименты в этом направлении наталкивались на непреодолимые трудности. В 1925 г. в СССР был впервые проведен призыв в национальных республиках. В 1926 г. были призваны юноши из Бурят-Монгольской, Якутской и Карельской АССР, два года спустя – казахи, национальности Закавказья, Северного Кавказа и Дагестанской АССР, в 1931 г. – население среднеазиатских республик[30]. Национальные части, возникшие в Красной Армии в эпоху гражданской войны, казалось бы, получали право на дальнейшее существование в рамках единой системы Вооруженных сил СССР. Но призыв представителей нерусских национальностей сразу же столкнулся с упорным сопротивлением со стороны руководства военных округов.

В отчете о ходе призыва, представленном в ГУ РККА управлением по войсковой мобилизации, сообщалось, что «нацменьшинства в зависимости от индивидуального подхода к каждой национальности в отношении условий ее развития и степени культурности распределялись на одинаковых началах с великороссами или концентрировались в определенных округах, в пределах которых сводились в отдельные роты или взводы в зависимости от численности данной национальности». Несмотря на стремление равномерно насытить все округи призывниками нерусской национальности, управление констатировало стремление «избежать получения призывников нацмен». «Изложенное отношение округов к данному вопросу, – подводил итог документ, – объясняется как малокультурностью и слабым физическим развитием большинства нацмен, так и трудностью их обучения вследствие отсутствия достаточного числа лиц комсостава из нацмен»[31]. Позиция руководства военных округов, где русские были в подавляющем большинстве, расходилась с мнением военных руководителей в национальных республиках. Руководитель всей системы территориальных войск в Башкирии Малышев на X областной партийной конференции в 1925 г. особо подчеркнул важность национальных формирований для республики[32].

И все же, несмотря на трудности, работа по интеграции нерусских национальностей в Вооруженные силы СССР все же велась. Так, военно-политическое руководство СССР пошло на организацию национальных военных школ и национальных частей. Башкирия и Татарстан получили Объединенную татаро-башкирскую школу, в которую принимали как представителей «нацменьшинств», так и русских. Школа должна была сначала подтягивать курсантов коренных национальностей до уровня знаний русских абитуриентов, и лишь затем давать собственно военные знания. Так как набор представителей нацменьшинств в школу шел ни шатко ни валко, для нерусских абитуриентов были значительно снижены требования на вступительных экзаменах. Это касалось, главным образом, русского языка и общеобразовательных знаний.

Различия в уровне «культурности» русских и нерусских, которые жили в первую очередь в имперских, по сути, взглядах военного руководства, нашли свое отражение в программах вступительных испытаний. Чтобы не утруждать читателей длинным списком, приведем лишь два примера. Для «нормальных» русских абитуриентов экзамен по русскому языку включал «свободное сознательное чтение без грубых (диалектологических) ошибок», пересказ, умение написать собственную автобиографию, рассказ из деревенской жизни и знание грамматики. От представителей «нацменьшинств» требовалось «усвоение поступающими настолько значительного запаса русских слов, чтобы не знающие родного языка курсантов преподаватели с самого начала занятий без помощи переводчика могли по-русски объясняться с ними, хотя бы только по простейшим вопросам обыденной жизни». Проверка знаний по арифметике для русских предполагала умение читать и писать числа до миллиона включительно, знание простейших арифметических действий с многозначными числами, таблицы умножения и др. Абитуриентам национальных школ необходимо было «понимание целей счета, сознательный счет до ста» и умение выполнять арифметические действия в пределах этой сотни[33].

В целях стимулирования интереса представителей нерусских национальностей к службе в армии были снижены требования для поступления и в другие специализированные военные школы. Например, при поступлении в авиашколу в 1927 г. представители «нацменьшинств» сдавали экзамены по отдельной программе, в которой уровень требований был «значительно понижен». При этом представителю русской национальности для поступления было необходимо продемонстрировать знания не ниже школы 2-й ступени, рабфака, фабрично-заводского училища или техникума, а также хорошее здоровье[34].

За три года до начала Великой Отечественной войны национальные части в РККА были расформированы. Постановление ЦК ВКП(б) и СНК СССР от 7 марта 1938 г. отметило их заслуги в годы гражданской войны и значение в мирный период как способа «вовлечения народностей ранее в армии вовсе не служивших» в дело обороны государства. Тем не менее эта форма организации вооруженных сил была признана «не оправдывающей своего назначения», и национальные части были преобразованы в общесоюзные с экстерриториальным комплектованием. «Граждан национальных республик и областей, – значилось в постановлении, – призывать к выполнению воинской службы на общих со всеми национальностями СССР основаниях»[35].

Если работа с нерусскими национальностями на протяжении всей межвоенной истории Осоавиахима оставалась для руководства «единой оборонной» маргинальным направлением, то вопрос партийно-комсомольского состава организации относился к разряду стратегических. Военно-партийная элита страны была уверена, что политически лояльные и грамотные члены ВКП(б) и ВЛКСМ укрепят организацию изнутри и помогут преодолеть одну из ее серьезных «болезней» – хромавшую политическую составляющую военно-патриотической работы. Напомним, что о необходимости 100-процентного вовлечения партийно-комсомольских кадров в Осоавиахим генеральный секретарь организации Л.П. Малиновский писал примерно за год до второго съезда оборонного общества.

В кадровой политике Осоавиахима особый упор всегда делался на работу с комсомольцами. Этот факт не нуждается в долгих комментариях, так как совершенно очевидно, что Осоавиахим был прежде всего социальным институтом молодежи и для молодежи. Именно молодая возрастная группа населения, подлежавшая призыву в Красную Армию и первоочередной мобилизации в случае войны, должна была составлять ядро активистов организации. В связи с этим и ЦК ВЛКСМ, и руководство Осоавиахима предпринимали нешуточные усилия для того, чтобы максимальное количество комсомольцев стали обладателями членской книжки оборонного общества. Одновременно от верхушки комсомольской организации исходил целый ряд встречных «оборонных» инициатив: например, введение военных комиссий в комитетах ВЛКСМ в 1926 г.[36], «изобретение» военно-технического минимума для молодежи[37] или удачное «продвижение» в массы комплекса ГТО.

В конце 1920-х гг., когда в Осоавиахиме планировалась собственная «пятилетка», руководство организации сделало ставку в вопросе о росте численности военно-подготовленных резервов на молодежь. В соответствии с правилами советской политической культуры была организована «общественная инициатива». В декабре 1929 г. состоялся пленум ЦК ВЛКСМ, на котором вопросы военной работы комсомола заняли особое место. В резолюции пленума было отмечено, что все еще остаются нереализованными задачи обязательного военного обучения всех комсомольцев и 100-процентного членства комсомольцев в Осоавиахиме. Причинами неудовлетворительного положения дел были названы не только стандартная «недооценка» важности практической оборонной работы, но и непонимание того, что «одного желания защищать Советский Союз без уменья – как защищать – недостаточно».

Для того чтобы направить энтузиазм и боевую готовность молодежи защищать социалистическое отечество в практическое русло, пленум принял ряд «дисциплинирующих» указаний: постановил, что в 1930 – 1931 гг. должны быть «в обязательном порядке» обучены военному делу все члены ВЛКСМ 1906 – 1910 гг. рождения и все переростки, предложил всем низовым организациям ввести твердо установленный день военной учебы, а чтобы учесть «уклонистов» – отмечать в комсомольском билете факт прохождения военной подготовки. Дабы избежать ненужной борьбы за институциональное лидерство в деле военного обучения, пленум подчеркнул: «Осоавиахим является основной массовой общественной организацией, постоянно ведущей работу по укреплению обороны страны. Без Осоавиахима невозможна серьезная подготовка страны к обороне. Поэтому немыслимо, чтобы такое массовое движение проходило мимо комсомола и без него, немыслима никакая серьезная массовая военная работа союза без его активного участия в этом обществе»[38].

Так как партийно-комсомольская прослойка в Осоавиахиме росла слишком медленными темпами, этот вопрос постоянно держали «на контроле». Руководство оборонного общества предпринимало различные попытки для повышения активности локальных отделений в деле «вербовки» комсомольцев. Так, в 1929 г. Президиум ЦС Осоавиахима объявил конкурс «на постановку лучшей работы организаций Осоавиахима среди членов ВЛКСМ». Основными параметрами конкурса были количественный охват союзной молодежи членством в оборонном обществе и «качественные» достижения комсомольцев-осоавиахимовцев: лучшие результаты в стрельбе, химработе, борьбе с сельскохозяйственными вредителями и т.п. Призы были денежными. Первый в размере 1500 руб., второй – 750 и третий – 500 руб.[39]

С объявлением конкурса была запущена традиционная для сталинского режима управленческая схема, и местные отделения общества объявили собственные конкурсы на ту же тему. Циркуляр Уральского облсовета Осоавиахима отличался лишь размерами премий (500, 300 и 200 руб.) и небольшой припиской в самом конце документа.

Эта приписка касалась использования денежных премий и разрешала тратить деньги только на «нужды массово-воспитательной работы»[40]. Вероятно, облсовет, хорошо осведомленный об отношении к финансовой дисциплине в локальных организациях, решил не рисковать и сразу же пресечь возможные злоупотребления.

В момент слияния Авиахима и ОСО численность комсомольцев в оборонных обществах колебалась на уровне 11-12 % членов, и это вызывало определенную озабоченность военных и политических руководителей организаций[41]. Уже тогда стало ясно, что расчеты на активность союзной молодежи не стыкуются с реальной картиной. Рассмотренные выше статистические данные показали, что и позднее, несмотря на все усилия, процент комсомольцев в осоавиахимовских организациях редко превышал 20. В Уральском Осоавиахиме в конце 1920-х гг. комсомольцы составляли в лучшем случае половину вовлеченной в общество молодежи[42]. На фоне амбициозных планов партийного и осоавиахимовского руководства по 100-процентному вовлечению комсомольцев в оборонное общество, эти цифры выглядели крайне низкими.

Попытки объяснить причину малой вовлеченности союзной молодежи в Осоавиахим приводили функционеров общества к размышлениям о перегруженности комсомольцев множеством общественных поручений и специфике их интересов. Генеральный секретарь оборонного общества Л.П. Малиновский писал о том, что «комсомол стремится использовать Осоавиахим, а не помогать». Среди комсомольцев преобладает «движение только по пути наименьшего сопротивления, только в ту сторону, где есть забава, внешний эффект и отказ от будничной работы»[43]. К похожим выводам приходили и провинциальные функционеры, занятые военным обучением. Один из них, характеризуя положение дел в Башкирии, сообщал, что молодежь увлекается, главным образом, тактическими занятиями и стрелковыми состязаниями, «теория мало интересует ребят»[44]. По мнению председателя Уральского облсовета, молодежь больше всего интересовалась авиаспортом и внешней военной атрибутикой. «Запрещение формирования постоянных частей Осоавиахима, – писал П.С. Ершов в одном из отчетов, – оказало заметное влияние на успех вовлечения в членство молодежи почти повсеместно»[45].

Противоречивость «социальной политики» верхушки Осоавиахима, направленной, с одной стороны, на рост общества, а с другой – на сохранение его «классового лица», естественным образом наиболее ярко проявлялась в моменты крупных общеполитических кампаний режима. Коллективизация и ликвидация кулачества эхом откликнулись и в жизни оборонного общества, с конца 1920-х гг. вынужденного черпать «людские ресурсы» главным образом в деревне. Осоавиахимовские функционеры в провинции не всегда успевали «уловить», куда развернулась «линия партии». В 1930 г. ЦС сделал облсовету Уралосоавиахима выговор за «ошибки оппортунистического порядка». Оказалось, что в сельскохозяйственном Шадринском районе облсовет «не пустил в Осоавиахим колхозника», а в местном бюллетене напечатали установку на вовлечение в общество беспартийной молодежи и «в частности – комсомольцев». Председатель облсовета П.С. Ершов позднее повинился перед Москвой за всю организацию и заверил: уральцы осознали, что «комсомол является руководителем молодежи и должен быть основой в наших рядах, а не "частностью"»[46].

Деятели Осоавиахима разного уровня все чаще заговаривали об усилении бдительности. Представитель ЦС организации Лебедев, приехавший на II областной пленум Уральского оборонного общества, посвятил этой проблеме особо проникновенную речь: «Вы знаете, мы имеем значительное обострение классовой борьбы в связи с лозунгом партии о ликвидации кулачества как класса на основе сплошной коллективизации... Нужно вас предостеречь в том отношении, что беспечность в вопросе классовой бдительности иногда приводит к печальным результатам. У нас есть пример отдельных областей, когда благодаря недостаточной классовой бдительности мы имеем очень большие и опасные прорывы, в некоторых районах, в которых мы имели выступления кулацкие, бандитские выступления, наши организации [были] переброшены на ликвидацию этих выступлений, в эти моменты оказывалось, что руководитель военного кружка Осоавиахима или секретарь ячейки в самым опасный момент столкновения оказывались в рядах банды. Дальше, товарищи, надо вам сказать, что очищение от вредителей коснулось и нашей организации – у нас не одного вредителя изъяли во время этой экзекуции, мы также оказались несвободными от ряда вредителей, которые пролезли к нам. И совершенно понятно, что к нам тяготеет вредитель – боевая организация, которую можно в любой момент использовать, и вот он лезет к нам. Это, конечно, требует особой классовой бдительности в нашей работе»[47].

На II областном съезде Уралосоавиахима представитель ЦС призвал делегатов к «чистке» рядов советских патриотов. Он подсказал собравшимся, что в уральской организации «не везде и не всегда благополучно в отношении с классовым элементом», в рядах общества бывают «лишенцы». И покритиковал уральцев за политическую близорукость: оказывается, в уставе областного общества был пункт, допускавший материальную помощь «чуждых элементов» в благом деле защиты отечества, да еще и с вознаграждением в виде «грамот» и «жетонов»[48]. В первой половине 1930-х гг. борьба за «классовую чистоту» врывалась в повседневную деятельность Осоавиахима периодическими чрезвычайными происшествиями: пропажей оружия, украденного «кулачьем», или использованием портретов вождей в качестве мишеней. Очищение от «чуждых элементов» было обязательным пунктом критики и самокритики на пленумах и съездах[49]. Но уже во второй половине предвоенного десятилетия репрессии против «чуждых» и «врагов народа» стали дирижировать внутренней жизнью военно-патриотической организации и дестабилизировали ее деятельность вплоть до полного развала отдельных оборонных обществ[50].

«Оловянные солдатики» или будущие комбатанты

Подготовка допризывной молодежи к службе в армии была нелегким делом. «Человеческий материал», из которого предстояло сделать воина, гражданина и патриота, оказался весьма далек от требований современной армии[51]. Юноши, которые в скором времени должны были стать красноармейцами, отличались слабым здоровьем, плохой физической подготовкой, необразованностью и низкой политической сознательностью[52]. Настоящим стихийным бедствием были неграмотность и малограмотность[53]. Лишь в начале 1930-х гг. количество неграмотных допризывников в СССР пошло на убыль, а соотношение между малограмотными и грамотными изменилось в пользу последних. И то – в кадровых частях РККА, куда, согласно политике военного ведомства, отбирались лучшие по всем параметрам призывники (табл. 5).

Таблица 5[54]

Грамотность призывников, поступивших на действительную военную службу в кадровый состав РККА в период 1924–1936 гг., %

Год призыва	С высшим образованием	Со средним образованием	Грамотных	Малограмотных	Неграмотных
1924	0,09	2,51	47,52	38,46	11,42
1925	0,18	2,68	48,35	40,75	8,04
1926	0,59	5,45	62,85	24,26	6,85
1927	0,35	2,70	59,76	29,34	7,85
1928	0,6	4,17	66,64	23,62	4,97
1929	0,61	3,39	60,88	29,82	5,30
1930	0,72	5,16	57,69	33,98	2,45
1931	0,81	4,29	64,3	29,7	0,9
1932	0,94	5,66	71,0	22,2	0,2
1936	0,12	5,58	74,3	20,0	0

На местах ситуация с образовательным уровнем призывников продолжала оставаться плачевной все предвоенное десятилетие. В Челябинском мобилизационном округе (16 райвоенкоматов) на 1 января 1935 г. числилось 23 587 призывников, из которых 10 039 были малограмотными, а 2 935 не умели ни читать, ни писать[55]. Среди новобранцев Башкирского полка, призванных в 1933–1934 гг., количество грамотных составило 29-30 %, малограмотных – 58-59 %, 11-12 % были полностью неграмотными[56]. Несмотря на отсутствие полных данных и единообразия в статистике, которые могли бы с максимальной точностью охарактеризовать положение с грамотностью допризывников на местах, даже отрывочные сведения свидетельствуют о сложности ситуации в провинции. О том же говорит постоянное обсуждение этой проблемы на заседаниях местных партийных и советских органов в моменты призывных кампаний.

Несоответствие уровня образования допризывников и требований, предъявляемых к красноармейцам, понимали в первую очередь военные. «Это не вяжется ни с какими задачами [армии], – бил тревогу начальник Челябинского мобилизационного округа Сидоров, выступая на II Челябинском областном пленуме Осоавиахима 6 октября 1935 г. – Каково положение этого неграмотного призывника, которого приходится потом обучать, показывать технику, новейшие изобретения...»[57]

Несмотря на все усилия местных органов власти, посещение пунктов ликбеза допризывниками было плохим – сведения о посещаемости в Челябинском и Свердловском округах, в мобилизационном округе Башкирии редко перебирались за 50-процентную отметку[58]. Органам народного образования, отвечавшим за практическую работу по ликвидации неграмотности и малограмотности, постоянно доставались упреки в плохой работе. Те в ответ жаловались на плохую организацию учета и контроля, отсутствие помещений и учебных пособий, безразличие военкоматов и профсоюзов к проблеме[59]. Вплоть до начала Великой Отечественной войны партийным организациям и призывным комиссиям в Уральском регионе так и не удалось достичь цели – укомплектования армии «культурным грамотным бойцом-ударником», к чему призывал Ворошилов на XVII съезде партии[60].

И все же постоянное внимание к этому вопросу и развитие советской системы образования приносило свои результаты. В Башкирии, по сведениям на 1934 г., неграмотность среди допризывников 1911 года рождения за время от приписки до призыва удалось снизить с 25,9 % до 9,1, а малограмотность – с 42,1 до 34,2 %, в следующем призыве с 30,59 % до 4,17 и с 49,55 до 4,9 % соответственно[61]. По-

полнение, прибывшее в части РККА Уральского военного округа в 1936 г., отличалось от призывников 1935 г. значительным увеличением количества юношей с 7–8-классным образованием и резким снижением группы неграмотных и малограмотных (с 9,7 до 2,7 %)[62].

Ситуация с грамотностью призывников в национальной республике усложнилась накануне Великой Отечественной войны, после того как в Москве было принято решение об обязательном обучении допризывников нерусских национальностей русскому языку[63]. Пункт о том, что обучение призывников из башкир и татар «великому и могучему» остается узким местом в мобилизационной работе, кочевал перед войной из одного постановления Башкирского обкома ВКП(б) в другое[64].

Состояние здоровья и физическое развитие уральских призывников мало отличались от общей картины, характерной для предвоенного Советского Союза. В 1927 г. военно-санитарным управлением РККА был составлен доклад, посвященный «санитарному состоянию Красной Армии», в том числе освещавший и проблемы годности молодых людей призывного возраста к военной службе. Комментируя печальные цифры выбраковки новобранцев по состоянию здоровья, автор доклада писал: «Анализ данных о физическом развитии населения призывного возраста устанавливает факт значительной пониженности его физического развития в результате общеэкономических и бытовых потрясений последнего десятилетия, за последние два года (1925 и 1926) отмечается некоторое повышение уровня физического развития призывного контингента по сравнению с 1924, однако этот уровень остается еще значительно ниже по сравнению с довоенным уровнем и носит неустойчивый характер. <...> Призывные контингенты ближайших лет, перенесшие тяжелые испытания 1914–1921 гг. в наиболее ранимом возрасте, могут дать новое ухудшение физического развития, что диктует необходимость особого внимания к допризывной подготовке и физическому воспитанию молодежи»[65]. Показатели негодности по состоянию здоровья, по словам автора доклада, были выше среди переменников, служивших в территориальных частях. Причинами были «бытовая обстановка населения, меньшая физическая устойчивость и приспособленность к военной службе, недостаточная материальная обеспеченность сборов и недостаточная обеспеченность систематической лечебной помощью со стороны еще бедной сельской лечебной сети в межсборовый период»[66].

Ухудшение здоровья новобранцев и допризывников вызывалось и условиями, в которых приходилось нести службу или проходить сборы[67]. Так называемая «удешевленная казарма» середины 1920-х гг. была значительно хуже царской, новобранцы жили крайне скученно, испытывали постоянные неудобства из-за плохого снабжения водой, невывоза нечистот, перебоев в теплоснабжении. Питание красноармейцев было скудным даже в период казарменного режима, не говоря уже о времени лагерных сборов с их увеличенными физическими нагрузками. Красноармейский паек заставлял ностальгировать по дореволюционным временам. Но лагеря красноармейцев, сообщал доклад, все же выгодно отличались от лагерей допризывников, живших в условиях «отсутствия элементарных жизненно необходимых удобств»[68].

Десятилетие спустя ситуация с физической годностью призывников стала выглядеть более оптимистично. В аналитической записке военно-исторического отдела ГШ РККА, составленной в 1936 г., приведены данные, демонстрирующие постепенный рост количества годных к военной службе на протяжении второй половины 1920-х – начала 1930-х гг. (табл. 6).

Таблица 6[69]

Годность к военной службе, %

Год призыва	Годных к строевой службе	Годных к нестроевой службе	Всего годных
1928	50,36	21,94	72,3
1929	53,02	21,24	74,26
1930	56,3	20,77	77,07
1931	56,3	13,9	79,7
1932	68,5	12,2	80,7

Учитывая, что, по данным военно-санитарного управления, относительная численность годных призывников в 1925–1926 гг. не поднималась выше 44–49,6 %[70], прогресс был очевиден.

Положительную динамику годности к середине 1930-х гг. демонстрируют и сведения по уральскому региону. В частности, Башкирский обком ВКП(б) на областном совещании по вопросу призыва, проходившем 8 января 1934 г., с гордостью сообщил, что физическая годность призывников поднялась с 59,9 % в 1931 г. до 74 % в 1933 г.[71] Наиболее проблемным «контингентом» в этот период был, как и прежде, переменный состав. В декабре 1933 г. исполняющий обязанности командующего войсками Приволжского военного округа сообщал секретарю Башкирского обкома ВКП(б) Я.Б. Быкину, что из 31 призванного партийца и комсомольца оказались пригодными к службе только 10 (29 %). «Такое ненормальное положение, – писал он, – создает угрозу при более широком мобилизационном поднятии населения, лишит части необходимой партийно-комсомольской прослойки, что еще более обостряется затруднительностью пополнять таковую извне, учитывая национальный состав призываемых контингентов»[72]. Не прошло и года, как Башкирский наркомат здравоохранения внял призывам военных и организовал лечение партийно-комсомольского состава переменников и вневойсковиков по всем правилам классового подхода – для них был организован диспансер закрытого типа[73].

Слабое здоровье и плохая физическая подготовка создавали трудности не только для территориальных частей и кадровой армии, но и для Осоавиахима. В первую очередь это касалось направления работы организации, связанного с подготовкой резервов для вооруженных сил. Но и при подготовке значкистов Осоавиахима II ступени и курсантов в аэроклубах прохождение кандидатами врачебной комиссии было обязательным условием. Свердловские осоавиахимовские работники на совещании в обкоме комсомола жаловались на то, что из-за отсева по медицинским показаниям им не удается выполнять нормы по подготовке значкистов и парашютистов. «Трудно подобрать здоровых людей.., – оправдывались они перед секретарем обкома комсомола, – Очень высокие требования, большинство бракуют, если 70-80 человек пропустим, из них берем 10-12 человек»[74].

И все же гораздо важнее, чем здоровье и физическая подготовка, для армейского и осоавиахимовского руководства было политическое и классовое «лицо» будущих комбатантов. Как уже отмечалось ранее, структура допризывных контингентов и мобилизационных резервов в межвоенный период была сложной. Свой отпечаток на технологии призыва и службу в армии накладывала идеология. Как вспоминал сын бывшего князя С.М. Голицын: «Одни, с чистым прошлым, шли в кадровую армию, других, с подмоченным социальным происхождением, зачисляли во вневойсковики – такие продолжали работать или учиться, а время от времени их призывали на месяц, на два на войсковые сборы. А третьих - сыновей лишенцев, сыновей кулаков, сыновей врагов народа – объявляли тылоополченцами и отправляли в лагеря как заключенных»[75].

Стремление соблюсти классовую чистоту Красной Армии приводило к тому, что призывные комиссии значительную часть своего времени посвящали делу социальной селекции, проверке призывников и выявлению «чуждых» элементов, путь которым в армию был закрыт. В 1931 г. военный комиссариат Башкирии направил всем районным военным комиссарам, начальникам политуправлений, органов ОГПУ и партийным функционерам письмо, в котором выражал обеспокоенность классовым составом Красной Армии. «Отсутствие особого учета военнообязанных, кои по своему классовому положению и политико-моральному состоянию являются нежелательными в Красной Армии, – писал военный комиссар Рыжих, – создаст угрозу засорения ими ее рядов при мобилизации, что будет иметь своим последствием понижение боеспособности войсковых частей». Письмо призывало «принять решительные меры к недопущению в ряды РККА политически неблагонадежных и морально-разложившихся элементов», для чего учетные карточки призывников должны были проходить дополнительную проверку на местах – в сельсоветах и исполкомах городов. Военный комиссар подробно перечислил категории нежелательных элементов, подлежавших отсеву: «активно выступающие против мероприятий соввласти и коллективизации, воры-рецидивисты, подвергавшиеся административной высылке, уголовные преступники, подвергаемые лишению свободы на срок год и больше, имеющие связь со служителями религиозных культов и т.п.»[76]

На территориях, в годы гражданской войны переходивших из рук в руки, работа комиссий осложнялась тем, что помимо графы «социальное происхождение» необходимо было проверять и правильность сведений о военной службе в красной или белой армиях. Запутанность ситуации в Уральском регионе и Башкирии проистекала из того, что по окончании гражданской войны значительная часть населения, волей или неволей оказавшаяся в армии Колчака, не ушла из родных краев, а вернулась к нормальной жизни. Когда спустя десять лет сталинский режим начал борьбу против внутреннего врага, оказалось, что этот «враг» прекрасно интегрировался в новую советскую систему и служит ей верой и правдой. Несмотря на все усилия призывных комиссий по отделению «агнцев» от «козлищ», состав проходивших военную службу или обучение в рядах РККА и Осоавиахима оставлял, с точки зрения сталинских функционеров, желать лучшего.

Плановая проверка политсостава запаса, проведенная управлением мобилизационного округа Башкирской АССР в 1934 г., выявила «значительную засоренность старшего и среднего политсостава чужаками и беляками (50 чел.), что составляет 7 % к числу проверенных». «Особенно обращает на себя внимание группа исключенных из политсостава в числе 16 чел., служивших в белых, в том отношении, – писал в докладе помполит командира Башкирского полка и председатель призывной комиссии Мамкеев, – что из них большинство из ответственных партийных работников, а именно: а) отв. секретарей райкомов ВКП(б) – 5 чел., б) начальников политотделов МТС и совхозов – 6 чел., в) отв. хозяйственных и советских работников – 5 человек»[77].

Значительное число «социально чуждых» – а именно так характеризовались в документах дети кулаков, торговцев, священников, мулл и бывших офицеров – регулярно выявляли в результате проверок среди рядовых красноармейцев и переменников территориальных частей. «Снижение качества состава новобранцев в партийно-социальном и общеобразовательном отношениях объясняется тем, – сообщалось в одном из политдонесений по Башкирскому полку за лето 1934 г., – что лучшие новобранцы приписанные были приняты в кадр, а вместо них райвоенкоматы приписали из числа вневойсковиков и, к тому, без достаточной проверки...»[78]

По сведениям челябинского областного НКВД на тот же период в некоторых городских призывных комиссиях среди призывников числилось до 50 % «социально чуждых». В секретном докладе, направленном секретарю Челябинского обкома ВКП(б) К.В. Рындину, приведена типичная для того времени характеристика призывников: «Качественный состав призывных контингентов чрезвычайно низок, имеет слабую партийно-комсомольскую и рабочую прослойку, большую засоренность социально чуждыми и, главное, судимыми элементами, большое количество малограмотных, неграмотных и больных». Особенно много «социально чуждых» отмечалось на новостройках, в совхозах и МТС, главным образом, среди трактористов и шоферов.

Среди причин столь низкого качественного состава призывников, помимо уже известных (отбор лучших в кадровую армию и военные школы, слабая работа райвоенкоматов и др.), была названа еще одна. По мнению автора доклада, в большинстве районов отмечалась «усиленная тенденция социально чуждых и политически скомпрометированных элементов проникнуть в армию, используя для этого все возможности». Призывники переезжали из одного города в другой в надежде скрыть свое социальное происхождение. На призывной пункт в г. Челябинск явились 18 человек, приехавших из других городов. В Троицком районе призывник Воротинцев, получивший «волчий билет» как сын торговца и брат белого офицера, поделился своими планами с другими юношами: «Черт с ними, здесь не прошел номер, пройдет в другом месте». «Кулак» Арсентьев сначала обратился в призывную комиссию в Свердловске, где не был принят, а затем «справил» себе фиктивные документы и поехал в Шадринск, «где пытался вторично пройти призыв, но был разоблачен и сбежал». Всего на 28 призывных пунктах Челябинской области были выявлены 32 попытки скрыть социальное происхождение, а в Магнитогорске обнаружили 255 «социально чуждых элементов»[79].

В ноябре 1934 г. один из случаев, похожих на приведенные в докладе, попал в местную печать. Газета «Челябинский рабочий» писала о «чужаке с комсомольским билетом» со станции Миасс, который пытался попасть в РККА, прикрываясь членством в молодежной организации[80].

Ранее уже говорилось о том, что артикуляция патриотического этоса, стремление попасть в РККА, военную школу или Осоавиахим были одним из способов выживания для маргинализированных и стигматизированных слоев советского населения. В случае успеха «социальной мимикрии» сын кулака или муллы, брат белого офицера или дочь попа могли рассчитывать на интеграцию в ряды «строителей социализма».

Сталкиваясь с индивидуальными и групповыми практиками приспособления в среде призывников и красноармейцев, планы сохранения классовой чистоты Красной Армии терпели фиаско уже в момент призыва. Наиболее слабым звеном изначально были части, формировавшиеся по территориальному принципу. В провинции в таких частях доля выходцев из сельской местности была особенно высокой[81]. Вследствие этого территориальные части были своеобразным «зеркалом» советской деревни конца 1920-х – 1930-х гг. – деревни дезориентированной, развращенной и запуганной годами безвластия, хаоса и репрессивной политики режима, зараженной стереотипами насильственного поведения и мышления.

Преимущественно крестьянская и малообразованная масса красноармейцев, призывников и вневойсковиков, проходивших обучение в лагерях Красной Армии и Осоавиахима, с трудом приспосабливалась к условиям военной службы и дисциплине. Сводки армейских политорганов и доклады начальников осоавиахимовских лагерей сообщают о широком распространении дисциплинарных нарушений и уголовных преступлений. Помполит Башкирского полка, характеризуя состав прибывших на сборы переменников, писал, что среди них «имеются отдельные морально разложившиеся лица и убийцы, например: а) переменники артиллерийского дивизиона Романчук, Данилов и Баранов осуждены за убийство одного башкира; б) переменник 12 батальона Якупов, б/п, колхозник, на почве ревности застрелил свою жену, за что осужден на 10 лет; в) переменник 12 батальона Карамышев за изнасилование одной девушки осужден на 8 лет». «Характерными» названы в сводках случаи воровства. «Миронов – пом. зав. вещевого склада, комсомолец, – сообщается в одном из политдонесений, – 31.07. задержан с краденными казенными вещами (шесть пар <...> обмундирования, четыре пары брюк б/у, отрез гимнастерочного материала и другие вещи, кроме того 21 шт. нагановских патронов, которые хотел отправить домой, ... Максимов – ком. отделения 2 роты 11 батальона, комсомолец, украл одеяло».

Обворовывали не только государство, но и сослуживцев, захвативших на сборы ценные вещи: деньги, облигации, часы. Обычными для сборов нарушениями дисциплины были самовольные отлучки из армии, рукоприкладство и пьянство[82]. Оказавшись в армии, будущие защитники отечества вели себя по отношению к своим бывшим собратьям по классу как грабители и насильники. Призывники Челябинской области в 1934 г. отказывались от участия в сельскохозяйственных работах, считая, что они не должны работать на колхозников, которые получают по 8 кг хлеба на трудодень. В первые же дни призыва были зарегистрированы «8 случаев драк и пьянств с дебошем и один случай бандпроявления». Начальник областного управления НКВД описывает «бандпроявление», участниками которого были колхозник, тракторист и середняк, так: «В ночь на 1 октября с/г в 23 ч. ночи в пути следования на Макушинский призывной пункт призывники в количестве 3 чел. сделали налет с целью ограбления на колхозников Бердюжского района Дубровинского с/с, колхоз Заветы Ильича... – у последних отобрали куль картофеля, кроме того хотели увести корову, одновременно угрожая колхозникам убийством...» В ходе расследования было установлено, что все «налетчики» уже привлекались к уголовной ответственности за кражи хлеба и колхозного имущества. Нязепетровский военкомат «отчитался» двумя пьяными драками, в результате которых один из призывников получил три ножевых ранения, а другой – огнестрельное. «В зерносовхозе «Большевик», – сообщается в отчете областного НКВД, – призывники-шофера напились пьяные, разбили у автомашины фары, изорвали на себе рубашки, ходили хулиганили по деревне, называя [себя] призывниками и что мол к нам никто не подходи»[83].

Дисциплинарные нарушения и уголовные преступления в армии, как правило, квалифицировались как деяния с политической подоплекой. Большинство отклоняющихся от нормы проявлений политические руководители территориальных частей и лагерей Осоавиахима относили на счет «социально чуждых» элементов, засорявших армию. На уровне риторики образ красноармейца – защитника священных границ первого в мире социалистического государства – был прочно защищен от влияния армейской повседневности. В действительности же ни магические заклинания о силе и мощи советских вооруженных сил, ни практики социальной селекции, ни политическое и патриотическое воспитание в РККА не могло изменить печального положения вещей. Значительная часть советских вооруженных сил – территориальные формирования – отличались низкой боеспособностью[84]. Привлечение к делу военно-патриотического воспитания и обучения военнообязанных малоэффективной парамилитаристской организации «Осоавиахим» не только не способствовало решению этой проблемы, но и еще больше усложняло задачу формирования качественных мобилизационных резервов.

Женщины в Осоавиахиме

Выступая на I съезде Авиахима (январь 1927 г.), И.С. Уншлихт поделился с делегатами некоторыми весьма любопытными наблюдениями: «Я, товарищи, хочу обратить внимание на один вопрос. Сегодня я был на открытии пленума ЦС ОСО. Там, кажется, среди делегатов было всего 2 женщины. Здесь на нашем собрании тоже не очень много женщин». Объясняя, почему он затронул такую весьма странную тему, заместитель председателя оборонного общества заявил: «Женщин также необходимо вовлечь в наше общество. Они могут оказать большую пользу и, имея влияние на своего мужа, они могут воздействовать на них. Я думаю, участие женщин вопрос серьезный и важный не только потому, что в деле сельского хозяйства они могут оказать помощь, не только потому, что они могут быть прекрасными санитарками... Но это не все. Я еще считаю, что незачем ставить вопрос таким образом, что хорошим стрелком может быть только мужчина. Вы знаете, что в обществе «Динамо» есть хорошие стрелки женщины, которые не уступают мужчинам. На это нужно обратить особое внимание. Это будет наша главная задача с того момента, когда мы объединимся с обществом ОСО. Женщинам необходимо вступать в наше общество. Они, несомненно, проявят большую активность, усилят наш кадр активистов»[85].

Идеи, высказанные Уншлихтом, нашли поддержку в руководстве объединенной оборонной организации. Вскоре после образования Осоавиахима при агитационно-пропагандистской секции ЦС была создана подсекция по работе среди женщин, позднее (9 июня 1927 г.) ставшая самостоятельным подразделением в структуре организации. Председателем этой секции стала одна из руководительниц женского движения в СССР А.В. Артюхина, возглавлявшая отдел рабочих и крестьянок ЦК ВКП(б).

Участие женщин в военно-патриотической работе представлялось руководству Осоавиахима следующим образом. Специальная резолюция оговаривала, что парамилитаристские организации должны готовить «женщин к вспомогательной службе по обороне СССР, к выполнению тех задач по обслуживанию тыла и тех участков фронта, где женщина может проявить свою деятельность в наиболее целесообразной форме (деятельность санитарно-медицинская, хозяйственная и культурно-просветительная)». Местным обществам предлагалось также предусмотреть «выполнение задачи по непосредственной подготовке женщин (стрелковое дело, служба связи, саперное дело, военно-химическое дело и пр.)». Третьим направлением была подготовка «прекрасного пола» к хозяйственной деятельности в условиях войны: в нужный момент советские патриотки должны были «заместить мужчину у станка». Кроме того, на оборонные общества была возложена миссия по подготовке женщин «к разумной и благодарной роли обеспечения тыла и прифронтовой полосы от деятельности шпионских организаций». Осоавиахим был призван «воспитать в ней волю к сохранению военной тайны, волю к борьбе с рыночной и денежной паникой и т.д.»[86] Меньше чем через год, на II Пленуме ЦС (апрель 1928 г.), было четко сформулировано намерение использовать женщин в качестве разведчиц, связисток, военнослужащих военизированной охраны и ПВХО[87]. Оборонным обществам на местах предложили форсировать создание женских курсов связи и административно-хозяйственной службы в армии.

Через четыре месяца после ее создания центральная секция по подготовке трудящихся женщин к обороне страны уже отчитывалась о первых успехах и неудачах. Среди достижений было отмечено создание аналогичных секций при местных организациях Осоавиахима. 16 из них даже успели сообщить о количестве привлеченных к делу «защиты Отечества» представительниц «прекрасного пола», составивших 13 % от численности организаций. Однако особого всплеска активности среди женщин не наблюдалось. «Число женщин, активно работающих в кружках Осоавиахима, – сообщалось в отчете секции ЦС, – еще весьма незначительно. Здесь необходимо еще проделать огромную работу. <...> Наибольший процент вовлеченных в практическую работу женщин относится к кружкам первой помощи, и наименьшее участие женщин отмечается в кружках военных знаний, связи, химических и др. Среди широкой массы трудящихся женщин нет еще достаточного понимания своей роли в обороне страны»[88].

Проблема женских кадров в Осоавиахиме, как рядовых, так и инструкторских, стояла очень остро. Циркуляр ЦС Осоавиахима по поводу выпуска курсанток весной 1929 г. обращал особое внимание на пропаганду оборонной работы среди женщин: «В целях популяризации идей подготовки женщин к обороне вокруг выпуска курсов (связи и административно-хозяйственной службы. – *О.Н.*) необходимо создать широкое общественное мнение работниц. Для чего нужно устроить торжественное заседание, посвященное выпуску, с привлечением возможно большего количества работниц и представителей общественных организаций»[89]. Далее документ разъяснял, что вновь обученные женские кадры необходимо сразу же закреплять в организации. На выпускниц необходимо заполнять специальные личные карточки, которые должны храниться в женсекции Осоавиахима, а окончивших курсы по I категории (с отличными оценками) использовать в качестве руководителей женских кружков на предприятиях. Бывших курсанток рекомендовали периодически привлекать к маневрам, походам и лагерным учениям[90].

На II съезде Осоавиахима (февраль 1930 г.) произошел прорыв в представлениях о роли женщин в деле «защиты Родины». Резолюция по «женскому вопросу» рекомендовала добиваться увеличения численности женщин в Осоавиахиме (до 25-32 % от общего количества) и расширять сферу применения женского труда в рамках организации. На съезде заговорили о «твердой сети» специальных курсов для подготовки женщин-милиционеров, работников политического просвещения для РККА и трактористок. Делегаты одобрили опыт привлечения женщин к военизированным походам и маневрам, а также предложили расширить сеть женских летних лагерей Осоавиахима[91].

Подлинным новшеством, одобренным съездом, было разрешение принимать «трудящихся женщин» в военные школы РККА и школы гражданской авиации (вплоть до установления квоты в 20 %)[92]. Это решение было принято под давлением женсекции ЦС Осоавиахима и вопреки установкам военной верхушки оборонной организации, которая противилась расширению списка военных специальностей, доступных «прекрасному полу»[93]. Но московский актив осоавиахимовок отстаивал право женщин на вторжение в сферу «мужских» профессий не в одиночку. Накануне всесоюзного съезда Уральская организация Осоавиахима поддержала позицию центральной женсекции[94].

Вероятно, советские военные руководители оказались не готовы к столь стремительному продвижению женщин на позиции «защитников Отечества». Иначе трудно объяснить нелогичное решение съезда о ликвидации секций по работе среди женщин как в ЦС, так и в подчиненных организациях[95]. Лишь на окраинах и в национальных республиках проведение этого мероприятия откладывалось на год. В соответствующей резолюции было записано, что «громадные задачи, стоящие перед обществом в деле подготовки трудящихся женщин к обороне, могут быть успешно разрешены лишь в том случае, если к их проведению будут привлечены все организации и секции общества в целом, и работа среди женщин станет органической составной частью всей их работы»[96]. Таким образом, официальная версия преподносила отказ от женсекций как символическое равноправие между полами в деле защиты Родины. В действительности ликвидация вполне могла быть устранением неудобного «женского» лобби в ЦС Осоавиахима и реакцией на практику, сложившуюся в регионах. Там особой популярностью пользовались обособленные женские кружки, иногда имевшие весьма отдаленное отношение к военно-патриотической работе.

Пленум ЦС Осоавиахима, состоявшийся летом следующего года (12-16 июля 1931 г.), был вынужден вновь вернуться к вопросу о статусе женщин в Осоавиахиме. Его делегаты признали, что женработа находится в «глубоком прорыве»: упразднив женсекции, местные советы свернули всю работу, которую те проводили. В связи с этим собравшиеся заявили, что отказ от работы с женщинами недопустим, так как в случае войны именно на их плечи ляжет выполнение задач по противохимической и противовоздушной обороне. В решении пленума было записано «категорическое предложение» восстановить женские секторы[97] в структуре отделов по агитационно-массовой работе[98].

Осенью 1931 г. состоялось первое Всесоюзное совещание осоавиахимовок, на котором был поднят тот же вопрос. Довольно компактное для всесоюзных масштабов мероприятие (116 делегаток, из которых 99 приехали из различных республик, краев и областей) отличилось острой постановкой вопросов и критикой в адрес руководящих органов оборонного общества в центре и на местах. Работа среди женщин была названа на совещании «слабым участком». Перечисляя проблемы, делегатки совещания отметили, что женский актив Осоавиахима слишком малочислен, контрольные цифры пятилетки по привлечению женщин к оборонной работе не выполнены, крайне неудовлетворительно развернута работа в колхозах и среди националок. На центральное и местное руководство оборонного общества обрушился шквал упреков: в руководящих органах общества женщин очень мало, в некоторых областях полностью упразднили должность освобожденных работников среди женщин, кадровая политика фактически отсутствует. Используя против функционеров их же аргументы, делегатки обвинили «начальство» в недостаточном внимании и недооценке работы среди женщин, а также в неумении организовать работу с ними[99].

В решениях совещания было записано, что, «ликвидировав женсекции, большинство организаций Осоавиахима не обеспечило должного внимания и контроля работы среди женщин по линии всех секторов и отделов общества». Поэтому его делегатки поддержали решение июльского (1931 г.) Пленума ЦС Осоавиахима о воссоздании специальных органов по работе среди женщин. Вокруг женских секторов, говорилось в резолюции, «надо сколотить кадры активисток, привлекая в первую очередь работниц и колхозниц из числа участниц гражданской войны, прошедших лагерную подготовку, возглавив их женщинами – членами президиумов или советов Осоавиахима». Делегатки также предложили ввести освобожденных платных руководителей женской работы в крупных подразделениях оборонного общества, вплоть до районных советов[100]. Настойчивость кучки активисток Осоавиахима принесла свои результаты – в его структуре повсеместно началось восстановление специальных институтов по организации военно-патриотической работы с представительницами «прекрасного пола».

В Уральском областном совете Осоавиахима женская секция появилась в январе 1928 г.[101] На учредительном съезде организации была принята резолюция «По подготовке трудящихся женщин к обороне страны»[102], в основном повторявшая решения всесоюзного форума советских патриотов. В числе прочих в ней были пункты, которые призывали интенсивно использовать для военной работы среди женщин уже имеющийся актив женотделов и делегатских собраний, агитировали за привлечение в оборонное общество домохозяек (для чего их вступительный взнос в Осоавиахим был приравнен к взносу безработных). Одно из положений резолюции разъясняло, что в связи с нехваткой руководящих кадров не рекомендуется создавать исключительно женские по составу кружки без особой надобности[103].

На протяжении зимы 1928–1929 гг., по сведениям областного совета, женсекция «работала слабо», руководство осуществлялось исключительно в форме «письменных директив»[104]. Информационные сводки из районов также не радовали: работа среди женщин была организована не везде, навязанная сверху инициатива не находила отклика у населения. Иногда женсекции, проработав некоторое время, «самоликвидировались», как это было в Кунгуре. Более или менее устойчивые структуры по работе среди женщин удалось создать лишь в Свердловском, Златоустовском и Курганском округах[105]. В 1932 и 1933 гг. некоторые райсоветы по-прежнему отвечали на запросы Уральского облсовета, что «женработа не велась». Среди них были Варненский и Нязепетровский районные, Кунгурский городской, а также некоторые другие советы Осоавиахима[106].

Дело военизации женщин в провинции тормозилось целым рядом факторов. Для осоавиахимовских функционеров на первом месте стояли организационные трудности и кадровый дефицит. Как известно, нехватка квалифицированных управленцев и инструкторов военного дела ощущалась даже в сфере, которая была основным направлением работы оборонного общества, – в деле военного обучения. Для формирования инструкторского состава мужского пола все же вполне подходил уже «готовый» резерв демобилизованных из армии или красноармейцев запаса. На худой конец на роль преподавателей могли сгодиться и ветераны предыдущих войн – «красные партизаны». Ситуация же в деле военного обучения женщин выглядела плачевно. Круг женских активисток к моменту начала кампании по военизации женщин был весьма узок и перегружен многочисленными обязанностями. Добавление к ним еще одной – военно-патриотической работы –

не вызвало никакого энтузиазма. Как признавался председатель Уральского облсовета в 1929 г., попытки областной женсекции и областного женотдела «внедрить» в округах представления о том, что работа Осоавиахима – «важнейшая часть всей работы среди женщин», провалились, а «накачки» активисток на совещаниях заведующих окружными женотделами «пока результатов не дали»[107].

Красноречивым свидетельством остроты кадровой проблемы являются протоколы заседаний окружных женских секций Осоавиахима, некоторые из которых попадали в Уральский облсовет. Делегатки Сарапульского округа, собравшиеся для обсуждения проблемы военизации женщин в ноябре 1928 г., затронули все возможные вопросы, кроме этой самой военизации. Они поговорили о подготовке к выборам в советы, обсудили ход коллективизации в деревне, посетовали на проявления мужского шовинизма и мимоходом упомянули о том, что крестьянки «не боятся врагов СССР и будут всеми силами помогать в обороне нашей страны»[108]. Активистки Свердловского округа, вспоминая о начале своей работы, записали в отчете, что первый состав женсекции продержался лишь две недели и оказался «неработоспособным», так как «попали загруженные товарищи, которые не смогли посещать таковую». В новом составе основные надежды были связаны с представительницами от работниц: в женсекцию вошли четыре женщины, работавшие на ВИЗе, Ленфабрике и типографии, а также домохозяйка и служащая[109].

Приехавшие на II Уральский областной съезд (январь 1930 г.) осоавиахимовки отмечали, что военная подготовка «трудящихся женщин» ведется, главным образом, силами женотделов – «ни профсоюзы, ни Осоавиахим не уделяли должного внимания развертыванию этой работы»[110]. После ликвидации женсекций в советах оборонных обществ была предпринята попытка сделать ставку на добровольных помощников. В марте 1931 г. Уральский облсовет разослал по районам «Памятку уполномоченным по работе среди женщин – членов Осоавиахима». «Для обеспечения работы среди трудящихся женщин, – говорилось в ней, – необходимо наличие актива, который обеспечил бы максимальное участие женщин в работе Осоавиахима. На фабриках, заводах, ячейках совхоза, колхоза необходимо выделить активного товарища, который должен обеспечить вовлечение женщин в руководящую и практическую работу общества (кружки, курсы, команды, соревнования и т.п.). Такой товарищ носит название уполномоченного по работе среди женщин».

Уполномоченные назначались из числа активистов-осоавиахимовцев. В женских производственных коллективах их должен был иметь каждый цех. Суть работы добровольцев, брошенных на проваленный фронт женработы, заключалась в привлечении женщин в практические кружки и последующий контроль за посещаемостью и успехами «курсанток». Верные своей идее вертикальных управленческих структур, функционеры сталинской эпохи призывали уполномоченных сколачивать вокруг себя актив из делегаток собраний работниц, давать им конкретные поручения и делать их «толкачами». «Но всю ответственность несет уполномоченный, – напоминала «Памятка», – и отчитывается о работе он же»[111].

Несмотря на все усилия по созданию корпуса волонтеров женработы, с кадрами было по-прежнему неважно. Весной 1931 г., еще до созыва первого женского совещания Осоавиахима, Уральский облсовет в лице руководителя женсектора А.И. Баженовой предложил всем крупным райсоветам выделить платных работников для организации работы среди женщин[112]. II пленум Уралосоавиахима (18-19 октября 1931 г.) утвердил эту инициативу и разрешил вернуться к штатным руководителям женработы в крупных районах[113]. Решение пленума было поддержано и областным совещанием женщин, прошедшим 22 октября 1931 г.

Найти желающих занять штатную оплачиваемую должность в военно-патриотической организации было гораздо проще. Отчитываясь в 1932 г. о состоянии кадров в области женской работы, руководитель этого направления в Уральском облсовете привела следующую статистику. Заведующими женсекторами в Уралосоавиахиме работала 71 женщина, ячейковыми уполномоченными – 9156. Кроме того, на различных должностях в организациях Осоавиахима (бухгалтеров, секретарей советов, секретарей организационно-массовых секторов и др.) было занято 872 представительницы прекрасного пола. В Свердловске были организованы областные курсы по подготовке актива и руководящих работников среди женщин[114].

Другой проблемой военизации «слабого пола» была недостаточная готовность самих женщин участвовать в оборонной работе. Численность осоавиахимовок, считавшаяся одним из важных показателей дела военно-патриотического воспитания и обучения в СССР, всегда учитывалась особо, наряду с информацией о «национальных меньшинствах» и партийно-комсомольском составе. Материалы этой статистики свидетельствуют о том, что количество обладательниц членского билета Осоавиахима было невелико. Первые подсчеты, произведенные в 1927 г. женсекцией ЦС по 16 местным организациям, показали, что в них около 13 % женщин[115], в 1930 г. женщины составили 20 % численности организации[116].

В этой статистике, правда, кроется одна тонкость. Как правило, на съездах и в отчетах указывалось общее количество женщин, плативших членские взносы. Занимавшихся в практических кружках было намного меньше. К примеру, в 1930 г., когда численность осоавиахимовок достигала, по официальным данным, 1 млн 100 тыс. человек, кружки военного обучения посещали лишь 200 тыс. из них[117].

На Урале женщины – члены Осоавиахима составляли от 12 до 20 % общей численности организации[118]. На протяжении 1927–1933 гг. количество обладательниц членского билета оборонного общества постепенно увеличивалось. На II Уральском областном съезде Осоавиахима (январь 1930 г.) местное руководство обозначило рубежи «осоавиахимовской пятилетки» в области женработы: численность осоавиахимовок предполагалось довести до 35 % от общего количества обладателей членской книжки. Это было на три процента больше, чем максимум, установленный в следующем месяце на всесоюзном съезде[119]. В решениях было также записано, что из всех вовлеченных женщин не менее половины должны заниматься в практических организациях. На октябрьском (1931 г.) пленуме Уральского Осоавиахима председатель областного оборонного общества П.С. Ершов еще раз озвучил планы уральцев, уже в абсолютных цифрах. К концу 1932 г. осоавиахимовская организация области, по его словам, должна была вырасти до 1 миллиона 210 тыс. человек, из которых 423 тыс. составят женщины[120]. Таким образом, если раньше уральское оборонное общество пополнялось примерно 10–15 тыс. осоавиахимовок ежегодно, то в последний год пятилетки численность женщин обещала подпрыгнуть сразу на 270 тыс.

В начале 1930-х гг. удельный вес женщин в общей численности Уралосоавиахима, согласно официальной статистике, действительно составил почти 30 %. Но этого казалось мало. Для того чтобы выполнить свои «повышенные обязательства» – а фактически заведомо фантастические планы – руководство оборонной организации изыскивало резервы «на производстве». Так, III пленум Уральского облсовета призвал женщин-ударниц производства полностью, «100-процентно войти в состав общества»[121]. Но все эти проекты так и остались на бумаге. Радикального изменения активности женщин на военно-патриотическом поприще не произошло и во второй половине 1930-х гг.

Необходимо отметить, что количество осоавиахимовок, в действительности получавших военные навыки, на протяжении всего рассматриваемого периода было незначительным. В конце 1929 г. лишь 26 % уральских женщин, плативших взносы, занимались в одном из кружков военного обучения. В октябре 1931 г. численность осоавиахимовок в практических организациях составила 15,5 %, в январе 1933 г. – 22 %[122]. Таким образом, в процесс овладения военизированными специальностями не удалось вовлечь и половины женщин, числившихся в уральском оборонном обществе.

Достаточно наглядное представление о «мужском» характере Осоавиахима в провинции дают сведения о соотношении мужчин и женщин в различных практических организациях парамилитаристского типа (табл. 7).

Отчеты с мест свидетельствуют о том, что, несмотря на решение областного съезда о нецелесообразности создания женских по составу кружков, активистки на местах пошли именно по этому пути. За первые 8 месяцев работы в Ирбитском, Ишимском округах, Златоусте и Шадринске

Таблица 7[123]

Соотношение мужчин и женщин в практических организациях Уралосоавиахима в 1928–1929 гг.[124]

Округи (выборочно)	КВЗ начального типа	КВЗ повыш. типа	Стрелковые кружки	Авиахимкоманды	Женские курсы связи	Женские административно-хозяйств. курсы	Кружки по изуч. авиац.	Кружки возд. спорта	Сельскохоз. кружки
Кол-во мужчин/ Кол-во женщин									
Пермский	3316/148	340/-	584/10	48/20	-/85	-/60	15/6		284/116
Свердловский	5000/146	1773/-	300/40	190/10	-/35		31/-		
г. Свердловск (2 райсовета)	1970/75	615/272							
Нижнетагильский	2774/94	335/42	260/44		-/73		26/8	61/-	
Златоустовский	2496/89	426/374	653/134	52/27	-/61	-/49		10/2	
Челябинский	3283/126	711/1100	1195/477		-/233				326/130
Верхне-Камский	461/16	86/-	268/20				20/8		25/-
Коми-Пермяцкий	150/7	33/-	160/38	40/50					
Ишимский	2174/81	246/85	512/114		-/20		242/19		209/32
Троицкий	1018/65	113/-	938/169		-/46	-/22			23/19
Шадринский	1499/80	271/-	909/145	48/20	-/129				88/7

Продолжение на следующей странице

Таблица 7 (продолжение)

Соотношение мужчин и женщин в практических организациях Уралосоавиахима в 1928–1929 гг. [124]

Округи (выборочно)	КВЗ начального типа	КВЗ повыш. типа	Стрелковые кружки	Авиахимкоманды	Женские курсы связи	Женские административно-хозяйств. курсы	Кружки по изуч. авиац.	Кружки возд. спорта	Сельскохоз. кружки
Кунгурский	1650/110	350/200							270/30
Тюменский	1950/90	250/-	495/120		-/45	-/60			
Курганский	3366/148	883/-	906/258	52/35	-/85		15/-		284/116
Сарапульский	1552/54	313/78	1941/569		-/49			72/-	159/20
Ирбитский	1184/44	377/90	653/146						269/62
Всего по Уральской области[125]	33843/1409	7112/2241	9944/2236	444/173	-/1009	-/191	349/41	143/6	1937/532
Кол-во женщин в среднем на 1 кружок		~ 22	~ 4	~ 11	~ 34	~ 38	~ 4	3	~ 4

были в первую очередь созданы кружки первой помощи и связи, а также женские стрелковые секции. Активистка из Златоуста писала, что работницы охотно учатся стрелять, а среди крестьянок с успехом «прививается» форма сельскохозяйственных кружков. В информации женсекции Свердловского окружного Осоавиахима, составленной весной 1928 г., также говорилось, что «доминирующее большинство членов Осоавиахима-женщин участвуют в работе кружков первой помощи, которых по округу 49 с 1200 членов (женщин)». Женщины записывались и в кружки военных знаний, которых было «всего 150 с количеством членов-женщин 450 человек», и на курсы связи, которые посещали 50 слушательниц[126].

Кружки первой помощи были наиболее многочисленными (по округам их количество исчислялось десятками) и весьма популярными. Курсы связи создавались, главным образом, в городах, так как требовали технического оборудования[127]. В Свердловске конкурс на вечерние курсы связи Осоавиахима оказался столь велик, что количество учащихся удвоилось и пришлось открывать вторую группу[128]. В числе женщин, пожелавших получить профессию связистки, оказались не только работницы заводов города и женщины-служащие, но и домработницы (3,2 % в 1931 г.) и домохозяйки (5,1 % в том же году)[129]. Для них важным аргументом в пользу курсов, вероятно, была перспектива трудоустройства.

Статистика показывала правильность ставки на исключительно «женские» по составу практические организации. Учитывая это, в решениях II Уральского областного съезда оборонного общества был записан тезис о необходимости дальнейшего «развертывания» таких «специальных женских курсов»[130].

Популярность кружков первой помощи и сельскохозяйственных кружков, курсов связи и административно-хозяйственной работы у женщин объясняется просто: все они имели прикладную ориентацию, а умения, полученные в них, могли с успехом применяться и в мирной жизни. В некоторых местах активистки женсекций, не без оснований рассчитывая на успех, даже пытались приспособить под «военизацию» обучение некоторым профессиям, например, швейному делу и делопроизводству. Так, в Златоусте были организованы кружки «по изучению кройки и шитья военного платья, изучения делопроизводства и по работе с домохозяйками»[131]. Но такие практические организации, конечно, не были типичным явлением.

В программах всех женских кружков и курсов обязательно присутствовали «военизированные» элементы. Некоторые из них в начале 1930-х гг. превратились в серьезные учреждения. Например, широко известными в области стали свердловские курсы связи. Срок обучения на них составлял 11 месяцев, в течение которых женщины занимались 4 часа каждую неделю. Количество групп очень быстро увеличилось с двух до шести. В марте 1931 г. президиум Уральского облсовета Осоавиахима принял решение о введении в программу курсов общевойсковых дисциплин. Наиболее успешных курсанток стали поощрять выдвижением на младшие командные должности осоавиахимовской системы[132].

Сохранилась весьма любопытная форма заявления о зачислении на курсы. По стилю оно напоминало клятву на верность родине: «Осознав опасность для Советского Союза, подготовляемую капиталистами и интервентами, и важность подготовки каждого трудящегося к обороне страны, прошу Вас о зачислении меня на Ваши курсы. Во время моей подготовки обязуюсь вести активную учебу и быть примерным курсантом, не допуская пропусков занятий без уважительных причин. Отвергая возможность самовольного оставления курсов как по халатности, так и по другим причинам – заявляю, что если я это допущу, то это принесет вред в подготовке трудящихся к обороне страны, и я буду заслуживать общественного обсуждения[133] не только перед теми курсантами, которые упорно ведут учебу, но и перед трудящимися Советского Союза как несознательный гражданин». Направление ячейки Осоавиахима, размещенное здесь же, призывало управление курсов «незамедлительно сообщать о всех проступках т-ща ... , допущенных на курсах на предмет общественного обсуждения»[134].

Следующими по массовости после курсов связи и кружков первой помощи шли кружки военных знаний, авиахимкоманды и стрелковые секции. Здесь рост численности женщин объясняется другими факторами. КВЗ были самой распространенной и простой формой организации военного обучения, не требовавшей больших материальных затрат и специального оборудования. Именно такие кружки были особенно распространены в сельской местности. Усиленное представительство женщин в авиахимкомандах и стрелковых секциях, вероятно, было следствием влияния советской пропаганды, агрессивно навязывавшей представления о неизбежности новой «империалистической» войны и активной роли, которую предстояло сыграть в ней представительницам «прекрасного пола».

Оживление активности женщин вызывали крупные акции Осоавиахима, такие как недели обороны, и целенаправленная агитация, как правило, приуроченная к «женскому дню» 8 марта. В 1932 г. Уральский областной совет разослал всем районным советам рекомендацию проводить 8 марта под лозунгом: «Каждая женщина, стоящая в рядах Осоавиахима, ко дню 8 марта должна вовлечь в Осоавиахим не менее трех трудящихся женщин»[135]. В этом же году к «международному женскому дню» был приурочен слет ударниц предприятий и колхозов, на котором активистки оборонного общества призывали делегаток вступать в ряды «защитниц Отечества». Местные газеты в день 8 марта рапортовали о патриотических достижениях: в Красноуральске создано 8 женских ячеек Осоавиахима, на Алапаевском заводе осоавиахимовками стали около 100 женщин, в Челябинске организовано 5 женских команд ПВО, в Лысьве создано 3 ячейки из домохозяек...[136]

Агитационную функцию выполняли не только официальные мероприятия: торжественные заседания, лекции и радиобеседы, но и акции развлекательного плана. Сталинский райсовет Осоавиахима Свердловска провел 8 марта 1932 г. семейный вечер, на котором 25 ударниц премировали «пальтом, мануфактурой и самоваром». А Долматовский райсовет организовал женский вечер, в программе которого был не только доклад «О значении дня 8 марта и участии женщин в подготовке к проведению весенне-посевной кампании», но и танцы, игры и «буфет». Судя по тому, что на празднование в поселке удалось собрать двести человек, такие вечера пользовались успехом[137].

Среди мероприятий, проводившихся в праздничные дни, были и спортивные. Чаще всего женщины демонстрировали свое равноправие с мужчинами на стрелковых соревнованиях. При подведении итогов стрелковых состязаний нередко оказывалось, что женщины выступали не только не хуже, но и гораздо лучше мужчин. В 1929 г. Уральский облсовет сообщал в центр, что в Соликамске на стрелковых соревнованиях первенствовали именно женщины, а в Лысьвинском заводе женский стрелковый кружок значительно лучше мужского. Работницы завода стреляли точнее и быстрее, чем стрелки военизированной охраны завода, а комсостав запаса даже отказался соревноваться с ними[138]. В 1932 г. делегат III пленума Уральского Осоавиахима из Шадринска похвалился, что 8 марта на стрелковые соревнования прибыло 16 женских команд против четырех в 1930 г. А женщины колхозной ячейки Сергеевской показали лучшие результаты, выбив из 50 возможных 47 очков[139].

Периодически в отчетах встречаются сведения об участии осоавиахимовок в военизированных походах и маневрах частей РККА, где они показывали свои способности и выносливость «с наилучшей стороны». В 1934 г. Уральский облсовет порекомендовал местным женсекторам создавать при имеющихся в районах ВУПах строевые единицы из женщин[140]. В рапорте осоавиахимовок Свердловска, написанном после завершения праздничных дней, действительно упомянуто три женских строевых подразделения, в которых по общей с допризывниками программе занимались 103 женщины[141]. Рапортуя о своих успехах на ниве военной работы, свердловчанки пообещали всем важным советским инстанциям: горкому, обкому и горсовету – в случае нападения «империалистов» не только заменить мужей и братьев на производстве, но и «активно отражать врага» в рядах РККА[142].

На протяжении всего межвоенного периода женщин пытались привлекать и к прохождению военного обучения в летних военизированных лагерях Осоавиахима. В апреле 1931 г. Уральский областной совет направил в райсоветы организации циркуляр, в котором говорилось о необходимости направить на летнюю учебу не менее

35 % осоавиахимовок. По возможности рекомендовалось создавать специальные «женские очереди» лагерного обучения[143]. Однако идея исключительно женских по составу лагерей не прижилась. Первое Всесоюзное совещание женщин-осоавиахимовок признало создание таких лагерей нецелесообразным, разрешив их организацию только в национальных районах[144].

Субдискурс о «советских патриотках» и военное обучение женщин сложнее приживались в провинции, нежели в центральных городах России, где пропаганда и организационные ресурсы были мощнее. К тому же степень эмансипации городских женщин в среднем была выше, чем жительниц сельской местности. К числу наиболее типичных барьеров в провинции можно отнести традиционные патриархатные представления о женских ролях, особенно сильные в деревне и национальных районах. Инструктор одной из комсомольских организаций Башкирии, отмечал, что «вовлечение девушек в КВЗ идет слабо вследствие того, что еще существуют взгляды, даже и среди девушек, какой мол воин будет из женщины»[145]. Любопытное замечание инструктора намекает и на проявления мужского шовинизма.

Глухое сопротивление мужчин-осоавиахимовцев проявлялось не только на уровне ячеек, но и в вопросах формирования руководящего состава оборонного общества. На октябрьском 1931 г. пленуме Уральского Осоавиахима руководитель женского сектора А.И. Баженова обратила внимание делегатов на факты пренебрежительного отношения к женскому активу со стороны руководителей на местах. При голосовании за введение в штат Пермского окружного совета платной единицы для работы среди женщин вдруг оказалось, что эта с трудом добытая «единица» окрсовету не нужна. Типичной была описанная Баженовой ситуация, когда работу среди женщин «навешивали» на инструкторов агитационно-массового отдела в качестве дополнительной нагрузки. «Ясно, что он с этой работой не справится, – возмущалась Баженова, – и не может справиться потому, что не может подойти к женщине, а надо вам сказать, что к женщине нужно иметь совершенно другой подход, не такой как к мужчинам, этот участок работы очень слаб». Мужчины-руководители на местах, в свою очередь, отговаривались «отсталостью» и «пассивностью» женщин: мол, «собирали три раза – не могли собрать», да тем, что «женщины боятся к нам приходить»[146].

Выступавший на этом же пленуме представитель ЦС Осоавиахима Ландэ обратил внимание на настрой самих делегатов и на особенности кадровой политики в областном Осоавиахиме. «...Если кто внимательно следил, – с упреком говорил Ландэ, – а я следил очень внимательно, когда выступала тов. Баженова, у всей аудитории было такое настроение, что можно и посмеяться немножко». И затем он разъяснил делегатам, как видится работа среди женщин и кадровая политика из Москвы: «Что значит, что секретари приехали и не привезли своих делегаток. Это значит, что они недостаточно отдали себе отчет в значении этой работы. На этот участок надо обратить особое внимание. Сегодня командир корпуса говорил, что будет представлять из себя моторизированная армия. Отсюда вывод, что надеяться на то, что у вас будет лежать отсрочка комиссии, которая вам предоставлена, – это надо забыть. Кое у кого мы отсрочки заберем и предоставим возможность отправиться в армию. Когда понадобится. Об этом надо помнить и надо помнить, чтобы на производстве, в колхозе, совхозе и МТС женщина являлась резервом на случай надобности, и чтобы на сегодняшний день мы могли бы посадить ее на другое место. Я иду дальше в этом вопросе. Почему не может женщина быть секретарем ОАХ? Почему она не может быть инструктором в райсовете? Может, и лучше – я вас заверяю... А много ли мы имеем среди нас секретарей женщин? Раз, два и обчелся. Надо пойти по этой линии. Конечно, дело другое, когда мы поставим в райсовет военрука, здесь должен быть специалист, но руководить вообще политикой Осоавиахима в районе свободно может и женщина. Надо женский труд применять на все 100 %»[147].

Три года спустя Р.П. Эйдеман вновь обратил внимание на косность областного руководства, выступая на пленуме Уральского Осоавиахима в 1934 г. Так как в это время в самом разгаре была кампания, организованная против руководителя оборонного общества региона П.С. Ершова, всю вину за недостаточный уровень патриотизма у женщин Эйдеман возложил на местных руководителей: «Меня чрезвычайно смущает и волнует, что на этом пленуме так поразительно мало женщин. Здесь – в президиуме – ни одной... Откуда эта недооценка работы среди женщин? Это отражает, своеобразно отражает, тенденцию бюрократически-чиновнических элементов по превращению Осоавиахима в бюрократическое ведомство по отработке кадров»[148].

Женщинам, добившимся успеха и ставшим знаменитыми, было легче преодолевать традиционалистские стереотипы гендерных отношений и обходить опасные места противоречивого патриотического дискурса. Их гендерные «барьеры», во всяком случае публично признаваемые, были почти «безобидными» и выступали в легкой форме мужского шовинизма осоавиахимовских и партийных руководителей, не признававших полное равенство девушек и юношей. Рядовые осоавиахимовки, если они действительно стремились к изменению своей гендерной роли, оказывались в более сложной ситуации. На их пути стояли ограниченные возможности проникновения в публичные сферы жизни и ярко выраженная патриархатность культурного контекста провинции.

На местах женщинам и девушкам чаще приходилось сталкиваться с традиционализмом, сексизмом, дискриминацией по половому признаку со стороны мужчин – осоавиахимовских руководителей и «товарищей» по организации. «Якименко – воздушный хулиган, – сообщала докладная записка о ситуации в Свердловском аэроклубе в 1937 г., – во время полетов пикирует на аэродром, на курсантов, заставляя их ложиться на землю (Ермакова, Некрасова). Девушки-пилоты от его грубости часто плачут»[149]. «... Председатель Осоавиахима тов. Виноградов очень грубый и матерится, – писал добровольный информатор в газету «Уральский рабочий», – и пьяный пытался изнасиловать не один раз в военном клубе девушек, и это все знают, и девушки сейчас боятся ходить и учиться...»[150] Не исключено, что именно сексизм и банальная грубость мужчин-осоавиахимовцев заставила руководительниц секции по военному обучению женщин поставить вопрос о возможности раздельного обучения женщин и мужчин стрелковому делу[151].

Поводом для дискриминации зачастую становилась беременность или физическая немощь женщин. Беременность с легкостью приравнивалась осоавиахимовскими функционерами к болезни или физическому недостатку. «В 1937 г. студенты 2 курсов педучилищ будут проходить лагерный сбор в военно-физкультурных лагерях Осоавиахима, – сообщал один из циркуляров Уральского облсовета. – Все направляемые в лагери должны пройти при педучилище специальный медицинский осмотр... В лагери не будут допущены имеющие физические недостатки – калеки, больные, а также беременные...»[152]

Оборотной стороной патриархатного гендерного порядка было случайное или намеренное игнорирование особенностей женской физиологии, состояния здоровья или возраста. Особенно остро это ощущали, вероятно, те женщины, которые в принудительном порядке участвовали в патриотических экзерсисах власти. Так, в 1937 г. в военизированных лагерях Свердловской области, несмотря на медицинский осмотр, оказались 4 беременные школьные учительницы. Низкая квалификация руководящего состава лагерей привела к случаям травматизма женщин, выполнявших сложные для них физические упражнения. «Командир взвода... упала с турника, в результате сильного удара в голову находилась в бессознательном состоянии в течении 6 часов.., – информировала докладная о происшествиях. – Имелись случаи нечуткого отношения, случаи администрирования со стороны руководящего состава лагерей к отдельным участникам. У учительницы т. Пономаревой (из школы Балтымского карьера) от физического напряжения распухли ноги, и на ее просьбу дать ей освобождение от строевых занятий, врач и командир роты отказали и предложили ей заниматься»[153]. Впрочем, травматизм был широко распространен и среди мужчин, что свидетельствовало о низком уровне подготовки инструкторского состава и плохой организации дела военного обучения как в центре, так и в провинции.

Пропагандируя патриотические образцы поведения и поощряя занятия женщин военизированными видами спорта, сталинское руководство одновременно создавало препятствия для возможно полной реализации женских «желаний». Девушки, стремившиеся освоить профессию летчика, могли это сделать лишь в системе Осоавиахима. Прием женщин в летные школы гражданской или военной авиации был затруднен. И летчицы Осипенко или Гризодубова были редкими исключениями из правил. Негласные запреты касались и освоения женщинами других «мужских» профессий: водителей автомобилей, танкистов, стрелков-снайперов. Женщины должны были осваивать вспомогательные профессии санитарок, хозяйственных администраторов, инструкторов ПВХО и др.

Печальные последствия имела фактическая неопределенность статуса женщин в армии и Осоавиахиме и отсутствие сколько-нибудь четкой административно-правовой базы, регламентировавшей их занятия военизированными видами спорта и учитывавшей специфику этой категории населения. Высокий травматизм и смертность, характерные для Осоавиахима межвоенного периода в целом, не обошли стороной и женщин. Т. Пайнич особо остановился на травматизме и смертности среди парашютисток, связывая эти факты с неопределенностью позиции осоавиахимовского и партийного руководства. Игнорирование «женского присутствия» в Осоавиахиме, с одной стороны, и поощрение зрелищности и популяризации парашютного спорта, с другой, продолжались вплоть до гибели известных парашютисток Л. Берлиной, Н. Бабушкиной и Т. Песецкой. Эти три смерти заставили сталинское руководство впервые публично заявить, что военизированный спорт – не развлечение, а серьезное и ответственное дело[154].

§ 2. Воспитатели «любви к социалистической Родине»

Особенности осоавиахимовского «менеджмента»

После слияния Авиахима и ОСО упор в работе единой оборонной организации был перенесен на массовые формы военного обучения. Руководство Осоавиахима постоянно подчеркивало необходимость роста организации. Новый формат оборонной работы сразу вскрыл один из серьезных дефицитов Осоавиахима – недостаток квалифицированных кадров. Проблема кадров имела два основных измерения: вопрос соотношения платных и общественных работников и вопрос качества подготовки осоавиахимовских руководителей и инструкторов.

Желание переложить работу по военно-патриотическому воспитанию и обучению населения на плечи добровольцев ясно прочитывалось в действиях руководства оборонного общества с момента появления Осоавиахима. Положение о добровольных инструкторах-общественниках было разработано уже в конце 1920-х гг., но поначалу предусматривало выполнение ими достаточно неопределенно сформулированных функций – от инструктирования и обследования состояния работы местных отделений общества в целом до выполнения специальных заданий президиумов советов Осоавиахима[155].

Задача сокращения количества платных сотрудников также была поставлена уже на первом съезде военно-патриотической организации. В инструкции по слиянию Авиахима и ОСО особой строкой указывалось, что платный аппарат подбирается из работников секретариатов прежних обществ и его увеличение запрещается[156]. Стремление сократить штаты объяснялось просто. Во-первых, инструкторская работа в Осоавиахиме дополнительной нагрузкой ложилась на комсостав Красной Армии, в чем признался И.С. Уншлихт на II Пленуме ЦС в апреле 1928 г. Другим важным аргументом в пользу «общественников» были финансовые соображения. Анализ бюджетов 28 осоавиахимовских организаций показал, что почти 80 % их расходной части уходило на содержание аппарата. Подобный расклад, по мнению Уншлихта, говорил о высоких «непроизводительных расходах»[157].

Первоначально военному руководству страны представлялось, что оно располагает доступным, «дешевым» и более или менее квалифицированным «резервуаром» руководящих и инструкторских кадров для Осоавиахима – начсоставом запаса. В 1928 г. нарком обороны К.Е. Ворошилов утверждал, что причина медленной перестройки работы общества лежит в отсутствии хорошего актива. «Откуда мы возьмем этот актив? – спрашивал Ворошилов. – Помимо целого ряда групп, которых мы еще не привлекли к активной работе (культурные силы в деревне: сельский учитель, агроном, избач; в городе: деятель науки, профсоюзный актив и т. д.), мы должны обратить особое внимание на начальствующий состав запаса. Вот, по-моему, основа для создания нужного актива. Мы, таким образом, достигнем двух целей: с одной стороны, мы получим дисциплинированный, в известной степени подготовленный кадр исполнительных, инициативных работников для всех звеньев нашей организации; с другой стороны, мы приблизим к разрешению практических задач по обороне страны и боевой подготовке наш многотысячный резерв командиров»[158].

Несмотря на то, что предложение К.Е. Ворошилова было закреплено в решениях пленума, руководство оборонного общества, знакомое с проблемами организации не понаслышке, понимало утопичность предложений наркома. В 1929 г. генеральный секретарь Осоавиахима Л.П. Малиновский так охарактеризовал состояние «кадрового вопроса» в обществе: «... Следует подчеркнуть, что коренное отличие нашего общества от любого зарубежного образца заключается в том, что мы имеем в нашей стране один общий для всех резервуар актива. При этом общественность развивается по целому ряду параллельных организаций (число которых за эти 10 месяцев уже успело вырасти: Автодор, Техника массам, возрождение ОДН, борьба с алкоголизмом и проч.), а помимо того заключено в устойчивые рамки партийной, советской, комсомола, и в особенности профсоюзной работы. Достаточно указать на взаимоотношения Осоавиахима с профсоюзами, чтобы оценить сложность вопроса»[159].

Вся дальнейшая история Осоавиахима – история безуспешной борьбы против разрастания «военно-патриотической бюрократии» и попыток взвалить дело парамилитаристского воспитания и обучения на плечи «общественников». II Всероссийский съезд Осоавиахима (1930 г.) и последовавший за ним III пленум ЦС наряду с такими громким решениями, как принятие «осоавиахимовской пятилетки», бросили в массы лозунг о перестройке работы оборонного общества. За строками парадных текстов остались жаркие споры о том, каким образом можно совместить основные принципы построения добровольной общественной организации и требования высшего военно-политического руководства страны. Оно хотело переориентировать Осоавиахим на решение практических задач укрепления обороноспособности страны, имеющих важное государственное значение. Как писал Л.П. Малиновский, подводя итог внутренним дискуссиям, «необходимо или идти на значительное укрепление учебно-инструкторского аппарата, или отказаться от ряда задач, поскольку разрешение их уже теперь совершенно не обеспечено ни руководством, ни учетом, ни контролем»[160].

На съезде центральное руководство потребовало кардинально изменить кадровую политику на местах: сократить так называемое «формальное представительство» (то есть осоавиахимовских «свадебных генералов» из числа высоких партийных и советских функционеров), урезать расходы на административные нужды и привлечь добровольцев из «выросшего низового рабочего актива»[161]. Пленум пригрозил локальным организациям карой за «обезличку» – случаи, когда «общественники» перекладывали вину за провалы в работе на аппарат, а аппарат – на «общественников»[162].

По всей видимости, результаты работы съезда и пленума необходимо оценивать, зная о том, что в конце 1920-х гг. была проведена проверка целого ряда крупных оборонных обществ, итоги которой оказались неутешительными. Представитель ЦС Лебедев, выступая в октябре 1931 г. перед уральскими осоавиахимовцами, привел шокировавшую московское руководство статистику: вместо 2-3 тыс. платных освобожденных работников, существование которых предполагали в Москве, аппаратчиков оказалось 11 тыс. По словам Лебедева, это была «большая и угрожающая цифра», чреватая тем, что курс на аппаратные кадры оставался по-прежнему «крепким» и грозил бюрократизацией руководства[163].

Для решения проблемы был выбран путь формализации некоторых аспектов кадровой политики. В декабре 1931 г. в Москву срочно вызвали председателей, заместителей председателей и ответственных секретарей нескольких локальных отделений. В течение двух дней (20–21 декабря) они совместно с секретариатом ЦС Осоавиахима обсуждали поправки к резолюции пленума по перестройке организационной работы. Постановление совещания обязало все местные общества изменить характер работы руководящих органов Осоавиахима с учетом организационных принципов партии, профсоюзов и комсомола. Вся оперативная работа отныне должна была концентрироваться в аппарате, работавшем под началом ответственного секретаря. За сотрудниками советов закреплялись отделы и секторы, которые соответствовали основным направлениям военно-патриотической деятельности. Освобожденные работники назначались только на основные отделы. «Работа президиума, – говорилось в постановлении, написанном стилем военных приказов, – должна носить оперативный и оперативно-директивный характер»[164].

Давление на провинциальные организации Осоавиахима с требованием сократить количество аппаратчиков усилилось в середине 1930-х гг. Переломными моментами в истории кадровой политики Осоавиахима стали IV (март 1933 г.) и V (март 1934 г.) пленумы ЦС. На них были приняты решения, послужившие основой для целенаправленного, планового сокращения штатных «единиц» и широкой замены оплачиваемого труда общественной нагрузкой[165]. Хотя с точки зрения несведущей публики пленумы были посвящены вопросам укрепления низового звена организации и развертывания массовой военной работы.

Основная резолюция IV пленума акцентировала внимание на подготовке добровольного актива для низовых организаций. Для этого местным оборонным обществам было предложено организовать семинары и курсы по подготовке председателей и отраслевых работников низовых ячеек в городе и деревне, а также активистов-общественников (группоргов, оргмассовых работников, работников отделов боевой подготовки, жен работников, казначеев и сборщиков членских взносов, уполномоченных по реализации лотерей и др.). К делу подготовки актива из числа увольняемых из территориальных частей предполагалось привлечь ПУ РККА.

Квинтэссенция решений пленума была сформулирована в пункте о массовой военной работе. Указав на ее недостаточное развертывание, пленум отметил, что «негодная практика отказа от массовой военной работы питается оппортунистическими сомнениями в необходимости сохранения добровольного характера нашего общества и связанных с этим форм и методов массовой работы. Появление этих взглядов является не случайным. Они отражают в себе напор служилых, бюрократических, антипартийных элементов в нашем обществе, пытающихся оторвать его от масс и задач социалистического строительства и превратить его из приводного ремня партии к массам в "нейтральное ведомство по отработке резервов"»[166].

Новое постановление об организационной перестройке Осоавиахима, принятое спустя год, показало, что все меры против «формально-бюрократических методов руководства» и разбухания платных аппаратов оказались малоэффективными. Во всяком случае, резолюция V пленума ЦС вновь назвала текучесть и низкое качество руководящих кадров, склонность к аппаратным методам руководства, слабые дисциплину и ответственность функционеров Осоавиахима «отстающими участками» работы общества.

Мероприятия, предложенные на пленуме, на этот раз были предельно конкретными и касались всех звеньев организации, начиная с ЦС и заканчивая ячейками. Их сутью стало радикальное сокращение управленческих инстанций на пути от ЦС к низовым осоавиахимовским организациям, которые также укрупнялись за счет перехода к территориально-производственному принципу построения. «Функционалка, разбухание многочисленных отделов и секторов аппарата, порождающее обилие бумажной переписки и особенно бьющие по первичным организациям Осоавиахима, – говорилось в постановлении о перестройке, – должны быть ликвидированы. Количество отделов в руководящих органах должно быть сведено к минимуму...»[167]

Во всех звеньях общества упразднялась секционно-секторная система. Отныне председатели и активисты должны были контролировать определенные участки работы и «набор» первичек. Цеховые организации на предприятиях потеряли право создавать собственные советы, а заводские советы предлагалось формировать из общественников-активистов. Освобожденные работники допускались лишь как исключение для того, чтобы они могли возглавить наиболее важные участки оборонной работы (стрелковую работу, боевую подготовку, ПВХО).

Советы районного и городского уровня лишились не только отделов и секторов, но и президиумов. Все функции бывшего аппарата передавались председателю, заместителю и разъездным инструкторам (освобожденным и неосвобожденным). Каждый из них отвечал за определенные направления военно-патриотической работы. Инструктор должен был превратиться в центральную кадровую фигуру оборонного общества.

Штаты руководящих органов Осоавиахима районного или городского уровня не могли превышать 10–15 человек. По решению ЦС городские советы можно было вообще ликвидировать, переложив функции на заместителя председателя областного совета. Численность областных (краевых и республиканских) советов была ограничена 25–40 работниками, их президиумов – 7–11-ю. Количество отделов в этих советах сокращалось до трех основных: боевой подготовки, авиационного и административно-финансового. Бюро президиумов и секретариаты ликвидировались. «Все члены совета и все освобожденные работники областного (краевого) совета, – было записано в решениях пленума, – также прикрепляются к определенным районам и несут за состояние работы в них полную ответственность».

Чтобы у провинциальных функционеров не осталось иллюзий, в постановлении об организационной перестройке были четко сформулированы намерения центра: «Установить твердые штатные лимиты для районных, областных (республиканских, краевых) советов, предусмотрев решительное сокращение платных работников, и привлекать к строжайшей ответственности тех руководителей, которые будут эти лимиты нарушать. Количество освобожденных работников должно строго соответствовать числу членов организации, размаху практической работы»[168].

Количество освобожденных работников по постановлению V Пленума зависело от размеров районных и городских организаций. Небольшие организации Осоавиахима, объединявшие от 3 до 10 тысяч членов могли иметь одну-две платные «единицы», более крупные (от 10 до 20 тысяч членов) – 3–5, а организации с количеством членов от 25 тысяч и выше – 7–9. Кроме освобожденных работников, местные советы Осоавиахима должны были иметь в своем составе внештатных инструкторов из расчета по одному на каждые 2–3 первичные организации[169].

Организация военно-патриотического воспитания и обучения на местах путем насаждения государственной инициативы резко повышала значимость эффективного «менеджмента». Между тем на периферии наблюдался очевидный дефицит грамотных руководителей. К тому же количество государственных мобилизационных кампаний явно превышало физические возможности имевшегося кадрового ресурса. Уже первый год существования Осоавиахима выявил основные проблемы провинции на уровне руководящего звена: «текучесть» кадрового состава, его низкую квалификацию или полное отсутствие таковой, перегруженность руководства за счет внеосоавиахимовской деятельности.

Вопреки всем призывам, раздававшимся из центра, на местах чаще всего делали ставку на аппарат. Там, где не было достаточного количества платных сотрудников, военно-патриотическая работа, выражаясь языком эпохи, часто оказывалась «в прорыве». На местах были свои резоны для использования освобожденных кадров. Первоначально доминирование аппаратчиков было результатом использовавшихся Москвой технологий управления. При создании руководящих органов «добровольных» обществ были задействованы основные властные и человеческие ресурсы в провинции: высшие функционеры местных партийных, профсоюзных и комсомольских организаций, а также военные руководители округов и воинских соединений.

Так, вплоть до 1927 г. все уральские оборонные организации, по примеру Москвы, возглавляли руководители местной власти. Председателем Уралдоброхима после Ф.И. Локацкова стал председатель облисполкома Д.Е. Сулимов, Уральское ОСО в 1926 г. возглавил занимавший ту же должность П.Т. Зубарев, которому «достался» и объединенный Уралосоавиахим[170]. После слияния оборонных обществ какое-то время он оставался во главе областного Осоавиахима[171].

Первым профессиональным управленцем в парамилитаристской организации края стал его преемник – П.С. Ершов, комбриг, член партии, резервист высшего командного состава. В качестве одного из командиров территориального округа 57-й Уральской дивизии он принимал участие в процессе объединения и входил в состав первого, рабочего президиума областного совета. Сначала Ершов возглавил в облсовете секцию военной подготовки и стал заместителем Зубарева[172], затем в сентябре 1929 г.[173] был избран председателем областной оборонной организации. Он был первым кадровым военным, возглавившим Уралосоавиахим. Этот уральский «эйдеман» руководил оборонным обществом до 1933 г., когда его сменил интендант I ранга А.А. Васильев-Карсавин[174].

С момента организации и вплоть до середины 1930-х гг. наиболее многочисленной в областном совете Уралосоавиахима была группа советских, партийных и профсоюзных функционеров и военных. В объединенный областной совет Уралосоавиахима, созданный накануне первого съезда, вошли семь представителей от государственных и хозяйственных организаций (облисполкома, областного земельного управления, уральского Совнархоза и Уралплана), три делегата от Уральского обкома ВКП(б), по одному от областной прокуратуры и рабочее-крестьянской инспекции. Пять членов президиума были посланы Уралпрофсоветом, профсоюзами железнодорожных мастерских, металлистов и Уралсельмаша. Штаб 57-й Уральской стрелковой дивизии и Челябинский 171-й полк направили в областной совет семь военных руководителей. Двое членов руководящего органа работали в областных газетах, трое были делегированы университетской профессурой, а два человека достались совету как освобожденные работники оборонных организаций-предшественников[175]. Большая часть аппаратных работников государственно-партийных учреждений, профсоюзов и представители комсостава РККА вошли в президиум областного совета[176].

Через некоторое время выяснилось, что такой руководящий орган неработоспособен. В одном из первых отчетов в Москву П.С. Ершов писал, что за год существования объединенной организации облсовет собирался всего лишь один раз, а президиум – 13. Посещаемость заседаний была плохая, члены совета в работу были «не втянуты», и ее основная тяжесть лежала на председателе и секретаре. Причиной сложившейся ситуации Ершов назвал перегруженность членов совета и президиума основными обязанностями, в том числе по партийной линии[177]. Перевыборы, по словам Ершова, не дали хороших результатов – пришли все те же «загруженные работники».

Не лучше обстояло дело и в секциях областного совета. Зимой 1928–1929 гг. они в основном были «заняты разработкой директив и циркуляров» и большей частью бездействовали. «Агитпропсекция не работает, – сообщалось в отчете. – Неудачно подобран состав, не учтен интерес к работе: Киселев – зав. отделом по работе в деревне, Тумаркин – отв. редактор «Уральского рабочего», Бригадиров – зав. культотделом Уралпрофсовета. Не удивительно, что последней бумажкой в деле секции подшит неплохой прошлогодний план с припиской на обороте – «УралОсоавиахим, тов. Михалеву. Посылаю проект плана. Не могу собрать секцию. Явилось только двое (не считая военных)... Осипов»[178].

В новый состав президиума, избранный в январе 1930 г. после очередного пленума Уралосоавиахима, вошли шесть представителей от РККА, два – от профсоюзов и один – от комсомола. Количество руководителей советских и хозяйственных органов в нем сократилось до трех человек. Обращает на себя внимание появление «новичков» от органов ГПУ и ВОХР (3 чел.). В составе президиума также образовалась стабильная группа осоавиахимовских функционеров из шести человек, работавших в организации на постоянной основе[179].

Характеризуя работу президиума, Ершов, как и год назад, отметил «сильную текучесть членов президиума», «недостаточную посещаемость – 40–50 % в среднем», отсутствие практической работы. Наиболее «работоспособными» Ершов назвал кооптированных членов президиума, выборные же по-прежнему играли роль «свадебных генералов». Заседания президиума созывались редко, большую часть вопросов решал секретариат, руководство округами оставалось по большей части «бумажным». Из пяти областных секций в начале 1930 г. работали только военная, сельскохозяйственная, женская и транспортная, через полгода работа всех секций за исключением транспортной – прекратилась.

В 1932 г. когорта осоавиахимовских руководителей[180] опять показывает наличие прочного «ядра» из аппаратчиков (7 чел.) и сокращение делегатов от военных (4 чел.). Представительство от областных комитетов партии и комсомола и органов ГПУ не изменилось (по 2 чел.), делегация от облисполкома уменьшилась до одного человека. Зато в составе президиума появились посланцы от других общественных организаций – РОКК и Автодора (2 чел.)[181].

По своему социальному составу Уральский областной совет никогда не был «пролетарски-крестьянским». И в самом совете, и в его президиуме всегда доминировали служащие[182]. Преобладание управленцев со средним и высоким образовательным уровнем и складывание постоянного «ядра» функционеров в руководящих органах Уральского Осоавиахима говорит о том, что в сфере организации военно-патриотической деятельности постепенно наметилась профессионализация «менеджмента». Но решение второго областного съезда Уралосоавиахима об «орабочивании» руководства оборонного общества[183], принятое в соответствии с линией партии, затормозило эту тенденцию. В 1933 г. на IV расширенном пленуме областного совета (21–25 декабря 1933 г.) после избрания нового президиума (27 членов) в нем оказалась группа ударников производства из шести человек[184].

Ситуация в руководящем звене Осоавиахима в округах и районах была зеркальным отражением процессов, происходивших в областном центре. Отчет Уральского облсовета о работе за зимний период 1928–1929 гг. красноречиво характеризовал положение на местах: «В состав президиумов в эту перевыборную кампанию меньше выбирали «почетных» членов, но в части округов (Кунгур, Тюмень, Нижний Тагил) эти «почетные», не интересующиеся работой Осоавиахима товарищи, были избраны. В районах дело с руководящим составом обстоит гораздо хуже: в большинстве случаев представителями окротделов Осоавиахима, кроме Свердловского округа, являются председатели райисполкомов – «они мол, быстрее добудут средства на проведение работы», а в результате руководство осоавиахимовской работой в районе идет от случая к случаю. Отсюда все качества: перевыборы бюро проходят казенно, с постановкой нередко вопросов о перевыборах в текущих делах общих собраний коллектива сотрудников (Пермь, Троицк). Бюро ячеек и ячейковые комиссии в большинстве бездействуют или заседают формально. Ни один округ не отмечает какой-либо специальной работы с низшим активом, кроме устройства совещаний по отдельным кампанейским вопросам»[185].

Необходимо отметить, что три округа, скромно упомянутые в отчете как выбравшие «почетных» председателей, в действительности были достаточно типичными для Уральской организации Осоавиахима. Информационные сводки из 12 уральских округов, поступившие в областной совет за первый год работы (осень 1927 г. – осень 1928 г.), свидетельствовали о том, что во всех этих округах, за исключением Курганского, оборонные общества возглавляли председатели окружных исполнительных комитетов. Их заместителями в подавляющем большинстве были руководители окружных военных комиссариатов[186].

Сплошная проверка районов, проведенная инспекторами облсовета в 1929 г., выявила неутешительное положение дел в низшем руководящем звене. Кунгурский и Манчажский райсоветы оказались «виртуальными», заслужив оценку «райсовет как таковой не существует». Агинский райсовет «распался». Большинство проверяющих отметили слабую связь окружных советов с районными, а районных – с первичными организациями, незнание ситуации на местах и множество «бумажных» секций и мероприятий. Хотя в общей массе негативных характеристик были и положительные примеры. Например, оказался жизнеспособным Красноуфимский райсовет. Он отличился активной военной работой летом, сбором оборонных средств на танк им. Дзержинского и на подарки бойцам Дальневосточной армии.

Учитывая состояние дел на местах, облсовет предложил «практиковать роспуски организаций и ячеек», что «кроме пользы ничего не даст». В Свердловске считали, что такая реорганизация Тюменского окружного совета «весьма оздоровляюще» подействовала на работу в округе[187].

К началу 1930-х гг. в облсовете скопились информационные сводки из округов, страницы которых пестрели ставшими уже привычными формулировками: президиум Курганского окрсовета – «неработоспособен», руководящие органы Осоавиахима в Челябинском и Сарапульском округах – не работают, 2 райсовет Свердловска – распущен «за бездеятельность». Платных квалифицированных работников не хватало даже на основные промышленные округи. Так, Златоустовский окружной совет Осоавиахима регулярно переживал «очередную смену» личного состава. Руководитель совета из рабочих, избранный в 1929 г., не имел опыта. У Осоавиахима не было помещения для работы, организовать распределитель для снабжения первичек предметами первой «оборонной необходимости» (противогазами, мелкокалиберными винтовками, пособиями и литературой) не могли, так как выделенное для него здание было занято пивной лавкой.

В части районов платные должности ответственных секретарей осоавиахимовских организаций занимали делопроизводители и машинистки районных учреждений. Многие аппаратчики значительное количество времени уделяли общепартийной деятельности. В большинстве районов осенью отмечалось ухудшение оборонной работы, связанное с началом хлебозаготовительной кампании и занятостью руководителей. Рекордсменом по этому показателю стал ответственный секретарь Челябинского окрсовета Установ, который постоянно находился в командировках по заданиям окружкома партии и в совокупности отсутствовал в течение восьми месяцев[188].

Не всегда помогала на местах и «рука» Москвы – члены местных руководящих органов, избранные в ЦС Осоавиахима. Из округов и районов жаловались, что они «в повседневной работе ничем себя не проявляют, о них в большинстве и не знают члены Осоавиахима». «Хуже того, – писал Ершов, – есть случаи, где при руководстве членов ЦС организации разваливаются (это ни в коей мере не слагает вины местных руководителей Осоавиахима). Пермь отмечает, что почти полный развал в Лысьве был благодаря скверному руководству члена ЦС т. Мишкунец. В Тюмени ячейка на заводе «Механик» при наличии в составе бюро члена ЦС почти развалилась. Член ЦС Ландэ – заместитель председателя Свердловского окружного совета – вместо недопущения торгашеских методов допустил затоваривание и не занимается распутыванием этого дела»[189].

Работники местных райсоветов постоянно жаловались на «текучку» и чрезмерную эксплуатацию со стороны партийных органов. «Почему наша работа хлябает? – горячился курганский представитель Дубровин, выступая на III пленуме Уралосоавиахима. – Сегодня выбирают секретаря – Петрова или Иванова. Побыл 2-3 дня, его посылают на хлебозаготовки. Выбирают другого. Опять через несколько времени какая-либо командировка. Выбирают третьего. Разве при таких условиях можно наладить наши колхозные ячейки?»[190] Руководитель Ишимского райсовета Варламов высказался не менее красноречиво: «В 32-м году, когда надо было перестроить работу, наладить низовое звено работы ячеек, подготовку посевной кампании, мы согласовали созвать совещание секретарей сельсоветов. Но вот пришел день. Хлоп – поезжай в деревню. Все руководство райсоветом. И поехали. А иначе лишишься партбилета...»[191]

Вытянуть массовую военную работу и организовать подготовку резервистов для Красной Армии усилиями руководителей, перегруженных обязанностями по основному месту работы, было практически невозможно. Поэтому на периферии выход видели в увеличении количества освобожденных от всяких нагрузок «штатных» работников. Это и становилось основной причиной роста «военно-патриотической бюрократии» в провинциальных организациях Осоавиахима, тенденции, сохранявшейся вплоть до середины 1930-х гг.

Укрепляя свои ряды платными освобожденными работниками, руководители местных оборонных обществ опирались на решения II Уральского областного съезда Осоавиахима (январь 1930 г.). До конца не поняв тонкостей московского «менеджмента» в вопросе сочетания общественной инициативы и платного аппарата, его делегаты приняли весьма путаную резолюцию. В ней говорилось, что «упор на штатный аппарат» является опасной тенденцией в работе оборонной организации. Далее, вопреки всякой логике, в решении съезда было записано, что Уралосоавиахиму «в связи с новыми усложнившимися задачами работы, нужен хороший, квалифицированный платный аппарат». Он, по мнению делегатов, был необходим «как организатор общественности, как квалифицированный руководитель»[192]. По результатам отчетного доклада П.С. Ершова в раздел «достижения» был внесен пункт об «укреплении платного аппарата общества за счет укомплектования более квалифицированными работниками»[193]. Съезд поручил облсовету разработать штатные расписания для окружных руководящих органов общества, но эта идея реализована не была. II Всесоюзный съезд Осоавиахима и последующий пленум, с которых началась кампания по организационной перестройке оборонного общества, решительно перечеркнули все местные фантазии на кадровую тему.

В систематизированном виде статистики, отражающей количественные изменения в аппарате Уралосоавиахима, не существует. Данные, стекавшиеся в областной совет из округов и районов, были отрывочными и «разношерстными». На основании имеющихся сведений можно сделать вывод о том, что ситуация на местах отличалась крайней нестабильностью, кадровой «текучкой», неупорядоченностью финансовой сферы. Соотношение аппаратных работников и количества членов первичных организаций оставалось до середины 1930-х гг. плохо урегулированной областью, что и порождало стремление к найму свободных «рук».

В целом впечатление, что Уральский Осоавиахим за первые два года своего существования стал «кормушкой» для огромного количества штатных работников, не складывается. Действительно «раздутыми» можно, пожалуй, назвать аппараты Пермского окружного совета, в котором при почти 800 ячейках в округе работало 14 человек, и Нижнетагильского (соотношение 400 ячеек – 8 аппаратчиков). Остальные округи обходились 2-3 или 5-6 аппаратчиками в зависимости от размера организации[194]. В некоторых округах (Челябинский, Ишимский, Троицкий, Курганский) к началу 1930-х гг. количество платных работников действительно увеличилось от 2 до 6-7 человек. Но это увеличение сопровождалось ростом количества ячеек и членов местного оборонного общества, правда, не слишком значительным в масштабах округа. В других окрсоветах количество аппаратчиков было стабильным. В среднем отношение количества аппаратчиков к количеству членов общества, сложившееся в Уралосоавиахиме, на заре его деятельности в основном соответствовало пропорциям, установленным после V пленума ЦС оборонного общества.

В 1930-е гг. номенклатура штатных должностей Осоавиахима утверждалась ЦС несколько раз, а затем «Типовые штаты» рассылались на места с пометкой «для служебного пользования»[195]. Согласно штатным расписаниям 1931 г. Уральский Осоавиахим был отнесен к категории «А» – крупных организаций (по неполным данным, его численность в том году составила примерно 360 тыс. чел.)[196]. Численность аппарата для такого типа обществ была определена в 84 платных освобожденных работника и 158 неосвобожденных. Руководство областного совета должно было состоять из неосвобожденных председателя и заместителя председателя, а также освобожденных ответственного секретаря, его заместителя и секретаря президиума. По замыслам Москвы именно на плечи ответственного секретаря ложилась основная тяжесть организации военно-патриотической работы в области.

На должности руководителей ключевых отделов (орг-инструкторского, информсектора, планового, кадрового, военного, массовой работы, стрелкового спорта и др.) назначались освобожденные работники, а вот руководители второстепенных по значению секторов (конного дела, служебного собаководства, голубеводства и др.) и инструкторский состав в основном должны были комплектоваться общественниками[197].

Сравнение «Типовых штатов» с данными о количестве штатных сотрудников Уралосоавиахима показывает, что первоначально его аппарат не был слишком многочисленным. В первом составе областного совета действительно было «целых» 67 платных работников, из которых 5 входили в его президиум[198]. Но уже в 1928–1929 гг. руководящее звено организации региона насчитывало 109 функционеров, из которых 35 были сотрудниками центрального аппарата в Свердловске. На следующий год штаты местного Осоавиахима выросли до 134 человек, а количество освобожденных кадров в президиуме увеличилось до 58 чел.[199] Резкий скачок численности аппаратчиков произошел к началу 1931 г., что, вероятно, и послужило поводом для организации проверки Уральского Осоавиахима.

Весной-летом 1931 г. областное оборонное общество оказалось в числе тех организаций, куда были направлены комиссии ЦС Осоавиахима. На Урал приехала комиссия под руководством Левина[200]. К сожалению, в фондах уральского Осоавиахима не сохранился акт обследования. Но по отдельным упоминаниям в других документах можно сделать вывод, что в числе «грубейших ошибок» было названо и чрезмерное разбухание платного аппарата.

Выводы комиссии неоднократно обсуждались на заседании президиума областного совета, где было решено «бороться с недооценкой общественных начал в работе». Для выполнения указаний центра постановили выделить и закрепить на руководящих должностях в обществе сто лучших активистов. 16 сентября 1931 г. отделу кадров облсовета было поручено организовать передвижную школу по подготовке и переподготовке ячейкового актива[201].

Кадровые вопросы были вынесены и на обсуждение II пленума Уральского областного совета Осоавиахима (18–21 октября 1931 г.). Руководитель Уралосоавиахима П.С. Ершов, памятуя о выводах комиссии ЦК, вскрывшей «ряд безобразнейших моментов, прорывов и ошибок», и о том, что «президиум ЦС с большевистской решительностью осудил эти ошибки и предложил... выправить их в кратчайший срок», дал волю самокритике. Начав с руководства, Ершов заявил, что Осоавиахим на Урале «слаб количественно и качественно неосвобожденными работниками». Налицо был серьезный дефицит руководящих кадров – 488 вместо 1200. Правда, как выяснилось далее из доклада, причиной дефицита были не только попустительство облсовета, но и объективные причины – ликвидация окружного звена в организации. Из-за этой перестройки вместо 16 окружных советов в области в одночасье появились 300 районных, каждый из которых нуждался в руководстве.

За 1930–1931 гг. облсовет трижды созывал курсы подготовки руководящих работников Осоавиахима, на которых были подготовлены 93 секретаря районных советов и 131 руководитель организационно-массовых секторов. Но этого все равно было недостаточно, тем более что качество подготовки и на районных, и на областных курсах, по признанию Ершова, было «весьма невысокое». Еще в декабре 1930 г. Уральский обком ВКП(б) запретил снимать и перебрасывать на другую работу руководящих работников Осоавиахима без ведома президиума облсовета оборонной организации. Но это постановление регулярно нарушалось всеми заинтересованными инстанциями, и в первую очередь самим обкомом.

Характеристика аппарата областного оборонного общества, данная П.С. Ершовым на II пленуме облсовета, выглядела следующим образом: на 300 районных советов в конце 1931 г. приходилось 488 штатных работников, из которых было 154 секретаря районных советов, 147 инструкторов оргмассовой работы, 96 военных инструкторов и 91 счетный работник. С учетом упомянутой руководителем Уралосоавиахима ликвидации окружного звена, оценить степень разрастания платного аппарата военно-патриотической организации практически невозможно. Единственным, хотя и сомнительным с точки зрения его объективности, ориентиром приходится считать мнение Москвы. Комиссия ЦС, как известно, решила, что численность платных осоавиахимовских функционеров на Урале слишком велика.

Корпус аппаратных работников, по сведениям П.С. Ершова, на 30 % состоял из рабочих, на 60 – из крестьян-колхозников и на 10 % – из служащих. Его партийно-комсомольская «прослойка» составляла 56 %. Таким образом, делал вывод председатель облсовета, по социальному происхождению и партийности штат «достаточно высок, устойчив и хорош, но недостаточно квалифицирован, слаба политическая подготовка и налицо техническая отсталость». Райсоветы, в которые входили и неосвобожденные работники, показывали существенное снижение доли партийцев и комсомольцев – до 35 %. Неважными были и показатели по привлечению активистов-добровольцев. На 122 подавших сведения районов их приходилось 1926 человек, из которых было всего 354 женщины[202].

Штатный состав Уральской организации по-прежнему, как это следует из цифр, приведенных в докладе Ершова, оставался одной из самых «расходных» статей бюджета облсовета. Еще на заре существования Уралосоавиахима обследование его деятельности, проведенное областной РККИ, показало, что содержание платного аппарата в некоторых округах, таких как Шадринский, Пермский и др., поглощает «почти всю доходную часть бюджета»[203]. В 1931 г. издержки на содержание аппарата (105 тыс. руб.) намного превосходили, например, бюджет военного отдела (51 тыс. 300 руб.)[204].

Закрывая работу пленума, Ершов выступил с заключительным словом. В духе ритуалов самокритики он признал все ошибки президиума облсовета и заявил о том, что Уралосоавиахим «всерьез перестраивается». И... не удержался и парировал некоторые критические выпады против облсовета, которые показались ему несправедливыми. По сути, он указал на некоторые важные факторы, которых не замечали или не хотели замечать и московские функционеры, и делегаты с мест. В ответ на упрек в низкой квалификации инструкторского состава Ершов с горечью заметил: «Что имеем, то и давали. Сильных работников сразу получить нельзя, их надо выращивать. А выращивать их можно именно на работе в районе, в ячейке. Работники инструктора малоквалифицированные, пусть это так, но это классово – наши люди, которые пришли к нам с желанием учиться работать... Мы организация новая, у нас нет определенных должностей с определенными квалификациями, которые бы годами готовились. Мы свои организационные формы строим на ходу. Мы актив куем на ходу. Мы работников готовим на ходу. Отсюда вполне понятно, что дать вам сразу квалифицированное руководство мы на данном этапе не в состоянии и еще долгое время не будем в состоянии это делать»[205]. И в подтверждение слов председателя облсовета в Свердловск продолжали стекаться отчеты и информационные сводки, сообщавшие о «текучке», пьянстве военных руководителей, отсутствии преподавателей, безынициативности воспитателей патриотизма районного масштаба[206].

Поиск рычагов оптимизации управления разрастающейся год от года оборонной организацией продолжился и на следующий год. Подтверждая пословицу о том, что «рыба гниет с головы», председатель президиума облсовета на III пленуме Уралосоавиахима (20–22 апреля 1932 г.) охарактеризовал возглавляемый им совет как орган, нуждавшийся в «коренной перестройке», аппарат которого был «громоздким, неповоротливым, малоквалифицированным, склочным»[207]. В качестве основного рецепта по улучшению руководства оборонным обществом пленум решил ввести во всех организациях общества специальные фонды для премирования активистов за их достижения и обеспечить улучшение материально-бытовых условий руководящих кадров.

Был найден способ «заставить работников по-настоящему работать и рассматривать себя как работников боевого резерва РККА»: активное участие в деятельности Осоавиахима приравняли к основному виду партийной нагрузки. После одобрения этой идеи областным комитетом ВКП(б) осталось всего лишь добиться его выполнения партийными ячейками на местах. Президиум облсовета Уральского Осоавиахима намеревался также «драться» за кадровые «вливания», обещанные профсоюзами и комсомолом – 30 тыс. ударников в качестве руководителей ячеек на производстве и в деревне, а также просить «директивные» органы освободить осоавиахимовские кадры от постоянных мобилизаций на другие работы на ближайшие полгода и разрешить перебрасывать освобожденных работников общества из одной организации в другую[208].

«Верхушка» областного оборонного общества действительно предпринимала все усилия для того, чтобы спасти свое доброе имя. К концу года руководящий состав райсоветов был существенно обновлен – на работу приняли 521 чел. Всего на руководящих должностях в Уралосоавиахиме числился 731 чел., из которых 260 были представителями комсостава РККА. Руководящее звено военно-патриотической организации области подправило свое социальное «лицо»: теперь оно на 280 чел. состояло из рабочих, 272 функционера записались крестьянами, а 152 чел. – «служащими из рабочих». Аппаратчиков-партийцев было чуть больше половины всего состава.

«Текучесть кадров Осоавиахима заметно снизилась, – говорилось на заседании президиума облсовета, – так как закрепление проходит через обком ВКП(б) и штаб корпуса»[209]. Пройдет чуть больше года, и председатель облсовета будет с сожалением вспоминать и о некоторых решениях III пленума, и о том, что ему так и не удалось радикально реорганизовать Уралосоавиахим.

7 октября 1933 г. состоялось расширенное заседание президиума Уральского областного совета Осоавиахима, на котором был снят с должности председателя совета П.С. Ершов. Заседание было результатом массированной проверки со стороны ЦС Осоавиахима (комиссия Белицкого) и областных партийных контрольных органов[210], которая на языке времени называлась «чисткой». Формальным поводом для проверки было невыполнение Уральской организацией решений III и IV пленумов ЦС Осоавиахима о перестройке работы низового звена организации.

Против областного оборонного общества был выдвинут целый ряд обвинений, наиболее тяжкими из которых были финансовые нарушения и проваленная кадровая политика. Особенно суровые пункты постановления расширенного заседания своим острием были направлены против руководства военно-патриотической организации. Как оказалось, у президиума облсовета было «налицо притупление классовой бдительности», вызванное «отрывом от членских масс». В обществе обнаружилась большая «засоренность руководящих органов Уралосоавиахима классово-чуждыми элементами (бывшими попами, белыми офицерами, кулаками), проводившими свою разлагательскую работу». В аппарате Уральского Осоавиахима и его ячейках были «вскрыты» «семейственность, зажим самокритики, вплоть до проявления этого в период самой чистки». «Отдельные руководящие работники» проявили склонность к «очковтирательству» и «замазыванию крупнейших недочетов организации». Ценой всех вышеперечисленных прегрешений областных руководителей были чрезмерные расходы бюджетных средств. «…Только политическая близорукость, забвение руководством Уралосоавиахима классовых и общественных интересов, – говорилось в постановлении, больше похожем на обвинительный акт, – могло породить такое положение, когда при выполнении доходной части сметы за 1932 год на 52 % сделан 100-процентный перерасход по административно-управленческим расходам; создан не предусмотренный сметой фонд премирования в 79000 руб., из коего в 1932 г. израсходовано 39659 руб. и в 1933 г. – 33000 руб.»[211].

Временно исполняющим обязанности председателя областного совета был назначен начальник школы пилотов им. Кабакова Афанасьев. Москва приказала сократить штат работников аппарата оборонного общества края до 60 человек, а смету на его содержание урезать на 20 %. До 20 октября 1933 г. бюро президиума облсовета должно было провести «проверку личного состава Уралосоавиахима» и «уволить из аппарата весь классово-чуждый элемент». Райсоветы на проведение аналогичной работы получили на 10 дней больше. Им было рекомендовано пополнять кадровый состав преимущественно увольнявшимися в запас красноармейцами[212].

В декабре 1933 г., на IV расширенном пленуме Уралоблсовета была поставлена жирная точка в этой истории. На пленуме присутствовал сам председатель ЦС Осоавиахима Р.П. Эйдеман, из уст которого и прозвучали основные обвинения в адрес руководства общества во главе с П.С. Ершовым. Выступление Эйдемана, пронизанное духом времени, оказалось весьма жестким, если не сказать оскорбительным для «верхушки» Уральской организации. Назвав функционеров уральского общества «в прошлом неплохими руководителями», председатель ЦС сообщил пленуму, что при проверке руководство оказалось «протухшим, провонявшим и больным». В список грехов облсовета вошли все упоминавшиеся ранее пункты: проникновение классово чуждых элементов, которым удалось «свить прочное гнездо семейственности», самоснабжение, разбазаривание общественных средств, отсутствие самокритики, непонимание линии ЦС Осоавиахима, расхлябанность и распущенность в отношении решений партии.

Подводя итог, председатель ЦС, наконец, дошел и до самого главного: «Пожалуй, здесь на Урале, больше чем где-либо, на практике сказалась болезнь целого ряда осоавиахимовских организаций, болезнь, которая была вскрыта беспощадной критикой IV пленума ЦС, болезнь, выразившаяся в тенденции превратить наше общество, общество массовое, созданное на основе творческой инициативы масс, в бюрократическое ведомство по отработке кадров. Именно потому, что эта тенденция пронизывала всю практику Уральского областного совета, он оказался изолированным от общественности, от активности масс и вместе с тем – вне самокритики этих масс. Именно поэтому мы в целом ряде районов Уральской области наблюдаем картину беспардонного разбухания штатов, попытки строить все при помощи дорогостоящих штатных сил, попытки, исходящие из принципиального недоверия к массам, их творчеству и инициативе»[213].

Критикуя Уральскую оборонную организацию, когда-то считавшуюся в Москве одной из лучших, Р.П. Эйдеман отчасти признал вину центрального руководства в том, что оно «проглядело» ситуацию в области: «Должен сказать прямо, что мы излишне доверяли руководству областного совета, особенно оглядываясь на его прошлое, в частности на прошлое т. Ершова и его безусловные заслуги по созданию Уральского Осоавиахима в прошлом, мы слишком доверялись руководству. Критикуя т. Ершова, мы вместе с тем неправильно принимали за искреннее и честное желание перестроиться, перестроиться на деле, пышные декларации, фразы и заверения. Значит, наше руководство было несколько однобоким, в нем не было обеспечено, в достаточной мере обеспечено одно из основных качеств всякого большевистского руководства – жесткий контроль и наблюдение за тем, как люди выполняют свои обещания.

Мы, наконец, прозевали и упустили то обстоятельство, что наша критика руководством областного совета, не изжившим головокружений от прежних похвал (а ведь надо было видеть, какими героями приезжали на все прежние пленумы года два назад руководители Уральской организации), воспринималась формально, не от души, с мелкобуржуазной обидой: «Как же это нас критикуют, а ведь хвалили в свое время». Мы прозевали и упустили, что это руководство не было окружено насторожившейся активностью и самокритикой масс. Критикуя и указывая на недочеты, мы вместе с тем недооценили всю силу косности и бюрократической самовлюбленности людей, оторвавшихся от масс и от критики этих масс людей»[214].

Кадровый вопрос стал «камнем преткновения» во взаимоотношениях Москвы и Свердловска. Корпус профессиональных управленцев оборонного общества, по пути формирования которого пошел Уральский облсовет Осоавиахима, был с точки зрения военно-политического руководства страны недопустимой роскошью. Хотя можно предположить и другой вариант, более близкий к официальной версии центрального руководства: аппарат функционеров, созданный облсоветом, оказался для Москвы недостаточно «качественным», а «достижения общества» – несоизмеримыми с его «стоимостью». Вероятно, за опалой П.С. Ершова скрывался также курс на постепенную ликвидацию сторонников превращения Осоавиахима во «вторую Красную Армию» – институт по качественной подготовке резервистов первой очереди. Расправа с «верхушкой» Уралосоавиахима была организована по всем правилам политической игры. Стереотипные обвинения в «притуплении классовой бдительности» послужили прикрытием для реализации желанной цели – реорганизации управления одним из крупнейших областных военно-патриотических обществ.

Патриотический габитус и «пролетарская дисциплина»

Одновременно с усилением борьбы против «бюрократизации» оборонного общества в первой половине 1930-х гг. крепла тенденция по ужесточению социального дисциплинирования. В области военно-патриотического воспитания и обучения дисциплинирующие практики должны были компенсировать дефицит патриотических чувств и лояльности к сталинскому режиму. Этим путем «верхушка» Осоавиахима надеялась также решить проблемы низкой эффективности оборонных обществ и «хромавшего» на обе ноги «менеджмента».

Мероприятия по усилению социального контроля и нормированию поведения охватывали самые разные стороны деятельности оборонной организации – от финансовых вопросов до подготовки осоавиахимовских кадров и воспитания советских патриотов. Введение дисциплины, равнозначной воинской и партийной, и персонификация ответственности стали основными пунктами в планах по реорганизации Осоавиахима.

Необходимо отметить, что представления о порядке и дисциплине, гражданских правах и обязанностях, высоких моральных и деловых качествах как свойствах советского патриота отнюдь не были составной частью патриотического «габитуса» осоавиахимовских функционеров и членов организации. На основе «письменного» диалога, который сами руководящие работники называли «бумажной перепалкой», и обмена мнениями на пленумах и совещаниях можно реконструировать картину формирования дисциплинирующих практик: идеальных образцов поведения, транслировавшихся из Москвы, и их интерпретации на местах.

Еще в конце 1920-х гг. председатель Уральского облсовета Осоавиахима, характеризуя работу организации, писал, что «состояние дисциплины в обществе настолько неудовлетворительное, что необходим ряд настойчивых мероприятий по налаживанию ее». Большинство директив и «элементарных требований» выполнялись ячейками с большим опозданием или не выполнялись вообще. Некоторые председатели райсоветов объясняли это тем, что организация «добровольная». Златоустовский секретарь райсовета просто оставлял документы «без движения», ссылаясь на «оторванность от него Уралосоавиахима» и на то, что директивы «составляются кабинетным языком и их чересчур много»[215]. Районные функционеры не без основания считали, что облсовет руководит, главным образом, при помощи пишущей машинки и проявляет «недостаточно чуткости к запросам с мест».

На III областном пленуме уральских патриотов секретарь Молотовской организации Попов едко высказался в адрес облсовета: «Что же касается бумажного руководства, то у нас сыпят не из пушки, а прямо из пулемета, на это обидеться нельзя. Сразу за один выстрел получаешь огромную кипу бумаг»[216].

Инструкторов и руководящих работников облсовета на местах называли «гастролерами», обвиняли в «чванстве» и оторванности от масс. Сам председатель Уралосоавиахима называл свой аппарат «малокультурным», а его отношение к районам – «беспардонным»[217].

«Страдательная» позиция низшего руководства оборонного общества проявлялась в бесконечных жалобах на отсутствие помощи со стороны партийных, комсомольских и профсоюзных организаций[218]. «Верхушка» в ответ на эти жалобы стремилась призвать местные кадры к самостоятельности. «...Надо запомнить, – поучал уральских осоавиахимовцев представитель ЦС, – что не партия наш помощник, а мы помощники партии, и это наша основная задача, что мы должны помогать парторганизации завода, района и т.д., и жалобы на то, что Вас срывают, Вам не дают работать, не помогают и т.д. – это дело надо бросить»[219]. Другая креатура Москвы предлагала местным функционерам быть настойчивее: «...Если с вами не хотят разговаривать, вы уйдите через одну дверь, а через 10 минут приходите в другую»[220].

Р.П. Эйдеман назвал стиль работы местных осоавиахимовских кадров жалобами и хныканьем, распущенностью и расхлябанностью. Следствием подобного руководства, по его мнению, были «беспардонная обезличка», «безответственность» и «упадок дисциплины», царившие в военно-патриотической организации Урала[221]. Проповедуя делегатам идею о том, что оборонное общество было создано на основе «творческой инициативы масс», что оно «растет на дрожжах внимания и любви трудящихся масс к Красной Армии и к делу обороны страны», Эйдеман критиковал уральских патриотов за отсутствие энтузиазма и блеска в глазах.

С точки зрения председателя ЦС, дисциплина и высокая эффективность оборонной работы должны были проистекать из чистой «любви к социалистическому Отечеству». Его риторика вполне органично вписывалась в официальную концепцию Нового человека, призывавшую к жертвенности и повседневному подвигу. Глава всесоюзного оборонного общества, вероятно, считал патриотизм и авторитет Осоавиахима материальными субстанциями, способными поддерживать жизнедеятельность советского человека. Руководство магнитогорского и курганского обществ, не верившее в это, заслужило прозвище «паразитов»: «... Работники этого бюрократического аппарата не разбегались, несмотря на то, что по два месяца формально не получали жалованья. Вы, однако, не подумайте, что эти люди голодали, что у них глаза горели энтузиазмом осоавиахимовского ударничества, что они фанатики нашей работы. Ничуть нет! Это были настоящие паразиты, которые, формально не получая жалованья и этим кичась, умели питаться за счет авторитета осоавиахимовской организации и жить ...»[222]

К середине 1930-х гг., когда военно-политическое руководство страны осознало, что надежды на самостоятельное решение Осоавиахимом своих проблем не оправдались, был издан ряд постановлений об усилении партийного контроля за деятельностью оборонных обществ. Риторика осоавиахимовских функционеров сразу отразила эти изменения, став более агрессивной. На жалобы райсоветов об отсутствии помощи по-прежнему навешивался ярлык «нездоровых тенденций», «безынициативности» и «бездеятельности». Но и поведение партийных организаций районов, где военно-патриотическая работа была слабой, уже смело называли «нездоровым» и «наплевательски-барским»[223].

Тем не менее взаимоотношения Осоавиахима с партийно-комсомольскими и профсоюзными организациями, как и раньше, походили на краткие свидания без любви. Районные и областные осоавиахимовские функционеры не упускали случая, чтобы пожаловаться на безразличие «директивных органов» к оборонной работе[224]. Жалкие остатки автономности оборонного общества, которые иногда проглядывали в конце 1920-х – начале 1930-х гг., сошли на нет, изгнанные страхом перед чистками и репрессиями. Боязнь «искривить линию партии», вынуждавшая отирать пороги партийных комитетов в ожидании инструкций, тушила искры энтузиазма там, где они еще были.

Воспитывая своих соратников на областных пленумах, председатель Уральского облсовета П.С. Ершов неоднократно высказывался на темы дисциплины и морально-деловых качеств осоавиахимовских кадров. Перефразируя речи московских руководителей, он внушал своим подчиненным, что «работник аппарата, не связанный с массами, не умеющий организовать массы на выполнение задач партии и не борющийся за повышение своих технических и военных знаний, не должен и не может занимать поста в организации Осоавиахима»[225].

В другом выступлении Ершов пространно сформулировал свой взгляд на осоавиахимовскую дисциплину, связав ее с понятием гражданского долга: «Дисциплина – это значит воспитание... Меры дисциплинарного воздействия – это лишь только одна из мер, и при этом не самая главная. Надо вести колоссальную, большую воспитательную работу. Меры воздействия у нас есть жестокие: общественное порицание, выговора перед массой, в печати, наконец, исключение из этого общества. А здесь говорили, что такое исключение – на него нажмешь, он выбрасывает осоавиахимовский билет, значит, развращает организацию.

Если он выбрасывает осоавиахимовский билет, его надо травить перед общественностью, какой же ты член профсоюза, если бросаешь билет оборонной организации, не хочешь укреплять обороноспособность страны. Таких надо травить через Союз, собрания и т.д. Тогда поймут, что дело укрепления обороноспособности страны – дело каждого местного гражданина. Таким образом, я совершенно исключаю момент, что у нас нет мер воздействия... Прикажете завести гауптвахту – такого у нас нет, и никогда не будет. Наша организация добровольная, в гауптвахтах не нуждается, к нам идут добровольно укреплять обороноспособность страны»[226].

Гауптвахты в оборонном обществе действительно заведены не были, но набор методов дисциплинарного воздействия в начале последнего предвоенного десятилетия был довольно широким. Для военных кадров системы Осоавиахима прямым указанием на новые порядки было введение военной формы. Нашлись идеи и для гражданских. Уже в 1930 г. по областному совету Уралосоавиахима периодически принимались распоряжения, призывавшие работников к порядку. За «систематическое опоздание», «праздные разговоры во время занятий, хождение по комнатам и от стола к столу без дела», а также уклонение от «осуществления пятилетки в четыре года» функционерам облсовета грозили беспощадным изгнанием «из рядов преданных делу сотрудников» «без выходного пособия с объявлением в газете "Уральский рабочий"». Дисциплинарная ответственность следовала также за посещения посторонних людей и «бессодержательные и излишне длинные телеграммы»[227].

В 1932 г. в областном совете были созданы сектор контроля и проверки исполнения, совет содействия осоавиахимовской работе, контрольные посты и внештатные инспекторы, основной задачей которых было налаживание внутренней дисциплины. Все эти меры, конечно, были отголоском центральных решений ЦС Осоавиахима и, как выражались сами функционеры, «директивных» органов. После проработки постановления ЦИК и СНК о борьбе с прогулами (15 ноября 1932 г.) в финансовом отделе облсовета организовали ударную бригаду, которая должна была проводить регистрацию прихода сотрудников на работу и заполнять «дневники работы». Руководители секторов и отделов принимали письменные обязательства, в которых обещали не допускать прогулов, «давать ответы на запросы с мест не позднее 24 часов», завербовать к назначенному сроку определенное количество внештатных работников, инструкторов и информаторов, подписаться на билеты лотереи и «закрепиться до конца пятилетки в системе Осоавиахима»[228].

Несмотря на все усилия, борьба за дисциплину была малоэффективной, превращаясь в очередной поток собраний, заседаний и документов. Контроль и проверка, как правило, показывали неутешительные результаты: планы выполнялись едва на 20 % и часто признавались «необдуманными», «нереальными» и составленными «без учета возможностей»[229]. Постановление III Всесоюзного пленума о создании советов содействия и об укреплении связей с общественностью остались на бумаге. Заставить себя «пребывать» в районах 1/3 рабочего времени аппаратчики никак не могли, общественные информаторы оказались такими же неаккуратными поставщиками информации, как и платные функционеры. Лишь количество опозданий и прогулов в облсовете после увольнения двух прогульщиков радикально сократилось[230].

Справедливости ради необходимо сказать, что практики дисциплинирования основывались не только на мероприятиях контрольно-карательного характера. Широко использовались соревновательные методы, «рычаги» материального поощрения и морального стимулирования.

Культивирование состязательности было характерно для деятельности Осоавиахима на протяжении всего межвоенного периода. В советской литературе достаточно подробно описаны многочисленные мобилизационные акции оборонного общества как одна из форм массовой работы общества: недели и декады обороны, ворошиловские эстафеты и общесоюзные стрелковые состязания, борьба за «крепости обороны» и «ударные бригады» Осоавиахима.

В конце 1920-х гг. при помощи различных конкурсов и соревнований ЦС парамилитаристской организации также пытался ликвидировать «прорывы» на наиболее узких участках военно-патриотической работы. Такие соревнования были направлены на решение внутренних проблем организации и укрепление порядка и дисциплины в оборонном обществе. Ранее уже упоминался конкурс 1929 г. на лучшую работу по вовлечению в ряды Осоавиахима комсомольцев[231]. Похожий конкурс был организован и в «целях более полного осведомления о финансовом состоянии и поднятия финдисциплины». За выполнение плана по сбору ежегодных членских взносов, максимальное вовлечение новых членов, минимизацию административно-хозяйственных расходов, правильную постановку отчетности и целый ряд других показателей местным отделениям Осоавиахима начислялись «очки». 100-процентный сбор членских взносов, например, стоил 25 очков, а ликвидация задолженности перед вышестоящей организацией – 10. Общества, занявшие первое (не менее 80 очков), второе (не менее 70 очков) и третье (не менее 60 очков) места получали денежные премии в размере 2 тыс., 1,5 тыс. и 1 тыс. рублей соответственно[232].

Эстафету, конечно, подхватили местные отделения. Уральский областной совет вдогонку за инструкцией ЦС объявил собственный конкурс, отличавшийся лишь размерами вознаграждения. В качестве рекламы конкурса было записано, что «если при активном участии всех окружных организаций Уралосоавиахим получит которую либо из трех премий, то она целиком (за исключением оргграсходов) будет распределена между окротделами...»[233] Так как финансовое положение и отчетность оборонных обществ на протяжении предвоенного десятилетия продолжали оставаться «ахиллесовой пятой» областной организации, такие конкурсы можно было проводить бесконечно. В результате наряду с карательными мероприятиями – снятием с работы председателей райсоветов, судебными процессами против руководителей финансовых служб – в Осоавиахиме регулярно устраивались «финдекадники» и «месячники» по укреплению финансовой дисциплины[234].

Для оживления активности функционеров и осоавиахимовцев на различных направлениях деятельности оборонного общества в начале 1930-х гг. были «изобретены» «социалистические путевки». Облсовет Уралосоавиахима напечатал их типографским способом в виде небольших книжек, в которых перечислялись основные обязательства: распространить столько-то билетов очередной осоавиахимовской лотереи, собрать такое-то количество средств на дом обороны, подготовить определенное количество человек ячейкового актива и т.д. В такой путевке оставалось лишь проставить цифры взятых на себя обязательств и, «засучив рукава», взяться за их реализацию[235]. Типичной формой «оптимизации» работы отдельных оборонных обществ и их практических организаций было также заключение социалистических договоров[236].

В первой половине предвоенного десятилетия руководство Уралосоавиахима, еще не напуганное снятием П.С. Ершова и грозными обвинениями в «политической близорукости», широко использовало материальные стимулы для взращивания патриотических чувств. В обществе тотального дефицита это был наиболее легкий путь возбуждения хоть какого-то интереса к оборонной работе. Из фондов индивидуального премирования, созданных Уральским облсоветом, в 1931 г. выдавались благодарственные грамоты и ценные подарки командирам запаса, проявившим «наиболее ревностное отношение к учебе и отличное усвоение программного материала». Ударникам-осоавиахимовцам доменной печи № 1 Надеждинского завода в мае того же года были выделены сто костюмов из резерва Уралснаба. Фонды обмундирования (1500 шт. предметов одежды) и премирования (3 тыс. руб) были созданы и для ударных бригад Березников[237].

В декабре 1931 г. президиум облсовета, спохватившись, что в области еще не начата подготовка к «стрелковому походу», объявленному ЦК ВЛКСМ и ЦС Осоавиахима, распорядился немедленно создать штаб похода и ... специальный фонд для премирования будущих участников похода в размере 1 тыс. руб[238]. Год спустя при помощи денежных наград пытались организовать команду на смотр-конкурс физкультурной работы Осоавиахима[239].

Как один из институтов по перераспределению ограниченных материальных благ и дефицитных товаров оборонное общество действовало и во второй половине предвоенного десятилетия. Челябинский облсовет награждал отличившихся председателей первичек и районных советов путевками на курорт в специализированную здравницу Осоавиахима «Омега», патефонами, часами, отрезами на костюм[240]. В апреле 1936 г. возможность справить себе костюмчик в награду за «активное участие в оборонной работе» получил председатель Челябинского областного лотерейного комитета директор областной конторы Госбанка В.Г. Барвинский[241]. Победителей лыжного перехода по Челябинской области, посвященного X съезду ВЛКСМ и 18-й годовщине РККА, в индивидуальном зачете поощрили 50–60 рублями в зависимости от занятого места, а старших и комсоргов лучших команд – 50 рублями каждого[242]. Активные участники V Всесоюзных химических соревнований по Пермской области в 1939 г. получили денежные премии в размере 200 руб., грамоты, почетные нагрудные знаки и ценные подарки[243].

И все же в костюмах, патефонах и рублях, служивших наградой за оборонную работу, был едва уловимый «буржуазный» привкус. В советских патриотических чувствах не должно было присутствовать ни грана корысти. Исходя из этой идеологии и стратегии «удешевления» оборонной организации, ее руководство старательно изыскивало средства нематериального стимулирования. Наиболее ценившимися «невещественными» наградами были нагрудные знаки. К середине 1930-х гг. их было несколько. Нагрудный знак «Активист Осоавиахима», учрежденный президиумом ЦС Осоавиахима 22 марта 1928 г.[244], имели право вручать республиканские, краевые и областные советы Осоавиахима «за активную практическую работу в Осоавиахиме по укреплению обороноспособности СССР и развитию Общества»[245]. Награждение знаком «За активную оборонную работу» («ЗАОР») проводил лишь президиум ЦС Осоавиахима. «ЗАОР» был учрежден 19 мая 1932 г.[246], считался высшей наградой руководящего состава Осоавиахима, был номерным и выдавался «за выдающиеся заслуги по укреплению обороны Советского Союза и развертывание практической работы общества»[247]. Только этот знак давал право на постоянное ношение осоавиахимовской формы.

В сентябре 1933 г. в русле пропаганды стахановского движения президиум ЦС Осоавиахима утвердил положение о знаке «Ударник Осоавиахима»[248]. Этот знак имели право носить лишь члены ударных бригад Осоавиахима, выполнявшие и перевыполнявшие производственные задания и по-стахановски трудившиеся на ниве оборонной работы.

С введением оборонных нормативов появились и соответствующие внешние атрибуты выполнявших их осоавиахимовцев – оборонные значки[249]. В 1935 г. из Москвы во все местные организации Осоавиахима разослали флажок «Готов к ПВХО», который устанавливался на рабочих местах рабочих-значкистов[250].

Нагрудные знаки для активистов не были связаны с материальными выплатами, но давали право на целый ряд привилегий внутри самой организации: бесплатное или льготное пользование тирами, аэроклубами, лодочными станциями или другими осоавиахимовскими «аттракционами», право на бесплатные полеты на самолетах Осоавиахима, покупку осоавиахимовской литературы и прочие радости. Похожую функцию выполняли и почетные звания Осоавиахима. Например, звание «Лучший авиамоделист СССР», присваивавшееся ЦС Осоавиахима, открывало перед юными авиамоделистами двери Московского авиационного института и было путевкой в благополучное студенчество, гарантированное специальной стипендией оборонного общества[251].

За особые успехи в оборонно-массовой работе, выигранное социалистическое соревнование или военно-спортивное состязание, высокие показатели по реализации лотерейных билетов первичная организация, райсовет или отличившиеся осоавиахимовцы могли получить и такое вознаграждение, как запись на «доске почета» или в «книге почета» имени, например, N-го съезда ВЛКСМ. Активистов оборонной работы иногда «премировали» оплаченной поездкой на какой-нибудь центральный форум: пленум или слет организаций Осоавиахима – в качестве участников с совещательным голосом.

Вероятно, к разряду моральных поощрений можно отнести и достаточно специфические «военизированные» награды отличившимся первичным организациям, такие как комплекты защитной одежды, противогазы, учебное оружие, радиоустановки и даже планеры. Если в начале 1930-х гг. предметы и сооружения «оборонного назначения» распространялись в районах путем целевых дотаций и принудительного закупа через организации осоавиахимовского снабжения, то во второй половине десятилетия они все чаще стали использоваться в качестве призов. Такие поощрения «убивали» двух зайцев сразу: выступали в роли вознаграждения и укрепляли материальную базу местных организаций Осоавиахима. Одновременно они уменьшали риск финансовых злоупотреблений, который возникал, когда для стимулирования военно-патриотической работы использовались денежные призы.

Борьба с растратами была не последним аргументом при принятии решения в пользу «овеществления» поощрений. В положении о Всесоюзном смотре-конкурсе химических отрядов Осоавиахима, разосланном в местные отделения оборонной организации в 1934 г., специально оговаривалось, что коллективные премии лучшим химотрядам в размерах от 500 до 5 тыс. руб. и райсоветам в размерах от 5 до 10 тыс. руб. выдаются «химимуществом», и лишь индивидуальные премии, не превышавшие 250 руб., выдавались наличными[252]. Такая же практика существовала и на местах. Так, Челябинский облсовет по итогам социалистического соревнования, посвященного X съезду ВЛКСМ, в апреле 1936 г. постановил наградить лучшие осоавиахимовские организации (завода ЧТЗ, инструментального завода в Златоусте, колхоза «Приток» Каргапольского района, Наследницкой МТС Брединского района и других) «мелкокалиберными винтовками, патронами и противогазами», а также музыкальными инструментами, спортивным инвентарем и грамотами. Названия первичек были занесены на «красную доску» имени X съезда ВЛКСМ. Руководство районов, где находились отличившиеся организации, получило награды посолиднее: Магнитогорский окружной совет – планер стоимостью 1600 рублей, Златоустовский райсовет – радиоустановку стоимостью 600 рублей, Каменский райсовет – переходящее знамя Осоавиахима.

Моральное и материальное стимулирование активно применялось руководящим составом Осоавиахима и по отношению... к самим себе. На III пленуме Уралосоавиахима за «долголетнюю и активную работу» в должности председателя областного совета П.С. Ершову преподнесли «его портрет в натуральную величину»[253]. Одно из февральских заседаний президиума облсовета в 1933 г. было посвящено премированию руководящих работников по случаю 15-летия РККА. Сделав реверанс в сторону Москвы, уральские аппаратчики решили для начала ходатайствовать о награждении орденом «Красной Звезды» Р.П. Эйдемана. Но не забыли и о себе: знаки «ЗАОР» и «Активист Осоавиахима» получили сразу несколько партийных руководителей области и членов президиума облсовета: Кабаков, Ершов, Ландэ, Каргальский, Ковалев и некоторые другие; знаком «За оборону» и охотничьими ружьями решили наградить командующего войсками Приволжского военного округа Федько и члена РВС округа Смирнова. Активисты «среднего и первичного звена» получили «ценные подарки» в 200-750 руб.[254]

Все эксперименты центрального руководства Осоавиахима в сфере дисциплинирования заканчивались на периферии, как правило, без особого успеха. И политика «кнута», и политика «пряника» давали кратковременный эффект, и через некоторое время ситуация в деле военно-патриотического воспитания и обучения в провинции возвращалась «на круги своя». Осознав безнадежность попыток привить представления о дисциплине гражданским, центр начал «военизировать» парамилитаристскую организацию изнутри.

Уже в первой половине 1930-х гг. Москва ужесточила контроль за качеством «оборонных кадров» – уровнем их военных и технических знаний и политической сознательности. Эти мероприятия были связаны также с тенденциями советского военного строительства, в частности с созданием механизированных частей в Красной Армии.

К этому времени стало очевидным, что расчеты на качественных военных руководителей из рядов начальствующего и командующего состава запаса для системы Осоавиахима не оправдались. «Верхушка» оборонной организации явно переоценила такой резервуар кадров, как «запасники». Во-первых, нельзя было говорить о массовом притоке бывших красноармейцев в Осоавиахим. Во-вторых, качество знаний начсостава запаса, хотя и было выше, чем у наспех обученных гражданских, но все же оставляло желать лучшего. Это констатировали руководители Осоавиахима и признавали сами бывшие красноармейцы. Один из военных комиссаров Башкирии в пространном опусе об истории военизации в республике писал о первом собрании начсостава запаса Бирского кантона. Взятые на учет военкоматом и подталкиваемые к участию в ОСО бывшие красноармейцы, изъявив, как и полагается, готовность к сотрудничеству, все же отметили свой главный недостаток: «Мы, командиры запаса, вполне осознаем свою отсталость в области военных знаний, что считаем с своей стороны громадным опущением[255]. Никому, как нам, бывшим вожатым на различных фронтах, первым следует заняться этим делом, а потому постановляем: принять активное участие в создании сети КВЗ, первых рассадников военных знаний в деревне, и безусловно лично участвовать в них, дополняя таким образом свой военный кругозор»[256].

После принятия «осоавиахимовской пятилетки» за проблему качества военных кадров взялись всерьез. Для начала в руководство оборонных организаций на местах решили «влить свежей крови» – укрепить его армейскими кадрами. 19 мая 1930 г. было утверждено «Положение о заведующих военными отделами, военных руководителях и инструкторах республиканских, областных, окружных и районных организаций Осоавиахима СССР», в составлении которого принимало участие ГУ РККА[257]. На все перечисленные в титуле Положения должности назначались лица из числа начсостава РККА, переменного состава территориальных частей и запаса. Все военные руководители проходили процедуру утверждения в соответствующих армейских и осоавиахимовских инстанциях и брались на «спецучет» в советах Осоавиахима.

Так как военные руководители относились к штатным освобожденным работникам оборонного общества, Положение оговаривало их заработную плату – не ниже окладов содержания, которые они получали, находясь в кадровых или территориальных частях Красной Армии, или в размере осоавиахимовских окладов с 25-процентной надбавкой. Военные руководители обеспечивались обмундированием и различными льготами (например, бесплатным проездом к месту отдыха, социальными пособиями и др.) за счет системы Осоавиахима. Все они обязаны были периодически проходить переаттестацию.

Поскольку ситуация с обеспечением военными кадрами периферии на протяжении первой половины 1930-х гг. выглядела достаточно драматично, президиум ЦС вынужден был заняться проблемой социально-бытового обеспечения военных руководителей. Тем самым Москва надеялась создать материальные предпосылки для заинтересованности военных в работе на систему Осоавиахима. В 1934 г. на бюро президиума был поднят вопрос об улучшении материально-бытового и культурного обслуживания кадров общества. Речь зашла об осоавиахимовских пайках и обеспечении руководителей военно-патриотической работы жильем (специальных осоавиахимовских домах). В проекте решения говорилось, что в первую очередь должен обеспечиваться летный состав, военные руководители, занимающиеся организацией боевой подготовки[258].

Можно сказать, что руководство Осоавиахима наконец пошло навстречу просьбам провинциальных функционеров об улучшении их условий жизни и работы. Ведь еще три года назад жалобы на отсутствие жилья, необеспеченность обмундированием и проблемы с питанием квалифицировались как «иждивенческие начала» и поведение, присущее «хозяйственнику низшего пошиба», а не военному инструктору[259].

Параллельно с мероприятиями по превращению Осоавиахима в привлекательное место службы или работы ужесточили требования к качеству военных и технических знаний штатных работников оборонного общества. На V Всесоюзном пленуме Осоавиахима (1934 г.) был поставлен вопрос о подготовке личного состава и ликвидации разрыва между организационными навыками и военными знаниями. В резолюции пленума было записано, что отныне к общеобразовательному и культурному уровню, а также военно-теоретическим знаниям руководящих кадров общества будут предъявляться «новые повышенные требования»: «Пленум устанавливает обязательный для всех руководящих кадров общества минимум знаний по осоавиахимовской и оборонной работе. С 1 ноября 1934 г. по 1 января 1935 г. во всех организациях общества сверху донизу должна быть проведена, путем открытого экзамена, проверка знаний руководящими кадрами общества этого минимума. Установить, как правило, для всех руководящих областных работников уровень военных знаний не ниже программ нормальной военной школы. Для лиц, не имеющих в настоящее время этих знаний, установить 2-летний срок сдачи испытания (к 1 января 1937 г.)»[260].

Программа технического минимума, разработанная в срочном порядке для проведения экзамена, предполагала освоение трех разделов знаний, на каждый из которых отводилось по 40 часов. Первый раздел был посвящен знакомству с «Законом об обязательной военной службе», основами управления и организации РККА, Полевым уставом и уставами основных родов войск, изучению видов современной военной техники и материальной части оружия и машин, а также основ организации армий и «военно-фашистских обществ» главнейших капиталистических стран, в первую очередь – Польши, Румынии и Японии. Второй и третий разделы знакомили с системой боевой подготовки в Осоавиахиме, устройством практических организаций общества, программами, решениями последних пленумов ЦС, основами организационной работы с массами по всем направлениям военно-патриотической деятельности[261]. Изучать материал для экзамена по техминимуму предлагалось самостоятельно или путем организации кружковых и групповых занятий, в качестве преподавателей должны были привлекаться командиры РККА[262].

На объединенном заседании президиумов ЦС Осоавиахима СССР и РСФСР было принято решение: каждый поступающий на работу в оборонную организацию должен давать расписку, что он в течение шести месяцев обязуется сдать техминимум. В случае невыполнения обязательств работника увольняли[263].

На совещании председателей советов Осоавиахима всех уровней, прошедшем в ноябре 1934 г., была принята четкая программа подготовки и переподготовки кадрового состава общества. Все советы должны были ввести единый день командирской учебы (один раз в шестидневку).

«Нарушение» командирской учебы было названо «тягчайшим проступком руководителя». Система подготовки кадров предусматривала обязательную систематическую переподготовку всех штатных начальников учебных пунктов, инструкторов и начальников боевой подготовки районов (в течение 1,5 месяцев один раз в 2 года), руководящих кадров республиканских и областных советов по боевой подготовке и обязательные ежегодные 15-дневные учебно-методические курсы для начальников и комиссаров лагерей, начальников учебных пунктов и политруков. Устанавливался единый учебный год – с 10 ноября по 20 апреля (зимний период) и с 20 мая по 20 сентября (летний лагерный период)[264].

Новую систему учета, контроля, подготовки и переподготовки руководящих и командных кадров Осоавиахима нельзя было представить без элементов политического надзора и контроля. 23 ноября 1934 г. специальным постановлением президиума ЦС в оборонном обществе был учрежден «политический аппарат». Во всех учебных пунктах появлялись политруки, действовавшие на основе Положения о политруках в РККА, во всех лагерях, школах, учебных центрах, аэроклубах, учебно-строевых подразделениях назначались комиссары (помощники по политической части). В крупных лагерях Осоавиахима создавались политотделы. Через несколько дней новым приказом «в целях укрепления политического руководства в системе Осоавиахима» в типовые штаты областных, краевых и республиканских советов были введены должности инспекторов политической работы[265].

В середине 1930-х гг. в Осоавиахим наряду с другими общественными организациями и органами государственного управления была направлена часть кадровых работников Красной Армии – так называемая «тысяча». Тысячники укрепили стратегически важные участки региональных организаций Осоавиахима: советы, отделы боевой подготовки, аэроклубы. Эта категория осоавиахимовских работников, находясь фактически в рядах добровольной общественной организации, на деле продолжала свою службу в Красной Армии: «кадровым» осоавиахимовцам компенсировалась разница между зарплатой в Осоавиахиме и их прежним окладом в армии, их продвижение по службе, перемещения внутри осоавиахимовской системы и присвоение очередных званий находились в ведении кадрового управления РККА[266].

Своего апогея дисциплинирование парамилитаристской организации достигло в результате введения военной атрибутики. В 1932 г. произошло событие, о котором в самом начале существования Осоавиахима мечтали многие энтузиасты военизации в провинции. Оборонное общество сделало еще один шаг навстречу Красной Армии – для работников Осоавиахима была введена форма «установленного образца» и знаки различия для начальствующего состава. Как известно, раньше центральное руководство оборонной организации запрещало всякую инициативу местных обществ в этой области, шла ли речь о самостоятельном пошиве формы военизированного образца или о принятии уставов и организации постоянных осоавиахимовских формирований по подобию принятых в Красной Армии[267].

Осоавиахимовская форма была введена уже в конце 1920-х гг. В «Уставном сборнике Союза Осоавиахим СССР» есть ее подробное описание: фуражка, гимнастерка, брюки, обмотки, ботинки или сапоги для мужчин; кепи, гимнастерка, юбка, чулки, ботинки для женщин. Учащиеся военно-морских кружков Осоавиахима могли носить форму, похожую на форму краснофлотцев. Существовало и подобие знаков различия. Например, члены авиахимотрядов носили собственный нагрудный знак и нарукавные повязки желтого цвета. Начальствующий состав авиахимотрядов имел на нарукавной повязке черную окантовку и полосы красного цвета, количество которых варьировалось в зависимости от должности: начальник отряда – 3 полосы, помощник – 2 полосы, начальник команды – 1 полоса. С 1927 г. все осоавиахимовцы могли носить нагрудные членские знаки «Осоавиахим СССР»[268]. Но этот эрзац военной формы зачастую не устраивал кадровых работников Осоавиахима и не мог компенсировать тягу к имитации армейской системы подчинения и выстраиванию служебной иерархии. Президиум Уральского облсовета, в частности, был вынужден издать 15 июля 1930 г. специальное распоряжение по этому поводу. В нем говорилось, что «за последнее время замечено, что многие сотрудники Урал Осоавиахима носят неприсвоенную форму одежды, нашивая на гимнастерки петлицы и даже знаки отличия. Категорически предлагается петлицы и значки отличия снять, разрешая ношение петлиц без знаков отличия только работникам военного отдела – командирам запаса или резерва, остальному составу носить форму Осоавиахима»[269].

Форма, введенная в 1932 г., была формой образца РККА[270]. Ее в обязательном порядке должны были носить штатные работники советов Осоавиахима всех уровней и кадровый состав практических военных организаций Осоавиахима (учебных пунктов, курсов, команд и других подразделений). Начсостав резерва РККА, служивший в системе оборонного общества, носил присвоенную форму РККА. На временной основе – во время прохождения военного обучения в организациях Осоавиахима, парадов, демонстраций – форма выдавалась переменникам и начсоставу запаса. «Смешение формы РККА и Осоавиахима, а также ношение знаков различия и петлиц, не присвоенных по должности и роду оружия, категорически запрещаю», – значилось в приказе за подписью председателя ЦС Р.П. Эйдемана[271]. Знак различия для осоавиахимовского начсостава представлял собой металлическую пятиконечную звездочку, покрытую красной эмалью с серебряной опушкой. Младшему начсоставу присваивалась одна звездочка, среднему – 2, старшему – 3, а высшему – 4[272].

Штатные работники советов получали обмундирование за счет организации. Работники, не принадлежавшие к начсоставу запаса, должны были приобретать форму за собственный счет. Общественники, работавшие в Осоавиахиме, обеспечивались формой на общих основаниях, но давали «письменное обязательство проработать не менее двух лет»[273]. С «лиц, оставивших пост ранее срока», взыскивалась стоимость обмундирования[274]. Следующим шагом на пути к формированию военного этоса у работников Осоавиахима стало разрешение на ношение табельного оружия. Индивидуальное оружие (револьвер, пистолет) выдавалось начсоставу Осоавиахима, ставилось на учет и сдавалось при переходе на работу в другие организации[275].

В общие рамки социального дисциплинирования прекрасно вписывалась и репрессивная политика сталинского режима. Хотя с точки зрения организации эффективного управления она влияла на парамилитаристскую организацию самым разрушительным образом. Большой террор второй половины 1930-х гг. «обезглавил» оборонное общество, лишив его руководящую «верхушку» людей, находившихся у истоков Осоавиахима[276].

Тема Большого террора в Осоавиахиме достойна отдельного исследования. Благодаря работам, посвященным репрессиям в РККА, можно составить представление о судьбе отдельных организаторов и участников военно-патриотической работы из среды военных руководителей[277]. Но биографии руководителей провинциальных обществ, истории рядовых осоавиахимовцев, а также общая картина борьбы с «вредителями» и «врагами народа» в Осоавиахиме – все это нуждается в дополнительном изучении.

Представленный здесь сюжет, а также отдельные упоминания фактов репрессий в других фрагментах книги, написан на основе отрывочных сведений, зафиксированных в документах Осоавиахима. Его цель – проиллюстрировать, как репрессивная политика режима постепенно превращалась в одну из воспитательных и дисциплинирующих практик внутри оборонного общества.

Как правило, волны репрессий и «чисток» в Осоавиахиме были «эхом» общеполитических событий в СССР. Так, после ареста Енукидзе, 22 июня 1935 г., в провинцию отправилось письмо председателя центральной ревизионной комиссии Осоавиахима Бородавника с призывом к большевистской бдительности: «Центральная ревизионная комиссия Осоавиахима СССР предлагает Вам с получением сего срочно... под Вашу личную ответственность проверить классово-политическое лицо каждого работника совета и практических его точек (социальное происхождение, положение, документы, подтверждающие предыдущую работу в разных организациях, аттестации, характеристики о их работе и т.д.; в случаях изменений фамилий – выяснить, почему, когда, с чьего разрешения изменялась фамилия, личные наблюдения о каждом работнике и т.п.), решительно очищая наши оборонные организации от всех классово-чуждых враждебных лиц»[278].

Полувоенный характер организации приводил к тому, что «внутренний враг» в Осоавиахиме обладал своей спецификой: на низовом уровне в оборонном обществе нашли прибежище многие «служивые», которые в годы гражданской войны успели побывать как на стороне «красных», так и на стороне «белых». Бывшие «белогвардейцы» стали излюбленным, хотя и не единственным объектом «чисток» в Осоавиахиме в 1930-е гг.

В 1930 г. при проверке аппарата Уральского областного Осоавиахима была выявлена его значительная «засоренность» «подозрительными элементами». Заведующий осоавиахимовским хозяйством, товарищ с «говорящей» фамилией Беренцвейг, как оказалось, отпускал товары «по знакомству и по желанию», вел «открытую борьбу» против заведующего магазином – члена партии. «В день пролетарского приговора над вредителями, – сообщал доклад проверочной комиссии о других неблаговидных поступках хозяйственника, – одному из сотрудников Уральского Осоавиахима, члену ВКП(б) тов. Чецкому сказал: Вы похожи на фашистов»[279]. Среди других работников аппарата Осоавиахима, предназначенных к увольнению, оказался также бывший доброволец «старой армии», а ныне заведующий областным военным отделом с отсутствующим интересом к политработе и «туманными» идеологическими взглядами. Несмотря на офицерское прошлое, завоблвоенрук был охарактеризован как военный работник, «не представляющий особой ценности», нетактичный, чванливый и высокомерный сотрудник[280].

В 1936 г. Челябинский областной пленум Осоавиахима также списывал промахи местных организаций на «бывших» и «классово чуждых». Осоавиахимовский работник из Златоуста, обращаясь к пленуму с просьбой прислать нового инструктора по планеризму, заявил: «Инструктор, который был – он оказался классово-чуждым элементом вместе с председателем. Инструктор парашютизма утерял партийный билет и его осудили на два года... Они только проедали наши деньги». Руководитель Нижне-Уфалейского Осоавиахима Кожевников переложил вину за «мертвые души» в Каслинской организации на ее председателя – «бывшего белогвардейца»[281].

Накануне войны поиски «внутреннего врага» приобрели оттенок предвоенной истерии и шпиономании. На практиках селекции и дисциплинирования отразилось и изменение задач Осоавиахима, основной упор в деятельности которого был перенесен с массовых форм работы на подготовку «обязательных контингентов» – резервистов и военнослужащих новых видов войск. 14 апреля 1940 г. ЦС Осоавиахима Башкирии издал приказ о правилах ведения делопроизводства по вопросам, касавшимся «обязательных контингентов». По мнению начальника отдела боевой подготовки ЦС капитана Н.Г. Киреева, несмотря на секретный характер переписки, имело место «преступное отношение к этим документам»: «Например, начальник военно-учебного пункта Ишимбаевского райсовета Осоавиахима Коббаров носил в полевой сумке указания и контрольное задание по боевой подготовке, полученное от ЦС Осоавиахима БАССР, в результате, напившись пьяным, потерял сумку и данные документы. Этим самым разгласил гостайну». Позабывший под влиянием зеленого змия о государственной тайне Коббаров был снят с работы и привлечен к судебной ответственности[282].

В декабре того же года из Башкирского авиаклуба были уволены начальник спецчасти Уткина и летчик-инструктор Серебряков за нарушение инструкции о «порядке допуска лиц в секретную комнату». Из приказа следовало, что Уткина превратила таинственную «секретную комнату» в комнату для свиданий, куда к ней приходил «в пьяном виде» Серебряков[283].

В целом можно сказать, что алкоголь весьма способствовал делу выявления «врагов народа». В конце 1940 г. чуть не попал под военный трибунал начальник Гафуринского конно-спортивного клуба старший лейтенант Петр Щегольков. Будучи в Уфе на совещании оборонного актива, Щегольков «изрядно напился в ресторане, откуда его работники коменданта города вынуждены были силой удалить». «По дороге Щегольков, – сообщалось в приказе по поводу случившегося, – нанес словесные оскорбления работникам комендатуры города...»[284] Пытаясь оправдаться и избежать трибунала, старший лейтенант Щегольков убеждал в своей объяснительной записке, что «согласился на предложение выпить с каким-то гражданским, будучи уверенным, что тот – шпион и хочет его подпоить, чтобы выведать военную тайну». Похож он был, по словам Щеголькова, на китайца или японца.

Участники и очевидцы события утверждали, что старший лейтенант «ругался нецензурно и говорил: «Служил при Николае и делать буду по-николаевски» – а также объявлял себя противником советской власти и унтер-офицером. Щегольков же, напротив, разъяснял, что он «первый доброволец в своем селе пошел в Красную гвардию и все время участвовал в боях с белогвардейцами», а в данное время – «красный командир». Несмотря на противоречивость показаний участвовавших в эксцессе сторон, Щегольков все же отделался легким испугом: десятью сутками домашнего ареста и удержанием 50 % от заработной платы. Самым важным результатом всей этой истории оказался неожиданный успех на фронте борьбы с пьянством. Чудом спасшийся Щегольков заявил: «Я больше никогда водку пить не буду, потому что через ее можно пострадать ни за что»[285].

Репрессивная политика режима, усилившаяся во второй половине 1930-х гг., разрушила едва наметившийся процесс стабилизации парамилитаристской организации и профессионализации его кадрового состава. В.В. Гошуляк отмечает, что в это время перестали созываться съезды Осоавиахима, руководящие органы формировались путем кооптации новых членов, количество массовых мобилизационных кампаний сократилось[286]. Провинциальные оборонные организации страдали от «чисток» и арестов не менее сильно, чем центр. Свое дестабилизирующее влияние оказала и административно-территориальная реформа края и ликвидация Уральской области. Частая сменяемость кадров стала характерной особенностью всех областных осоавиахимовских организаций Урала и превратилась в хроническую «болезнь» оборонных обществ. Оборотной стороной ускоренной ротации в аппарате была низкая квалификация, отсутствие элементарной культуры и деловых качеств управленцев и инструкторского состава.

После снятия с должности председателя Уралосоавиахима П.С. Ершова, возглавлявшего оборонное общество края в течение пяти лет, уральские осоавиахимовские организации больше не могли похвастаться стабильным квалифицированным руководством на уровне высшего звена. Преемник Ершова на посту руководителя Осоавиахима Свердловской области А.А. Васильев-Карсавин возглавлял организацию до 1936 г.[287] После увольнения следующего председателя областного совета В.М. Терентьева в августе 1938 г. Свердловская оборонная организация почти год обходилась без первого лица в руководстве[288]. Как жаловался на городской конференции Осоавиахима в 1939 г. заместитель председателя С.В. Коромыслов, работавший сразу «за двоих», «областной комитет партии, товарищ Недосекин, являясь членом бюро обкома партии, подбирал председателя областного совета, голову осоавиахимовской организации, подобрал трех председателей, были утверждены, но ни один из трех не работает в областном совете»[289].

Постоянный «калейдоскоп» руководящих лиц наблюдался и в аппаратах среднего и низового звена. Городской совет оборонного общества Перми в 1935–1936 гг. собирался всего лишь 7 раз. Ключевые фигуры горсовета – председатель и его заместитель – были кооптированы. Остальных сотрудников горсовета автор докладной записки охарактеризовал следующим образом: «1. Болгалов – секретарь Кагановического райкома ВКП(б), из-за своей загруженности в работе совета участвовал мало. 2. Оборин – Каналотрест, в течение 1,5 лет на заседаниях не бывал. 3. Хохлов – штаб дивизии, в течение 1936 г. на заседаниях не бывал, работы по горсовету никакой не ведет. 4. Лабутин – школа им. т. Молотова, принимал участие в работе. 5. Сохнов – пом. командира полка, на заседании был один раз – председатель стрелкового комитета, комитет не работает...» Самой организованной среди работников горсовета оказалась 50-летняя стахановка завода № 10 г. Перми, аккуратно посещавшая заседания и сдавшая нормы на значок «Ворошиловского стрелка»[290].

Недостаток подготовленных активистов военно-патриотической работы в районах приводил к тому, что областной центр был вынужден «снабжать» райсоветы кадрами. Но присланные в районы люди нередко оказывались «заведомо негодными» и «за короткое время разваливали работу». «Возьмем Чусовской район, – делился впечатлениями один из осоавиахимовских функционеров в 1937 г., – туда направляется начальником боевой подготовки Круглов, которого в скором времени сняли за пьянку и развал работы. Чернов – начальник боевой подготовки – был направлен в тот же район, но он даже не прошел месячного испытательного срока и уже был снят с работы за то, что пьянствовал. В Молотово посылали Сафронова, который был также уволен за пьянство. Сазыкин – председатель Кагановичского райсовета. Он развалил работу в Первоуральске, а его посадили в Свердловске в Кагановичском райсовете, а у него было две жены, а третья пишет письма. Ему надо было решать эти конфликты и некогда было заниматься оборонной работой плюс пьянство и он развалил организацию». Большинство председателей райсоветов демонстрировали не только сомнительные моральные качества, но и «исключительно низкий уровень» «марксистско-ленинского воспитания»[291].

Штат Челябинского облсовета Осоавиахима во второй половине предвоенного десятилетия также частично менялся несколько раз в год. В первичных организациях сменяемость кадров была еще более значительной. Председатели «первичек» не засиживались на своих местах более 2–3 месяцев. В одной из крупнейших осоавиахимовских организаций области – Магнитогорской[292] – за 1934 г. и I квартал 1935 г. было уволено с работы 33 человека при общей численности штата в 69 человек, то есть почти половина. Согласно сведениям, предоставленным в окружной комитет ВКП(б), из общего количества уволенных 12 человек ушли «по личному желанию», 11 были сняты с работы «по непригодности», 4 человека сбежали, 5 лишились членских билетов и должностей за растрату и один оказался «классово-чуждым элементом»[293]. Представитель златоустовской организации признался в конце 1936 г., что за полтора года в его родном городе сменилось 11 руководителей местного совета Осоавиахима[294].

Челябинские осоавиахимовцы также упрекали местный облсовет в плохой подготовке кадров. По мнению делегатов одного из областных пленумов, выдвиженцы совета были сплошь и рядом «непроверенными» людьми, а зачастую и «жуликами». Приезжая в районы, некоторые из них занимались «битьем окон», а другие «не могли составить анкеты». Функционер из Талицы так поделился своими впечатлениями: «...Нацмен Тухбаурин приехал, накричал, нашумел на моего заместителя, тот мне по телефону говорит, что я не знаю, что мне делать. Это, товарищи, безобразие... Он накричал на моего заместителя и в конце концов потребовал 50 рублей.. На вот, только уезжай...»[295].

Статистика ревизионных комиссий Осоавиахима в определенной степени объясняет поток жалоб с мест на качество руководителей и инструкторов военно-патриотической работы. Если в составе Уральского областного совета почти весь период его существования преобладали служащие, то в некоторых центральных органах Осоавиахима после 1934 г. стали преобладать другие социальные категории. Так, в Челябинском областном совете оборонного общества в 1936 г. доминировали крестьяне (14 чел.). Указавших в графе «социальное происхождение» «рабочий» оказалось 8 чел., а «служащий» – 2 чел.[296] Беспартийные осоавиахимовские функционеры явно численно преобладали над членами и кандидатами в ВКП(б) и ВЛКСМ. В руководстве одной из крупнейших организаций Осоавиахима области – Магнитогорском окружном совете и его низовых организациях – партийцы составляли лишь 35 % от общего числа аппаратчиков, а в Магнитогорском аэроклубе и того меньше – 25 %[297].

В качестве военных руководителей (начальники отделов боевой подготовки и ВУПов, инструкторы, политруки) в Осоавиахиме Челябинской области в 1935 г. работали 74 чел. Партийцев, брошенных на столь ответственную работу, оказалось лишь 17, а комсомольцев – всего 1 человек[298].

Достаточно красноречива характеристика низшего руководящего состава областной организации Осоавиахима (председателей районных советов), данная в 1935 г. местной ревизионной комиссией: «...Качественный состав большинства председателей райсоветов низкий. Из 66 проверенных оказалось членов ВКП(б) –73 %, членов ВЛКСМ –

12 %, беспартийных – 15 %, с высшим образованием – нет, средним – 7 %, низшим – 82 %, малограмотных – 10,5 %, окончивших высшие и нормальные школы комсостава нет, полковые школы – 71,5 %, служивших в армии бойцами – 18 %, совсем не служивших в армии – 10,5 %, среднего комсостава – 35 %, младшего комсостава – 46 %. Кроме того, вскрыта классовая засоренность, выявлено служивших у белых и принимавших активное участие на стороне колчаковщины – 12 %. Большинство председателей над собой не работают и уровень их знаний как общий, так и военный – низкий»[299].

Неприглядная картина состояния осоавиахимовских кадров была характерна не только для таких молодых организаций, как Челябинская. Похожая ситуация сложилась и в оборонном обществе Башкирии. Во-первых, в руководстве крупнейшей национальной военно-патриотической организации на Урале преобладали представители русской национальности. По данным на 1939 г., в центральном аппарате Осоавиахима Башкирии из 51 руководителя 36 было русскими, 6 – башкирами, 6 – татарами и 3 человека – представителями других национальностей. Несколько более уравновешенной была ситуация с председателями райсоветов: из 67 руководителей 31 были русскими, 16 – башкирами, 17 – татарами, а 5 – представителями других национальностей. Среди руководителей ВУПов (всего 34 чел.) в большинстве оказались русские (14 чел.) и татары (11 чел.), а представителей коренной национальности – башкир – было лишь 4 чел.

Образовательный уровень осоавиахимовских работников Башкирии оставлял желать лучшего. Руководителей с высшим образованием не было вообще ни в центральном аппарате, ни среди председателей райсоветов или ВУПов. Во всех звеньях аппарата доминировали осоавиахимовцы с низшим и средним образованием: в центральном аппарате – 31 и 20 чел. соответственно, среди председателей – 55 и 12 чел., среди военных руководителей – 29 и 5 чел.[300].

Даже своеобразная осоавиахимовская «элита» – «тысячники», направлявшиеся в Осоавиахим из числа кадровых военных, не могли похвастаться ни высоким образованием, ни хорошей профессиональной подготовкой. Так, в башкирской организации Осоавиахима со второй половины 1930-х гг. и вплоть до весны 1941 г. работало около 20 кадровых военных. Проверки командного состава Осоавиахима, участившиеся накануне войны, показали, что часть «тысячников» не только не могла в случае необходимости вернуться на службу в РККА, но была непригодна и к дальнейшей службе в оборонной организации. Старший командир-инструктор отдела военного обучения ЦС Осоавиахима Башкирии капитан И. Барбаянов, направленный в оборонную организацию приказом Уральского военного округа, имел за плечами лишь сельскую школу и школу среднего комсостава. Из его характеристики следовало, что капитан «по состоянию здоровья пригоден не ко всякой строевой службе (ревматизм ног), на лимитированных должностях в системе Осоавиахима оставлять нецелесообразно». Командир-инструктор учебного центра города Стерлитамака со своими задачами «не справлялся», характеризовался как «неинициативный командир», технически малограмотный и плохо работавший над собой. Начальник кавалерийского клуба старший лейтенант П. Щегольков был признан плохим руководителем и рекомендован к использованию в качестве хорошего строевика или командира эскадрона кавалерийского полка[301].

Обратим внимание на сведения о неудовлетворительном состоянии общих и военных знаний осоавиахимовских работников, часто встречающиеся в характеристиках руководящего состава Осоавиахима. Пожелания центрального руководства Осоавиахима и ситуация в провинции явно не совпадали друг с другом. Участники городского совещания актива Осоавиахима г. Свердловска в мае 1937 г. нарисовали довольно неутешительную картину уровня военных знаний управленцев и инструкторского состава оборонного общества области. Руководитель организации из с. Арамиль жаловался на отсутствие учебных пособий и надлежащей переподготовки: «Лично я располагаю только теми знаниями, – признавался он, – которые вынес из армии с действительной службы...»[302] Слабые военные знания командирских кадров были, по словам арамильца, также причиной падения популярности организаций у населения: «...Люди остаются неудовлетворенными и уходят...»[303] Инструкторы-общественники, по рассказу другого осоавиахимовца, иногда оказывались наскоро «испеченными», неопытными и малоквалифицированными значкистами[304]. Даже в областном совете кадры оставляли желать лучшего. Инструктор облсовета по детской работе Деменев, как выяснилось на собрании, был неплохим организатором, но «плохим военным специалистом» и не мог рассказать, как устроен пулемет и противогаз[305].

Слабая дисциплина, плохая боевая подготовка и подбор кадров в Башкирской организации привели к целому ряду серьезных инцидентов в республиканских летних учебных лагерях Осоавиахима. О некоторых из них стало известно ЦС Осоавиахима в Москве. Видимо, после полученной «выволочки» Башкирское бюро обкома специально собралось 13 октября 1934 г. для обсуждения сложившейся ситуации. По решению обкома начальник Управления мобилизационного округа Мурат и командир-комиссар 4 Башкирского стрелкового полка Толстой должны были совместно с Осоавиахимом и НКВД провести проверку командных кадров Осоавиахима, заменив негодных отобранными из запаса и резерва[306].

Даже перед началом Великой Отечественной войны, когда требования к штатным военным руководителям системы Осоавиахима особенно ужесточились, в организации по-прежнему процветали дилетантство, недисциплинированность и пьянство. В 1938 г. весь командный состав одного из башкирских осоавиахимовских лагерей был арестован на двое суток за пьянство и драку с «гражданами Пугачевской слободы»[307]. Методический сбор начальников и политруков военно-учебных пунктов Башкирии, проведенный в 1939 г., выявил «отдельные случаи недисциплинированности»: «Кабатов – начальник военно-учебного пункта Ишимбаевского райсовета и Шайхутдинов – начальник Бураевского – оставили учебные винтовки у склада без передачи, начальник Куюргазинского военно-учебного пункта, зайдя в ресторан, напился пьяным, и в таком состоянии был приведен товарищами в общежитие...»

Еще несколько лет назад за подобные «случаи недисциплинированности» начальники ВУПов отделались бы выговорами. Теперь же некоторые из них были уволены. Начальник отдела боевой подготовки ЦС Осоавиахима Башкирии Н.Г. Киреев сформулировал мотивы увольнения провинившихся так: «Вполне понятно, что руководитель, систематически пьянствующий, лишенный силы и воли, не может нести высококачественную работу по воспитанию резерва нашей славной рабоче-крестьянской Красной Армии»[308].

В январе 1940 г. Киреев писал в Мишкинский райсовет о другом работнике башкирского Осоавиахима: «В процессе продолжительной беседы с тов. Зайцевым я установил, что тов. Зайцев абсолютно безграмотен в вопросах боевой подготовки. Не знает он элементарных вещей. По его словам, он почти и не занимается боевой подготовкой на ВУПе. Спрашивается, для чего держать такого человека. Он счетный работник, пусть себе работает в этой отрасли, может быть, принесет пользу. Не надо его держать для мебели (если можно так выразиться). Помимо всего этого, он явился ко мне изрядно выпивши... <...> Я прямо заявляю, что поручить подготовку сотни людей этому товарищу в 1940 году не могу...»[309]

§ 3. Патриотизм на хозрасчете

«Платные танцульки», гектары обороны и «учебные» лошади

В истории Осоавиахима есть удивительный факт: единственной стороной деятельности оборонного общества, в которой более или менее соблюдались принципы автономности, была финансовая. На первый взгляд это может показаться нелогичным, но при всей государственной важности парамилитаристской организации, которая возросла в середине 1930-х гг. после практически полной передачи Осоавиахиму функций по подготовке резерва РККА, она в значительной степени оставалась хозрасчетной структурой. Хотя абсолютизировать роль принципа экономической самоокупаемости, конечно же, нельзя. Во-первых, на всесоюзном уровне помощь советского правительства была ощутимой. Помимо дотаций ЦС Осоавиахима периодически получал различные льготы и монополии, пользовался правом получения средств от чрезвычайных сборов. Так, центральный бюджет Осоавиахима пополнялся за счет исключительного права на продажу осоавиахимовской атрибутики, специальной литературы и даже отчислений с акцизных сборов[310]. Во-вторых, Осоавиахим, подобно другим так называемым «добровольным обществам», сам был источником целевого финансирования, например, Красной Армии и советской авиации[311].

Провинциальные оборонные общества политика хозрасчета ставила в весьма затруднительное положение. Характерный для советской и российской истории дисбаланс между центром (Москвой) и периферией отражался на состоянии военно-патриотической организации и вполне ясно осознавался и провинциальными, и центральными руководителями. Выражаясь словами уральских функционеров, ситуация в Москве характеризовалась тем, что «не жалеют денег», а в провинции – что приходится жить «на общественные подаяния»[312].

Доходная часть бюджетов осоавиахимовских организаций складывалась из членских взносов физических и юридических лиц, добровольных пожертвований (сборов во время мобилизационных кампаний), реализации осоавиахимовских лотерей и коммерческих поступлений. Предполагалось, что именно членские взносы должны являться основной частью доходной части бюджетов. Но если бюджет ЦС в действительности почти на 37 % пополнялся за счет взносов физических и юридических лиц, то областной совет Уралосоавиахима гораздо больше получал от «разных хозяйственных мероприятий»[313].

Собираемость членских взносов на протяжении всего межвоенного периода деятельности Осоавиахима на Урале была катастрофически плохой. В 1928 г. членские взносы по области были собраны лишь на 35,9 %. В отдельных округах задолженность по членским взносам доходила до 80-90 %. В 1934 г. Свердловский Осоавиахим собрал только 19 % взносов, Челябинский за первое полугодие 1935 г. – 12 %. В Пермском Осоавиахиме наряду с показательными районами, собиравшими больше 100 % (!) членских взносов, были такие, которые не могли наскрести и 4 %[314]. Ячейки не могли перечислить в облсовет положенные средства и постоянно находились в состоянии «задолженности», в таком же положении находился и облсовет по отношению к ЦС[315].

Собираемости взносов и расчетам советов разных уровней с вышестоящими организациями отнюдь не способствовало двукратное повышение размера членских взносов по большинству категорий плательщиков, принятое по решению II Всесоюзного съезда Осоавиахима (1930 г.). Для руководящих органов разного уровня неприятным известием было перераспределение собранных взносов в пользу вышестоящих организаций. Если до съезда ячейки могли оставлять в собственном распоряжении 50 % членских взносов, то после него – лишь 35 %[316].

В 1933 г., принимая разгромное постановление о состоянии Уралосоавиахима, обком партии и московская комиссия обязали все оборонные общества края обеспечить полное поступление членских и вступительных взносов, «имеющих огромное значение не только с точки зрения финансового укрепления общества, но и прежде всего с точки зрения поднятия достоинства и организованности члена ОАХ, его чувства ответственности за материальное состояние общества»[317].

В связи с тем, что поведение осоавиахимовцев в вопросе регулярной оплаты членских взносов было совершенно непатриотичным, важное значение на периферии получали доходы из других источников: сборы во время различных мобилизационных кампаний, периодически проводившаяся «мобилизация средств» на разовые события – постройку именного самолета, аэродрома, танка, а также поступления от платных мероприятий. Для сбора средств «спецназначения» были даже учреждены инспекторы по «мобилизации средств», которые (согласно статистике совета по контролю и проверке исполнения) постоянно находились в районах.

О самолетах и танках, построенных на средства простых советских граждан и названных именем того или иного предприятия или колхоза, достаточно много и часто писалось в советской литературе, посвященной истории Осоавиахима. Эти факты обычно интерпретировались как самое убедительное доказательство патриотического подъема в СССР. Но при этом оставался в тени другой аспект – то, что «оборонные сборы» тяжелым бременем ложились на бюджет рабочих и крестьян. Низовые осоавиахимовские функционеры это прекрасно понимали. Выступая на II областном пленуме Челябинского Осоавиахима, председатель районного совета Верхне-Уральска назвал вещи своими именами: «... Мы для Магнитогорска выкачали из Верхне-Уральска 35 тысяч рублей. Мы только 18 тысяч собрали на самолет. А Магнитогорский клуб не удосужился на одном из самолетов написать "Верхнеуральский красный партизан"... После этого проводим кампанию по сбору на стройку гигантов. Приходит 18 августа, начинаем собирать на развитие авиационного спорта. Только это прошло, реализуем девятую лотерею. И сейчас какая история получается – приходишь в цех или на предприятие, или в учреждение, так они спрашивают – ты чего, опять за деньгами пришел? Ведь мы рабочих как дойную корову доим, а что мы им даем?»[318].

Таким же способом «выкачивания» денег были и осоавиахимовские лотереи. Хотя, покупая лотерейный билет, можно было, по крайней мере, надеяться на выигрыш – кругосветное путешествие или поездку в Америку, отдых в санатории или экскурсию по Кавказу. А впрочем, велосипед или фотоаппарат в обстановке всеобщего дефицита тоже могли пригодиться[319].

II Пленум ЦС Осоавиахима (апрель 1928 г.) «в принципе», как говорилось в одной из инструкций, разрешил своим локальным отделениям устройство подсобных коммерческих предприятий и проведение платных мероприятий. В перечень таких предприятий вошли дератизационные отряды[320], работавшие на основе хозрасчета, платные тиры, хозрасчетные мастерские и лаборатории, а также водные станции, купальни, катки, лыжные станции, горы для катания, манежная верховая езда и прочие «развлекательные» аттракционы. Позднее в перечень разрешенных включили и опытно-истребительные станции (ОИС), боровшиеся с полевыми вредителями и грызунами.

К категории платных мероприятий, в зависимости от обстоятельств и решений местных руководящих органов, относились: осоавиахимовские гуляния с показательными выступлениями (на них разрешалось взимать небольшую плату за вход или собирать кружечные пожертвования), платные лекции на темы, связанные с деятельностью Осоавиахима, проведение метеорологических наблюдений и утилизация отбросов по заказам местных административно-хозяйственных органов, реализация различных «рекламных» акций – от размещения агитационных щитов оборонного общества на улицах и зданиях города до монополии на рекламу для кинотеатров. Источником дохода могло стать право на получение процента от наценки на билеты зрелищных мероприятий[321].

Чтобы облегчить контроль за коммерческой деятельностью оборонных обществ, организацию коммерческих предприятий и акций ЦС разрешал лишь локальным отделениям не ниже окружных. Обязательным требованием было регулирование хозрасчетных отношений долгосрочными договорами с местными органами власти.

На протяжении межвоенного периода отношение центрального руководства Осоавиахима к коммерческим предприятиям общества менялось. Если о полном запрете коммерческой деятельности речь не шла, то Москва все же предпочитала расставлять политические приоритеты. Так, выступая перед уральскими осоавиахимовцами на IV областном пленуме (октябрь 1933 г.) председатель ЦС Р.П. Эйдеман рассказал, как политически правильно относиться к коммерции: «У нас есть люди, которые думают, что гораздо легче, выгоднее и проще получить средства от открытия колбасной лавочки или какой-либо фотографии им. IV пленума Осоавиахима, чем создать крепкую ОИС, за которую нужно и можно бороться. Клопы, тараканы, крысы – все это наследие прошлого и нашей некультурности. Но ведь культурные потребности растут, одновременно объявляется война и клопу. Вот где Осоавиахим может подработать и авторитет, и средства»[322].

Грозные предупреждения из Москвы о недопущении нежелательной торговли и «делячества» и поучительные рассуждения председателя ЦС Осоавиахима чаще всего пропадали втуне. Коммерческие мероприятия и оказание платных услуг населению и друг другу были в большом ходу в провинциальных организациях Осоавиахима. Правда, осоавиахимовские функционеры не всегда оказывались удачными бизнесменами.

Обследование деятельности Осоавиахима, проведенное областной КК-РКИ осенью 1927 г. (то есть еще до формального образования единой оборонной на Урале) показало наличие крайней неразберихи в финансовых делах нарождавшейся организации. Финансовые планы отсутствовали не только в окружных, но и в областном совете. Хозяйственная деятельность общества была убыточной. В магазине Свердловского окружного совета прибыль и оборотные средства «поедались» торговыми расходами. Некоторые коммерческие предприятия, такие как организация кинопередвижек, были охарактеризованы комиссией как «заведомо убыточные», а другие – торговля пивом в Перми – «носящими нежелательный характер с точки зрения идейной выдержанности»[323].

Многие уральские районные советы оборонного общества имели внушительный список подсобных хозяйств самого разнообразного профиля: Каргапольский райсовет – пошивочную мастерскую и парикмахерскую, Магнитогорский окружной совет – ремонтно-часовую мастерскую, Златоустовский райсовет – карусели, Курганский – химическую лабораторию наждачных изделий. В сельской местности райсоветы разводили скот, сеяли зерновые и выращивали овощи. По подсчетам Челябинской ревизионной комиссии, в 1935 г. райсоветы области держали 83 лошади, 62 коровы, 103 свиньи и 34 овцы. Общее количество площадей, засеянных пшеницей, овсом, рожью, просом и засаженных овощами, составляло 204,94 га.

Одним из крупнейших обладателей подсобных производств был Курганский райсовет, в ведении которого находились «150 га посевных площадей, 34 лошади, 22 коровы, 17 свиней, фотография и кустарный завод абразивных изделий с годовым оборотом 110000 руб.»[324] Активно эксплуатировались и подсобные постройки. Курганский райсовет сдал помещение своего ВУПа посторонней организации в аренду за 5 тыс. руб., а сам ВУП перевел в здание аэроклуба. В отчете ревизора говорилось и о судьбе самого аэроклуба, «зало которого также эксплоатируется под организуемые систематически платные танцульки». Часть Катав-Ивановского ВУПа также была сдана в аренду под торговлю. Аргаяшский райсовет не работал потому, что отчасти его «использовали под жилое помещение работников аппарата, а часть под свинарник тех же работников»[325].

Людской и конный «контингент», вместо того чтобы укреплять обороноспособность страны, трудился на благо местных осоавиахимовских «дельцов». «В Шатровском райсовете в целях привлечения средств стянули допризывников из колхозов и МТС и по договору отправили под командованием председателя райсовета в распоряжение Саткинского леспромхоза на лесоразработки. Допризывники по прибытию на место работы разбежались, причина – питание при самых заниженных нормах и в ограниченной мере выдача хлеба». А областная кавалерийская школа, располагавшаяся в Кургане, использовала для пополнения бюджета учебных лошадей – сначала на них развозили хлеб по торговым точкам города, а затем подрядились развозить колбасу по ларькам мясокомбината[326].

Конечно, нельзя утверждать, что хозяйственная деятельность работников Осоавиахима служила исключительно личному обогащению. Многие райсоветы таким образом пополняли свои достаточно скудные бюджеты. Магнитогорский окружной совет, например, формировал за счет поступлений от хозяйственных операций 4/5 доходной части сметы. Однако даже в таком виде частная инициатива казалась советскому руководству чреватой непредсказуемыми последствиями. Во второй половине 1930-х гг. ЦС Осоавиахима неоднократно рассылал циркулярные письма и указания, запрещавшие организацию коммерческо-хозяйственных и производственных предприятий, не имеющих отношения к оборонной работе. Как писал председатель центральной ревизионной комиссии Бородавкин, «помимо того, что существование таких хозяйственно-коммерческих предприятий в осоавиахимовских организациях не к лицу нашему оборонному обществу, нужно знать, что в таких «предприятиях», по сути, укрываются от налога бывшие хозяйчики и классово-чуждые элементы»[327].

Несмотря на достаточно жесткие запреты, чреватые уголовными и политическими преследованиями, отдельные осоавиахимовские организации и их руководители так и не смогли изжить дух предпринимательства, царивший среди них. И в поздние 1930-е гг. до руководящих органов оборонного общества периодически доходили сведения о коммерческих предприятиях в сфере военно-патриотической работы. Комиссия ЦС, проверявшая уральскую оборонную организацию в 1931 г., обнаружила «проявления оппортунистического делячества» в Перми, Надеждинске, Троицке и некоторых других оборонных обществах региона.

Особенно досталось райсовету г. Перми, который на протяжении всего межвоенного периода был «притчей во языцех» из-за его коммерческих афер. Как сообщалось в докладе о работе совета, его финансовое положение находилось в «архибезобразном состоянии», систематически допускалось расходование средств спецназначения без санкции президиума, имущество областной морской базы в Перми находилось в «бесхозяйственном порядке (катера разбиты, часть моторов валяется на берегу» и были допущены моменты «делячества» – платная «ловля собак» и организация «бюро номерации»[328].

В 1932 г. председатель облсовета Уралосоавиахима П.С. Ершов, выступая на III областном пленуме оборонного общества, отметил, что «в ряде районов наблюдались случаи развития коммерческих предприятий... В Магнитогорске продавали предметы снабжения, в Кургане продавали револьверы, в первом районе Свердловска наблюдается тенденция к развитию парикмахерских, предполагали даже открыть буфеты и другие предприятия, не свойственные нам»[329]. Развитие парашютного дела в Свердловске, если следовать выводам одного из отчетов, тормозилось тем, что районные советы предоставляли возможность прыгать с парашютных вышек только тем, чьи заводы состояли юридическими членами Осоавиахима[330]. В этом случае предприятия оплачивали аренду вышки. А Свердловский аэроклуб в 1936–1937 гг. имел подсобное хозяйство, в котором держали свиней и коров[331].

В январе 1938 г. Всесоюзный комитет по делам физкультуры и спорта принял резкое постановление по поводу Уфимского автомотоклуба. Вместо «развития оборонного автомотоспорта и массовой подготовки автомобилистов и мотоциклистов-любителей», говорилось в постановлении, клуб свел всю работу к подготовке шоферов-профессионалов и превратился «по существу в школу шоферов». Строгий окрик из Москвы назвал действия начальника клуба Хакимова «вредительскими». Автомотоклуб обязали прекратить подготовку шоферов-профессионалов, а секретаря Башкирского обкома партии и председателя Совнаркома республики – «оказать помощь созданию в Уфе образцового автомотоклуба в соответствии с указаниями «Правды» о развитии оборонного автомотоспорта и призывом Героя Советского Союза т. Ляпидевского о массовой подготовке автолюбителей»[332].

Нередкими в уральском оборонном обществе были факты продажи оружия, обмундирования и других предметов осоавиахимовского снабжения[333]. Уже в 1933 г. ЦС

Осоавиахима издал распоряжение о запрете торговли винтовками, патронами, пулеметами и прочими предметами вооружения. Позднее все оружие, передаваемое в Осоавиахим, было поставлено на учет, а в последние два года перед войной ужесточился контроль за его содержанием и передвижением[334].

Характерной чертой «хозрасчетной» деятельности оборонных обществ были растраты и нецелевое использование средств. Проверка деятельности облсовета Уралосоавиахима в 1932–1933 гг. областной партийной контрольной комиссией выявила, что доходная часть сметы была выполнена лишь наполовину, а по статье «административно-хозяйственная деятельность» было израсходовано в два раза больше запланированного. И это при том, что финансирование основных направлений работы Осоавиахима, например, боевой подготовки и ПВХО, исполнялось на 2–29 %[335].

По данным центральной ревизионной комиссии о растратах и хищениях в организациях Осоавиахима, за I квартал 1935 г. в Челябинской области было растрачено денежных средств в размере 21389 руб., а хозяйственные хищения достигали 11635 руб. В соседней Свердловской области растраты денежных средств составили 42518 руб., а хозяйственные хищения – 3774. Уральский край, конечно, не мог угнаться за более крупными территориальными отделениями Осоавиахима, но занимал не последнее место в числе прославившихся регионов[336].

Картина расходной части бюджета будет неполной, если не затронуть еще один аспект – на что уходили осоавиахимовские деньги. Помимо понятных статей расходов, какими были организация военной подготовки населения, проведение агитационно-массовых мероприятий, оборудование учебных пунктов, аэродромов и парашютных вышек, содержание штатов и проч., бюджет крупных оборонных обществ содержал и такой пункт, как «помощь РККА». Подробная история о том, как добывались средства на строительство Красной Армии, флота и советской авиации в межвоенный период, еще не написана[337]. Но когда она появится, Осоавиахим как крупнейший инвестиционный источник займет в ней почетное место.

Наиболее известным фактом общесоюзного уровня является, конечно, строительство самолетов на общественные средства. Но существовали и другие, более прозаические статьи расходов. В 1931 г. Уралосоавиахим в ознаменование Дня Красной Армии передал «штабу корпуса» «на укрепление боевой мощи и углубление внесборовой подготовки» 200 тыс. руб, на моторизацию воинских частей – 500 тыс., на индивидуальное премирование «за отличное усвоение боевой учебы и постановку в отдельных частях осоавиахимовской работы на показательную высоту» – кадровому начсоставу и политработникам 10 тыс. руб. и комсоставу запаса 5 тыс. руб. К очередной годовщине освобождения Урала от Колчака командование штаба 57-й Уральской дивизии получило 3 тыс. руб. «на организацию кабинета командирской учебы»[338]. Учитывая, что и Осоавиахим со второй половины 1930-х гг. мог, согласно распоряжениям из центра, пользоваться материальной базой частей Красной Армии для организации военного обучения, симбиоз армии и добровольного общества нашел свое выражение не только на кадровом и идеологическом, но и на экономическом уровне.

Первые годы после создания Осоавиахима в провинциальных отделениях общества были созданы собственные учреждения, занимавшиеся снабжением практических организаций военно-патриотического профиля. Но вскоре практика самоснабжения была запрещена, и обеспечение оружием, обмундированием, плакатами, а также дефицитными товарами и прочими нужными для дела военного обучения вещами шло централизованно через областные снабженческие учреждения Осоавиахима. Это позволило ликвидировать торговых агентов, которые, по словам председателей райсоветов, завышали цены на «оборонные товары», но не избавило Осоавиахим от хаоса и беспорядка в обеспечении материальной базы.

«Снаб», как его называли между собой осоавиахимовские функционеры, на протяжении всего предвоенного десятилетия был для них «красной тряпкой», вызывавшей бурю возмущения царившими там духом коммерции и бесхозяйственностью. Уже на II пленуме Уралосоавиахима местный «снаб» заслужил наименование «торгашеской организации» в отместку за седла, распродававшиеся тем, «кто больше даст». В 1931 г. после проверки Уралснабосоавиахима были уволены его заведующий и заведующий складом оборонного общества за затоваривание, порчу предметов снабжения, высокие наценки на них и бесконтрольную выдачу разным организациям[339].

Собираясь вместе на пленумах и совещаниях, осоавиахимовские руководители в один голос дружно критиковали неудовлетворительную постановку дела снабжения. Председатель одного из сельских райсоветов жаловался, что ему прислали 6 штук белых брюк: «...Если бы я их в деревню повез, скажут, что это нижнее белье, и вот сейчас они лежат мертвым капиталом». А вместо седел ему прислали отдельно «венчики и стремена». Другой председатель несколько раз отправлял обратно ненужные товары и говорил, что руководящие работники «не чувствуют себя хозяевами по снабжению». Третий жаловался, что вместо учебных пособий, винтовок и патронов ему «в большом количестве» присылают... намордники, причем на 10–12 % выше «базарных цен»: «Одно время получаем письмо из базы, говорят – высылайте 900 руб. аванс на трикотажные товары. Высылаем аванс, получаем эти товары – две пары трусов, затем идут намордники, ошейники и т.д. Разве это не издевательство»[340].

Колоссальные растраты и бесхозяйственность в Осоавиахиме были прямым следствием «человеческого фактора». Провинциальные оборонные общества, руководящие органы которых на местах формировались в значительной степени по принципу случайного подбора, в полной мере ощущали на себе последствия экономической безграмотности и деловой крестьянской хватки «военно-патриотической бюрократии» районного масштаба. И никакие карательные мероприятия не могли спасти парамилитаристскую организацию от «самоснабжения» ее рядовых членов.

Награда за верность, или баян для двухлетнего сынишки

Работа и служба на поприще военно-патриотического воспитания и обучения оплачивались в Осоавиахиме по-разному. Лучше всех были обеспечены кадровые офицеры РККА, перешедшие в Осоавиахим в счет «тысячи» с сохранением своего оклада, материального обеспечения и всех льгот. Заработные платы резервистов и запасников, служивших в оборонном обществе, а также гражданских лиц, трудившихся на благо обороны, были ниже. В декабре 1929 г. оклады штатных работников облсовета Уралосоавиахима выглядели следующим образом: заведующие отделами получали 183 руб., инструкторы – 175 руб., областной военрук и руководитель военного отдела – 225 руб, заведующий отделом снабжения – 225 руб. Через год жалованье было повышено: председатель облсовета стал получать 260 руб., его заместитель – 225 руб., а инструкторы и заведующий военным отделом – 200 руб.[341]

Выбирая из двух категорий – военные и гражданские работники - центральное руководство Осоавиахима заботилось, главным образом, о первой. Выступая на совместном заседании президиума ЦС с председателями советов местных оборонных обществ в сентябре 1932 г., Р.П. Эйдеман говорил, главным образом, о военных: «Мы сейчас принимаем целый ряд мероприятий для того, чтобы стимулировать работу военных кадров запаса, в порядке освобожденных и не освобожденных работников общества. Мы полагаем, что в ближайшее время появится соответствующий декрет, который этому командиру запаса присвоит целый ряд прав в отношении жилища, пенсии и других прав, которыми пользуются кадры Красной Армии. Мы добиваемся того, чтобы в ближайшее время было издано соответствующее положение о наших военных кадрах. Мы уже обеспечиваем ему в порядке прозодежды военное обмундирование, всяческие условия и в смысле продвижения службы по договоренности с наркомвоенмором. Мы это делаем для стимулирования его работы»[342].

И действительно, уже в 1934 г. по приказу ЦС для закрепления кадров, руководивших организацией боевой подготовки, было принято решение об улучшении их материального положения. В районах, успешно собравших урожай с «га обороны», руководители и инструкторы по боевой подготовке и начальники военно-учебных пунктов, не получавшие осоавиахимовский паек, должны были получать хлебный и крупяной паек по норме осоавиахимовского пайка из фонда «га обороны»[343]. Были приняты меры и для решения жилищного вопроса. Но все они касались в первую очередь летно-подъемного состава, кадров, непосредственно занимавшихся боевой подготовкой допризывников, вневойсковиков, командиров запаса[344].

Председатель Уралосоавиахима П.С. Ершов, докладывавший на этом же заседании о делах в организации края, также остановился на вопросах материального обеспечения руководящего состава. Но он больше говорил о гражданских руководителях и о провинциальных проблемах. На взгляд Ершова, с материальной стороной жизни у осоавиахимовских работников на периферии дело обстояло «пока плохо»: «Работники в нашей системе получают, согласно указания и договоренности с областным отделом труда, недостаточную ставку. В то время, когда машинистки получают по Уралу 300 рублей, руководящие работники получают по 200-225 рублей и больше ничего. Естественно, они стараются уйти. Когда директивные организации их снимают[345], они чрезвычайно сопротивляются, и только подлинные энтузиасты идут в наши организации, ибо снабжение Урала и квартирные условия Урала чрезвычайно плохи. Свердловск за 4 года вырос с 60000 жителей до 700000 и естественно, что никакое строительство не сумеет угнаться за таким ростом города. Поэтому вопрос жилищный и продовольственный стоит чрезвычайно остро в Свердловске и в целом ряде других городов. Следовательно, удержать работников – дело чрезвычайно трудное...»[346]

Рассказывая о мерах, которые предпринимал облсовет для удержания руководящих работников, П.С. Ершов нарисовал симпатичную картину, которая заставляет сомневаться в бедственном положении осоавиахимовской бюрократии. По словам председателя уральского общества, облсовет был вынужден покупать дома и селить туда руководящих работников. В момент проведения расширенного заседания президиума ЦС в столице, в Свердловске как раз ремонтировался дом «для руководства»: «Там около 12 хороших квартир, куда мы поместим заведующих отделами и ответственных работников, чтобы они всегда были вместе и пользовались хотя бы минимумом культурно-материальных удобств. Кроме того, мы организовали закрытую столовую для работников Осоавиахима, организовали свой ЗРК[347]. Таким образом, как видите, целый ряд принят, но это все палеативы[348]. Чтобы удержать работников, мы настойчиво ставим вопрос перед ЦС о том, что ставка должна быть указана отсюда, сверху... во всяком случае, такой минимум, при котором можно было бы жить в Свердловске...»[349]

Во второй половине предвоенного десятилетия заработные платы осоавиахимовских работников заметно подросли. Оклады руководящих работников Челябинского облсовета Осоавиахима (председатель и заместители, начальники отделов) в 1935 – 1936 гг. достигали 400 – 600 руб. в месяц. Штатные работники низших рангов (инструкторы, водители служебных автомашин) получали 200 – 300 руб., а вспомогательные работы (курьерские поручения, работа секретаря, уборка помещений) оценивались в 85 – 100 руб.[350] Ревизия летних военизированных лагерей Челябинского облсовета Осоавиахима, созданных для подготовки допризывников, показала, что их штат, формировавшийся, как правило, только на летний период, также не был стеснен материально: начальник и комиссар лагеря получали оклады в 500 руб., помощник начальника по хозяйственной части и начальник штаба – по 400 руб., бухгалтер – 450 руб., старший повар – 350 руб., библиотекарь – 200 руб.[351]

В это время оклады оборонных работников были на порядок выше заработков уральских рабочих. В начале 1930-х гг. заработная плата на предприятиях едва достигала 200 руб. А в 1935 – 1936 гг., по данным исследователей, среднемесячная заработная плата рабочего Урала в зависимости от отрасли составляла от 200 до 280 руб.[352] Даже если учесть нерегулярную выплату денежного содержания, на которую постоянно жаловались осоавиахимовцы, штатный работник организации стоял на более высокой ступени материального благополучия. К тому же, необходимо учесть, что в обществе тотального дефицита важную роль играло распределение материальных благ, выходивших за рамки обычной заработной платы или оклада. Ревизионные комиссии Осоавиахима регулярно обнаруживали факты злоупотреблений служебным положением, растрат и хищений в оборонных обществах.

Выше уже упоминалось, что система организаций военно-патриотического воспитания постоянно страдала от колоссальной текучести кадров. Осоавиахим, как и другие добровольные общества, был привлекателен для многих неизбалованных жизнью людей. Он «поглощал» бывших красноармейцев и крестьян, имевших весьма далекие представления о высоких материях военной стратегии и обороноспособности и малокомпетентных в делах практических. Зато они отличались житейской сметкой, прагматичной крестьянской психологией и умением приспосабливаться, выработавшимся за беспокойные годы революции и гражданской войны. Многие штатные осоавиахимовские работники подходили к своей службе весьма своеобразно, рассматривая ее как источник дополнительных поступлений в свой персональный бюджет. Типичным нарушением было использование казенных средств в личных целях. Бухгалтерия первичек и районных организаций, если таковая вообще существовала в природе, содержалась в удивительном беспорядке. Председатели, инструкторы и начальники отделов даже не утруждали себя отчетностью и не стремились скрыть свои заимствования из общественной кассы[353].

При определенной ловкости и сообразительности руководящий осоавиахимовский работник местного уровня мог значительно увеличить ежемесячные поступления в свой кошелек. Уже в первый год работы объединенного оборонного общества на Урале в облсовет стали поступать сообщения о финансовых нарушениях: «Растраты обнаружены в Пермском, Тюменском, Нижне-Тагильском, Ишимском и Верхне-Камском округах. Минимальная сумма выявленных растрат около 3 тыс. руб. В Перми счетовод Попов, растративший 2,5 тыс. руб. осужден на 2 года. В Кизеле секретарь райсовета Крашенинников за растрату 500 руб. отбыл наказание 2 месяца отсидки, растрата произведена в связи с разложением ряда работников Кизела. В Ишиме ответственный секретарь окрсовета Комаров отдан под суд за растрату около 600 руб., в Тюмени ответственный секретарь Горбунцов (партиец), морально разложившись, присваивал себе суммы, вырученные от вещевой лотереи (не установлено, в какой сумме). В Ирбите в одной ячейке растрачено 230 руб. Было также разложение двух ответственных работников Урал Осоавиахима – Михалева (бывший ответственный секретарь) и Сальцевича (бывший уполномоченный лотерейного комитета по 2-й авиалотерее), оба исключены из партии и с 7 марта сидят в изоляторе. Были растраты и в ряде других районов, но полных сведений на запрос не поступило»[354].

В 1932 г. аппарат Уралосоавиахима был обновлен на 67 %, замена штатов райсоветов произошла в 34 районах, а в 44 организациях поменяли «вторых лиц» – руководителей отделов боевой подготовки, организационно-массовых и других. Среди причин масштабного обновления кадров были и растраты. Четыре дела о финансовых злоупотреблениях были переданы в суд, а снятие с должности за экономические преступления председателя Багарякской районной организации получило широкую огласку: в «Уральском рабочем» был опубликован большой материал под названием «Комлевщина»[355].

Вторая половина 1930-х гг., несмотря на усиление социального дисциплинирования и репрессии, не принесла значительных изменений в отношении осоавиахимовских функционеров к материальным благам. Опала и арест начальника Свердловского аэроклуба Афанасьева сопровождалась оголтелой травлей и преданием гласности всех подробностей его служебной деятельности. В числе прочих «грехов» Афанасьева было и предоставление «врагам народа» Кабакову и Ковалеву[356] самолетов для охоты, а также награждение их летными костюмами и сапогами[357]. За период с августа 1938 г. по март 1939 г. в Свердловской области были сняты 18 председателей районных советов Осоавиахима, пятерых из них отдали под суд[358].

Челябинская областная ревизионная комиссия Осоавиахима в 1934–1935 гг. также выявила масштабную картину дисциплинарных и финансовых нарушений. В 1935–1936 гг. она передала в следственные органы материалы, по которым было возбуждено 25 уголовных дел[359].

Обследование состояния дел в Магнитогорском окружном совете привело к печальным результатам: за

1934 г. работники окружного совета растратили 5000 руб. (при размере доходной части бюджета в 247704 руб.), а сотрудники аэроклуба –15000 руб. Особо отличился на фронте присвоения оборонных средств начальник строительства ангара для Магнитогорского аэроклуба Бородавкин, «ничего не понимающий в летном деле и ранее судимый», который умудрился положить в свой карман 8000 руб. Были отмечены случаи совмещения двух штатных должностей. Заместитель председателя окружного совета Фролов помимо двойной заработной платы (за временное исполнение обязанностей начальника аэроклуба) получал еще и спецпаек, положенный летчикам, в который входили белая мука, сливочное масло, крупа и сахар[360].

В Челябинском аэроклубе была обнаружена растрата в 77900 руб. Бесследно исчезли также 7 тонн авиационного бензина. Регулярные недостачи обнаруживались при проверке продовольственных складов летних учебных лагерей Челябинского Осоавиахима[361]. Благодаря публикациям в местной прессе, достоянием гласности стали подвиги председателей Мишкинского райсовета Орехова и Бобровского сельсовета Осипова, пропивших «лотерейные» деньги[362].

Подобно «голубому воришке» из романа Ильфа и Петрова председатели райсоветов не гнушались широко использовать те материальные ценности, которые им «посылал Бог» в лице Осоавиахима, на пользу своим родным и близким. Тонкая грань между личным и общественным стиралась. То ли под воздействием расхожих представлений о том, что при коммунизме все общее, то ли под влиянием практичной жизненной установки, что «жить у хлеба, да быть без хлеба» нельзя. Так, председатель Катав-Ивановского райсовета Трубин неоднократно выдавал деньги «начхозу Филину на выпивку», сам же «присвоил разных предметов более чем на 250 руб., не оплатил обмундирования на 275 руб.». Для сокрытия своих «темных» дел Трубин «держал в качестве счетовода своего шурина Кожевникова». В Аргаяшском, Багарякском и Шатровском райсоветах счетоводы и начальники военно-учебных пунктов занимались «исключительно на глазах масс» хищением хлеба, собранного с «га обороны»[363].

В условиях, когда многие предметы потребления были редкостью, Осоавиахим предоставлял своим работникам и их родственникам шанс превратиться в счастливых обладателей костюма или ботинок. Один из контролеров Челябинской областной ревизионной комиссии В.П. Яшкин по результатам своей проверки составил следующую докладную[364]: «...Довожу до вашего сведения, что при выезде меня в Верхнеуральский райсовет Осоавиахима 21 июля 1935 г. обнаружена не правильная выдача амондирования табельного[365], которое выдается лицам, не имеющим никакого отношения к организации Осоавиахим. Например, выдано военному делопроизводителю горсовета Пожарову следующее: шинель, брюки суконные, ремень. Бывший заместитель предрайсовета Делихов получил: шинель, суконные брюки, гимнастерок суконных 2 шт., хромовые ботинки, ремень. Отработал 5 месяцев и ничего не сдал. Начальник Б.П.[366] райсовета получил: шинель, брюки суконные, гимнастерок суконных 2 шт. С работы ушел и ничего не сдал. О чем довожу до вашего сведения. 25 июля 1935 г.»[367] Начальник Катав-Ивановского ВУПа Ходунов, как указывается в отчете областной ревизионной комиссии от 12 мая 1936 г., посчитал баян, числившийся за учебным пунктом, излишней роскошью для допризывников и посему «перенес на квартиру своему двухлетнему сынишке»[368].

Некоторые мнимые и подлинные аферы оборонных работников завершались в органах внутренних дел. На заседании Челябинского областного совета 13 сентября 1936 г. было решено отдать под суд начальника Курганской кавалерийской школы Краснова, растратившего 6339 руб. 79 коп.[369] Уголовное дело было заведено и в связи с детективной историей, произошедшей в Каргапольском райсовете Осоавиахима. Воры, открывшие склад райсовета собственным ключом и не обратившие никакого внимания на охранявшего склад сторожа, прихватили с собой «простыни, шторы, ботинки, один костюм (летний) и часть других предметов». Из ружейного склада исчезла одна мелкокалиберная винтовка, две штуки клинков и 20 штук холостых мелкокалиберных патронов[370]. Расследование показало, что «хищение... было произведено по заранее обдуманному плану фотографом названного райсовета

Мартьяновым и сыном бывшего бухгалтера райсовета Захарова (который с работы в организации был уволен как чуждый и служивший в белой армии). В связи с этим был произведен обыск в фотографии, где найдены шифр и оружие (револьверы)».

Часто, однако, «преступники и мошенники» оставались безнаказанными. Иногда, если осоавиахимовец был партийным, к нему применялись меры по партийной линии. Нередко, однако, попав в систему Осоавиахима, так называемые оборонные работники передвигались в ней с одного места на другое, из одного района в другой, так и не покидая рядов оборонной организации. Если же слава о беспорядках, творившихся в областной организации Осоавиахима, доходила до центра, нарушителю не спускали: председатель Троицкого районного совета Осоавиахима Кузнецов, ставший «героем» газетной заметки «Как рождаются легенды» и попавший в поле зрения центральной ревизионной комиссии, был исключен из ВКП(б) и уволен с работы. Кузнецов, как следует из протокола заседания ревизионной комиссии от 28 апреля 1935 г., «пытался присвоить оборонные средства, систематически пьянствовал, в январе месяце незаконно выдавал продукты (муку) сотрудникам, израсходовал не по назначению 2000 руб., собранные на танк». Но и в этом случае ревизионная комиссия посетовала на «политическую притупленность зампреда по молодежи Челябинского облсовета т. Васильева», который отозвал Кузнецова из района в распоряжение облсовета, после того как райком решил снять Кузнецова с работы и вынес ему строгий выговор с предупреждением, а потом, «несмотря на последующее исключение его из партии, продолжал держать Кузнецова на работе в облсовете и только по настоянию представителя центральной ревкомиссии Кашехлебова уволил с работы Кузнецова»[371].

Укрепляя собственное благосостояние, осоавиахимовские работники уподоблялись чеховскому «злоумышленнику», расстраивая дело подготовки кадров для Красной Армии. Особенно ярким примером в этом отношении стали летние учебные лагеря Челябинского облсовета, в которых происходила подготовка допризывников и вневойсковиков. В 1935 г. ревизия обнаружила в лагерях недостачу имущества и продуктов на 8114 руб. Нормы питания учащихся были занижены: мясо – 120 г, крупы – 80-100 г на человека в день, что характеризуется в отчете ревизионной комиссии как «отвратительно плохо».

Несмотря на заведенное уголовное дело по факту хищения, на следующее лето история повторилась: в лагере вновь недостача – «...недоставало одеял на 300 чел., простыней 300 шт., подушечных наволочек – 300 шт. и на 100 чел. матрацев». Обучаемый контингент (по выражению документа) был вынужден «валяться на голых и то не сплошных нарах, что главным образом влияло на политико-моральное состояние», и вновь недоедал[372].

Не лучше обстояло дело в 1940 г. и в когда-то показательных Пермских лагерях. Начальник лагерей Игуменов принял на должность заведующего продуктового склада зятя, а на должность официантки – дочь. Внук Игуменова был «обмундирован» и поставлен в лагерях «на довольствие», а его знакомый смог обменять старые гимнастерку и брюки на новые. Заведующий столовой Собакеев отличился пьянством и расхищением продовольствия. Качество питания бойцов было неудовлетворительным, в то время как «узкий круг лиц из командования лагерей» запасались в продуктовых ларьках «в неограниченных количествах»[373].

Для советской политической системы была характерна политическая инструментализация трудностей и проблем социального и культурного характера и соответствующая этому процессу стилизация образов врага. Эта типичная черта советского общества прочитывается и в материалах осоавиахимовских организаций. Экономические нарушения и преступления были превращены системой в повод для борьбы с «бывшими» в рядах оборонной организации. В одном из инструктивных писем председателя центральной ревизионной комиссии Осоавиахима, написанном в середине 1930-х гг., открыто говорится о необходимости повышения статуса хищений до политического преступления: «Рассматривая растраты с политической стороны (а мы прежде всего так и обязаны их рассматривать), мы должны сказать, что, как правило, это дело рук остатков классового врага, забравшегося в ОАХ и пытающегося изнутри взорвать наши организации. А это, тем более, обязывает наши ревкомиссии быть исключительно бдительными и беспощадными ко всяким проявлениям классового врага – растратам, хищениям и т.д. Когда же некоторые наши ревкомиссии, как указано, лишь формально подходят к составлению сводок (а частично и не дают сводок), то такое отношение ревкомиссий к этим позорным явлениям в наших организациях мы должны рассматривать как политическую недооценку этими ревкомиссиями классовых вылазок врага»[374].

На III Всесоюзном совещании областных, краевых и республиканских ревизионных комиссий прозвучала мысль о том, что огромные суммы растрат свидетельствуют о засоренности аппаратов осоавиахимовских организаций «классово-чуждыми элементами и примазавшимися перерожденцами». В Казахском отделе по снабжению Осоавиахима ответственными за растраты оказались «офицеры и жулики», в Харьковской организации – «бывший помещик», а в Воронеже – целое «гнездо кулачество». «Часто даже люди с партийным билетом, – конкретизировал председатель в своем докладе "вариации" образов врага, – в обстановке чуждого окружения теряют классовую политическую бдительность, подпадают под классово чуждое влияние и скатываются к растратам и разбазариванию общественных средств»[375].

* * *

Военно-политическое руководство СССР позиционировало Осоавиахим как один из важных институтов в деле повышения обороноспособности страны. Подчеркивая военизированный характер организации, ее лидеры считали необходимым контроль за «классовой чистотой» военно-патриотического общества. Но эта политика неизбежно приходила в противоречие с лозунгами превращения Осоавиахима в «многомиллионный резерв РККА». В аграрной стране расширение социальной базы общества происходило главным образом за счет крестьянства. Повышение риска проникновения «социально чуждых» элементов в Осоавиахим его руководители пытались компенсировать за счет усиления политической работы и политического воспитания осоавиахимовцев и погони за увеличением численности партийно-комсомольской прослойки и представителей красноармейцев. В провинциальных отделениях Осоавиахима оба этих «компенсирующих» механизма постоянно давали сбои.

Неудачным оказался и план использования военно-патриотической организации в рамках цивилизирующей политики большевиков на окраинах. Попытки массового привлечения в Осоавиахим таких «отсталых» с точки зрения режима социальных категорий, как женщины и нерусские национальности, не увенчались значительным успехом. Доля женщин-осоавиахимовок в провинциальных отделениях оборонного общества никогда не превышала одной четверти их общей численности, а процент женщин, занимавшихся в практических организациях, был еще меньше. Оборонная работа среди «нацменьшинств» наталкивалась на традиционные культурные барьеры: незнание языка, местных обычаев и представлений о гендерном порядке.

Одной из главных причин неэффективности деятельности Осоавиахима в провинции был кадровый фактор. Осоавиахимовский аппарат и инструкторский состав формировались по остаточному принципу. Ограниченность кадрового резервуара приводила к совмещению должностей и перегруженности партийных и комсомольских функционеров, отодвигавших военно-патриотическую работу на второй план. Местные аппаратчики, наскоро обучавшиеся на краткосрочных курсах руководящего состава, отличались малообразованностью и плохой квалификацией в военной области. О низком качестве осоавиахимовских кадров свидетельствовали слабая дисциплина, многочисленные финансовые нарушения и массовые злоупотребления служебным положением в оборонном обществе.

Советские практики социального дисциплинирования, основанные на методах материального и морального стимулирования или на репрессивных мероприятиях, не привели к значительным изменениям в сфере военно-патриотического воспитания и обучения. Эффективность деятельности оборонного общества оставалась низкой на протяжении всего межвоенного периода. Путем усиления Осоавиахима кадровыми военными (осоавиахимовская «тысяча») и введения воинской дисциплины на основе уставов РККА удавалось добиться повышения результативности лишь при решении локальных задач, например, в деле подготовки резервистов первой очереди.

Небольшой экскурс в экономическую историю провинциального оборонного общества открывает «оборотную сторону» жизни парамилитаристской организации. Она была не видна за массовыми спортивными праздниками и отчетами о количествах прыжков с парашютом. Между тем, жизнь провинциальных осоавиахимовцев была гораздо более прозаичной и лишенной героизма и романтики. Зачастую их повседневность строилась по принципу «До Бога высоко, до царя далеко», была наполнена карьерными соображениями и стремлением извлечь выгоды из случайно занятой должности. В большинстве своем бывшие крестьяне, прошедшие школу революции и гражданской войны и научившиеся выживать в окружавшем их хаосе, осоавиахимовские работники были далеки от патриотических идей и, скорее, «играли» в оборонные игры, нежели действительно способствовали укреплению обороноспособности страны.

Примечания

[1] *Фицпатрик Ш.* «Приписывание к классу» как система социальной идентификации// Американская русистика: Вехи историографии последних лет. Советский период: Антология/ Сост. М. Дэвид-Фокс. Самара, 2001. С. 198.

[2] См. выступление Р.П. Эйдемана на расширенном заседании президиумов Союза Осоавиахим СССР и РСФСР совместно с республиканскими, краевыми и областными организациями Осоавиахима, 8–9 сентября 1932 г.: ГАРФ, ф. Р-8355, оп. 1, д. 60, л. 187–247.

[3] Подробнее об отношении некоторых представителей советской военной элиты (в том числе из «бывших» генералов) к опыту Первой мировой войны в аспекте боеспособности Российской армии см.: *Nikonova O.*«Der Kult des Heldenmutes ist nötig, um Siege zu erringen...»

[4] ГАРФ, ф. Р-8355, оп. 1, д. 60, л. 62–63. Слова Уншлихта, конечно, нельзя принимать за чистую монету. Налицо преувеличение сознательности рабочих, свойственное советской публичной риторике в целом. Реакция рабочих на слухи о будущей войне демонстрирует относительность утверждений заместителя председателя Авиахима. См. об этом: *Никонова О.Ю.* Война, рассказанная «по секрету»: слухи и возможности их интерпретации (в печати).

[5] РГВА, ф. 33989, оп. 1, д. 65, л. 90–94об.

[6] Таблица составлена по материалам I съезда Авиахима (январь 1927 г.), II пленума Осоавиахима (апрель 1928 г.): См.: ГАРФ, ф. Р-8355, оп. 1, д. 2, л. 51–54; Бюллетень Осоавиахима. 1928. № 8-9. С. 11, 12. Данные за 1928 г. взяты из докладной записки генерального секретаря Осоавиахима Л.П. Малиновского заместителю председателя президиума организации С.С. Каменеву «О состоянии Осоавиахима» от 5 февраля 1929 г., составленной к II съезду Осоавиахима. См.: РГВА, ф. 33989, оп. 1, д. 65, л. 90–94об. Данные планирования первой осоавиахимовской пятилетки взяты из «Проекта пятилетнего плана Осоавиахима», составленного комиссией в декабре 1929 г. См.: Там же, л. 199–208об.

[7] В категорию «прочих», согласно разъяснениям ЦС Осоавиахима, входили учащиеся, кустари, домохозяйки, ремес-

ленники, хозяева-одиночки и некоторые другие. См.: ГАСО, ф. Р-2516, оп. 1, д. 8, л. 255.

[8] Из докладной записки председателю Осоавиахима РСФСР С.С. Каменеву от 5 февраля 1929 г. См.: РГВА, ф. 33989, оп. 1, д. 65, л. 90–94об.

[9] Там же.

[10] Материалы 1-го Уральского областного съезда Осоавиахима. 16–19 января 1928 года. Свердловск, 1928. С. 4.

[11] ЦДООСО, ф. 61, оп. 2, д. 1212, л. 3.

[12] См. статистические отчеты Уральского Осоавиахима за 1928–1930 гг. и данные, опубликованные в материалах II Уральского областного съезда Осоавиахима: ГАСО, ф. Р-2516, оп. 1, д. 2, л. 13–13об; д. 3, л. 2-9, 10–15, 18; Резолюции Второго Уральского областного съезда Осоавиахима, 25–30 января 1930 г. Свердловск, 1930. С. 3. Часть подсчетов выполнена самостоятельно.

[13] Представление о том, насколько сложным по своему составу был «рабочий класс» Урала в описываемый период, дает специальная литература, посвященная этому вопросу. См., например: *Постников С.П., Фельдман М.А.* Социокультурный облик промышленных рабочих Урала (1900–1941 гг.). Екатеринбург, 2006.

[14] Таблица составлена по данным отчетов Уральского Осоавиахима за 1928–1930 гг. См.: ГАСО, ф. Р-2516, оп. 1, д. 3, л. 2–9, 10–15.

[15] Там же, д. 315, л. 1–23.

[16] Годовой информационный отчет Уральского Осоавиахима за период с 1 декабря 1927 г. по 1 октября 1928 г. См.: Там же, д. 2, л. 15–23.

[17] ЦГАОО РБ, ф. 341, оп. 1, д. 1243, л. 147.

[18] См. отчет о военной работе башкирского комсомола за 1926-27 гг.: Там же, д. 232, л. 31.

[19] Там же, л. 39.

[20] Протоколы I Всесоюзного съезда Авиахима, заседание 19 января 1927 г. См.: ГАРФ, ф. Р-8355, оп. 1, д. 3, л. 148–164.

[21] Резолюции II пленума Осоавиахима// Бюллетень Осоавиахима. 1928. № 8–9. С. 26, 47.

[22] Стенограмма расширенного заседания президиума союза Осоавиахима СССР и РСФСР совместно с республиканскими, краевыми и областными организациями Осоавиахима, 8–9 сентября 1932 г. См.: ГАРФ, ф. Р-8355, оп. 1, д. 60, л. 140–144.

[23] См. разъясняющий циркуляр ЦС ОАХ по этому поводу: ГАСО, ф. Р-2516, оп. 1, д. 151, л. 5–6.

[24] См.: Материалы 1-го Уральского областного съезда Осоавиахима. С. 15, 16; Резолюции Второго Уральского областного съезда Осоавиахима. С. 14.

[25] См., например: ГАСО, ф. Р-2516, оп. 1, д. 2, л. 15–23, 89–99.

[26] См.: Там же, л. 89–99.

[27] Там же, д. 162, л. 76–95.

[28] Там же.

[29] ГАСО, ф. Р-2516, оп. 1, д. 278, л. 66–68.

[30] РГВА, ф. 39352, оп. 1, д. 40, л. 23, 25.

[31] Там же, д. 20, л. 205.

[32] Там же, ф. 25889, оп. 2, д. 292, л. 8–12.

[33] Программы приемных испытаний в пехотные и кавалерийские военные школы и в национальные военные школы. См.: ЦГАОО РБ, ф. 341, оп. 1, д. 232, л. 43–46.

[34] Из циркулярного письма ответственного секретаря Башкирского Осоавиахима Блюменталя от 9 февраля 1927 г. См.: Там же, л. 37.

[35] В.И.Ленин, КПСС о подготовке молодежи к военной службе. С. 93, 94.

[36] В начале 1930-х гг. вместо военных комиссий появились военные отделы и должности секретарей по военной подготовке. См.: *Гошуляк В.В.* Оборонно-массовая работа партии в годы довоенных пятилеток... С. 130.

[37] Решение о проведении военно-технического экзамена (минимума) среди комсомольцев ЦК ВЛКСМ принял в апреле 1934 г. Успех акции подвиг руководство комсомола на ее продление, и в совокупности первый и второй этапы экзамена охватили апрель 1934 – февраль 1936 г. Результаты масштабного мероприятия были опубликованы в центральном органе оборонной организации – Бюллетене ЦС Осоавиахима. Автор основательной советской монографии об оборонной работе в стране в межвоенный период В.В. Гошуляк считает, что в то время военно-технический экзамен был самой крупной «оборонной» акцией комсомола. См.: *Гошуляк В.В.* Оборонно-массовая работа партии в годы довоенных пятилеток... С. 129, 130. Точная дата принятия совместного постановления ЦК ВЛКСМ, ЦС ОАХ и ВЦСПС о проведении военно-технического минимума – 9 апре-

ля 1934 г. См.: Российская оборонная: Энциклопедический сборник. С. 248–302. Нормы ВТЭ на 1935 г. см.: ОГАЧО, ф. П-1052, оп. 1, д. 104, л. 101–98.

[38] См.: О задачах военной работы комсомола// Справочник партийного работника. Вып. 7. Ч. II. М., 1930. С. 348–352.

[39] См. циркуляр ЦС Осоавиахима № 52 от 25 июня 1929 г.: ГАСО, ф. Р-2516, оп. 1, д. 8, л. 217.

[40] См. циркуляр Уральского облсовета Осоавиахима № 42 от 13 июля 1929 г.: Там же, л. 215–216.

[41] См. выступление И.С. Уншлихта на I Всесоюзном съезде Осоавиахима: ГАРФ, ф. Р-8355, оп. 1, д. 2, л. 54.

[42] ГАСО, ф. Р-2516, оп. 1, д. 2, л. 15–23, 89–99.

[43] См. докладную записку Л.П. Малиновского С.С.Каменеву «О состоянии Осоавиахима» от 5 февраля 1929 г.: РГВА, ф. 33989, оп. 1, д. 65, л. 92об.

[44] ЦГАОО РБ, ф. 341, оп. 1, д. 232, л. 15.

[45] ГАСО, ф. Р-2516, оп. 1, д. 2, л. 15–23.

[46] Там же, д. 162, л. 14–30.

[47] Протоколы II пленума Уральского областного совета Осоавиахима (18 октября 1930 г.). См.: Там же, л. 201.

[48] ГАСО, ф. Р-2516, оп. 1, д. 42, л. 393–395.

[49] См.: ГАСО, ф. Р-2516, оп. 1, д. 162, л. 207, 330-331; ЦГАОО РБ, ф. 122, оп. 13, д. 64, л. 9.

[50] См.: *Гошуляк В.В.* Оборонно-массовая работа партии в годы довоенных пятилеток... С. 153, 154.

[51] О социально-политических и социокультурных аспектах формирования РККА в межвоенный период см. подробнее: *Sanborn J.* Drafting the Russian Nation; *Hagen M.* Soldiers in the Proletarian Dictatorship. The Red Army and the Soviet Socialist State, 1917–1930.

[52] Низкий уровень общей и политической культуры красноармейцев был выявлен одним из социологических исследований, проведенным в 1924–1925 гг. в войсках Московского военного округа. О результатах исследования упоминает в своей статье, посвященной военной социологии в целом, И.В. Образцов. См.: *Образцов И.В.* Военная социология: проблемы исторического пути и методологии. Часть II//Социологические исследования. 1994. № 1. С. 89, 90.

[53] В 1922–1924 гг. из общего числа призывников 20 % были неграмотными, а 60 % – малограмотными. См.: *Von Ha-*

gen M. School of the revolution: Bolsheviks and peasants in the Red Army, 1918–1928. Stanford, 1985. P. 331.

[54] Таблица составлена по: РГВА, ф. 39352, оп. 1, д. 40, л. 22, 26, 28–29.

[55] ОГАЧО, ф. П-1052, оп. 1, д. 102, л. 121.

[56] ЦГАОО РБ, ф. 122, оп. 13, д. 64, л. 68.

[57] Там же, д. 104, л. 374.

[58] ЦДООСО, ф. 61, оп. 2, д. 275, л. 1–3; д. 1210, л. 17–18; ОГАЧО, ф. П-1052, оп. 1, д. 102, л. 121; ф. Р-220, оп. 4, д. 439, л. 21; оп. 5, д. 63, л. 161–165; ЦГАОО РБ, ф. 122, оп. 13а, д. 13, л. 17 и др.

[59] ОГАЧО, ф. Р-220, оп. 1, д. 557, л. 40–40об.; оп. 5, д. 63, л. 161–165.

[60] ЦГАОО РБ, ф. 122, оп. 13а, д. 13, л. 13–14.

[61] Там же, оп. 13, д. 35, л. 12–14; д. 32, л. 182.

[62] РГВА, ф. 25892, оп. 8, д. 84, л. 155.

[63] ЦГАОО РБ, ф. 122, оп. 20, д. 41, л. 50–51.

[64] Там же, д. 46, л. 444–446, 354–359.

[65] РГВА, ф. 4, оп. 1, д. 495, л. 68–56.

[66] Там же.

[67] Подробнее о материально-бытовых условиях службы красноармейцев см.: *Кулешова Н.Ю.* Красная Армия в конце 1930-х годов: проблема боеспособности с точки зрения истории повседневности// Отеч. история. 2003. № 4. С. 60–83.

[68] РГВА, ф. 4, оп. 1, д. 495, л. 68–56.

[69] Там же, ф. 39352, оп. 1, д. 40, л. 26.

[70] Там же, ф. 4, оп. 1, д. 495, л. 68–56.

[71] ЦГАОО РБ, ф. 122, оп. 13, д. 35, л. 12–14.

[72] Там же, д. 64, л.12.

[73] Там же, оп. 13а, д. 13, л. 68.

[74] ЦДООСО, ф. 61, оп. 1, д. 273, л. 1–34.

[75] *Голицын С.М.* Записки уцелевшего. М., 1990. С. 524. Подробнее о категории тылоополченцев см., например: *Красильников С.А.* На изломах социальной структуры: Маргиналы в послереволюционном российском обществе (1917 – конец 1930-х гг.). Новосибирск, 1998.

[76] ЦГАОО РБ, ф. 122, оп. 10, д. 64, л. 107.

[77] Там же, оп. 13, д. 64, л. 93-93об.

[78] Там же, л. 68-68об.

[79] ОГАЧО, ф. П-288, оп. 1, д. 58, л. 41–47.

[80] Челябинский рабочий. 1934. 17 ноября.

[81] Например, по сведениям командования 4-го Башкирского территориального стрелкового полка, среди военнообязанных, проходивших сборы в 1933–1934 гг., совокупная численность колхозников и единоличников среди новобранцев, переменников и младшего начсостава составляла 70-80 %. См.: ЦГАОО РБ, ф. 122, оп. 13, д. 64, л. 68, 57об. О социальном составе территориальных частей РККА на Урале см. подробнее: *Скипский Г.А.* Территориально-кадровая система РККА на Урале в 1920–1930-е гг. Дисс... канд. ист. наук. Екатеринбург, 2001.

[82] ЦГАОО РБ, ф. 122, оп. 13, д. 64, л. 68–66об.; 57-56об; 28–26.

[83] ОГАЧО, ф. П-288, оп. 1, д. 58, л. 41–47.

[84] См. об этом: *Скипский Г.А.* Территориально-кадровая система РККА на Урале в 1920 – 1930-е гг.; *Бурцев Л.А.* Территориально-милиционная система РККА в 1923–1928 годы (на материалах Московского военного округа). Автореф... канд. ист. наук. Иваново, 2009.

[85] ГАРФ, ф. Р-8355, оп. 1, д. 3, л. 148–164.

[86] Женщина и оборона. Резолюция, принятая на заседании президиумов Союза Осоавиахим СССР и Осоавиахим РСФСР от 9/VI 1927 г. См.: Бюллетень Осоавиахима. 1927. № 7.

[87] Основное в работе среди женщин. Резолюция, принятая II Пленумом ЦС Осоавиахима по работе среди трудящихся женщин// Бюллетень Осоавиахима. 1928. № 8–9. С. 30.

[88] Бюллетень Осоавиахима. 1927. № 17. С. 9.

[89] Циркуляр ЦС Осоавиахима № 40 от 11 апреля 1929 г. См.: ГАСО, ф. Р-2516, оп. 1, д. 8, л. 163.

[90] Там же.

[91] Резолюции 2-го Всесоюзного съезда Осоавиахима. С. 49. В действительности в провинции женщины проходили военную подготовку в общих лагерях Осоавиахима, но отдельно от мужчин. В Пермских лагерях такие военные сборы называли «женской очередью». См.: ГАПО, ф. Р-1372, оп. 1, д. 3, л. 3.

[92] Резолюции 2-го Всесоюзного съезда Осоавиахима. С. 45–51.

[93] См.: Резолюции Второго Уральского областного съезда Осоавиахима. С. 13.

[94] Там же.

[95] Не исключено, что ликвидация женсекций была «ситуативным» решением, принятым в угоду политической конъюнкту-

ре: именно в 1930 г. были упразднены женотделы в партийных комитетах. См. об этом: *Окорочкова Т. С.* Деятельность женотделов партийных комитетов в 1919–1929 гг. (к 70-летию создания)// Вестник МГУ. История. 1990. № 1. С. 14-23. Быстрое восстановление женсекций в структуре Осоавиахима, вероятно, подтверждает эту версию.

[96] Резолюции 2-го Всесоюзного съезда Осоавиахима. С. 46.

[97] Так стали называться женские секции в 1930-е гг.

[98] См. выступление представителя ЦС Лебедева с отчетом на пленуме Уральского Осоавиахима: ГАСО, ф. Р-2516, оп. 1, д. 162, л. 205.

[99] Об итогах первого Всесоюзного женского совещания Осоавиахима (25-28 ноября 1931 г.). См.: Там же, д. 161, л. 57–59.

[100] Там же.

[101] Первым руководителем женсекции Уральского облсовета Осоавиахима была Е.С. Абоимова. В январе 1930 г., накануне ликвидации женсекций, Уральский обком направил в облсовет в качестве инструктора по женской работе М.И. Литвин, которую в 1931 г. сменила А.И. Баженова. См.: ГАСО, ф. Р-2516, оп. 1, д. 26, л. 52-62об; д. 32, л. 20; д. 161, л. 7.

[102] Материалы 1-го Уральского областного съезда Осоавиахима. 16-19 января 1928 года. С. 18, 19.

[103] См. «Проект предложений по военной подготовке женщин»: ГАСО, ф. Р-2516, оп. 1, д. 26, л. 2.

[104] Там же, д. 2, л. 89–99.

[105] См. годовой информационный отчет Уральского Осоавиахима за время с 1 декабря 1927 г. по 1 октября 1928 г.: Там же, л. 15–23.

[106] Там же, д. 496, л. 6, 7, 10 и др.

[107] Информационный отчет Уральского облсовета Осоавиахима за зимний период 1928–1929 гг.: Там же, л. 89–99.

[108] Там же, л. 14–15.

[109] Там же, л. 55–55об.

[110] Резолюции Второго Уральского областного съезда. С. 55.

[111] ГАСО, ф. Р-2516, оп. 1, д. 161, л. 7.

[112] Там же, л. 3.

[113] Там же, л. 41.

[114] Там же, д. 328, л. 55об–56.

[115] См.: Бюллетень Осоавиахима. 1927. № 17. С. 9.

[116] См.: Резолюции 2-го Всесоюзного съезда Осоавиахима. С. 46.

[117] См.: Там же. С. 46–47.

[118] Подсчитано на основе информационных сводок и официальных отчетов Уралосоавиахима. В связи с неполнотой сведений и множеством ошибок цифры являются приблизительными. Источники см.: ГАСО, ф. Р-2516, оп. 1, д. 2, л. 15–23; Д. 26, л. 55–55об.; Д. 42, л. 58–58об.; Д. 161, л. 1–2; Д. 328, л. 55об–56; Резолюции Второго Уральского областного съезда. С. 3, 54, 55.

[119] Резолюции Второго Уральского областного съезда. С. 21, 54; Резолюции 2-го Всесоюзного съезда Осоавиахима. С. 47.

[120] ГАСО, ф. Р-2516, оп. 1, д. 162, л. 12–35.

[121] Там же, д. 169, л. 8–9.

[122] См. прим. 118. Иногда цифры, приводимые местными функционерами, оказывались даже меньше, чем данные официальной статистики. Например, в декабре 1930 г. заместитель областного военрука Кондратьев докладывал на заседании, посвященном военизированной женщине, что количество осоавиахимовок, занимающихся в практических кружках, составляет всего 1,2 % от членов организации. См.: ГАСО, ф. Р-2516, оп. 1, д. 3, л. 16.

[123] Таблица составлена на основе статистического отчета Уральского облсовета Осоавиахима за 1928–29 гг. См.: ГАСО, ф. Р-2516, оп. 1, д. 3, л. 2–9, 10–15.

[124] В отчете за следующий 1929–1930 гг. половой состав курсантов и учащихся различных кружков учитывался не всегда, поэтому провести анализ «женского участия» в практической работе по военному обучению и наиболее популярных форм не представляется возможным.

[125] Сумма цифр, приведенных по отдельным округам, может не совпадать с данными по Уральской области, так как в статистических отчетах часто встречаются ошибки.

[126] ГАСО, ф. Р-2516, оп. 1, д. 26, л. 55–55об.

[127] Там же, л. 62–62об.

[128] Там же, л. 55–55об.

[129] Там же, д. 153, л. 29–31.

[130] Резолюции Второго Уральского областного съезда. С. 55.

[131] Информационный отчет Уральского Осоавиахима за период с 1 декабря 1927 г. по 1 октября 1928 г. См.: ГАСО, ф. Р-2516, оп. 1, д. 2, л. 15–23.

[132] ГАСО, ф. Р-2516, оп. 1, д. 153, л. 29-31; д. 161, л. 6. В популярности Свердловских курсов связи не последнюю роль играла грамотно организованная реклама. Так, на первом Уральском слете осоавиахимовок распространялась листовка, посвященная курсам связи. Информация о курсах завершалась любопытным призывом: «Прочти сама, разберись и передай для ознакомления товарищу по слету».

[133] Так в тексте.

[134] ГАСО, ф. Р-2516, оп. 1, д. 161, л. 16–17.

[135] ГАСО, ф. Р-2516, оп. 1. Д. 3, л. 31.

[136] Там же, д. 328, л. 9, 9а, 10, 13, 18.

[137] Там же, л. 19, 46.

[138] ГАСО, ф. Р-2516, оп. 1, д. 2, л. 89–99.

[139] Там же, д. 278, л. 103–104.

[140] Там же, д. 495, л. 1.

[141] Там же, д. 496, л. 1–2.

[142] Там же.

[143] Там же, д. 161, л. 9.

[144] Там же, л. 57–59.

[145] ЦГАОО РБ, ф. 341, оп. 1, д. 232, л. 68об.

[146] ГАСО, ф. Р-2516, оп. 1, д. 162, л. 96–134.

[147] Там же, л. 217–227.

[148] Главным объектом критики Эйдемана было стремление руководства Уральского Осоавиахима превратить организацию во «вторую» Красную Армию – то есть в общество по непосредственной подготовке боевых резервов. Женщины, по мнению областного руководства, не должны были входить в число будущих комбатантов. См.: *Эйдеман Р., Урицкий С.* Создать на Урале мощную организацию Осоавиахима. С. 28.

[149] ЦДООСО, ф. 61, оп. 2, д. 629, л. 83.

[150] ГАСО, ф. Р-2516, оп. 1, д. 242, л. 59.

[151] Там же, д. 26, л. 55–55об.

[152] ЦДООСО, ф. 61, оп. 2, д. 629, л. 20.

[153] Там же, л. 74–76.

[154] См.: *Пайнич Т.* Гибель и апофеоз: половая унификация советского патриотизма// Гендерные исследования. 2005. № 13. С. 56–63.

[155] ГАСО, ф. Р-2516, оп. 1, д. 8, л. 168.

[156] Там же, д. 1, л. 14.

[157] Итоги работы и очередные задачи Осоавиахима. Доклад тов. Уншлихта на 2-м Пленуме ЦС Осоавиахима. С. 22, 23.

[158] См.: Очередные задачи Осоавиахима. Речь тов. Ворошилова// Бюллетень Осоавиахима. 1928. № 8-9. С. 6–7.

[159] См.: РГВА, ф. 33989, оп. 1, д. 65, л. 90–94об.

[160] Там же.

[161] Резолюции 2-го Всесоюзного съезда Осоавиахима. С. 12.

[162] ГАСО, ф. Р-2516, оп. 1, д. 162, л. 206.

[163] Там же, л. 203.

[164] Там же, д. 223, л. 10–15.

[165] Из «Плана работы президиума ЦС ОАХ СССР и РСФСР на май–август 1935 г.», утвержденного 26 апреля 1935 г. См.: ОГАЧО, ф. П-1052, оп. 1, д. 2, л. 314–315.

[166] Решения IV пленума Центрального совета Союза Осоавиахима СССР и РСФСР. С. 7.

[167] Постановление V пленума ЦС Осоавиахима об организационной перестройке Осоавиахима. См.: *Эйдеман Р.П.* За большевистскую перестройку Осоавиахима. С. 5.

[168] Там же. С. 6–13.

[169] ЦГАОО РБ, ф. 122, оп. 13а, д. 13, л.59; ГАСО, ф. Р-2516, оп. 1, д. 396, л. 22–22а.

[170] Заместителем председателя Уральского облсовета Осоавиахима стал прокурор Уральской области Иван Семенович Герасимов, секретарем – Иван Михайлович Шатунов. См.: *Клименко Н.* Свердловская областная ОСТО; ГАСО, ф. Р-2516, оп. 1, д. 2, л. 13–13об.

[171] ГАСО, ф. Р-2516, оп. 1, д. 2, л. 13–13об.

[172] Там же, д. 1, л. 16, 46.

[173] В делах облсовета сохранилась запись отдела кадров, согласно которой Ершов Петр Семенович (резерв РККА) был избран штатным председателем Уральского Осоавиахима и приступил к исполнению обязанностей с 1 сентября 1929 г. Ершов был утвержден в должности председателя президиума областного совета на пленуме областного совета 31 января 1930 г. См.: ГАСО, ф. Р-2516, оп. 1, д. 32, л. 1; Д. 42, л. 410.

[174] См.: *Клименко Н.* Свердловская областная ОСТО. С. 32.

[175] ГАСО, ф. Р-2516, оп. 1, д. 4, л. 44–45.

[176] Персональный состав первого президиума Уральского областного совета Осоавиахима см. приложение 3.

[177] ГАСО, ф. Р-2516, оп. 1, д. 2, л. 15–23.

[178] Там же, л. 89–99.

[179] Персональный состав президиума Уральского облсовета Осоавиахима 1930 г. см. приложение 4.

[180] Президиум был избран на III областном пленуме Уралосоавиахима (20–22 апреля 1932 г.).

[181] Персональный состав президиума см. приложение 5.

[182] В первом областном совете соотношение социальных групп выглядело следующим образом: 12 рабочих, 9 крестьян, 40 служащих. Во втором президиуме, состоявшем из 21 человека, только 1 был рабочим, все остальные – служащие.

[183] Резолюции Второго Уральского областного съезда Осоавиахима, 25–30 января 1930 г. С. 12, 21.

[184] Там же, л. 7–9.

[185] ГАСО, ф. Р-2516, оп. 1, д. 4, л. 89–99.

[186] Анализ проведен на основе информационных сводок окружных советов Осоавиахима. См.: ГАСО, ф. Р-2516, оп. 1, д. 40, л. 1–50.

[187] Там же, д. 4, л. 89–99.

[188] Там же, д. 41, л. 2–5, 8–13, 15–18, 20–22, 23–26, 28–31, 33–35, 41–42, 46–48, 58, 62, 141–147; д. 315, л. 1–15.

[189] Там же, д. 4, л. 89–99.

[190] ГАСО, ф. Р-2516, оп. 1, д. 278, л. 52.

[191] Там же, л. 60–62.

[192] Резолюции Второго Уральского областного съезда Осоавиахима, 25–30 января 1930 г. С. 5.

[193] Там же. С. 16.

[194] ГАСО, ф. Р-2516, оп. 1, д. 3, лл. 2–9, 10–15.

[195] Типографское издание «Типовых штатов» с пометками председателя президиума Уральского облсовета обнаружено в фонде местного Осоавиахима. См.: ГАСО, ф. Р-2516, оп. 1, д. 151, л. 53–61. В 1935 г. приказом ЦС Осоавиахима № 22 был утвержден «Перечень должностей учебно-строевого состава Осоавиахима по группам». См.: ОГАЧО, ф. П-1052, оп. 1, д. 2, л. 290–291.

[196] Подсчитано по: ГАСО, ф. Р-2516, оп. 1, д. 3, л. 18.

[197] Там же, д. 151, л. 53–61.

[198] Там же, д. 2, л. 13–13об.

[199] См.: ГАСО, ф. Р-2516, оп. 1, д. 3, л. 2–9, 10–15.

[200] В комиссию ЦС помимо Левина входили Рогозин, Молотов, Федоров, Лустгартен, Немцов, Халюзин. Обследование Уральской организации проходило с 28 мая по 19 июня 1931 г. Акт обследования и выводов комиссии в фондах ГАСО не сохранился. См.: ГАСО, ф. Р-2516, оп. 1, д. 167, л. 11.

[201] Там же, д. 153, л. 73, 102–105, 111.

[202] Там же, д. 162, л. 14–18.

[203] Там же, д. 1, л. 25–25об.

[204] Там же, д. 162, л. 14–18.

[205] Там же, л. 231.

[206] См., например: ГАСО, ф. Р-2516, оп. 1, д. 278, л. 82–83; д. 324, л. 8, 16–22.

[207] Из доклада П.С. Ершова на III пленуме Уралосоавиахима. См.: ГАСО, ф. Р-2516, оп. 1, д. 278, л. 14.

[208] Там же, л. 18–19.

[209] Данные неполные. См.: ГАСО, ф. Р-2516, оп. 1, д. 326, л. 7–8.

[210] По результатам работы областной партийной контрольной комиссии и областной рабочее-крестьянской инспекции 8 сентября 1933 г. было принято постановление «О работе Уралосоавиахима».

[211] На основе выводов комиссии по чистке ячеек ВКП(б) оборонного общества и его снабженческой организации и решения президиума Обл. КК ВКП(б) и коллегии Обл. РКИ «О работе Уралосоавиахима» от 8 сентября 1933 г. было принято постановление расширенного заседания президиума Уралосоавиахима от 7 октября 1933 года. См.: ГАСО, ф. Р-2516, оп. 1, д. 399, л. 108–115.

[212] Там же.

[213] *Эйдеман Р., Урицкий С.* Создать на Урале мощную организацию Осоавиахима. С. 1–8.

[214] Там же. С. 13.

[215] ГАСО, ф. Р-2516, оп. 1, д. 2, л. 89–99.

[216] Там же, д. 278, л. 107–110.

[217] Там же, д. 162, л. 239; д. 278, л. 86–87, 91, 101, 235.

[218] См., например: ГАСО, ф. Р-2516, оп. 1, д. 162, л. 202, 229, 234; д. 278, л. 129–133. Партийные и профсоюзные работники на местах в конце 20-х гг. нередко заявляли, что «у нас так много организаций, что не знаем, какой помогать и руководить», а в Челябинском и Верхнекамском округах были случаи объедине-

ния руководства всеми добровольными организациями в едином органе под названием «райдобро». См.: ГАСО, ф. Р-2516, оп. 1, д. 2, л. 89–99.

[219] Там же, д. 162, л. 202, 229.

[220] Там же, л. 217–227.

[221] *Эйдеман Р., Урицкий С.* Создать на Урале мощную организацию Осоавиахима. С. 6, 7.

[222] Там же. С. 9–11.

[223] ГАСО, ф. Р-2516, оп. 1, д. 332, л. 36.

[224] См., например, материалы II пленума Осоавиахима Челябинской области (октябрь 1935 г.): ОГАЧО, ф. П-1052, оп. 1, д. 1а, л. 228–385.

[225] ГАСО, ф. Р-2516, оп. 1, д. 162, л. 246.

[226] Там же, д. 278, л. 235.

[227] Там же, д. 32, л. 164, 179а; д. 37, л. 313.

[228] Там же, д. 329, л. 15, 18–20.

[229] Там же, д. 3, л. 57, 60; д. 162, л. 239.

[230] Там же, д. 326, л. 2, 7–9, 12

[231] См. раздел «Вопрос о "праве на выстрел"».

[232] ГАСО, ф. Р-2516, оп. 1, д. 8, л. 201–202.

[233] Там же.

[234] Там же, д. 402, л. 43; д. 153, л. 139–140.

[235] Там же, д. 418, л. 13-13об; д. 413, л. 4–6.

[236] См., например: ЦДООСО, ф. 61, оп. 2, д. 802, л. 2; ОГАЧО, ф. П-1052, оп. 1, д. 103, л. 415–414.

[237] ГАСО, ф. Р-2516, оп. 1, д. 153, л. 11, 47–48, 67–68, 80–81, 118–120.

[238] Там же, л. 150.

[239] Там же, д. 332, л. 21, 22–24, 28.

[240] ОГАЧО, ф. П-1052, оп. 1. Д. 1а, л.52–58, 61, 73. Военизированная здравница «Омега» ЦС Осоавиахима СССР, расположенная в 12 км от г. Севастополя, открылась 1 апреля 1935 г. Право на получение путевок имели штатные работники, активисты организации, ударники оборонной работы. Наряду с отдыхом в здравнице отличившиеся осоавиахимовские работники продолжали совершенствовать свою военную подготовку. Взрослая путевка в здравницу стоила 300 рублей в месяц, детская – 175 рублей в месяц. Стоимость путевки полностью оплачивалась обществом. См.: Там же, д. 2, л. 281.

[241] Там же, д. 1а, л. 27–27об.

[242] Там же, д. 2, л. 286; д. 1а, л. 44–49.

[243] ГАНИОПДПО, ф. 8191, оп. 2, д. 3, л. 1.

[244] См.: *Кузнецов Д.Н.* Нагрудные знаки оборонного общества. С. 8.

[245] См.: «Положение об «активистах Осоавиахима»// Бюллетень Осоавиахима. 1928. № 8-9. С. 51; Положение о нагрудном знаке Осоавиахима «Активист»// Спутник осоавиахимовца... С. 243–244.

[246] См.: *Кузнецов Д.Н.* Нагрудные знаки оборонного общества. С. 11.; Осоавиахим. 1934. № 2. С. 15–16.

[247] См.: Положение о нагрудном знаке Осоавиахима «За активную оборонную работу»// Спутник осоавиахимовца... С. 242–243.

[248] См.: *Кузнецов Д.Н.* Нагрудные знаки оборонного общества. С. 17.

[249] Подробнее см. главу 2, параграф 3.

[250] ОГАЧО, ф. Р-2516, оп. 1, д. 104, л. 521.

[251] Там же, д. 2, л. 286.

[252] Там же, д. 104, л. 542–543.

[253] ГАСО, ф. Р-2516, оп, 1, д. 169, л. 5–6.

[254] Там же, д. 403, л. 3; ЦДООСО, ф. 1719, оп. 1, д. 2, л. 50–50об.

[255] Так в тексте.

[256] Из отчета военного комиссара Бирского кантона Башкирии Жижина, составленного не позднее 1926 г. См.: ЦГАОО РБ, ф. 341, оп. 1, д. 1243, л. 143–149, цит. л. 143об.

[257] ГАСО, ф. Р-2516, оп. 1, д. 32, л. 106–107.

[258] Там же, д. 396, л. 15–16.

[259] Именно такую характеристику заслужил военный инструктор Уралосоавиахима Павлов, рассказавший на II пленуме Уралосоавиахима о том, как он работал на Дальнем Востоке. Там в течение 9 месяцев он спал и ел на столе в помещении Осоавиахима. Павлов считал, что работать в оборонное общество не идут, «так как ни квартиру получить, ни поесть». См.: Там же, д. 162, л. 134, 241

[260] Постановление V пленума ЦС Осоавиахима СССР об организационной перестройке Осоавиахима// *Эйдеман Р.П.* За большевистскую перестройку Осоавиахима. С. 4–5.

[261] ГАСО, ф. Р-2516, оп. 1, д. 396, л. 30–32.

[262] Там же.

[263] Там же, л. 24.

[264] Там же, л. 91, 112, 112а–116..

[265] Там же, л. 99–100, 118. На руководящем уровне политические органы в Осоавиахиме появились в 1939 г.: по решению ЦК ВКП(б) политотдел был создан в ЦС, а политсекторы – в республиканских, краевых и областных советах оборонного общества. См.: Дважды орденоносное оборонное. С. 88.

[266] См.: Положение о военном обучении военнообязанных и военнослужащих в организациях Союза Осоавиахим СССР. С. 21–22.

[267] См. подробнее параграф 4 второй главы.

[268] Уставной сборник Союза Осоавиахим СССР. С. 92, 93, 109, 110, 115, 116.

[269] ГАСО, ф. Р-2516, оп. 1, д. 32, л. 124.

[270] Выдержку из приказа № 58 по Союзу Осоавиахим от 10 августа 1932 г. см. приложение 6.

[271] ГАСО, ф. Р-2516, оп. 1, д. 267, л. 1, 2.

[272] См. приложение 6.

[273] Срок износа обмундирования.

[274] ГАСО, ф. Р-2516, оп 1, д. 267, л. 5.

[275] Приказ ЦС Осоавиахима № 149/34 от 11 сентября 1934 г. См.: ГАСО, ф. Р-2516, оп. 1, д. 396, л. 70.

[276] Например, в 1937 г. по делу «Антисоветской троцкистской военной организации» был расстрелян председатель ЦС Осоавиахима Роберт Петрович Эйдеман, а также некоторые другие военачальники, участвовавшие в программе военизации.

[277] См., например: *Сувениров О.Ф.* Трагедия РККА. М., 1998.

[278] ОГАЧО, ф. П-1052, оп. 1, д. 2, л. 349.

[279] ЦДООСО, ф. 1719, оп. 1, д. 2, л. 23–27об.

[280] В начале десятилетия еще можно было проявлять определенную лояльность к «бывшим» из прагматических соображений. Спустя год в аппарате Уральского Осоавиахима, ввиду отсутствия замены и того, что они справлялись со своими обязанностями, все так же трудились сотрудники с подозрительными фамилиями Беренцвейг и Гинзбург, а также бывший семинарист и белый офицер бухгалтер Васильчиков. Там же, л. 38–40.

[281] ОГАЧО, ф. Р-220, оп. 1, д. 696, л. 101.

[282] ЦГИА РБ, ф. Р-1012, оп. 1, д. 9, л. 98.

[283] Там же, оп. 5, д. 2, л. 171.

[284] Там же, оп. 1, д. 11, л. 224.

[285] Там же, оп. 1, д. 11, л. 224; оп. 5, д. 2, л. 173–179.

[286] *Гошуляк В.В.* Оборонно-массовая работа партии в годы довоенных пятилеток... С. 131–133.

[287] ЦДООСО, ф. 1719, оп. 1, д. 2, л. 116 об.

[288] Последний предвоенный председатель Свердловского областного Осоавиахима – капитан Михаил Васильевич Котов – был утвержден в должности 15 мая 1939 г. См.: *Эполетов Н.И.* История оборонного общества Среднего Урала. С. 57.

[289] ЦДООСО, ф. 61, оп. 2, д. 1208, л. 79–84.

[290] Там же, д. 629, л. 70–73.

[291] Там же, д. 527, л. 14, 17.

[292] По приблизительным подсчетам, самого окружного совета организация объединяла до 35 тыс. членов. См.: ОГАЧО, ф. П-1052, оп. 1, д. 2, л. 514–512.

[293] Там же.

[294] Там же, д. 1а, л. 109–110, 228–385.

[295] Там же.

[296] Там же, д. 2, л. 139–143, 505–508.

[297] Там же.

[298] Там же, л. 139–143, 505–508.

[299] Там же, д. 1а, л. 3.

[300] ЦГИА РБ, ф. Р-1012, оп. 1, д. 30, л. 7.

[301] Там же, д. 32, л. 17, 18, 19–22.

[302] ЦДООСО, ф. 61, оп. 2, д. 527, л. 27–29.

[303] Там же.

[304] Там же, л. 37.

[305] Там же, л. 121.

[306] ЦГАОО РБ, ф. 122, оп. 13, д. 32, л. 58–60.

[307] Там же, д. 2, л. 39, 40.

[308] Там же, д. 11, л. 6-7об., 17–19.

[309] ЦГИА РБ, ф. Р-1012, оп. 1, д. 11, л. 16.

[310] ЦС Осоавиахима располагал монопольным правом на изготовление и распространение нагрудных знаков и осоавиахимовской литературы. См.: Уставной сборник Союза Осоавиахим СССР. С. 115, 116. В 1929 г. Совнарком планировал в течение одной недели провести сбор средств в специальный фонд Осоавиахима, в том числе за счет отчислений с акцизных сборов, разового отчисления НКПС с оплаты пассажирских железнодорожных билетов, отчислений 10% с гостиничных счетов и счетов за услуги такси. См.: РГВА, ф. 33989, оп. 1, д. 65, л. 97–97об.

[311] Уже в 1924–1925 гг., в пору существования предтечи Осоавиахима – ОДВФ – средства, собранные трудящимися на именные самолеты передавались УВВС РККА для расходования на текущие нужды. Это решение было официально закреплено распоряжением председателя ОДВФ С.С. Каменева. См.: РГВА, ф. 33989, оп. 1, д. 65, л. 365–366.

[312] См. стенограмму совещания в Свердловском обкоме ВЛКСМ с начальниками парашютных станций 31 мая 1936 г.: ЦДООСО, ф. 61, оп. 2, д. 273, л. 1-34.

[313] Данные на 1928–29 гг. См.: РГВА, ф. 33989, оп. 1, д. 65, л. 199–208 об.; ГАСО, ф. Р-2516, оп. 1, д. 315, л. 1–15.

[314] ГАСО, ф. Р-2516, оп, 1, д. 1, л. 25–25об.; д. 2, л. 73; ЦДО-ОСО, ф. 1719, оп. 1, д. 2, л. 91; ОГАЧО, ф. П-288, оп. 1, д. 404, л. 75; ГАНИОПДПО, ф. 105, оп. 5, д. 239, л. 65 и др.

[315] ГАСО, ф. Р-2516, оп, 1, д. 2, л. 89-99, д. 153, л. 135–136.

[316] Для рабочих с небольшими окладами взносы повышались с 60 коп. до рубля, средними – с 1 руб. 20 коп. до 2 руб., с высшими с 1 руб. 20 коп. до 3 руб., крестьяне-середняки должны были платить вместо 30 коп. – 60 коп., взносы бедняков и батраков увеличивались с 10 до 20 коп. См.: РГВА, ф. 33989, оп. 1, д. 65, л. 199–208; ГАСО, ф. Р-2516, оп. 1, д. 151, л. 33-34; Резолюции 2-го Всесоюзного съезда Осоавиахима. С. 51–53, 57.

[317] ГАСО, ф. Р-2516, оп. 1, д. 399, д. 111.

[318] ОГАЧО, ф. П-1052, оп. 1, д. 104, л. 296–307.

[319] См. таблицу выигрышей 3-й всесоюзной лотереи Осоавиахима: ГАСО, ф. Р-2516, оп. 1, д. 8, л. 12.

[320] Отряды по уничтожению крыс и других грызунов.

[321] Циркуляр ЦС Осоавиахима № 30 от 14 марта 1929 г. См.: ГАСО, ф. Р-2516, оп. 1, д. 8, л. 159–160.

[322] *Эйдеман Р., Урицкий С.* Создать на Урале мощную организацию Осоавиахима. С. 36.

[323] ГАСО, ф. Р-2516, оп. 1, д. 1, л. 25–25об.

[324] ОГАЧО, ф. П-1052, оп. 1, д. 2, л. 396, 485–486.

[325] Там же.

[326] Там же, д. 1а, л. 95–105.

[327] Там же, д. 2, л. 484.

[328] ГАСО, ф. Р-2516, оп. 1, д. 153, л.102–106.

[329] Там же, д. 278, л. 8–10.

[330] ЦДООСО, ф. 61, оп. 2, д. 275, л. 58–61.

[331] Там же, д. 629, л. 78.

[332] Постановление автомотосекции Всесоюзного комитета по делам физкультуры и спорта при СНК СССР от 5 января 1938 г. См.: ЦГАОО РБ, ф. 341, оп. 1, д. 1243, л. 4–5.

[333] См.: ОГАЧО, ф. П-1052, оп. 1, д. 1а, л. 228–385.

[334] ГАСО, ф. Р-2516, оп. 1, д. 396, л. 22.

[335] Там же, д. 399, л. 108–109.

[336] ОГАЧО, ф. П-1052, оп. 1, д. 2, л. 227–236.

[337] В целом об этом см.: *Симонов Н.С.* Военно-промышленный комплекс СССР в 1920–1950-е годы: темпы экономического роста, структура, организация производства и управление. М., 1996; *Самуэльсон Л.* Красный колосс. М., 2001.

[338] Вероятно, речь идет о 13-м Уральском стрелковом корпусе. См.: ГАСО, ф. Р-2516, оп. 1, д. 153, л. 2, 88.

[339] ГАСО, ф. Р-2516, оп. 1, д. 2, л. 15-23; д.153, л. 2; д. 162, л. 208.

[340] Там же, д. 162, л. 96-134, 154-156; ОГАЧО, ф. П-1052, оп. 1, д. 1а, л. 228-385.

[341] ГАСО, ф. Р-2516, оп. 1, д. 32, л. 12, 34.

[342] ГАРФ, ф. Р-8355, оп. 1, д. 60, л. 187–247.

[343] ГАСО, ф. Р-2516, оп. 1, д. 396, л. 101.

[344] Там же, л. 15–16.

[345] Для направления в Осоавиахим .

[346] ГАРФ, ф. Р-8355, оп. 1, д. 60, л. 57–67.

[347] Закрытый распределитель.

[348] Так в тексте .

[349] ГАРФ, ф. Р-8355, оп. 1, д. 60, л. 57–67.

[350] Цифры округлены. См.: ОГАЧО, ф. П-1052, оп. 1, д. 1а, л. 262–267; д. 2, л. 110, 124.

[351] Там же, л. 262–267.

[352] См.: *Постников С.П., Фельдман М.А.* Социокультурный облик промышленных рабочих Урала... С. 176.

[353] См.: ОГАЧО, ф. П-1052, оп. 1, д. 2, л. 91–103.

[354] ГАСО, ф. Р-2516, оп. 1, д. 2, л. 89–99.

[355] ГАРФ, ф. Р-8355, оп. 1, д. 60, л. 57–67.

[356] Кабаков Иван Дмитриевич – первый секретарь Свердловского обкома ВКП(б).

[357] ЦДООСО, ф. 61, оп. 2, д. 629, л. 78–84.

[358] Там же, д. 1210, л. 76.

[359] ОГАЧО, ф. П-1052, оп. 1, д. 1а, л. 276–277.

[360] Там же, д. 2, л. 514–512.

361 Там же, д. 1а, л. 220.
362 Там же, д. 2, л. 72, 74.
363 Там же, д. 1а, л. 95–105.
364 Стиль и орфография сохранены.
365 Имеется в виду табельное обмундирование.
366 Боевой подготовки.
367 ОГАЧО, ф. П-1052, оп. 1, д. 2, л. 502.
368 Там же, д. 1а, л. 95–105.
369 Там же, л. 44–45об, 46–49, 137–145.
370 Там же, л. 405.
371 Там же, д. 2, л. 217.
372 Там же, л. 523–524; д. 1а, л. 262–267.
373 ГАНИОПДПО, ф. 8191, оп. 2, д. 7, л. 26–27.
374 ОГАЧО, ф. П-1052, оп. 1, д.2, л. 211–212.
375 Там же, л. 177–184.

Заключение

Одним из основных признаков Версальской системы, сложившейся после окончания Первой мировой войны, было ожидание нового масштабного мирового конфликта. Тайная и явная подготовка к нему в большинстве стран-участниц «империалистической» войны началась почти сразу, как только отгремели последние выстрелы. Советская Россия, вышедшая из состояния перманентно воюющего государства в начале 1920-х гг., оказалась в сложной ситуации. Уверенность военно-политического руководства в неизбежности грядущей битвы между «миром капитала» и «миром социализма» требовала интенсивной подготовки к ней, а бедственное экономическое положение и политическая нестабильность делали ее практически невозможной.

Составной частью мобилизационного плана СССР на случай новой «империалистической» войны стала программа военизации. Она появилась в результате влияния целого ряда факторов: ограниченности всех видов мобилизационных ресурсов, учета опыта прошедших войн и общемировых тенденций развития военного дела. В ходе реформы РККА 1924–1928 гг. военизация постепенно обрела свои основные черты: под ней стали понимать формирование резервов для вооруженных сил в самом широком смысле слова – от подготовки качественных бойцов из числа военнообязанных до военно-патриотического воспитания и обучения всего советского населения. Несмотря на то, что сам термин «военизация» постепенно вышел из употребления, идеи, заложенные в этом проекте военно-политического руководства страны, осуществлялись вплоть до начала Великой Отечественной войны. Одним из главных социальных и политических институтов военизации было оборонное общество «Осоавиахим», образованное в 1927 г. путем поэтапного слияния целого ряда организаций парамилитаристского профиля.

Рассмотренные в более широком контексте, программа военизации и военно-патриотическая деятельность

Осоавиахима были составной частью процесса, нацеленного на создание объединенного наднационального «воображаемого сообщества» в сталинском СССР. В ходе поиска идеологической доктрины, способной выполнить функции цементирующего нарратива в далеко не однородном, многополюсном и социально и национально многообразном советском обществе, произошла инструментализация идеи патриотизма. Дискурс, который большевики, начиная с Ленина, считали характерной особенностью «буржуазных отечеств», подвергся частичной реабилитации и трансформации, был аранжирован марксистскими идеями и воспитательной концепцией Нового человека. Архитектоника официального советского патриотизма была в значительной степени скопирована с русского патриотизма имперского образца. В числе важнейших символических опор властного патриотического нарратива оказались культ воинской славы, фамилиарные риторические структуры, элементы русского национализма.

Динамичная и эклектичная концепция советского патриотизма эпохи довоенного сталинизма открывала возможности для разнообразных интерпретаций, в которых находили свое отражение социальные, профессиональные, гендерные и национальные особенности сталинского субъекта. На групповом и индивидуальном уровне под эгидой патриотизма рождались самые причудливые комбинации образцов толкования официальной символики – от трансформированных, досовременных и мифологизированных представлений об особенностях того или иного народа (башкирский народ как народ-воин) до авангардных гендерных репрезентаций (женщины как защитницы отечества).

Групповые интерпретации сталинского патриотизма можно с известной долей генерализации рассматривать лишь в контексте опыта, характерного для той или иной социальной страты советского общества межвоенного периода. Из этой перспективы поддается «расшифровке» патриотизм военного поколения. Ветераны мировой и гражданской войн, брошенные Советской властью на произвол судьбы после завершения боев за революцию, использовали патриотическую риторику для артикуляции своего недовольства сложившейся ситуацией. Проявления любви к социалистической Родине и мобилизационной готовности служили целям изменения социального статуса и повседневной борьбы за материальные блага и привилегии. На примере группы ветеранов можно проследить особенности бытования патриотического этоса на этапе, когда патриотическая пропаганда находилась еще в стадии зарождения. В риторике военного поколения уже прослеживаются ключевые семантические элементы сталинской патриотики: героизация гражданской войны и экстраполяция стереотипов героического поведения на повседневность, жертвенность и селективность. Но сам риторический комплекс патриотизма еще не сложился, понятия «патриотизм», «отечество», «родина» еще не употребляются.

Патриотический этос, формировавшийся в молодежной среде, строился на других символах. Риторика определенных категорий юношей и девушек уже полна стереотипными выражениями «любви к социалистической Родине». Славное боевое прошлое, в том числе и гражданская война, занимает в ней маргинальное положение. Семантическое ядро публичных артикуляций молодежного патриотизма образует своеобразный «кодекс любви к армии и технике». Увлечение всем военным, романтическое восприятие воинской службы, героизация современных событий (авиаперелеты, освоение арктических просторов, челюскинская эпопея и т.п.) – основные референции, на которые накладывалась официальная патриотическая пропаганда. Если к этому добавлялась еще и эмансипационная риторика, официальный патриотический дискурс оказывался вполне адаптированным для женской части советского населения.

На эмоциональном уровне эти смысловые опоры патриотического этоса закреплялись в том числе и с помощью оборонного общества «Осоавиахим». Благодаря определенным видам массовой военно-патриотической работы (военизированным походам и пробегам, военно-спортивным соревнованиям, оборонным массовкам) у заинтересованной молодежи появлялось пространство для коллективного солидарного действия, складывались его устоявшиеся и общепринятые формы.

Хотя идейно-символьное пространство советского патриотизма отличалось своеобразием, главным образом, благодаря марксистской риторике и идеологии, методы патриотической мобилизации сталинского режима нельзя считать уникальными. Похожие технологии социальной и патриотической мобилизации применялись и в других европейских государствах межвоенного периода.

Официальный советский патриотизм унаследовал от Российской империи своеобразное «парамилитаристское» понимание «любви к отечеству». Благодаря этому патриотический нарратив органично вписался в типичные для сталинизма практики социальной мобилизации, в том числе построенные на эксплуатации идеи об СССР как «осажденной крепости». Оборонное общество «Союз Осоавиахим» наряду с партийными, комсомольскими, профсоюзными и другими квазиобщественными организациями было одним из важных мобилизационных институтов. Об этом говорят факты его истории: стремление придать военно-патриотическому воспитанию и обучению массовый характер, ключевая роль Осоавиахима в патриотических кампаниях 1920–1930-х гг., переплетение осоавиахимовской работы с решением экономических и социально-политических задач, которые ставились режимом. Структуры парамилитаристской организации стали органичной частью советской политической и социальной системы (вплоть до культурно-образовательной сферы), а военно-патриотическая деятельность – неотъемлемой стороной советской повседневности.

Стратегическое и тактическое использование Осоавиахима для решения широкого спектра проблем входило в противоречие с концепцией части его военного руководства. Представление об оборонном обществе как эрзаце или «второй» Красной Армии предполагало сужение его социальной базы и прагматичный подход к постановке задач. Между тем миллионная, трудно управляемая организация не могла эффективно проводить даже отработку «обязательных контингентов» (красноармейцев территориальных частей РККА, допризывников, комсостава и начсостава запаса), подготовка которых была полностью передана Осоавиахиму в середине последнего предвоенного десятилетия.

В провинциальном «разрезе» оборонное общество функционировало больше как институт мобилизации финансовых и трудовых ресурсов. Лишь на отдельных направлениях: в подготовке парашютистов, деятельности аэроклубов, «штучном» обучении снайперов – парамилитаристская организация способствовала созданию кадровой основы для формирования авиационных и десантных подразделений, снайперских команд, подготовила почву для массового привлечения женщин во вспомогательные и боевые части Красной Армии.

Массовое военно-патриотическое воспитание и обучение, несмотря на постоянное подчеркивание его важности, также во многом оставалось на уровне лозунгов и пропаганды. В первую очередь это касалось провинциальных организаций Осоавиахима. Ограниченность материальных и кадровых ресурсов, высокая мобильность населения, ускользавшего из-под контроля осоавиахимовских функционеров, зачастую превращала оборонную работу на периферии в профанацию. Почти миллионная численность одного из крупнейших региональных оборонных обществ – Уралосоавиахима – была следствием приписок и лживой статистики, а большинство обладателей членских билетов – пассивными плательщиками взносов. В практических организациях Осоавиахима края занимались в среднем примерно от 20 до 40 % его членов. Следствием малоквалифицированного инструкторского состава и нищенской материальной базы был чрезвычайно низкий уровень военного обучения. В результате «подготовленные» пулеметчики никогда «не стреляли из пулемета», а ворошиловские стрелки не могли попасть в цель.

Можно ли считать, с учетом этого, что деятельность парамилитаристской организации «Осоавиахим» в провинции была, как выразился один из функционеров общества, «стрельбой по воробьям». Действительно, задача подготовки хорошо обученных и патриотически настроенных боевых резервов Красной Армии не выполнялась или выполнялась крайне неэффективно. Вместе с тем за почти два десятилетия существования организаций парамилитаристского профиля даже в отдаленной от центра провинции удалось создать институциональную сеть для целей военной подготовки, переподготовки и обучения. В случае необходимости эта сеть (ВУПы, аэроклубы, центры стрелковой подготовки, аэродромы, стрельбища и пр.) могла быть использована для обучения боевых резервов в тылу, что и произошло в годы Великой Отечественной войны.

Одной из особенностей институциональной истории Осоавиахима была его встроенность в повседневную жизнь советских людей межвоенного периода. С помощью агрессивной пропаганды, навязывавшей представления о характере будущей войны как войны без границ, оборонное общество «приходило» в квартиры к домохозяйкам, в конторы к служащим, в классы к детям. И тогда домохозяйки объединялись в команды ПВХО, конторские работники принимали «оборонные обязательства», а дети сдавали нормативы ЮВС. Таким образом, парамилитаристская организация была, в отличие от Красной Армии, открыта почти для всех категорий советского населения, включая «отсталых» женщин и представителей нерусских национальностей.

Даже «классово чуждые» вплоть до начала Большого террора нередко находили работу в системе Осоавиахима. Как показали чистки уральского оборонного общества, среди его аппаратчиков и инструкторского состава рядовые и офицеры колчаковской армии не были редкостью. Парамилитаристская организация наряду с прочими социальными и политическими институтами эпохи рассматривалась маргинализированными и стигматизированными субъектами сталинского общества как один из каналов приспособления и выживания, как возможность для реализации стратегии социальной мимикрии и как «лифт» для социальной карьеры.

Проникновение Осоавиахима в советскую повседневность проявилось и в милитаризации праздничной и досуговой культуры в сталинском СССР. Парашютные вышки и лодочные станции, тиры и военные городки были неотъемлемой и «само собой разумеющейся» спортивно-развлекательной частью советских парков культуры и отдыха и городских садов. Праздничные мероприятия по различным поводам – от всесоюзных годовщин революции до чествований местных стахановцев – сопровождались показательными выступлениями оборонных значкистов и ворошиловских конников, военными играми и катанием на самолетах. В колоннах праздничных парадов рядом с армейскими подразделениями дружно маршировали осоавиахимовские КУСПы и ПУСПы в военной форме и со знаками отличия.

* * *

Итак, оглядываясь на проделанную работу, нужно признать, что из рассказа о советском патриотизме и Осоавиахиме не получилось «истории успеха». Вместе с тем нельзя утверждать, что военно-патриотический проект прошел бесследно. Этому противоречит, во-первых, наличие ностальгической советской самоидентификации у части населения современной России. Другим моментом, наводящим на размышления, является стойкий и широко распространенный тезис, связывающий победу в Великой Отечественной войне с массовым патриотизмом советского населения. Проблемы, связывающие патриотизмы межвоенного периода, сложившиеся под воздействием сталинских технологий социальной мобилизации, с историей войны, пока еще остаются малоисследованными.

Приложение 1

Карта Уральской области

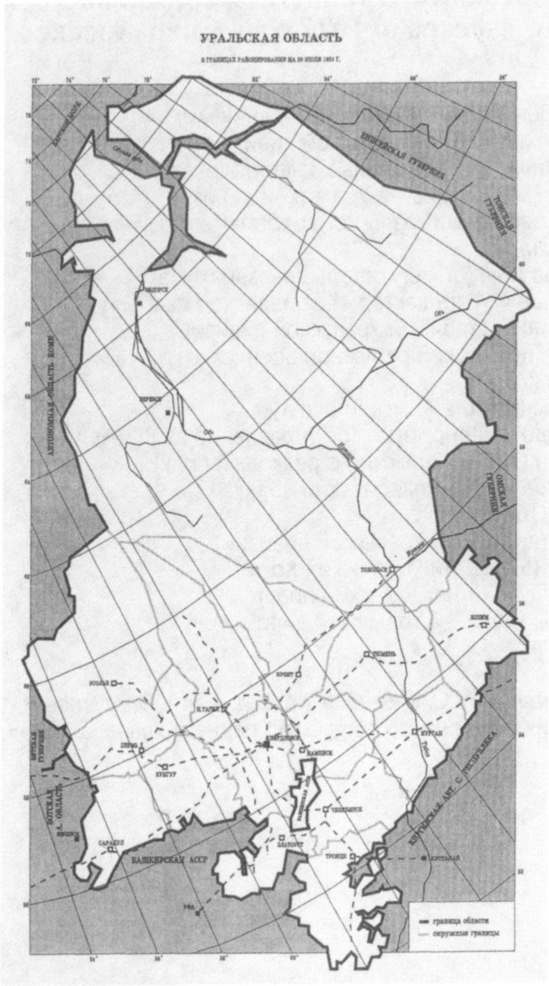

Источник: Уральская историческая энциклопедия. Екатеринбург, 2000. С. 552.

Приложение 2

Участники организационного заседания президиума УралОСО, состоявшегося 4 февраля 1927 г. в г. Свердловске

Маландин (штаб 57-й Уральской дивизии)
Груббер (штаб 57-й Уральской дивизии)
Чащихин А. (председатель Уралпрофсовета)
Уваров Н.М. (штаб 57-й Уральской дивизии)
Цехер (редактор «Уральского рабочего»)
*Шабалдин**
Михалев И.И. (отв. секретарь Уралавиахима)
Михайлов Ф.А. (редактор «Крестьянской газеты»)
Коновалов (штаб 57-й Уральской дивизии)
Шалин (Тюменский окружной военкомат)
Клопов (УСКУ)
Рыбаков (Верхне-Камский округ)
Чупраков (учебно-строевое управление ГУ РККА)
Мушкин (169-й Пермский стрелковый полк)
Машуров (171-й Челябинский полк)
Зотов (169-й полк)
Ершов (штаб 57-й Уральской дивизии)
Кизлин (57-й артиллерийский полк)
Марков (171-й Челябинский полк)
Солодов (ПО 57-й Уральской дивизии).

Источники: ГАСО, ф. Р-2516, оп. 1, д. 1, л. 1; *Эполетов Н.И.* История оборонного общества Среднего Урала. С. 31–33.

* Вернее всего, что это представитель Уральского обкома ВКП (б) Шабалин, фамилия которого встречается в следующих составах президиума.

Приложение 3

Список членов президиума Уральского областного совета Общества друзей обороны и Авиахима после их объединения (ориентировочно январь 1928 г.)

Зубарев П.Т. – облисполком, облсоветы Авиахима и ОСО*
Уваров Н.М. – штаб дивизии**, облсоветы Авиахима и ОСО
Герасимов – облпрокуратура, ОСО
Шабалин – обком ВКП (б), ОСО
Советников – областное земельное управление, ОСО
Соловов – облисполком, Авиахим
Маландин – штаб дивизии, ОСО
*Грубер**** – штаб дивизии, ОСО
Ершов П.С. – управление территориальных войск, ОСО
Цехер – редакция «Уральского рабочего», ОСО
Михайлов Ф.А. – редакция «Крестьянской газеты», Авиахим
Оршанский – обком ВКП (б), Авиахим
Чащихин – Уралпрофсовет, ОСО
Маковецкий – Уральский политехнический институт, Авиахим и ОСО
Михалев И.И. – Уралосоавиахим, Авиахим
Попов – областное земельное управление, Авиахим
Жуликов – УОСНХ, ОСО
Гальков – областное земельное управление, Авиахим
Иванов – железнодорожные мастерские, Авиахим
Смирнов – областное бюро пионерской организации, ОСО
Ларионов – ВНП (?) Пермской, ОСО
Коровин – областная РКИ, ОСО
Загуменных – обком ВКП (б), женотдел, ОСО
Михайлов – союз металлистов, ОСО

Источник: ГАСО, ф. Р-2516, оп. 1, д. 4, л. 44–45.

* После должности указано, откуда кооптирован.
** Имеется в виду 57-я Уральская дивизия.
*** Встречается также написание Груббер.

Приложение 4

Президиум Уральского областного совета Осоавиахима, избранный 31 января 1930 г.

Ершов – Уралосоавиахим
Карфидов – Уралосоавиахим
Мец – Уралснаб Осоавиахима
Байбородов – окружные общества
Ландэ – облисполком
Грунин – охрана Пермской железной дороги
Мелехин – ВОХР
Поляков – ГПУ
Литвин – Уралосоавиахим
Советников - облисполком
Малышев – УТО*
Славинский – ПО дивизии**
Маландин – штаб дивизии
Долгополов – штаб дивизии
Еремин – Уралсельмаш
Черезов – обком ВЛКСМ
Михайлов – УОСПС
Стругов – ЦРК
Терентьев – штаб дивизии
Остроухов – Северохим
Соловов – Уралплансовнархоз
Александров – военрук Уральского политехнического института
Лысаков – «Монетка»***
Боровков – тяга Пермской железной дороги****
Тиунова – «Ленинка»*****
Попов – ВИЗ******

---

* Вероятно, управление территориального округа.

** Вероятно, имеется в виду 57-я Уральская дивизия. ПО – политотдел.

*** Так называли монетный двор в Екатеринбурге, при советской власти преобразованный в вагоностроительный завод.

**** Вероятно, речь идет об отделе тяги в управлении железной дороги.

***** Льнопрядильная фабрика им. Ленина в Свердловске (бывшая Макаровых).

****** Верх-Исетский металлургический завод, Свердловск.

Шнорэ – ГПУ
Пылева – швейники
Иткин – Уралосоавиахим
Мировицкий – ПО дивизии

Источник: ГАСО, ф. Р-2516, оп. 1, д. 42, л. 410.

Приложение 5

Президиум Уральского областного совета Осоавиахима, избранный 22 апреля 1932 г.

Буньков – ДТС
Дмитриева – РОКК
Ершов – Уралосоавиахим
Зубчанинов – военкомат
Кошелев – штаб корпуса*
Ковалев – Уралосоавиахим
Каргальский – Шадринский окружной Осоавиахим
Ландэ – облисполком
Нипоркин – УОСПС
Остроухов – профессор
Песляк – войска ГПУ
Попов – обком ВЛКСМ
Примаков – штаб корпуса
Плау – штаб корпуса
Советников – Уралles
Сушкова – Уралосоавиахим
Уткин – Уралосоавиахим
Фурман – Уралосоавиахим
Фролов – Автодор
Шноре – войска ГПУ
Шахтарин – рабочий ВИЗа
Яманов – Уралснаб Осоавиахима
Лаврентьев – профессор
Никитенко – Уралосоавиахим
Орлов – УОСПС
Смирнов – обком ВКП (б)
Еремеев – УМС

Источник: ГАСО, ф. Р-2516, оп. 1, д. 169, л. 5-6.

* Вероятно, речь идет о 13-м Уральском стрелковом корпусе.

Приложение 6

Приказ № 58
по Союзу Осоавиахима СССР и РСФСР
от 10 августа 1932 г. (выдержки)

1.

Разрешить ношение установленной формы для работников Осоавиахима:

- всему штат составу работников центральных, республиканских, краевых и областных райгорсоветов и постоянных практических военных организаций Осоавиахима (учебных пунктов, курсов, команд и других подразделений) в обязательном порядке с 1 Ноября;
- переменному составу во время прохождения военного обучения в организациях Осоавиахима с отрывом от производства;
- начальствующему составу запаса во время проведения им обучения в организациях Осоавиахима;
- всем входящим в штат состав постоянных формирований Осоавиахима при выходе на учебные занятия, парады и демонстрации.

Примечание 1. Начсостав резерва РККА может носить присвоенную форму РККА.

Примечание 2. Низшему техническому и обслуживающему персоналу Осоавиахима обмундирование не полагается.

[...]

Штатные работники Осоавиахима, не вошедшие в перечень должностей с присвоенными знаками различия, носят на петлице только знак Осоавиахима.

Смешение формы РККА и Осоавиахима, а также ношение знаков различия и петлиц, не присвоенных по должности и роду оружия, категорически запрещаю.

Председатель *ЦС Р. Эйдеман*

2.

Описание формы одежды Осоавиахима

Летнее обмундирование.

Для допризывников рядового и младшего начсостава:

гимнастерка цвета хаки из х/б материала, военного образца, с продольными петлицами на воротнике образца и размера РККА, цвета и окантовка петлиц по родам войск со значком ОАХ;

брюки (для женщин – юбка) цвета хаки из х/б, образца РККА;

ремень поясной кожаный коричневого цвета 3 сантиметра шириной, военного образца;

сапоги или ботинки черные, к ним гамаши цвета хаки из х/б ткани с резиной. Вместо гамаш могут носиться чулки серого цвета;

фуражка с козырьком цвета хаки из х/б ткани образца РККА со звездой специального осоавиахимовского образца.

Для среднего, старшего и высшего начсостава.

В строю:

1. см. пункт 1 выше;
2. брюки суконные темно-синего цвета;
3. ремень поясной как у бойцов;
4. сапоги хромовые образца для комсостава РККА;
5. фуражки как у бойцов;
6. плащ цвета хаки образца для комсостава РККА с петлицами военного образца на воротнике и со знаками различия специального образца, сверх плаща –положенное снаряжение.

Вне строя:

Тоже, что и в строю, но поверх плаща снаряжение не носится.

Зимнее обмундирование.

Для допризывников рядового и младшего начсостава:

летняя гимнастерка с выдачей теплого белья;

летние брюки;

сапоги или ботинки с гамашами по образцу летних или шерстяными чулками;

шинель или полупальто на вате из грубошерстного материала с петлицами образца и размера РККА, двубортное. Имеет на каждом борту 4 петли и 4 пуговицы, подкладка из х/б ткани, два боковых прорезных кармана с клапанами и грудной карман в подкладке с лев стороны. Воротник отложной из того же материала, застегивающийся на крючки и петли. Спинка цельная, гладкая, без складки, с хлястиком.

финка специально установленного образца Осоавиахима с осоавиахимовской звездой.

Для среднего, старшего и высшего начсостава.

В строю:

1. суконная рубаха или френч мериносового сукна, цвета хаки, военного образца с продольными петлицами на воротнике, образца и размера РККА с знаками различия специального осоавиахимовского образца, цвета и окантовка петлиц по родам войск;
2. брюки суконные темно-синего цвета;
3. шинель – серошинельного сукна, военного образца с петлицами образца и размера РККА, тип шинели, цвет и окантовка петлиц по родам войск. Положенное снаряжение сверх шинели;
4. шлем военного образца со звездой специального осоавиахимовского образца.

Вне строя:

Тоже, что и в строю, без снаряжения поверх шинели и взамен финки допускается носить фуражку образца РККА.

Знаки различия для начсостава и звезда на головном уборе:

знаки различия носятся начальств составом Осоавиахима в соответствии с имеющимися 4-мя категориями начсостава и носятся на петлицах;

знак различия представляет собой металлическую 5-ти конечную звездочку размером в 2 сантиметра, покрытую красной эмалью с серебряной опушкой;

мл. начсоставу присваивается 1 звездочка, среднему – 2, старшему – 3, высшему – 4;

на фуражках и финках носятся значок Осоавиахима, состоящий из обыкновенной красноармейской звезды с изображенной осоавиахимовской эмблемой в средней части таковой.

Зам. председателя ЦС *Белицкий*

Источник: ГАСО, ф. Р-2516, оп. 1, д. 267, л. 1-3.

Список сокращений и пояснений

Авиахим – Общество авиационно-химического строительства
Авиахимкоманды – практические организации Осоавиахима, обучавшие навыкам обороны от авиационных налетов и химической защите
Автодор – добровольное общество содействия развитию автомобилизма и улучшению дорог в России
Агиткибитка – агитационная кибитка, передвижная повозка с агитационными материалами
Агитоблет – агитационный полет самолетов Осоавиахима
Агитобъезд – агитационный объезд Осоавиахима на автомобилях или велосипедах
Агитпропсекция – агитационно-пропагандистская секция
Агитработа – агитационная работа
АК – аэроклуб
АПО – агитационно-пропагандистский отдел
Б/п – беспартийный
Б/у – бывшее в употреблении
Башобком – областной комитет ВКП(б) автономной Республики Башкирия
Березники – город, образованный в 1932 г. в связи со строительством Березниковского химического комбината
ВВС – Военно-воздушные силы
ВИЗ – Верх-Исетский завод (Свердловск)
ВИК – Военно-историческая комиссия
ВНО – Военное-научное общество
Военвед – военное ведомство
Военкомат – военный комиссариат
ВОХР – военизированная охрана
ВС – Ворошиловский стрелок
Всевобуч – всеобщее военное обучение
ВУП – военно-учебный пункт
ВХО – военно-химическая оборона
ВХУП – военно-химический учебный пункт
ВЦСПС – Всесоюзный центральный совет профессиональных союзов
ГАНИОПДПО – Государственный архив новейшей истории и общественно-политических движений Пермской области
ГАПО – Государственный архив Пермской области
ГАРФ – Государственный архив Российской Федерации
ГАСО – Государственный архив Свердловской области
ГСО – Готов к санитарной обороне
ГТО – Готов к труду и обороне

ГУ РККА – Главное управление РККА
Губсовет – губернский совет Осоавиахима
ГШ РККА – Главный/Генеральный Штаб РККА
Доброхим – Добровольное общество друзей химической обороны и химической промышленности
ДОСААФ – Добровольное общество содействия армии, авиации и флоту
Женработа – работа среди женщин
Женсекция – секция по работе среди женщин в совете Осоавиахима
ЗАОР – нагрудный знак «За активную оборонную работу»
Звездный перелет – перелет, организованный под эгидой Осоавиахима 19 июня 1927 г. В нем участвовало 12 самолетов, которые из 9 пунктов вылетели в Москву, где и приземлились в тот же день
Значкист – обладатель нагрудного знака, выданного за выполнение оборонных нормативов
ИККИ – Исполнительный комитет Коминтерна
Истпарт – Комиссия по истории партии, Октябрьской революции и гражданской войны
КВЖД – Китайско-Восточная железная дорога
КВЗ – кружки военных знаний
КК-РКИ – Контрольная партийная комиссия и Рабоче-крестьянская инспекция
Комбриг – командир бригады
Культотдел – отдел культуры
КУСП – комсомольское учебно-строевое подразделение
Ленфабрика – льнопрядильная фабрика им. Ленина в Свердловске
Литмонтаж – литературный монтаж, театрализованная постановка с чтением отрывков прозаических и поэтических литературных произведений
Магнитострой – в контексте документа используется для обозначения комплекса предприятий, возводившихся с 1929 г. по плану создания Магнитогорского металлургического комбината
ММК – межведомственная мобилизационная комиссия
Мобокруг – мобилизационный округ
Монгольфьер – аэростат (воздушный шар) с оболочкой, наполненной горячим воздухом
МТС – машинно-тракторная станция
Надеждинск – с 1919 по 1934 гг. город и градообразующее предприятие – Надеждинский сталерельсовый (металлургический) завод, ныне – г. Серов Свердловской области
Наркомвоенмор – народный комиссариат военных и морских дел
Нацмен – представитель нерусской национальности, «национального меньшинства» по терминологии эпохи
НБП – Национал-большевистская партия

НКВД – народный комиссариат внутренних дел
НКО – народный комиссариат обороны
ОАХ – Осоавиахим
Обком – областной комитет ВКП(б)
Облисполком – областной исполнительный комитет Совета рабочих и крестьянских депутатов
ОВ – отравляющие вещества
ОГАЧО – Объединенный государственный архив Челябинской области
ОГПУ – Объединенное государственное политическое управление
ОДВФ – Общество друзей воздушного флота
ОДН – добровольное общество «Долой неграмотность!»
ОДР – Общество друзей революции
ОИС – оперативно-истребительная станция
Окружком – окружной комитет ВКП(б)
Оргмассовая работа – организационно-массовая работа
ОСО – Общество содействия обороне
ПВО – противовоздушная оборона
ПВХО – противовоздушная и химическая оборона
Первичка – первичная организация
ПКиО – парк культуры и отдыха
Политинспектор/политрук – инспектор/руководитель по политической работе
Политотдел – политический отдел
Помполит – помощник командира воинской части по политической работе
ПУР – Политическое управление
ПУСП – постоянное учебно-строевое подразделение
Райком – районный комитет ВКП(б)
Райсовет – районный совет Осоавиахима
РВС – Революционный военный совет
РГВА – Российский государственный военный архив
РГВИА – Российский государственный военно-исторический архив
РИК – районный исполнительный комитет Совета рабочих и крестьянских депутатов
РККА – Рабоче-Крестьянская Красная Армия
РККИ – Рабоче-крестьянская контрольная инспекция
РОКК – Российское общество Красного Креста
С/г – сего года
С/с – сельский совет
СНК – Совет народных комиссаров
Совнархоз – Совет народного хозяйства
Терчасть – территориальная часть РККА
Трудодень – форма учета труда колхозников
УВВС – Управление военно-воздушных сил
Урал ОСО – Уральское общество содействия обороне
Уралмаш (завод) – Уральский завод тяжелого машиностроения

(Свердловск)

Уралмедьстрой – с 1929 г. название поселка, в котором в то время строился медеплавильный завод. С 1931 г. – Красноуральск

Уралоблсовет – Уральский областной совет Осоавиахима

Уралосоавиахим – Уральский Осоавиахим

Уралплан – Уральская плановая комиссия исполнительного комитета Уральского областного совета

Уралпрофсовет – Уральский центральный совет профсоюзов

Уралсельмаш – Уральский трест заводов сельскохозяйственного машиностроения

ФЗУ – фабрично-заводское училище

Финдекадник – декада соблюдения финансовой дисциплины

Химгородок – военный городок для обучения химической обороне

ЦГАОО РБ – Центральный государственный архив общественных организаций Республики Башкирия

ЦГИА РБ – Центральный государственный исторический архив Республики Башкирия

ЦДКА – Центральный дом Красной Армии

ЦДООСО – Центр документации общественных организаций Свердловской области

ЦИК – Центральный исполнительный комитет

ЦК ВКП(б) – Центральный комитет Всесоюзной коммунистической партии (большевиков)

ЦК ВЛКСМ – Центральный комитет Всесоюзного Ленинского коммунистического союза молодежи

ЦС Осоавиахима – Центральный совет Осоавиахима

ЧГРЭС – Челябинская государственная районная электрическая станция

Челябтракторострой – в контексте документа используется для обозначения комплекса строившихся предприятий Челябинского тракторного завода

ЧТЗ – Челябинский тракторный завод

Швербот – парусное одномачтовое спортивное или прогулочное судно

ЮВС – Юный ворошиловский стрелок

Источники и литература

Периодика

Бюллетень Осоавиахима: Информационно-методический бюллетень президиумов Союза Осоавиахим СССР и Осоавиахима РСФСР.

Осоавиахим (Ворошиловский стрелок): Стрелково-спортивный массовый журнал. Орган ЦС Осоавиахима СССР, М.

Пропагандист и агитатор РККА: Орган Главного управления политической пропаганды Красной Армии. М., 1931-1940.

Работница: Журнал для женщин и семьи. М., 1914.

Уральский рабочий: Обществ.-полит. газета. Екатеринбург/Свердловск, 1918.

Челябинский рабочий: Областная обществ.-политич. газета. Челябинск, 1908.

Исследования

Agursky M. The Third Rome: National Bolshevism in the USSR. Bolder, 1987.

An der Schwelle zum Totalen Krieg. Die militärische Debatte über den Krieg der Zukunft 1919–1939/ Förster S. (Hg.). - Paderborn, 2002.

Anderson B. Die Erfindung der Nation. Zur Karriere eines folgenreichen Konzepts. - Frankfurt/Main, New York, 2005.

Assman J. Das kulturelle Gedächtnis: Schrift, Erinnerung und politische Identität in frühen Hochkulturen. - Muenchen, 1999.

Attwood L. Creating the new Soviet woman: women's magazines as engineers of female identity, 1922 – 53. - Basingstoke, 1999.

Baberowski J. Der Feind ist überall: Stalinismus im Kaukasus. - München, 2003.

Barghoorn F. G. Soviet Russian Nationalism. - New York, 1956.

Barkley K., von Hagen M. (Ed.). After Empire: multiethnic societies and nation-building: the Soviet Union and Russian, Ottoman, and Habsburg Empires. - Colorado, 1997.

Birtsch G., Schröder M. (Hrsg.). Patriotismus in Deutschland. - Trier, 1993.

Bonnell V. The Iconography of Power. Soviet Political Posters under Lenin and Stalin. - Berkley, 1997.

Brandenberger D. National Bolshevism: Stalinist mass culture and the formation of modern Russian national identity, 1931 – 1956. - Cambridge, 2002.

Brooks J. Thank you, comrade Stalin! Soviet public culture from Revolution to Cold War. - Princeton, 2000.
Brüggemann K. Von Krieg zu Krieg, von Sieg zu Sieg: Motive des sowietischen Mythos in Massenlied der 1930er Jahre. Einführung, Texte, Übersetzungen. - Hamburg, 2002.
Clark K. The Soviet Novel. History as Ritual. - Chicago, London, 1981.
Commemorations. The politics of national identity/ Gillis J.R. (Ed.). - Princeton, 1994.
Corney F. C. Telling October: Memory and the Making of the Bolshevik Revolution. - Ithaca; London, 2004.
Davies S. R. Popular opinion in Stalin's Russia: terror, propaganda and dissent, 1934 – 1941. - Cambridge, 1997.
De Keghel I. Die Rekonstruktion der vorsowjetischen Geschichte. Identitätsdiskurse im neuen Russland. - Hamburg, 2006.
Die Erfahrung des Krieges. Erfahrungsgeschichtliche Perspektiven von der Französischen Revolution bis zum Zweiten Weltkrieg/ Buschmann N., Carl H. (Hrsg.). - Paderborn, 2001.
Dobrenko E. The Making of the State Reader: Social and Aesthetic Contexts of the Reception of Soviet Literature. - Stanford, 1997.
Dobrenko E. The Making of the State Writer: Social and Aesthetic Origins of Soviet Literary Culture. - Stanford, 2001.
Dobrenko E., Naiman E. (Ed.). The landscape of stalinism: the art and ideology of soviet space. - Seattle, L., 2003.
Ennker B. Die Anfänge des Leninkults in der Sowjetunion. - Köln, Wien, 1997.
Fitzpatrick Sh. Everyday Stalinism: Ordinary Life in Extraordinary Times. - Oxford, 1999.
Fuchs P. Die Erreichbarkeit der Gesellschaft. Zur Konstruktion und Imagination gesellschaftlicher Einheit. - Frankfurt/Main, 1992.
Groys B. (Hrsg.). Traumfabrik Kommunismus: die visuelle Kultur der Stalinzeit. - Frankfurt, 2003.
Günther H. Der sozialistische Uebermensch. M. Gor'kij und der sowjetische Heldenmythos. - Stuttgart, Weimar, 1993.
Günther H. Die Verstaatlichung der Literatur. Entstehung und Funktionsweise des sozialistisch-realistischen Kanons in der sowjetischen Literatur der 30er Jahre. - Stuttgart, 1984.
Halfin I. From Darkness to Light. Class, Consciousness ans Salvation in Revolutionary Russia. - Pittsburgh, 2000.
Halfin I. Terror in My Soul. Communist Autobiographies on Trial. - Harvard, 2003.
Hellbeck J. Tagebuch aus Moskau : 1931 – 1939/ Hellbeck J.(Hrsg.). - München, 1996
Hirsch F. Empire of nations: colonial technologies and the making of the Soviet Union, 1917 - 1939. - Ann Arbor, 1998.
Hirsch F. Empire of nations: ethnographic knowledge & the making of the Soviet Union. - Ithaca, Bristol, 2005.

Hobsbawm E. J. Nationen und Nationalismus. - München, 1996.
Hoffmann D.L. Stalinist values. The cultural norms of soviet modernity (1917-1941). - Cornell University, 2003.
Ilim M. (Ed.). Women in the Stalin era. - Basingstoke, 2001.
Ithiel de Sola Pool (Ed.). Symbols of internationalism. Series C: Symbol studies. № 3. August 1951. - Stanford, 1951.
Jahn H. F. Patriotic Culture in Russia during World War I. - Ithaca, London, 1995.
Janowitz M. The Reconstruction of Patriotism. Education for Civic Consciousness. - Chicago, 1983.
Kelly C., Shepherd D. (Ed.) Constructing Russian culture in the age of revolution 1881-1940. - Oxford, 1998.
Kenez P. Cinema and soviet society, 1917-1953. - Cambridge, 1992.
Kluxen-Pyta D. Nation und Ethos. Die Moral des Patriotismus. - Freiburg, München, 1991.
Koselleck R. Vergangene Zukunft. Zur Semantik geschichtlicher Zeiten. - F/Main, 2000.
Kotkin S. Magnetic mountain: Stalinism as a civilization. - Berkeley, 1997.
Kronenberg V. Patriotismus in Deutschland. Pespektiven für eine weltoffene Nation. - Wiesbaden, 2006.
Kucher K. Der Gorki-Park. Freizeitkultur im Stalinismus 1928-1941. - Köln, 2007.
Kuhr-Korolev C. «Gezähmte Helden». Die Formierung der Sowjetjugend 1917-1932. - Essen, 2005.
Langenohl A. Erinnerung und Modernisierung. Die Öffentliche Rekonstruktion politischer Kollektivitaet an Beispiel des Neuen Russland. - Göttingen, 2000.
MacCarthy J. D., Zald M. N. The Trend of Social Movements in America: Professionalization and Resource Mobilization. - Morristown. N.J., 1973.
Martin T. The affirmative action empire. Nations and nationalism in the Soviet Union, 1923 – 1939. - Ithaca, 2001.
Martin T., Suny R.G. A State of Nations: Empire and Nation-Making in the Age of Lenin and Stalin. Oxford, 2001.
McCannon J. Red Arctic. Polar Exploration and the Myth oft he North in the Soviet Union, 1932-1939. - N.Y., 1998.
Meier R. Die Stachanov-Bewegung 1935-1938. Der Stachanovismus als tragendes und verschärfendes Moment der Stalinisierung der sowjetischen Gesellschaft. - Stuttgart, 1990.
Merridale C. Steinerne Nächte: Leiden und Sterben in Russland. - München, 2001.
Növer P. (Hrsg.). Tyrannei des Schunen: Architektur der Stalin-Zeit. - München, 1994.
Odom W. The Soviet Volunteers. Modernisation and Bureaucracy in a Public Mass Organisation. - Princeton, 1973.
Pipes R. The Formation of the Soviet Union. Communism and Nationalism 1917-1923. - Cambridge, 1964.
Reddy W. The Navigation of Feeling. A Framework for the History of

Emotions. - Cambridge, 2001.
Rosenthal B. New myth, new world: From Nietzsche to Stalinism. - University Park, 2002.
Rudolph R. L., Good D. F. (Ed.). Nationalism and empire: the Habsburg empire and the Soviet Union. - New York, 1992.
Rüting T. Pavlov und der Neue Mensch. Diskurse über Disziplinierung in Sowjetrussland. - München, 2002.
Sanborn J. Drafting the Russian Nation. Military Conscription, Total War, and Mass Politics, 1905-1925. - Illinois, 2003.
Schenk F. B. Aleksandr Nevskij. Heiliger - Fürst – Nationalheld. Eine Erinnerungsfigur im russischen kulturellen Gedächtnis (1263 – 2000). - Köln, 2004.
Stoecker S.W. Forging the Stalinr's Army. Marshal Tukhachevsky and the Politics of Military Innovations. - Oxford, 1998.
Suny R.G. The Revenge of the Past: Nationalism, Revolution, and the Collapse of the Soviet Union. - Stanford, 1993.
Suny R.G. The Soviet Experiment: Russia, the USSR, and the Successor States. - New York, Oxford, 1998.
Von Hagen M. School of the revolution: Bolsheviks and peasants in the Red Army, 1918-1928. - Stanford, 1985.
Von Hagen M. Soldiers of the Proletarian Dictatorship: the Red Army and the Soviet Socialist State, 1917-1930. - Itaca, L., 1990.
Weigelt K. (Hrsg.). Patriotismus in Europa. Festgabe für Professor Dr. Bruno Heck zum 70. Geburtstag. - Bonn, 1988.
Weiner A. Making sense of war: the Second World war and the fate of the Bolshevik revolution. - Princeton, 2001.
Widdis E. Visions of a new land: soviet film from the revolution to the Second World war. - New Haven; L., 2003.
Yekelchyk S. Stalin's Empire of Memory: Russian-Ukrainian Relations in the Soviet Historical Imagination. - Toronto, 2004.
Zald M. N. The Dynamics of Social Movements: Resource Mobilization, Social Control, and Tactics. - Lanham, 1988.
Айвазова С. Русские женщины в лабиринте равноправия: Очерки полит. теории и истории. Докум. материалы. - М., 1998.
Алексиевич С. У войны не женское лицо. - Минск, 1985.
Андрей Евгеньевич Снесарев (жизнь и научная деятельность). М., 1973.
Анохин А.И. В труде и боях закаленное: Очерк истории оборонного общества. - М., 1998.
Анохин А.И. Они были первыми (очерк о руководителях оборонного общества). - М., 2000.
Боевой путь Советского Военно-Морского Флота/ Под ред. А.В. Басова. - М., 1988.
Бурдьё П. Практический смысл / Отв. ред. пер. и послесловие Н.А. Шматко. - СПб., 2001.
Бурцев Л.А. Территориально-милиционная система РККА в 1923-1928 годы (на материалах Московского военного округа). Автореф... канд. ист. наук. - Иваново, 2009.
Вишневский А. Серп и рубль. - М., 1998.

Волкогонов Д.А. Психологическая война: Подрывные действия империализма в области общественного сознания. - М., 1983.
Вопросы стратегии и оперативного искусства в советских военных трудах (1917-1940 гг.). - М, 1965.
Голомшток И.Н. Тоталитарное искусство. - М., 1994.
Горлов С.А. Совершенно секретно: Альянс Москва — Берлин, 1920-1933 гг. - М., 2001.
Гошуляк В.В. Оборонно-массовая работа партии в годы довоенных пятилеток, 1929 – июнь 1941 гг. - М., 1989.
Гройс Б. Утопия и обмен. - М., 1993.
Губанов Н.И. Отечество и патриотизм. - М., 1960.
Гюнтер Г. Соцреалистический канон/ Под ред. Г.Гюнтера, Е.Добренко. - СПб., 2000.
Давыдков И.А. КПСС о патриотическом и интернациональном воспитании трудящихся. - Л., 1982
Дважды орденоносное оборонное: Книга о ДОСААФ СССР, о возникновении и развитии общества, его военно-патриотической деятельности, вкладе в укрепление оборонного могущества страны. - М., 1983.
Добренко Е. Метафора власти: литература сталинской эпохи в историческом освещении. - Münich, 1993.
Добренко Е. Политэкономия соцреализма. - М., 2007.
ДОСААФ – Родине: Книга о ДОСААФ, его военно-патриотической, оборонно-массовой, учебной и спортивной деятельности. - М., 1987.
ДОСААФ СССР – массовая оборонно-патриотическая организация советского народа. - М., 1980.
Дубровский А.М. Историк и власть: историческая наука в СССР и концепция истории феодальной России в контексте политики и идеологии (1930—1950-е годы). - Брянск, 2005.
Жиромская В.Б. Демографическая история России в 1930-е годы. Взгляд в неизвестное. - М., 2001.
Захаров М.В. Генеральный штаб в предвоенные годы. - М., 1989.
Иванова Ю.Н. Храбрейшие из прекрасных: Женщины России в войнах. - М., 2002.
Кавтарадзе А.Г. Военные специалисты на службе Республики Советов, 1917 - 1920. - М., 1988.
Каппелер А. Россия — многонациональная империя. Возникновение, история, распад. - М., 1996.
Клименко Н. Свердловская областная ОСТО: 75 лет служения Отечеству. - Екатеринбург, 2001.
Красильников С.А. На изломах социальной структуры: Маргиналы в послереволюционном российском обществе (1917 – конец 1930-х гг.). - Новосибирск, 1998.
Кузнецов Д.Н. Нагрудные знаки оборонного общества. - М., 1983.
Лукманов А.Г., Савельева Л.И. Очерки из истории ДОСААФ Башкирской АССР. - Уфа, 1983.

Магнитогорская оборонная спортивно-техническая организация/ Под общ. ред. В.К. Муровицкого. - Магнитогорск, 2005.
Малышева С.Ю. Советская праздничная культура в провинции: пространство, символы, исторические мифы (1917-1927). - Казань, 2005.
Матюшкин Н.И. Советский патриотизм – могучая движущая сила социалистического общества. - М., 1952.
Минаков С.Т. Военная элита 20-х – 30-х годов XX века. - М., 2005.
Мирский Р.Я. Советский патриотизм – патриотизм высшего социалистического типа: Автореф. дисс. ... д-ра филос. наук. - М., 1987.
Нарский И.В. Жизнь в катастрофе. Будни населения Урала в 1917-1922 гг. - М., 2001.
О советском патриотизме: Сб. статей. Изд. 2-е. - М., 1952.
Олейник О.Ю. Интеллигенция и отечество: Проблема патриотизма в советском обществе и российском зарубежье в 30-е гг. XX в.: Дисс. ... д-ра ист. наук. - Иваново, 1998.
Паперный В. Культура «Два». - Анн Арбор, 1985 (М., 1996).
Петросян Ю.Е. Ленинская концепция социалистического патриотизма: Автореф. дисс. ... канд. филос. наук. - М., 1990.
Постников С.П., Фельдман М.А. Социокультурный облик промышленных рабочих Урала (1900-1941 гг.). - Екатеринбург, 2006.
Прилуцкий В.В. Деятельность государственных органов и общественных организаций по военно-патриотическому воспитанию населения СССР, 1922 – июнь 1941 гг.: Дисс. ... д-ра ист. наук. - М., 2001.
Родионова И.В. Механизмы формирования патриотического сознания населения в 1930-е гг.: На материалах РСФСР: Автореф. дисс. ... канд.ист.наук. - М., 2004.
Рольф М. Советские массовые праздники. - М., 2009.
Рольф М. Советский массовый праздник в Воронеже и Центрально-Черноземной области России (1927-1932). - Воронеж, 2000.
Россия в XX веке: Проблемы национальных отношений. - М., 1999.
Россия и война в XX столетии: взгляд из удаляющейся перспективы. - М., 2005.
Рутман Р.Е. Россия в период Первой мировой войны и Февральской буржуазно-демократической революции (июль 1914 - февраль 1917 г.). - Л., 1975.
Самуэльсон Л. Красный колосс. - М., 2001.
Сандомирская И. Книга о Родине: Опыт анализа дискурсивных практик. - Wien, 2001.
Сенявская Е.С. Психология войны в XX в.: Исторический опыт России. - М., 1999.
Симонов Н.С. Военно-промышленный комплекс СССР в 1920–

1950-е годы: темпы экономического роста, структура, организация производства и управление. - М., 1996.
Скипский Г.А. Территориально-кадровая система РККА на Урале в 1920 – 1930-е гг. Дисс... канд. ист. наук. - Екатеринбург, 2001.
Скрыльник А.И. В.И.Ленин о патриотическом воспитании. - М., 1980.
Социология в России/ Под ред. В.А. Ядова. - М., 1998.
Стайтс Р. Женское освободительное движение в России: Феминизм, нигилизм и большевизм, 1860-1930. - М., 2004.
Сувениров О.Ф. Трагедия РККА. - М., 1998.
Терентьев А.А. Патриотизм и русское национальное самосознание. - Нижний Новгород, 2005.
Устрялов Н.В. Национал-большевизм. - М., 2003.
Ушакин С. Поле пола. - Вильнюс, 2007.
Фрунзе М.В.: Военная и политическая деятельность. - М., 1984.
Хасбулатова О.А. Опыт и традиции женского движения в России (1860-1917). - Иваново, 1994.
Шахмарданов Д.Д. ДОСААФ СССР – школа патриотизма и мужества. - Ашхабад, 1987.
Шютц А. Смысловая структура повседневного мира. - М., 2003.
Щур П. Советский патриотизм – движущая сила развития социалистического общества: Дисс... канд. фил. наук. - М., 1950.
Ярышева Г. Ленин и Сталин о создании и развитии советского многонационального государства: Дисс... канд. ист. наук. - М., 1949.

Научные статьи

Assmann A. Geschichte im Gedächtnis// Nach der Sozialgeschichte. Konzepte für eine Literaturwissenschaft zwischen Historischer Anthropologie, Kulturgeschichte und Medientheorie/ Huber M., Lauer G. (Hrsg.). - Tübingen, 2000. S. 15-28.
Assmann J. Erinnern, um dazugehören. Kulturelle Gedächtnis, Zugehörigkeitsstruktur und normative Vergangenheit// Generation und Gedächtnis. Erinnerungen und kollektive Identitäten/ Platt K., Dabag M. (Hrsg.). - Opladen, 1995. S. 59-60.
Bergman J. Valerii Chkalov: Soviet pilot as New Soviet man// Journal of contemporary history. 1998. № 1 (33). P. 135-152.
Besancon A. Nationalism and Bolshevism in the USSR// The Last Empire: Nationality and the Soviet Future / Conquest R. (Ed.). - Stanford, 1986. P. 1-14.
Beyrau D. Der Erste Weltkrieg als Bewährungsprobe. Bolschewistische Lernprozesse aus dem «imperialistischen» Krieg// Journal of Modern European History. 2003. № 1. P. 96-123.
Beyrau D. Totaler Krieg. Begriff und Erfahrung am sowjetischen Beispiel// Formen des Krieges. Von Antike bis zur Gegenwart/ Beyrau D., Hochgeschwender M., Langewiesche D. (Hrsg.).

-Paderborn, 2007. S. 327-353.
Bordjugov G. Umorientierung der Staatsideologie und Kulturpolitik in den 30er und 40er Jahren// Kultur im Stalinismus: sowjetische Kultur und Kunst der 1930er bis 1950er Jahre / Gorzka G. (Hrsg.). - Bremen, 1994. S. 29-38.
Brandenberger D. Proletarian Internationalism, «Soviet Patriotism» and the Rise of Russocentric Etatism during the Stalinist 1930s// Left History. 2000. № 6. P. 80-100.
Brandenberger D. Soviet social mentality and Russocentrism on the Eve of War, 1936-1941// Jahrbücher für Geschichte Osteuropas. 2000. № 48. S. 388-407.
Brandenberger D., Dubrovsky A.M. «The People need a Tsar»: the Emergence of National Bolshevism as Stalinist Ideology, 1931-1941// Europe-Asia Studies. 1998. № 5. P. 871-890.
Burke P. Geschichte als sociales Gedächtnis// Mnemosyne. Formen und Funktionen der kulturellen Erinnerung/ Assmann A., Harth D. (Hrsg.). - F/M., 1991. S. 289-304.
Cameron D. R. Toward a Theory of Political Mobilisation// The Journal of Politics. 1974. № 1 (36). P. 138-171.
Deutsch K.W. Social Mobilization and Political Development// The American Political Science Review. 1961. № 3 (55). P. 493-514.
Ennker B. Leninkult und mythisches Denken in der sowjetischen Öffentlichkeit. 1924// Jahrbücher für Geschichte Osteuropas. 1996. № 44. S. 431-455.
Ennker B. Politische Herrschaft und Stalinkult: «Führer und Volk» in Stalinismus. Eine Interpretation// Stalinismus. Neue Forschungen und Konzepte/ Plaggenborg St. (Hrsg.). - Berlin, 1998. S.151-182.
Fieseler B. Der Krieg der Frauen: Die ungeschriebene Geschichte// Mascha+Nina+Katjuscha: Frauen in der Roten Armee 1941-1945. - Berlin, 2002. S. 11-30.
Fried J. Erinnerung und Vergessen. Die Gegenwart stiftet die Einheit der Vergangenheit// Historische Zeitschrift. 2001. Bd. 273. S. 561-593.
Fuchs P. Vaterland, Patriotismus und Moral. Zur Semantik gesellschaftlicher Einheit// Zeitschrift für Soziologie. 1991. № 2. S. 89-103.
Günther H. Der Feind in der totalitären Kultur// Kultur im Stalinismus/ Gorzka G. (Hrsg.). - Bremen, 1994. S. 89-100.
Günther H. Der Held der totalitären Kultur// Agitation zum Glück. Sowjetische Kunst der Stalinzeit. Katalog. - Petersburg/Kassel, Bremen, 1994. S. 70-75.
Günther H. Education and Conversation: The Road to the New Man in the Totalitarian Bildungsroman// The Culture of the Stalin Period/ Günther H. (Ed.). - London, 1990. P. 193-209.
Guski A. Asketen und neue Menschen. Der literarische Held im sowjetischen Roman// Von der Revolution zum Schriftstellerkongress. Entwicklungsstrukturen und Funktionsbestimmungen der russischen Literatur und Kultur zwischen

1917 und 1934/ Erler G., Grübel R., Mänicke-Gyöngyösi K., Scherber P. (Hrsg.). - Berlin, 1979. S. 354-372.
Halfin I. From Darkness to Light: Student Communist Autobiographies of the 1920s// Jahrbücher für Geschichte Osteuropas. 1997. № 2. S. 210-236.
Halfin I. Intimacy in an Ideological Key: The Communist Case of the Twenties and Thirties// Language and Revolution. The Making of Modern Political Identity/ Halfin I. (Ed.). London, 2001. P. 185-214.
Halfin I., Hellbeck J. Steven Kotkin's Magnetic Mountain and the Soviet Subject// Jahrbücher für Geschichte Osteuropas. 1996. № 3. S. 331-342.
Hildermeier M. Verhinderte Nationen: zu einigen Merkmalen und Besonderheiten nationaler Bewegungen in Russland und der Sowjetunion// Archiv für Sozialgeschichte. 1994. № 34. S. 1-17.
Hirsch F. The Soviet Union as a work-in-progress: ethnographers and the category nationality in the 1926, 1937 and 1939 censuses// Slavic Review. 1997. № 2. P. 251-278.
Hölscher L. Geschichte als «Erinerungskultur»// Generation und Gedächtnis. S. 146-168.
Kelly C. Grandpa Lenin and Unkle Stalin: Soviet Leader Cults for Little Children// The Leader Cult in Communist Dictatorships. Stalin and the Eastern Bloc/ Apor B., Behrends J.C., Rees E.A. (Ed.). - Palgrave, 2004. P. 102-122.
Kotkin S. 1991 and the Russian Revolution: Sources, Conceptual Categories, Analytical Frameworks// Journal of Modern History. 1998. № 2. P. 384-425.
Krylova A. Stalinist Identity from the Viewpoint of Gender: Rearing a Generation of Professionally Violent Women-Fighters in 1930s Stalinist Russia// Gender and History. 2004. № 16 (3). P. 626-653.
Lieven D. The Russian Empire and the Soviet Union as Imperial Polities// Journal of Contemporary History. 1995. № 4 (30). P. 607-636.
Lieven D. Western Scholarship on the Rise and Fall of the Soviet Regime: The View from 1993// Journal of Contemporary History. 1994. № 2. P. 195-227-
Nikonova O. «Der Kult des Heldenmutes ist nötig, um Siege zu erringen...» Sowjetisches Militär und Erfahrungen des Ersten Weltkrieges// Kriegsniederlagen, Erfahrungen und Erinnerungen/ Carl H., Kortum H.-H., Langewiesche D., Lender F. (Hrsg.). - Berlin, 2004. S. 185-199.
Nikonova O. Das grosse Schweigen: Frauen im Krieg// Osteuropa. 2005. № 4-6. S. 186-195.
Oberländer E. Sowjetpatriotismus und russischer Nationalismus//Die Russen: Ihr Nationalbewusstsein in Geschichte und Gegenwart/ Kappeler A. (Hrsg.). - Köln, 1990. S. 83-90.
Odom W. The Militarisation of Soviet Society// Problems of Communism. 1976. № 25. P. 34-51.

Osterhammel J. Imperialgeschichte// Geschichtswissenschaften. Eine Einführung/ Cornelissen Ch. (Hrsg.). - F/Main, 2000. S. 221-232.
Petrone K. Masculinity and heroism in imperial and soviet military-patriotic cultures//Russian masculinities in history and culture/ Clemens B.E. (Ed.). - Palgrave, 2002. P. 172-193.
Plamper J. Georgian Koba or Soviet «Father of Peoples»? The Stalin Cult and Ethnicity// The Leader Cult in Communist Dictatorships. Stalin and the Eastern Bloc/ Apor B., Behrends J.C., Rees E.A. (Ed.). - Palgrave, 2004. P. 123-140.
Platt K.M.F., Brandenberger D. Terribly romantic, terribly progressive, or terribly tragic: rehabilitating Ivan IV. under Stalin// Russian Review. 1999. № 58. P. 635-654.
Rosenwein B. H. Worrying about Emotions in History// American Historical Review. 2002. № 3 (107). P. 821-845.
Sartorti R. «Weben ist das Glück fürs ganze Land». Zur Inszenierung eines Frauenideals//Stalinismus: Neue Forschungen und Konzepte/ Plaggenborg St. (Hrsg.). - Berlin, 1998. S. 267-291.
Schierle I. «Otečestvo» – Der russische Vaterlandsbegriff im 18. Jahrhundert// Kultur in der Geschichte Russlands. Räume, Medien, Identitäten, Lebenswelten / B.Pietrow-Ennker (Hrsg.). - Göttingen, 2007. S. 143-162.
Schierle I. «Syn otečestva»: der «wahre Patriot»// Russische Begriffsgeschichte der Neuzeit. Beiträge zu einem Forschungsdesiderat / Thiergen P. (Hrsg.). - Köln, Weimar, Wien, 2006. S. 347-367.
Schierle I. Patriotism and Emotions: Love of the Fatherland in Catherinian Russia [Патриотизм и эмоции: любовь к отечеству в екатерининской России]// Ab Imperio. 2009. № 3. С. 65-93.
Simonsen S. G. Inheriting the Soviet Policy Toolbox: Russia's Dilemma over Ascriptive Nationality// Europe-Asia Studies. 1999. № 6 (51). P. 1069-1087.
Slezkine Yu. The USSR as a Communal Apartment, or How a Socialist State Promoted Ethnic Particularism// Slavic Review. 1994. № 2 (53). P. 414-452.
Slezkine Yu. Commentary: Imperialism as the Highest Stage of Sozialism// Russian Review. 2000. № 2. P. 227-234.
Slezkine Yu. From Savages to Citizens: The Cultural Revolution in the Soviet Far North, 1928-1938// Slavic Review. 1992. № 1 (51). P. 52-76.
Yekelchyk S. Diktat and Dialogue in Stalinist Culture: Staging Patriotic Historical Opera in Soviet Ukraine, 1936-1954// Slavic Review. 2000. № 3. P. 597-624.
Yekelchyk S. Stalinist Patriotism as Imperial Discourse: Reconciling the Ukrainian and Russian «Heroic Pasts», 1939-45// Kritika. 2002. № 1. P. 51-81.
Байрау Д. Понятие и опыт тотальной войны (на примере Советского Союза)// Опыт мировых войн в истории России: Сб. науч. статей. Челябинск, 2007. С. 28-48.

Богданов К.А. Наука в эпическую эпоху: классика фольклора, классическая филология и классовая солидарность// НЛО. 2006, № 78. С. 86-124.

Гапова Е. «Между войнами: женский вопрос в национальных проектах»// Социальная история: Ежегодник, 2003: Женская и гендерная история/ Под ред. Н.Л. Пушкаревой. М., 2003. С. 195-216.

Голубев А.В. Советское общество и «военные тревоги» 1920-х годов// Отечественная история. 2008. № 1. С. 36-58.

Градскова Ю.В. «Обычная» советская женщина - обзор описаний идентичности. Опубл. на сайте: http://www.genderstudies.info/social/s01.php.

Гюнтер Г. Железная гармония (государство как тотальное произведение искусства)// Вопросы литературы. 1992. № 1. С. 27-41.

Гюнтер Г. Мудрый отец Сталин и его семья: На материале картин Д.Вертова и М.Чиаурели// Russian Literature. 1998. № 2 (XLIII). P. 205-220.

Гюнтер Г. Поющая родина: Советская массовая песня как выражение архетипа матери// Вопросы литературы. 1997. № 4. С. 46-61.

Дашкова Т. Идеология в лицах. Формирование визуального канона в советских журналах 1920-х – 30-х годов // Культура и власть в условиях коммуникативной революции XX века. Форум немецких и российских исследователе/ Под ред. К. Аймермахера, Г. Бордюгова и И. Гарбовского. - М., 2002. С. 103-128.

Добренко Е. Искусство принадлежать народу: Формовка советского читателя// Новый мир. 1994. № 12. С. 193-213.

Добренко Е. О репрезентологии. (К культурной истории сталинизма)// НЛО. 2005, № 71. С. 406-421.

Добренко Е. Соцреализм в поисках исторического прошлого// Вопросы литературы. 1997. № 1. С. 26-57.

Дудник В., Смирнов Д. Вся жизнь - науке// Военно-исторический журнал. 1965. № 2. С. 47-57.

Интервью с Игалом Халфиным и Йохеном Хеллбеком// Ab Imperio. 2002. № 3. С. 217-260.

Кларк К. Имперское возвышенное в советской культуре второй половины 1930-х годов// НЛО. 2009. № 1 (95). С. 58-80.

Кларк К. Становление советской культуры// Американская русистика: Вехи историографии последних лет. Советский период: Антология / Сост. М.Дэвид-Фокс. - Самара, 2001. С. 146-173.

Клевцов В.Г. Социальные и организационные проблемы военных реформ 20-30-х годов// Армия и общество. 1900-1941 гг. Статьи, документы. - М., 1999. С. 138-184.

Кольцова В.А., Соснин В.А. Социально-психологические проблемы патриотизма и особенности его воспитания в современном российском обществе// Психологический журнал.

2005. № 4. С. 89-97.
Кон И. Мускулистая маскулинность. Атлетизм или милитаризм?// Гендерные исследования. 2001. № 6. С. 114-126.
Константинов С.В. Дореволюционная история России в идеологии ВКП (б) 30-х гг.//Историческая наука в России в XX веке. - М., 1997. С. 217-243.
Кудюкина М.М. Красная армия и «военные тревоги» второй половины 1920-х годов// Россия и мир глазами друг друга: из истории взаимовосприятия. Вып. 4. М., 2007. С. 153-174.
Кулешова Н.Ю. «Большой день»: грядущая война в литературе 1930-х годов// Отеч. история. 2002. № 1. С. 181-191.
Кулешова Н.Ю. Красная Армия в конце 1930-х годов: проблема боеспособности с точки зрения истории повседневности// Отеч. история. 2003. № 4. С. 60-83.
Левинг Ю. Латентный Эрос и небесный Сталин: о двух антологиях советской «авиационной» поэзии// НЛО. 2005. № 76. С. 143-172.
Ливен Д. Империя, история и современный мировой порядок // Ab Imperio. 2005. № 1. С. 75-116.
Лутовинов В.И. Российский патриотизм: история и современность// Евразийский вестник. 2006. № 17. Опубл. на: http://www.rusidea.ru/?part=76&id=674
Малинкин А.Н. «Новая российская идентичность»: исследование по социологии знания. Опубл. на: http://knowledge.isras.ru/sj/sj/sj4-01mal.html
Малинкин А.Н. Понятие патриотизма: эссе по социологии знания // Социологический журнал. 1999. N 1/2.
Малинкин А.Н. Социальные общности и идея патриотизма. Опубл. на: http://www.nir.ru/sj/sj/sj3-4-99malin.html.
Малышева С.Ю. Национально-региональные проявления коллективной памяти в «век катастроф» (по материалам Поволжья)// Век памяти, память века: Опыт обращения с прошлым в XX столетии. Сб. статей. - Челябинск, 2004. С. 359-380.
Нагорная О.С. «Век катастроф» в культурной памяти современного российского общества// Век памяти, память века: Опыт обращения с прошлым в XX столетии. Сб. статей. - Челябинск, 2004. С. 228-241.
Нарский И.В. «Я как стал средь войны жить, так и стала мне война, что дом родной...» Фронтовой опыт русских солдат в «германской» войне до 1917 г.// Опыт мировых войн в истории России: Сб. науч. статей. - Челябинск, 2007. С. 488-502.
Нарский И.В. Конструирование мифа о гражданской войне и особенности коллективного забывания на Урале в 1917-1922 гг.// Век памяти, память века: Опыт обращения с прошлым в XX столетии. Сб. статей. - Челябинск, 2004. С. 394-412.

Никонова О.Ю. «Воинская доблесть нуждается в культе, и культ воинской доблести необходим, чтобы одерживать победы»: опыт Великой войны и советский патриотизм// Война и общество: К 90-летию начала Первой мировой войны. - Самара, 2004. С. 119-130.

Никонова О.Ю. «Давайте прыгать, девушки!, или советский патриотизм в гендерном измерении// Гендерные исследования. 2005. № 13. С. 38-55.

Никонова О.Ю. Военное прошлое России и советский патриотизм: к постановке проблемы// Век памяти, память века: Опыт обращения с прошлым в XX столетии. Сб. статей. - Челябинск, 2004. С. 498-500.

Никонова О.Ю. Инструментализация военного опыта в СССР в межвоенный период// Человек и война: Война как явление культуры. - М., 2001. С. 382-383.

Нусинова Н. «Теперь ты наша». Ребенок в советском кино. 20-30-е годы// Искусство кино. 2003. № 12. Опубл. на: http://www.kinoart.ru/magazine/12-2003/analysis0312/nusinova0312/

Образцов И.В. Военная социология: проблемы исторического пути и методологии. Часть II//Социологические исследования. 1994. № 1. С. 88-106.

Окорочкова Т. С. Деятельность женотделов партийных комитетов в 1919—1929 гг. (к 70-летию создания)// Вестник МГУ. История. 1990. № 1. С. 14-23.

Пайнич Т. Гибель и апофеоз: половая унификация советского патриотизма// Гендерные исследования. 2005. № 13. С. 56-63.

Платт К. Репродукция травмы: сценарии русской национальной истории в 1930-е годы// НЛО. 2008. № 90. С. 63-85.

Ровный Б.И. "Женский вопрос" и женские стратегии выживания в российских кризисах XX в.: к постановке проблемы// Женская повседневность в России в XVIII-XX вв.: Материалы междунар. науч. конференции, 25 сентября 2003 г. - Тамбов, 2003. С. 200-206.

Тяжельникова В.С. Советская песня и формирование новой идентичности// Отеч. история. 2002. № 1. С. 174-181.

Фицпатрик Ш. «Приписывание к классу» как система социальной идентификации// Американская русистика: Вехи историографии последних лет. Советский период: Антология/ Сост. М. Дэвид-Фокс. - Самара, 2001. С. 174-207.

Хан-Пира Эр. Лукавая синонимика// Знамя. 2001. № 1. С. 167-170.

Холквист П. «Осведомление – это альфа и омега нашей работы»: Надзор за настроениями населения в годы большевистского режима и его общеевропейский контекст// Американская русистика: Вехи историографии последних лет. Советский период: Антология. - Самара, 2001. С. 45-93.

Хубова Д.Н. Память для забвения, забвение для памяти?// Век памяти, память века: Опыт обращения с прошлым в XX столетии. Сб. статей. - Челябинск, 2004. С. 66-83.

Эткинд А. «Одно время я колебался, не антихрист ли я»: субъективность, автобиография и горячая память революции// НЛО. 2005. № 73. С. 41-69.

Справочные издания

Brockhaus Enzyklopaedie in zwanzig Baenden. Bd. 14. - Wiesbaden, 1972.
БЭС. - СПб., 1993. С. 980.
Краткая справка по истории административно-территориального деления Челябинской области (с 1919 года)// Общество и власть. Российская провинция 1917-1985. Документы и материалы (Пермская, Свердловская, Челябинская области): в 6 т./ Т. 2: 1946-1985. Челябинская область. - Челябинск, 2006.
Ожегов Т.И., Шведова Н.Ю. Толковый словарь русского языка. Изд. 3-е. - М., 1995.
Патриотическое и интернациональное воспитание советской молодежи: Рек. указ. лит. - М., 1988.
Первая мировая война: Указатель литературы 1914 - 1993 гг. - М., 1994.
Российская оборонная: Энциклопедич. сборник/ Под ред. А.И.Анохина. - М., 2002.
Советская военная энциклопедия. - М., 1978. Т. 6.
Уральская историческая энциклопедия. 2-е изд. - Екатеринбург, 2000.
Хмелевский Г. Мировая империалистическая война 1914-1918 гг.: систематический указатель книжной и статейной военно-исторической литературы за 1914-1935 гг. - М., 1936.
Челябинск: Энцикл. - Челябинск, 2001.
Челябинская область. Энциклопедия. Т. 5. – Челябинск, 2008.
Этимологические тайны русской орфографии. Словарь-справочник. - М., 2006.

Воспоминания, дневники

Брусилов А.А. Мои воспоминания. - М., 2001.
Верховский А.И. Россия на Голгофе: Из походного дневника 1914-1918 гг. - Петроград, 1918.
Голицын С.М. Записки уцелевшего. - М., 1990.
Мерецков К.А. На службе народу. - М., 1968.
Павлов Я. Чему я научился в оборонном обществе. Лит. запись Л.Савельева. - М., 1955.
Раскова М. Записки штурмана. - М. 1976.
Чечнева М.П. «Ласточки» над фронтом: Очерки. - М., 1984.
Яковлев А.С. Цель жизни (Записки авиаконструктора). - М., 1974.

Опубликованные источники

Алексинский М., Мехоношин К. Осоавиахим и Красная Армия. - М., 1928.

Артеменко Н. Допризывная подготовка и ее значение. - М.-Л., 1928.

Богат А.П. Работница и крестьянка на страже СССР. - М., 1927.

Бочаров К., Годес М. Против империалистической войны и интервенции. - Л., 1934.

Буклер Я.И. Юбилей бойни и разрушения: (К десятилетию мировой империалистической войны). - Изд. Гомельского губкома РКП, 1924.

В.И. Ленин, КПСС о подготовке молодежи к военной службе. - М., 1985.

Верховский А. Характер будущей войны и задачи Осоавиахима. - Л., 1928.

Военно-научное общество СССР. Бюллетень № 1. - М., 1926.

Ворошилов К.Е. О молодежи. - М., 1936.

Давайте прыгать, девушки! Рассказы девушек-парашютисток, поставивших мировой рекорд высотного прыжка. - М., 1936.

Двадцатилетие империалистической войны 1914-1918: Тезисы. - М.-Л., 1934.

Двадцатилетие Красной Армии и задачи Осоавиахима. - М., 1938.

Записки Н.И.Подвойского о первых шагах военного строительства в Советской республике// Военно-исторический журнал. 1968. № 12. С. 67-77.

Как нам готовиться к будущей войне. - М., 1927.

Каменев С., Мехоношин К. Военная подготовка населения. - М.-Л., 1926.

КПСС в резолюциях и решениях съездов, конференций и пленумов ЦК. Т.5. 1929-1932. М., 1984; Т. 6. 1933-1937. - М., 1985.

КПСС о Вооруженных Силах Советского Союза: Документы 1917-1981. - М., 1981.

Краткий курс истории СССР: Учебник для 3-го и 4-го классов/ Под ред. А.В.Шестакова. Одобрен Всесоюзной правительственной комиссией. - М., 1937.

Ленин В.И. Главная задача наших дней// ПСС. Т. 36. М., 1977. С. 78-82.

Ленин В.И. К истории вопроса о несчастном мире // ПСС. Т. 35, М., 1977. С. 243-252.

Ленин В.И. Послесловие к тезисам по вопросу о немедленном заключении сепаратного и аннексионистского мира// ПСС. Т. 35, М., 1977. С. 253-254.

Ленин В.И. Социалистическое отечество в опасности// ПСС. Т. 35. С. 357-358.

Ленин В.И. Ценные признания Питирима Сорокина// ПСС. Т. 37. М., 1977. С. 188-197.

Леонтьев Б. Вооруженный народ. - М., 1936.
Материалы 1-го Уральского областного съезда Осоавиахима. 16-19 января 1928 года. - Свердловск, 1928.
На страже СССР. Учеб. пос. для проведения политических занятий на учебных пунктах и в лагерях Осоавиахима. - М., 1934.
Очередные задачи ВНО. Речи тт. Калинина, Ворошилова и Уншлихта на I Всесоюзном съезде ВНО. - М., 1926.
Памятка активиста Осоавиахима. Для деревенских организаций (Приложение к журналу «Осоавиахим»)/ Под ред. Д.Е.Липелиса. - М., 1930.
Подгорецкий К. Военная подготовка молодежи. - М.-Л., 1927.
Положение о военном обучении военнообязанных и военнослужащих в организациях Союза Осоавиахим СССР. - М.-Л., 1936.
Положение о Военно-научном обществе СССР. - М., 1925.
Постановление Центрального Совета Осоавиахима СССР и РСФСР. - Свердловск, 1938.
Резолюции 2-го Всесоюзного съезда Осоавиахима. - М., 1930.
Резолюции Второго Уральского областного съезда Осоавиахима, 25-30 января 1930 г. – Свердловск, 1930.
Реформа в Красной Армии: документы и материалы, 1923-1928 гг.: [в 2 кн.] / Отв. сост. Тархова Н. С., Шабардин П. М. - М., СПб., 2006.
Решения IV Пленума Центрального совета Союза Осоавиахима СССР и РСФСР. - М., 1933.
Салават-батыр навечно в памяти народной: Сб. документов и материалов./ Сост. И.М.Гвоздикова, С.Н.Мурзаханова, Л.М.Гиниатуллина. - Уфа, 2004.
Сборник трудов военно-научного общества. Кн. 1. - М., 1921.
Свечин А. Стратегия. - М., 1926.
Свечин А. Труды комиссии по исследованию и использованию опыта войны 1914-1918 гг.// Военно-исторический сборник. Вып. 1. - М., 1919.
Свечин А.А. Искусство вождения полка: По опыту войны 1914-1918 гг. - Л.- М., 1930.
Справочник партийного работника. Вып. 7. Ч. II. - М., 1930.
Спутник осоавиахимовца. Сб. материалов по оборонной работе первичных организаций Осоавиахима. - М., 1936.
Сталин И. О задачах хозяйственников. Речь на первой Всесоюзной конференции работников социалистической промышленности 4 февраля 1931 г.// Сталин И. Вопросы ленинизма. - М., 1946. С. 322-330.
Сталин И.В. XIV съезд ВКП (б). Политический отчет Центрального комитета// Сталин И.В. Соч. М., 1947. Т. 7. С. 259-391.
Трамм Б. Походы в противогазах. Методика организации и проведения походов в противогазах/ Под ред. С.Белицкого. - М., 1937.
Тухачевский М.Н. Вопросы современной стратегии// Тухачевский М.Н. Избранные произведения. - М., 1964. Т. 1. С. 258-259.

Тухачевский М.Н. Избранные произведения. В 2-х тт. Т. 1. М., 1964.
Тухачевский М.Н. Популяризация военных знаний// Тухачевский М.Н. Избранные произведения. - М., 1964. Т. 1. С. 232-233.
Уставной сборник Союза Осоавиахим СССР. Уставы, руководящие постановления правительственных органов и Президиума Центрального совета. - М., 1929.
Устрялов Н.В. Patriotica. Опубл. на сайте: http://www.philosophy.ru/library/vehi/ustral-1.html
Фрунзе М.В. Наше военное строительство и задачи военно-научного общества// Фрунзе М.В. Избранные произведения. - М., 1965. С. 438-453.
Чупраков Н., Беспахотный Д. Комсомол на допризывной подготовке. - М.-Л., 1928.
Эйдеман Р., Урицкий С. Создать на Урале мощную организацию Осоавиахима. – Свердловск, 1934.
Эйдеман Р.П. За большевистскую перестройку Осоавиахима. - Свердловск, 1934.
Юшков С. Военные прогулки. - М., 1936.

Интервью

Интервью с Л.П.Абрамовским от 14.11.2005, Е.Н.Козловым от 28.11.2005, П.И.Макароном от 1.12.2005, Л.И.Мельниковым от 9.12.2005.

Архивные фонды

Государственный архив новейшей истории и общественно-политических движений Пермской области (ГАНИОПДПО)
ф. 105 – Пермский обком КПСС, 1935-1991 г.
ф. 8043 – Коллекция фотодокументов архива
ф. 8191 - Пермский областной комитет ДОСААФ , 1938-1979 гг.

Государственный архив Пермской области (ГАПО)
ф. Р-770 – Комиссия по делам бывших красногвардейцев и красных партизан Больше-Сосновского района /с. Б.Соснова Уральской области
ф. Р-1372 - Пермский городской совет Общества содействия обороне, авиации и химическому строительству (ОСОАВИАХИМ), 1927 – 1931 гг.
Р-1684 - Архивная коллекция документов учителей г. Перми, 1892 – 2002 гг.
Р-1719 - Осипов Анатолий Васильевич (1925-1985 гг.) - писатель,1917 – 1988 гг.

Государственный архив Российской Федерации (ГАРФ)
ф. Р-8355 - Общество содействия оборонному, авиационному

и химическому строительству СССР (Осоавиахим), 1927 – 1948.

Государственный архив Свердловской области (ГАСО)

ф. Р-2516 - Совет Уральского областного общества друзей обороны и авиационно-химического строительства (Уралосоавиахим)

Объединенный государственный архив Челябинской области (ОГАЧО)

ф. П-92 – Челябинский горком КПСС

ф. Р-220 – Исполнительный комитет Челябинского городского совета депутатов трудящихся (горисполком)

ф. П-288 – Челябинский обком КПСС

ф. П-1052 – Челябинский областной совет Общества содействия обороне и авиационно-химическому строительству (Осоавиахим)

Российский государственный архив социально-политической истории (РГАСПИ)

ф. 17 – ЦК КПСС

Российский государственный военно-исторический архив (РГВИА)

ф. 234 – Барсуков Евгений Захарович, 1905-1940 гг.

Российский государственный военный архив (РГВА)

ф. 4 - Управление делами при народном комиссаре обороны СССР

ф. 7 - Штаб Рабоче-Крестьянской Красной армии

ф. 25889 - Приволжский военный округ (ПриВО)

ф. 25892 - Уральский военный округ (УрВО)

ф. 39352 - Научный военно-исторический отдел Генерального Штаба Красной армии

ф. 33989 - Секретариат 2-го заместителя председателя РВСР – РВС СССР

Центр документации общественных организаций Свердловской области (ЦДООСО)

ф. 61 - Свердловский обком ВЛКСМ.

ф. 221, оп. 3 - Партийный архив Свердловского обкома КПСС, фотографии и фотоальбомы 1905-1993 гг.

ф. 1719 - Парторганизация областного совета Осоавиахима, Ленинский район, г. Свердловск

Центральный государственный архив общественных организаций Республики Башкортостан (ЦГАОО РБ)

ф. 122 – Башкирский областной комитет КПСС

ф. 341 - Башкирский областной комитет ВЛКСМ

ф. 8848 - Музей истории комсомола Башкирии
ф. 8823 – Коллекция фотодокументов

Центральный государственный исторический архив Республики Башкортостан (ЦГИА РБ)
ф. Р-1012 - Башкирский республиканский комитет Всесоюзного общества содействия армии, авиации и флоту, 1924-1967.

Электронные ресурсы

Philosophy.ru: Философский портал. http://www.philosophy.ru/
Электронная версия газеты «Завтра». http://www.zavtra.ru/
Электронная библиотека современных литературных журналов России. http://magazines.russ.ru/
Электронная версия журнала «Искусство кино». http://www.kinoart.ru/
Слово: Православный образовательный портал. http://old.portal-slovo.ru/
Электронная версия журнала «Социологический журнал». http://www.socjournal.ru/
Общероссийская общественная организация «Российская оборонная спортивно-техническая организация – РОСТО (ДОСААФ)». http://www.rosto.ru/

Оглавление

Научное издание

Никонова Ольга Юрьевна

ВОСПИТАНИЕ ПАТРИОТОВ:
Осоавиахим и военная подготовка населения
в уральской провинции (1927-1941 гг.)

Издатель *Леонид Янович*

Редактор *Ираида Кускова*
Корректор *Софья Алексеева*
Обложка *Антонина Байдина*
Верстка и оригинал-макет *Евгений Янович*

Налоговая льгота -
Общероссийский классификатор продукции
ОК-005-93, том 2;
953000 – книги, брошюры

НП Издательство «Новый хронограф»
Контактный телефон в Москве (095) 671-0095,
По вопросам реализации 8-925 094-6504
E-mail: nkhronograf@mail.ru
Информация об издательстве в Интернете: http://www.novhron.info

Подписано к печати 06.09. 2010
Формат 60x90/16. Бумага офсетная №1
Печать офсетная. 30,5 усл.печ.л.
Тираж 550 экз. Заказ № 1347

Отпечатано в ООО «Чебоксарская типография №1»
428019, г. Чебоксары, пр. И. Яковлева, 15

http://www.novhron.info

9785948811383